中华伦理
源远流长
东方古磬
浮让万方

郭振铎

四千九十有六
丙戌夏

《中华伦理范畴丛书》总序

张立文

"内修则外理，形端则影直"。由山东曲阜孔子研究院发起编纂《中华伦理范畴》丛书，准备从中华民族传统伦理道德中撷取60个重要德目，并对每个德目自甲骨金文以至现代，进行全面系统研究，以凸显其文本之梳理，明演变之理路，辑现代之意义，立撰者之诠释的价值。撰写者探赜索隐，钩深致远，编纂者孜孜矻矻，兀兀穷年，为弘扬中华伦理精神和道德建设做出了贡献。

一、

何谓伦理？何谓道德？讲中华伦理不能不明乎此。从词源涵义来看，伦的本义是辈、类的意思。《说文》："伦，辈也。从人，仑声。一曰道也。"段玉裁注："伦，引申之谓'同类之次曰辈'。"《礼记·曲礼下》："僎人使于其伦。"郑玄注："伦，犹类也。"理的本意是条理，引申为道理。《说文》："理，治玉也。从玉，里声。"《说文解字系传校勘记》引徐锴说："物之脉理惟玉最密，故从玉。"理的本义是指玉、石的纹理。工匠依玉石的固有纹理，加以剖析雕琢，便是治玉，或曰理玉。天有天理，地有地理，人有人理，社会有条理，人事有事理，各有其理，便引申为原理。伦理的义蕴便是指事物的道理。《礼记·乐记》："乐者通伦理者也。"郑玄注："伦犹类也，理分也。"①即为伦

《中华伦理范畴》丛书编委会

主　　任：傅永聚
副主任：孙文亮　张洪海
编　　委：成积春　陈　东　马士远　任怀国　修建军
　　　　　曹　莉　王东波　李　建　王幕东　周海生
　　　　　滕新才　曾　超　曾　毅　曾振宇　傅礼白
　　　　　仝晰纲　查昌国　于云翰　张　涛　项永琴
　　　　　李玉洁　任亮直　柴洪全　董　伟　孔繁岭
　　　　　陈新钢　李秀英　郑治文　刘厚琴　李绍强
　　　　　张亚宁　陈紫天　刘　智　朱爱军　赵东玉
　　　　　李健胜　冀运鲁　邱仁富　齐金江　王汉苗
　　　　　王　苏　张　淼　刘振佳　冯宗国　孔德立
　　　　　刘　伟　孔祥安　魏衍华　王淑琴　王曰美
　　　　　何爱霞　李方安　孙俊才　张生珍　赵　华
　　　　　赵溢阳　张纹华
总　　编：傅永聚　韩钟文　曾振宇
副总编：胡钦晓　成积春　陈　东

第二函主编：傅永聚　成积春　齐金江

国家社会科学基金项目

《中华伦理智慧与当代心态伦理研究》(07BZX048)

结题成果之一

正

陈紫天　刘智　著

中国社会科学出版社

图书在版编目(CIP)数据

中华伦理范畴丛书. 第2函 / 傅永聚等主编. —北京：中国社会科学出版社，2012.12
ISBN 978-7-5161-0803-1

Ⅰ.①中… Ⅱ.①傅… Ⅲ.①伦理学—研究—中国 Ⅳ.①B82-092

中国版本图书馆CIP数据核字（2012）第079380号

出 版 人	赵剑英
责任编辑	冯春凤
责任校对	林福国等
责任印制	王炳图

出　　版	中国社会科学出版社
社　　址	北京鼓楼西大街甲158号（邮编100720）
网　　址	http://www.csspw.cn
	中文域名：中国社科网　010-64070619
发 行 部	010-84083685
门 市 部	010-84029450
经　　销	新华书店及其他书店
印　　刷	北京华联印刷有限公司
装　　订	北京华联印刷有限公司
版　　次	2012年12月第1版
印　　次	2012年12月第1次印刷
开　　本	880×1230　1/32
总 印 张	130.125
插　　页	2
总 字 数	3336千字
总 定 价	390.00元（全九册）

凡购买中国社会科学出版社图书，如有质量问题请与本社联系调换
电话：010-64009791
版权所有　侵权必究

《中华伦理范畴》丛书总序

张立文

"内修则外理,形端则影直。"由山东曲阜孔子研究院发起编纂《中华伦理范畴》丛书,准备从中华民族传统伦理道德中撷取 60 个重要德目,并对每个德目自甲骨金文以至现代,进行全面系统研究,以凸显集文本之梳理、明演变之理路、辨现代之意义、立撰者之诠释的价值。撰写者探赜索隐,钩深致远,编纂者孜孜矻矻,兀兀穷年,为弘扬中华伦理精神和道德建设作出了贡献。

一

何谓伦理?何谓道德?讲中华伦理不能不明乎此。从词源涵义来看,伦的本义是辈、类的意思。《说文》:"伦,辈也。从人,仑声。一曰道也。"段玉裁注:伦,引申之谓"同类之次曰辈"。《礼记·曲礼下》:"儗人必于其伦。"郑玄注:"伦,犹类也。"理的本义是条理,引申为道理。《说文》:"理,治玉也。从玉,里声。"《说文解字系传校勘记》引徐锴说:"物之脉理唯玉最密,故从玉。"理的本义是指玉、石的纹理。工匠依玉石的固有纹理,加以剖析雕琢,便是治玉,或曰理玉。天有天理,地有地理,人有人理,社会有条理,人事有事理,各有其理,便引

1

申为原理。伦理的义蕴便是指人、事、物的道理。《礼记·乐记》："乐者通伦理者也。"郑玄注："伦犹类也，理分也。"① 即为伦类理分。

在一般意义上，伦理与道德紧密联系，伦理以道德为自己的研究对象，道德通过伦理而呈现，道的初义是指道路，《说文》："道，所行道也……一达谓之道。"道是人所经行的通达一定目的地的道路。道既是主体实存的人行走出来的，也是指引主体实存要到达一定地方而不发生偏差的必经之路，由此而引申为一种必然趋势，或人们必须遵守的原则和原理；道有起点和终点，其间有一定距离的路程，而引申为事物变化运动的过程。道的这种隐然的可被引申的可能性，随着人们在社会实践中对主体和客体体认的加深，道的隐然的内涵亦渐渐显示出来，而成为中华民族哲学思想的最重要的范畴。

道无见于甲骨文而见于金文，德有见于甲骨。② 金文《毛公鼎》在甲骨文"徝"（郭沫若：《殷契粹编》八六四，1937 年拓本）的基础上加"心"字，作"惪"。假如说甲骨文德意蕴着循行而前视，或行走而上视，那么，金文德字意味着人对自身行为和视觉认知的深入，譬如视什么？如何走？到那里？都与能想能思的心相联系，古人以心为五官之君，受心的支配，故演为《毛公鼎》的字形，于是《秦公钟》便作"惪"，即为德字；又舍"彳"，《侯马盟书》作"惪"，《令孤君壶》作"惪"，"惪"或"悳"字，即古之德字。由"德"与"惪"的分别，《说文》训德为"升"，属彳部。段玉裁《说文解字注》："升当作登。《辵部》曰：'迁，登也。'此当同之……今俗谓用力徒前曰德，古语也。"又《说

---

① 《乐记》，《礼记正义》卷 37，《十三经注疏》，中华书局 1980 年版，第 1528 页。

② 参见拙著《和合学概论——21 世纪文化战略的构想》，首都师范大学出版社 1996 年版，第 684 页。

文·心部》训"悳，外得于人，内得于己也。从直从心。"德与悳同。《礼记·曲礼上》："道德仁义，非礼不成。"《韩非子·五蠹》："上古竞于道德，中世出于智谋，当今争于气力。"既有通物得理之意，又有协调人间修德的竞争之意。

追究伦理道德之词源含义，是为了明伦理道德意义之真。然由于时代的差异，价值观念的不同，各理解者、诠释者见仁见智，各说齐陈。或谓道德是指"人类现实生活中由经济关系所决定，用善恶标准去评价，依靠社会舆论、内心信念和传统习惯来维持的一类社会现象"[①]；或谓"道德是行为原则及其具体运用的总称"[②]；或谓"道德则就个人体现伦理规范的主体与精神意义而言"，"道德则重个人意志的选择"，"道德可视为社会伦理的个体化与人格化"[③]；或谓道德是"一种社会意识形式，是规定人们的共同生活和行为、调整人际之间和个人与社会之间的关系的原则、规范的总和"[④]。各人依据自己的体认，而有其合理性和时代的需要，但都就人与人、人与社会的关系来规定道德的内涵。

就伦理而言，或谓伦理是表示有关道德的理论，伦理学是以道德作为自己的研究对象的科学。[⑤] 或谓"伦理学（ethǒs）是哲学的一个分支。它研究什么是道德上的善与恶、是与非。伦理学的同义语是道德哲学。它的任务是分析、评价并发展规范的道德标准，以处理各种道德问题"[⑥]；或谓伦理就人类社会中人际关

[①] 罗国杰主编《伦理学》，人民出版社1989年版，第7页。
[②] 张岱年：《中国伦理思想研究》，上海人民出版社1989年版，第3页。
[③] 成中英：《中国伦理精神的历史建构序》，江苏人民出版社1992年版，第2页。
[④] 黄楠森、夏甄陶主编《人学词典》，中国国际广播出版社1990年版，第423页。
[⑤] 罗国杰主编《伦理学》，人民出版社1989年版，第4页。
[⑥] 《简明不列颠百科全书》第五卷，中国大百科全书出版社1986年版，第456页。

系的内在秩序而言，它侧重社会秩序的规范，可视为个体道德的社会化与共识化；①或谓伦理学是哲学的一个分支学科，即关于道德的科学。伦理是中国古代用以概括人与人之间的道德原则和规范的。②这些规定涉及社会秩序的规范和人与人之间的道德原则，以及善与恶、是与非的道德标准等问题，有其合理性；又以伦理学是哲学的分支学科，乃是根据学科分类来规定，它不属于伦理学内涵的表述。

现代西方伦理学，学派纷呈。如胡塞尔、舍勒、哈特曼的现象学价值伦理学；海德格尔、萨特的存在主义伦理学；弗洛伊德的精神分析伦理学；詹姆士、杜威的实用主义伦理学；鲍恩、弗留耶林、布莱特曼、霍金的人格主义伦理学；马里坦的新托马斯主义伦理学；弗罗姆的人道主义伦理学；弗莱彻尔的境遇伦理学；斯金纳的行为技术伦理学；马斯洛的自我实现伦理学。③就伦理学的方法而言，自英国亨利·西季威克1874年出版《伦理学方法》以来，它作为确证和建构伦理精神的价值合理性方法，说明伦理精神价值合理性方法的核心是价值选择和主体行为的程序合理性，是人们据以确定"应当"做什么或什么为"正当"的合理程序。西季威克所阐述的"自我本位"的价值合理性方法曾是英语世界中影响最大的道德哲学文献。然而，马克斯·韦伯《新教伦理与资本主义精神》的出版，却为确证伦理精神的价值合理性提供一种超越西季威克的新视野、新方法。韦伯认为，确证伦理精神价值合理性的标准和方法，是伦理与经济、社会发展的关系，以及主体所遵循的普遍的行为准则。这样便转西

---

① 成中英：《中国伦理精神的历史建构序》，江苏人民出版社1992年版，第2页。

② 《中国大百科全书·哲学卷》，中国大百科全书出版社1987年版，第515页。

③ 参见万俊人《现代西方伦理学史》，北京大学出版社1992年版。

季威克式行为的目的或效果的合理性为韦伯式的主体所遵循的行为准则的普遍性及其合理性,即转"伦理本位"为"关系本位"。被称为第二次世界大战后伦理学、政治哲学领域中最重要的理论著作的约翰·罗尔斯的《正义论》,他要在伦理与政治、伦理与经济等关系中建构"正义",作为社会的共同准则的普遍价值合理性。由于规则的普遍性与合理性,都必须在"关系"中确立,使罗尔斯陷入了两难;他在价值合理性的确证上超越了自我本位的抽象,却陷入了关系本位的抽象;他追求某种现实的具体,却陷入历史的抽象。这种"关系抽象",也是现代西方伦理学的价值方法内在的局限。针对这种局限,阿拉斯戴尔·麦金太尔诘难:"谁之正义?何种合理性?"麦金太尔认为,在历史传统和现实生活中,存在多种对立的正义和互竞的合理性,正义和合理性是一个历史的概念,没有超越一定历史传统的正义和共同体的普遍价值。伦理价值及其合理性,关键是主体的道德品质(美德),否则一定价值都不能成为行为准则。麦金太尔认为,罗尔斯的正义论缺乏人格或品质的解释力,传统的多样性使正义和价值合理性也具有多样性。尽管麦氏试图解构罗氏以正义为一种伦理价值的普遍性和合理性,即现实的合理性,而寻求真正的合理性,但麦氏自己却从罗氏的现实的"关系抽象"走入了历史的"关系抽象",最后回归亚里士多德以"美德"确证价值的合理性和现实性。[①]

21世纪的伦理学和伦理精神的价值合理性,应度越人类本位主义的存在主义的、精神分析的、实用主义的、人格主义的、新托马斯主义的、人道主义的、行为技术的、自我实现的伦理学,这种伦理学是在人类中心主义的观照下,把人与政治、经济、宗

[①] 参见樊浩《伦理精神的价值生态》,中国社会科学出版社2001年版,第2—7页。

教、人际的关系合理性作为伦理精神价值;也要度越伦理精神的价值合理性的利己主义、直觉主义、功利主义的"自我本位",以及"关系本位"的伦理学方法。之所以要度越,是因为其"天地万物与吾一体"的观念的缺失,是"天地之塞,吾其体;天地之帅,吾其性。民吾同胞,物吾与也"① 伦理价值合理性的丧失,而要建构"天人和合","天人共和乐"的伦理精神的价值合理性。

笔者曾在《和合学概论——21世纪文化战略的构想》一书中,提出道德和合与和合伦理学,便是企图弥补这些缺失,建构自然、社会、人际、心灵、文明间融突的和合伦理精神的价值合理性。在道德和合与和合伦理学的视阈中,道德不仅是人与人、人与社会、人的心灵及文明间关系伦理精神原则和行为规范,而且是人与宇宙自然间关系的伦理精神原则和行为规范。基于此,笔者规定道德是指协调、和谐人与自然、人与社会、人与人、人的心灵、不同文明间融突而和合的总和。

道德与伦理,两者不离不杂。伦理是指人与自然、人与社会、人与人、人的心灵、各文明间关系的伦辈差分中而成的次序和谐的道理、理则价值的合理性的和合。如孟子说:"人吃饱了,穿暖了,住得安逸了,如果没有教育,就与禽兽差不多。"圣人为此而忧虑,便派契做司徒的官,来管理教育,用人之所以为人的伦理价值合理性和行为规范来教化人民。"教以人伦:父子有亲,君臣有义,夫妇有别,长幼有序,朋友有信。"② 父子、君臣、夫妇、长幼、朋友的辈分及其之间的差分,这便是伦辈或"名分";亲、义、别、序、信,这就是伦辈之间关系的理则、道理或规范,它体现了伦理关系及其行为的价值合理性和中华民族的伦理精神。

---

① 《正蒙·乾称篇》,《张载集》,中华书局1978年版,第62页。
② 《滕文公上》,《孟子集注》卷五,世界书局1936年版,第39页。

二

中华民族伦理精神的价值合理性的合理性，就在于与时偕行的社会历史发展中，以其伦理精神价值的具体合理性适应现实社会的伦理道德的需要。现实应然需要的，就是合理的；但合理的，不一定就是现实需要的。中华伦理精神的价值合理性是在现实社会不断发展中不断丰富完善的。

（一）道废与伦理

伦理道德是现实社会政治、经济、文化精神之本，本立则道生；现实社会政治、经济、文化精神废，即断裂，则"道"亦废。由于其道废，使社会政治、经济、文化破缺和动乱，社会失序、政治失衡、伦理失理、道德失德，便要求建设伦理精神和行为规范。老子说："大道废，有仁义。""六亲不和，有孝慈，国家昏乱，有忠臣。"[1] 大道被废弃，才有仁义道德的建构；父子、兄弟、夫妇的不和睦，才要求孝慈道德的建构；国家陷于动乱，就需要有忠臣的道德。这里仁义、孝慈、忠是为了化解大道废、六亲不和、国家昏乱的道德伦理缺失和紧张的需要，这种需要是伦理精神的价值合理性应有之义。所以老子表述为"失道而后德，失德而后仁，失仁而后义，失义而后礼"[2]。这个失道、失德、失仁、失义的次序，不一定合理，但由其缺失而需要弥补、重建，这是与价值合理性相符合的。

孔老时处"礼崩乐坏"的时代，社会无序，伦理错位，臣弑其君，子弑其父，重利轻义。孔子对于这种违反伦理道德和礼

---

[1] 《老子》第18章。
[2] 《老子》第38章。

乐典章的事件，非常气愤：是可忍，孰不可忍！他要求做君主的要像君主的样子，做臣子的要像做臣子样子，做父亲的要像做父亲的样子，做儿子的要像做儿子的样子。这就是说君君、臣臣、父父、子子，各行其道，各尽其责，各安其位，各守其礼，这便是其伦辈名分的价值合理性。孔子对于传统伦理道德的破坏、断裂，既表示了强烈的不满，又显示了严重的忧患。作为当时维护国家秩序的典章制度的礼乐，既是社会伦理精神的体现，亦是人们行为规范。鲁大夫季孙氏僭用天子的礼乐。按当时的规定奏乐舞蹈，天子为八佾64人，诸侯六佾48人，大夫四佾32人（佾，朱熹注："舞列也，天子八，诸侯六，大夫四，士二。每佾人数，如其佾数，或曰每佾八人，未详孰是。"一是每佾人数与佾数相等；二是每佾人数固定为八人，不受佾数而变化。现一般采用后说，并以服虔《左传解谊》："天子八人，诸侯六八，大夫四八，士二八"为是）。季氏作为大夫只能用四佾，而他"八佾舞于庭"，是严重违制的行为。同时仲孙、叔孙、季孙三家，在祭祀祖先时僭用天子的礼，唱着只有天子祭祀时才能唱的《雍》这篇诗来撤除祭品。这是违反伦理精神和行为规范的非合理性的活动，孔子对此持严肃的批判态度，而试图重建伦理精神和道德价值的合理性。为此，孔子重视"正名"，他在回答子路治国以什么为先时说，要以纠正名分上的不合理为先，这是因为"名不正，则言不顺；言不顺，则事不成；事不成；则礼乐不兴；礼乐不兴，则刑罚不中；刑罚不中，则民无所措手足"[①]。名分上的不合理性就是指当时"礼崩乐坏"的季氏八佾舞于庭、觚不觚、君臣父子等违戾礼乐价值的不合理性的行为活动，这就造成了言语不顺理、事业不成功、礼乐不兴盛、刑罚不得当、人民的手足无所措的情境，社会就不会和谐安定。

---

① 《子路》，《论语集注》卷七，世界书局1936年版，第54页。

(二) 治心与治身

　　老子、孔子用正、负不同的方面批判"礼崩乐坏"的典章制度和伦理道德的价值不合理性，并从不同方面试图建构伦理精神和行为规范的价值合理性。尽管他们各自作出了努力和贡献，但无能为力作出超越时代情势的改变，因而当时收效甚微。然而随着时代的发展，孔子儒家的伦理精神和行为规范逐渐显现其价值的合理性。

　　就德礼教化与法律刑政而言，孔子做了一个诠释："子曰：道之以政，齐之以刑，民免而无耻；道之以德，齐之以礼，有耻且格"①。"道"作"导"，引导；政指法制禁令；礼指制度品节。《礼记·缁衣篇》载，子曰："夫民，教之以德，齐之以礼，则民有格心；教之以政，齐之以刑，则民有遁心。"管理国家和人民，以政法来引导，用刑罚来齐一，人民只是避免罪恶，而没有廉耻心；用道德来教导，以礼乐来齐一，人民不但有廉耻心，而且人心归服。"为政以德，譬如北辰，居其所而众星共之。"②以道德来管理国政，就好像北斗星一样，众星都围绕着它，归顺它。意谓用道德价值力量来感化人民，而不用繁刑重罚，人民自然归顺。

　　政刑是外在法制禁令和刑罚，属于他律，是对于人民违犯法制禁令行为的处理，刑罚加诸身，要受皮肉之苦，人们不再受牢狱之苦而逃避犯罪，可能起到治身的功效，但不能治心，没有道德的廉耻心，就没有道德礼教的自觉，还可能重新犯罪或作出违反典章制度、伦理道德的事。德礼的教化和引导，是培养人民道德操行品节的自觉性，使其自觉向善，自然不会作出触犯法制禁

---

① 《为政》，《论语集注》卷一，世界书局1936年版，第4—5页。
② 同上。

令和违戾礼乐制度的行为，自觉做到非礼勿视，非礼勿听，非礼勿言，非礼勿动，便能"克己复礼为仁"①。克制自己，使自己的视听言动都符合礼，就是仁。克制自己就属于自律，自律依靠道德自觉，而不靠他律法制禁令；克制自己是治心，树立善的道德伦理价值观，法制禁令只能治身，治身并不能辨别善恶是非，而不能不作出违反礼乐的行为；治心是治内，心是视听言动行为活动的支配者，有仁爱之心，有"己所不欲，勿施于人"的善心，这是根本、大本。治身是治外，外受制于内，所以治身相对治心而言是枝叶，根深叶茂，根固枝壮。这就是为什么需要培育伦理精神、行为规范的价值合理性的所在。

（三）民族与世界

在当前经济全球化，技术一体化、网络普及化的情境下，西方强势文化以各种形式、无孔不入地横扫全球，东方及其他地区在西方强势文化的冲击下，逐渐被边缘化，乃至丧失了本民族传统文字语言，一些国家、民族在实行言语文字改革的旗号下，走向西化，造成本民族传统文化的断裂，年青一代根本看不懂本国、本民族古代语言文字、经典文本、史事记载。一个民族、国家的思想灵魂的载体，民族精神的传承，自立的根本，是与这个国家、民族的固有传统文化分不开的。民族传统文化载体的丧失和断裂，随之而来的是这个民族的民族精神和民族之魂的沦丧，民族之根的枯萎。一个无根的民族，无民族精神的民族，无民族之魂的民族，只能成为强势民族的附庸，其民族精神、民族之魂也会被强势民族精神、民族之魂所代替。从世界多元文化而言，这种趋势的持续，是可悲的。

一个无文化之根的民族，其价值观念、伦理道德、思维方

---

① 《颜渊》，《论语集注》卷六，世界书局1936年版，第49页。

式，乃至风俗习惯（包括传统节日）都可能被强势文化的价值观念、伦理道德、思维方式、风俗习惯所代替。当下所说的与世界接轨，实乃与西方强势文化接轨，这种接轨的结果，若按西方二元对立的思维定势来观照，必然导致非此即彼、你死我活的格局，强势文化要吃掉、消灭弱势文化，名之曰生存竞争，适者生存，为其强食弱肉的合理性作论证。民族精神、民族之魂，是这个民族之所以成为这个民族的根本标志，是这个民族主体性的凸显。世界是多元的，民族文化是多彩的。在世界文化的百花园中，多元民族文化竞放异彩，构成了绚丽多姿、生气盎然境域。这就是说，各民族文化思想、价值观念、伦理道德、思维方式、风俗习惯都是世界百花园中的一员或一份子，尽管当前有大小、强弱、盛衰之别，但应该互相尊重、谅解、友好、帮助，做到和生和长、和立和达。假如世界文化百花园中只有一花独放，只有一种文化思想、价值观念、伦理道德、思维方式、风俗习惯，那么，这个世界就是"声一无听，色一无文，味一无果，物一不讲"[①]的世界，不仅是可悲的，而且必走向毁灭。从这个意义上说，民族的即是合理的，多元的即是合法的。换言之，民族的即是世界的，世界的即是民族的，若无民族的也即无世界的。这就是民族精神和行为规范的价值合理性。

（四）传统与现代

自近代以降，西方列强疯狂地、卑鄙地侵略中华民族。中华民族出于人道主义的要求而抵制鸦片毒品贸易，西方列强竟然发动鸦片战争，中国被迫签订丧权辱国的不平等条约。此后各西方列强纷纷发动侵略战争，迫使清政府签订一个又一个丧权辱国的不平等条约，这就极大地刺痛中华民族，一批具有"国家兴亡，

[①] 《郑语》，《国语集解》卷十六，北京，中华书局2002年版，第472页。

匹夫有责"的使命感和担当感的有识之士,为救国救民,由君主立宪的变法而转为推翻君主专制的革命,他们的思想武器既有"中体西用"的,也有"西体中用"的。到了五四运动,他们在西方科学和民主的旗帜下,提出了"打倒孔家店"和"文学革命"、"道德革命"的口号,激烈地批判和打倒孔子和传统文化,这样便掀起了古今、中西、新旧之辩,实即传统与现代的论争。

陈独秀以非此即彼、二元对立的思维,提出:"要拥护那德先生,便不得不反对孔教、礼法、贞节、旧伦理、旧政治;要拥护那赛先生,就不得不反对旧艺术、旧宗教;要拥护德先生又要拥护赛先生,便不得不反对国粹和旧文学。"[①] 在左拥护、右拥护西方科学和民主的同时,便已承诺了西方科学和民主伦理精神和行为规范的价值合理性和合法性,否定了中华民族传统文化思想、伦理道德、文学艺术、政治礼法的价值合理性。在西方科学和民主的热潮中,中华民族的传统文化,特别是儒学面临着情感化的无情的打倒和批判。鲁迅在《狂人日记》中说:我翻开历史一查,"每页上都写着'仁义道德'几个字。我横竖睡不着,仔细看了半夜,才从字缝里看出字来,满本都写着两个字是'吃人'!"为此,打"孔家店"的老英雄吴虞便说:"孔二先生的礼教讲到极点,就非杀人吃人不成功,真是惨酷极了!一部历史里面,讲道德说仁义的人,时机一到,他就直接间接的都会吃起人肉来了。"[②] 中华民族传统的"仁义道德",不仅不具有价值合理性,而且是杀人吃人的"软刀子"和凶手!

在这种情境下,人们不可避免地把中华民族传统的"仁义道德"与西方现代的科学民主对立起来,在此两者之间,只能

---

① 陈独秀:《陈独秀文章选编》,三联书店1984年版,第317页。
② 《对于礼孔问题之我见》、《吴虞集》,四川人民出版社1985年版,第241页。

采取拥护一方而反对另一方的立场，而不能有其他选择，这就使中华民族自身的主体文化受到无情的炮轰。然而破了所谓"旧伦理"、"旧文学"、"国粹"、"旧艺术"，由什么新伦理、新国粹、新艺术等来代替？其实文化、伦理、礼乐、文学、艺术就像黄河之水，大化流行，生生不息。传统文化的破坏，就像黄河的断流，不流的黄河就不成为黄河，中华民族丧失了传统文化，亦即不成为中华民族。民族文化是一个民族的标志和符号，是这个民族的民族精神的表现，是这个民族的民族之魂的载体。中华民族与其自身传统文化、伦理道德、价值观念、行为方式、风俗习惯等的关系，犹如人自身与其影子的关系，我们不能做"出卖影子的人"。德国一个年青人为了从魔术师那里换取"福神的钱袋"，他出卖了自身无价之宝的影子，他虽然得到了用之不竭的钱袋，在金榻上睡觉，人们称他为伯爵先生，挽着美人的手臂散步，但他见不得阳光、月光乃至灯光，当人们发现他没有影子时，就会离开他，孩子们非难他，把他看成是没有影子的怪物。他终日忧心忡忡，毫无快乐可言，也失去了一切幸福，最后他宁愿放弃一切，不惜任何代价也要把影子赎回来。① 我出生在浙江温州，少时候大人告诉我们小孩，千万不要丢掉自己的影子，若丢了影子，就是给魔鬼摄去了，人就死了。所以小孩们在有光地方走路，总要回头看看自己的影子在还不在。这个"故事"启示我们：人不能为了钱财而出卖影子，换言之，一个民族也不能为了某种利益的需要而丢掉传统文化、民族之魂。

其实，一个民族的传统文化、民族精神、民族之魂已潜移默化地渗透到这个民族大众的血液里、行为中。它像孔子所说的

---

① ［德］阿德贝尔特·封·沙米索（1781—1838）是德国浪漫主义作家。《出卖影子的人》（原名《彼得·史勒密的奇怪故事》），人民文学出版社1987年版。

"不舍昼夜"地与时偕行，不断地吮吸中外古今的文化资源，融突而和合为新思想、新观念或新儒学等。从"逝者如斯夫"来观照，每个阶段、时期的文化，都既是传统的又是现代的，至今概莫能外。因此，传统与现代决非断裂的两橛，亦非无关联的两极。传统与现代的核心及其关节点是人，"人是会自我创造的和合存在"。当现代人在体认传统文化、解读传统文本、诠释话题故事时，就赋予了传统文化、传统文本、话题故事现代性，从这个意义上说，传统的即是现代的，传统的伦理精神和行为规范便蕴涵着现代的价值合理性。

在道废与伦理、治心与治身、民族与世界、传统与现代的相对相关、冲突融合中，显示了中华民族伦理精神和行为规范价值的现代性、合理性和适应性。这就是说，虽然为道屡迁，但能唯变所适。中华民族的伦理精神和行为规范在与时偕行的诠释中，不断地开出新意蕴、新内涵，而成为当今需弘扬的伦理精神和行为规范。

三

中华民族伦理精神和行为规范既在现代理性法庭上宣布了自己价值的合理性，那么，价值合理性必须在伦理精神和行为规范中寻找自己适当的或应有的位置，以表现自己的内涵、性质、价值和功能。山东曲阜孔子研究院发起编纂《中华伦理范畴》丛书，从中华民族伦理道德中撷取仁爱忠恕礼义、廉耻中信和合、善勇敬慈诚德、孝悌勤俭修志、圣公洁贞敏惠、乐毅庄正平温、友强容智道顺、良格省新恭直、博节健实恒明、忧质行美刚气等60个德目进行探讨研究，有致广大而尽精微之志，求弘道统而高素质之效，其志其效可敬可佩。

作为总序，不可能简述此60个德目，而只能从中华民族伦理范畴的"竖观"、"横观"、"合观"的"三观"中,呈现中华民族伦理精神和 60 个德目的特质:即伦理范畴的逻辑结构性,范畴的思维整体性,范畴的形态动静性,范畴历时同时的融合性,范畴的内涵生生性,构成了中华民族伦理精神和行为规范价值合理性的谱系和血脉。

(一) 伦理范畴的逻辑结构性

伦理范畴的逻辑结构,并非是观念、心意识或瞬间的杜撰,也非凭空的想象,而是中华民族长期对于人与自然(宇宙)、人与社会、人与人、人的心灵之间融突以及其互相交往活动的协调、和谐的体认,是对于国与国、民族与民族、文明与文明之间交往活动融突而后和合、平衡协调处置的体悟,而后提升为伦理概念范畴。

中华民族伦理范畴尽管多元多样,但有其一定的逻辑结构。所谓逻辑结构是指中华民族概念范畴的逻辑发展及诸范畴间内在的联系,是在一定社会经济、政治、文化、思维结构中,所构建的相对稳定的结构方式。[①] 伦理作为一种理论思维形态和行为交往规范,是凭借概念、范畴、模型等逻辑结构形式,有序地整合各信息的智能过程。伦理概念既显现了生存世界事物元素的类别形态,又体现了意义世界意义主体的价值追求,这才是合理的,才能在逻辑世界(可能世界)中现实地存在着,并释放其虚拟功能。范畴是概念的类,它间接地显现生存世界事物类别之间的关系,体现意义世界中的价值追求,呈现逻辑世界中的合用原则。伦理范畴只有满足两方面需求,才是合用的:一是在体认上显现了事物类别形态间的关系网络;二是在践行上体现了意义主体对价值的追求。否则范畴将被主体从智能活动中淘汰出去,成

[①] 参见拙著《中国哲学逻辑结构论》,中国社会科学出版社 1989 年版,2002 年修订版,第 1—57 页。

为纯粹的、历史的文字形式。

中华民族伦理精神和行为规范价值合理性宗旨，是止于和合、和谐。和合、和谐是伦理精神的价值核心。由此核心而展开伦理范畴的逻辑次序，按照和合学的"三观"法，伦理范畴是遵循人心——家庭——人际——社会——世界——自然的顺序逻辑系统。《大学》"在明明德，在亲民，在止于至善"三纲领和格物、致知、诚意、正心、修身、齐家、治国、平天下八条目中，其修身以上属内圣修养功夫，正心以上又可作为所以修身的内容和根据，修身以下是外王功夫，是可践履的措施。修身是从内圣至外王的中介，它把内圣与外王"直通"起来，而没有"曲成"的意蕴。诚意、正心是修心的伦理范畴。

人心是中华民族伦理范畴逻辑结构顺序的起点、关键点。朱熹认为君主正心就能正朝廷，朝廷正就能正百官，百官正就能正万民，万民正就能正天下。淳熙十五年（1188），朱熹借"入对"之机，要讲"正心诚意"，朋友们劝戒说"'正心诚意'之论，上所厌闻，戒勿以为言，先生曰：'吾生平所学，惟此四字，岂可隐默以欺吾君乎！'"[①] 朱熹认为帝王的心术是天下万事的大根本，国家盛衰、政治好坏、社会邪正均取决于帝王的心术。他说："人主之心一正，则天下之事无有不正，人主之心一邪，则天下之事无有不邪。如表端而影直，源浊而流污，其理必然者。"[②] 又说："故人主之心正，则天下之事无一不出于正，人主之心不正，则天下之事无一得由于正。"[③] 朱熹出于忧患意识，而直指正君心，以此为大根本。对于每个人来说，心也是自己为人处事的大根本，心的邪正、善恶是支配自己行为活动的原动

---

① 黄宗羲：《晦翁学案》，《宋元学案》卷四十八，第1498页。
② 《己酉拟上封事》、《朱熹集》卷十二，四川教育出版社1996年版，第490—491页。
③ 《戊申封事》、《朱熹集》卷十一，第462页。

力,心善而行善,心正而行正,心邪而行邪,心恶而行恶。

孟子从性善出发,主张"人皆有不忍人之心,先王有不忍人之心,斯有不忍人之政"①。什么是不忍人之心?孟子举例说,有人突然看见一个小孩要跌到井里去,人人都会有同情心,这种怵惕恻隐的心,不是为了与小孩的父母结交,也不是为了在乡里朋友中博取名誉,亦不是厌恶小孩的哭声,而是出于每个人都普遍具有的怜恤别人的心情。这样看来,如果一个人没有同情心、羞耻心、辞让心、是非心,简直不是个人。此四心依次便是仁、义、礼、智的萌芽。这是从尽心知性、存心养性的视阈来讲心的。心应具有仁、义、礼、智、正、诚、爱、志、善的伦理道德范畴。这些范畴既是人的心性修养,也是处理人与自然、社会、人际、心灵、文明间交往的原则、规范。

仁与义,是指族类情感与合宜理性。中华民族生存方式是在族类群体性交往活动中实现族类亲情或泛爱众,"人皆有不忍人之心",便是仁者爱人的世俗族类情感的内在心性根据。人从自我主体或类主体出发,施爱于他者或天地万物,构成他者和天地万物一体之仁的系统。在人类仁爱的情感中,蕴涵着人在天地万物中主体伦理价值的实现。义是指个体和类主体施爱于自我、他人、自然、社会、文明的"合当如此"和有序有度的合宜,是伦理价值的合理性。此其一。其二,仁与义是指为人的价值取向与为我的价值取向。仁为爱人,爱他人、他家、他国。义是端正自我,注重自我道德、人格、情操的修养。从伦理精神来观,仁是由内在心性外推,由己及人及物,义是由外在需求而内化端正自我。其三,仁与义是指理想人格与价值标准。作为仁人在任何情况下都不违仁,乃至"杀身成仁"。义是当个体利益与整体利益发生冲突时,为实现伦理价值理想,而"舍生取义"。

---

① 《公孙丑上》,《孟子集注》卷三,世界书局1936年版,第24页。

诚，《大学》讲诚意、意诚。朱熹注："诚，实也。意者，心之所发也。"他在《中庸》注中说："诚者，真实无忘之谓。"人之伦理道德意识应是诚实不欺之心，即真心，从真心出发而有真言、真行，而无谎言、欺诈。无论是程颐说诚应"实有是心"，还是王守仁说的"此心真切"，都是指真心实意。

真诚的伦理精神是止于善。朱熹说："实于为善，实于不为恶，便是诚。"① 真实无妄的心，即是善心。孔子讲"己所不欲，勿施于人"的心，孟子讲的四端之心，皆为善心，而与邪恶之心相冲突。而需改恶从善，"化性起伪"，以达人心和善。

人生于父母，与父母有着不可分的血缘基因的关系，便构成一个家庭。家庭内父母、兄弟、姐妹、夫妇、子女的交往是最频繁的、最亲密的，因为人一生下来，便首先面对家庭成员，并成为家庭中的一员，形成家庭成员间的伦理关系。一个人的意诚、心正、身修的道德节操品行，首先便体现在家庭伦理的行为规范之中。"商契能和合五教，以保于百姓者也。"② 契是商的始祖，帝喾的儿子，舜时佐禹治水有功，封为司徒。五教是指"父义、母慈、兄友、弟恭、子孝、内平外成"，"舜臣尧……举八元，使布五教于四方，父义、母慈、兄友、弟恭、子孝"③。于是孝、悌、恭、慈、友、贞等，意蕴着家庭伦理精神和行为规范的价值合理性。

伦理范畴的逻辑结构由人心和善到家庭和睦，推演到人际和顺。孟子讲："人之有道也，饱食暖衣，逸居而无教，则近于禽兽。圣人忧之，使契为司徒，教以人伦：父子有亲，君臣有义，夫妇有别，长幼有序，朋友有信。"④ 此意蕴亦见于《尚书·舜

---

① 《朱子语类》卷六十九。
② 《郑语》，《国语集解》卷十六，中华书局2002年版，第466页。
③ 《左传》文公十八年，《春秋左传注》，中华书局2002年版，第638页。
④ 《滕文公上》，《孟子集注》卷五，世界书局1936年版，第39页。

典》："契，百姓不亲，五品不逊，汝作司徒，敬敷五教，在宽。"这样便从家庭的父子、兄弟、夫妇关系扩大为君臣、朋友、老幼的人际交往活动的伦理关系及其道德原则和行为规范，君臣关系是父子关系的扩展，所以父、君对子、臣是义，子、臣对父、君是孝、忠。在家为孝子，在国为忠臣，"孝子出忠臣"。在这里仁义礼智既是心的修养，也体现为人际关系的行为规范。"子张问仁于孔子。孔子曰：'能行五者于天下为仁矣。''请问之。'曰：'恭、宽、信、敏、惠。恭则不侮，宽则得众，信则人任焉，敏则有功，惠则足以使人。'"① 此五德目作为仁的伦理精神和道德规范的体现，仁由心的修养，行之家庭，进而人际之仁；孝由家庭的伦理行为规范，而推之敬的人际伦理；孝若作为能养父母来理解，就与犬马无别，其别在于孝敬。敬作为伦理道德规范，既是对父母的，也是对他人的、社会的。

人际的伦理道德关系，构成一个社会的基本关系，仁、义、礼、智、信伦理道德进入社会，也成为社会的伦理原则和行为规范。孔子和孟子都认为治理国家社会最佳选择是德治。"以德服人者，中心悦而诚服也。"② 德治的核心是"仁政"，孟子认为，如果"以不忍人之心，行不忍人之政，治天下可运之掌上"。③ "仁政"根本措施是"制民之产"，使民有恒产而有恒心，即给人民五亩之宅，种桑树，养家畜，50和70岁就可以衣帛食肉了，物质生活就有了保障，此其一；其二，"王如施仁政于民，省刑罚，薄税敛，深耕易耨"④；其三，如行仁政，便会成为世人所归，"今王发政施仁，使天下仕者皆欲立于王之朝，耕者皆欲耕于王之野，商贾皆欲藏于王之市，行旅者皆欲出于王之涂，

---

① 《阳货》，《论语集注》卷九，世界书局1936，第74页。
② 《公孙丑上》，《孟子集注》卷三，第23页。
③ 同上书，第25页。
④ 《梁惠王上》，《孟子集注》卷一，第4页。

天下之欲疾其君者皆欲赴愬于王。其若是,孰能御之!"① 仕者、耕者、商贾、行旅等都到齐国发展,齐国便可迅速强大起来;其四,加强伦理道德教化。"谨庠序之教,申之以孝悌之义,颁白者不负于戴于道路矣"②,"壮者以暇日修其孝悌忠信,入以事其父兄,出以事其长上"③。这样,人民安居乐业,遵道守礼,社会安定和谐。

《管子》认为,国家社会的倾与正、危与安、灭与复同伦理道德有重要关系,被视为国之四维。"国有四维,一维绝则倾,二维绝则危,三维绝则覆,四维绝则灭……何谓四维,一曰礼,二曰义,三曰廉,四曰耻。"④"四维张,则君令行","四维不张,国乃灭亡"⑤。四维乃国家命运所系,所以"守国之度,在饰四维"⑥。这是国家社会和谐稳定、长治久安的保证。

伦理的范畴逻辑结构由治国而进入平天下。"天下"观念,可理解为当今的"世界"。汉语世界是从佛教语汇中吸收来的,梵文为 loka,音译"路迦"。《楞严经》四,"何名为众生世界?世为迁流,界为方位。"世即为过去、未来、现在三世,界为东南西北、东南、西南、东北、西北、上下,是时间和空间的概念,相当于宇宙的概念;后汉语习用为空间的概念,相当于天下。世界(天下)是由各地区、各国、各民族、各种族组成的,它们之间尽管存在强弱贫富、社会制度、价值观念、宗教信仰、风俗习惯等的差分和冲突,而需要遵循国际道义规范。得道多助,失道寡助。国际道义即国际伦理要公平、正义、和平、合

---

① 《梁惠王上》,《孟子集注》卷一,第7页。
② 同上书,第8页。
③ 同上书,第4页。
④ 《牧民》,《管子校正》卷一,世界书局1936年版,第1页。
⑤ 同上。
⑥ 同上。

作。不杀人的仁恕伦理,不偷盗的公平伦理,不说谎的诚信伦理,不奸淫的平等伦理,以建构和谐世界。

人类世界和谐的和,即口吃粟,"民以食为天",人人有饭吃,天下就太平;谐,从言皆声,可理解为人人能发声讲话,天下就安定。前者是人的生存权,后者是言论自由权。两者具备,在古代就可谓和谐世界。然而近代以来,人类对宇宙自然征伐加剧,使自然天地不堪重负,生态失去了平衡,造成环境污染,资源匮乏,土地沙化,疾病肆虐,天灾频发,人与自然的冲突愈来愈尖锐。人与宇宙自然应该建构道德的、中庸的、仁爱的、和美的伦理规范,在天地万物与吾一体的视阈中,"仁民爱物","民吾同胞,物吾与也"[①]。天为父,地为母,天地宇宙自然是养育人类的父母,人类也应以对待自己的父母一样对待宇宙自然,在自然伦理、环境伦理、生态伦理中,规范人类行为,建构天人共和共乐的和美天地自然。

伦理范畴的各德目,可按其性质、内涵、特点、功能,依逻辑层次安置。在整个逻辑结构层次间可以交叉互通;在一个逻辑结构层次内既有中华伦理精神德目,也有伦理行为规范德目,以及道德节操、品格、修养等德目。

(二) 伦理范畴的思维整体性

中华伦理范畴的思维整体性是指以某个范畴为核心,以表现思维主体与思维对象内在整体或外在整体的概念范畴群或概念范畴之网,进而凸显思维主体与思维对象内在和外在的规定、关系以及其间的互相联系、渗透、会通、融突等形式。由于伦理范畴的性质、功能的差分,可以构成几个概念范畴群,诸概念范畴群的殊途同归,分殊而理一,构成中华伦理范畴的整体性。

[①] 《正蒙·乾称篇》,《张载集》,中华书局1978年版,第62页。

中华伦理范畴思维整体性的根据，是天地万物与吾一体的整体性思维模型，它纵贯、横摄、和合由人心到自然六个逻辑结构层次；它沉潜于中华民族心灵结构、价值观念、伦理道德、审美意识、行为规范、风俗习惯之内，表现在主体的对象化与对象的主体化之中。这种伦理范畴的整体性的思维模式，在伦理主体的客体化与客体的伦理主体化，人的对象化、物化与对象、物的人化，即在人化与物化中，把伦理主体与客体、对象、自然圆融起来，使客体、对象、自然具有了人的形式，于是天地自然便是人化了的天地自然，从而使中华伦理范畴具有天地万物与吾一体的整体性，因此，中华伦理范畴能贯通、圆融为整体。

范畴的思维整体性，并非排斥思维差分性，物以类聚，人以群分，群分才有类聚，群分是类聚的体现，类聚是群分的归宿。60德目可分为六个逻辑结构层次，此六个逻辑结构层次即构成六个群。如人心伦理范畴目群的爱、良（知）、耻、善、志、毅、格、省、正（心）、省、诚、乐、圣、忧等；家庭伦理范畴德目群的孝、悌、慈、敬、勤、俭、友、贞、温等；人际伦理范畴德目群的仁、义、礼、智、信、恭、宽、敏、惠、恕、直、中、宽等；社会伦理范畴德目群的忠、廉、德、公、洁、庄、勇、节、健、实、恒、明、质、行、刚、气等；世界伦理范畴德目群的和、合、强、美等；自然伦理范畴德目群的顺、道、和等。这种德目群的划分是相对的，而非绝对，其间许多伦理范畴德目是互渗、互补、互换、互转的，譬如善作为善心、善意、善良、善动机是心的伦理范畴，作为善行、善处、善举、善事便是家庭、人际、社会、世界的伦理范畴；又譬如和，作为人心伦理范畴为和善，作为家庭伦理范畴要和睦，作为人际伦理范畴为和顺，作为社会伦理范畴为和谐，作为世界伦理范畴为和平，作为自然宇宙伦理范畴为和美。和美即是各美其美，美人之美，美美与共，天人和美的境界，这是和的终极价值和终极境界。

由此群分伦理范畴，方聚为整体性的类的伦理范畴系统，这种系统的思维形式，彰显了中华伦理范畴的思维整体性。

(三) 伦理范畴的形态动静性

如果说中华伦理范畴的逻辑结构性，揭示了伦理范畴之间的关系、性质及其逻辑次序、结构方式，直面逻辑意蕴；伦理范畴的思维整体性，呈现伦理范畴内在与外在德目群以及其间的互相联系、渗透、会通、融突的形式，直面思维模式，那么，伦理范畴的形态动静性，是指伦理范畴一种存有的状态，它直面状态形式。

中华伦理范畴随着历史时代的发展，变动不居，为道屡迁，呈显为四种形态：动态形式，静态形式，内动外静形式，内静外动形式。

就"气"伦理范畴而言，殷商至春秋，气是云气、阴阳之气、冲气，具有自然性，伦理性缺失。因而许慎《说文解字》释为："气，云气也，象形。"云气之形较云轻微，其流动如野马流水，多层重叠。甲骨文气亦可训为乞求、迄至、终迄等意思。气后来作氣，《说文》释："氣，馈客刍米也，从米气声。"馈客刍米，是天子待诸侯之礼。《左传》认为气导致其他事物的变化，分为阴、阳、风、雨、晦、明六气，过了便生寒、热、末、腹、惑、心疾病，以六气解释自然、社会、人生各种现象产生的原因，从中寻求其间联系的秩序，避免失序。《国语》认为阴阳二气失序，就会发生地震等灾异，乃至亡国。战国时，气由自然性向伦理性转变，如果说儒家孔子以气为血气、气息的话，那么，孟子提出"浩然之气"，它与"义"、"道"相配合，它集义所生，具有伦理道德意蕴，主体通过"善养"的道德修养，来充实扩充，以塞于天地之间。它既是动态形成，亦是内动外动形式。

秦汉时期,《黄帝内经》、《淮南子》、扬雄、张衡、王充等继承先秦气的自然性,而发为元气、精气,探索阴阳调和的原理,基本属内静外动形式。《淮南子》认为阴阳、天地及人的形、气、神的合和协调是万物和人发展变化的原因。"执中含和"是社会稳定、人民和谐的原则。董仲舒认为气既具有自然性,亦具有情感性、道德性,"阴阳之气,在上天,亦在人。在人者为好恶喜怒,在天者为暖清寒暑。"[①] 从人体结构看,腰之上下分阳阴;从伦理精神言,阳气"博爱而容众",阴气"立严而成功"。"君臣、父子、夫妇之义,皆取诸阴阳之道。"[②] 其间虽有阳贵阴贱、阳尊阴卑之别,但最终要达到阴阳"中和"的境界。"中和"是天地间终极的伦理精神。扬雄认为人性善恶混,修善为善人,修恶为恶人,"气也者,所以适善恶之马也与?"[③] 去恶从善,要依阴阳之气的变化而修身养性。

魏晋南北朝时期,气继续沿着自然性和伦理性演化外,由于受玄学、佛教、道教的横向影响,气的涵义向生命本原、物的实质、行气养生、道德修养乃至入禅工夫开展。隋唐时,佛道日盛,儒教渐衰。然而从王通到韩愈、柳宗元、刘禹锡,他们把气纳入伦理道德领域,凸显"和气"、"灵气"、"正气"、刚健纯粹之气的伦理精神。

宋元明时,是中国学术思想的"造极期"。理既是天地万物的终极根据,又是人类社会的终极伦理。程(颐)朱(熹)虽以理先气后,但气是理的挂搭处、安顿处。二程(程颢、程颐)认为,气有清浊、善恶、纯繁之分,"唯人气最清",但人的气

[①] 《如天之为》,《春秋繁露义证》卷十七,中华书局1992年版,第463页。

[②] 《基义》,《春秋繁露义证》卷十二,中华书局1992年版,第350页。

[③] 《修身》,《法言义疏》五,中华书局1987年版,第85页。

质有柔刚。由于"气有善、不善"①。不善的就是恶气。人的道德品质的善恶便来源于气禀，禀得至清之气为圣人，禀得至浊之气为愚人。但人可以通过学习，改变气质，复性为善。朱熹绍承二程，认为阴阳之气，变化无穷，其动静、屈伸、往来、升降、浮沉之性未尝一日相无。气蕴含著清浊、昏明、纯驳的成分，禀清明之气而无物欲之累为圣人，禀清明之气而未纯全而微有物欲之累为贤人，禀昏浊之气而又为物欲所蔽为愚、为不肖。圣贤愚之分决定于禀气不同，人之伦理精神、道德行为规范亦来自先验的禀气。元代许衡学本程朱，他认为阴阳之气表现为五行之气，体现天地之德，五行之性。天地阴阳五行之气有仁义礼智信五德、五性，人相应地有五德和君臣、父子、夫妇、长幼、朋友五伦：仁是温和慈爱，义是决断合宜，礼是敬重为长，智是分辨是非，信是诚实无欺。人的伦理道德品格来自气禀。吴澄学本程朱，他认为人因阴阳五行之气而有形，形之中具有"阴阳五行之理，以为健顺五常之性"(《答田副使二书》，《吴文正公集》)。五常指仁义礼智信道德规范，以及君臣、父子、兄弟、夫妇、朋友五行之理。五常中仁、礼为健、为阳，义、智为顺、为阴，信兼两者之性。五行之理中君、父、兄、夫为尊、为阳，臣、子、弟、妇为卑、为阴，朋友兼两者之理。以阴阳五行之气探究五常五伦道德精神及其行为规范。

明清时，程朱道学来自心学和气学两方面的挑战。湛若水批评朱熹把道心与人心二分的观点，认为"人心道心，只是一心"，那种把道心说成出乎天理之正，人心出乎形气之私是不对的。论心，是就心与气不离而言，道心是指形气之心得其正而已，不是别有一心。王守仁集两宋以来心学之大成，以"良知"为心之本体，以心的良知论气，认为"元

---

① 《河南程氏遗书》卷二十一下，中华书局1981年版，第274页。

气、元精、元神"三位一体,构成气为良知流行动静的思想,良知是一种伦理精神和道德意识,良知只是一种未发之中的状态,静而生阴,动而生阳,阴阳一气也,动静一理也,良知蕴含动静阴阳,元气作为良知的流行,或为善,或为恶,受志的制约,志立气和,养育灵明之气,去昏浊习气,便能神气清明,心与万物同体,良知湛然灵觉,而达仁人圣人道德终极价值境界。

王廷相继承张载"太虚即气"的思想,批评程朱理本论。他认为气为造化的宗枢,气有阴阳动静,它是万物的根源,有气有天地,有天地而有夫妇、父子、君臣,然后才有名教道德的建立。吴廷翰批评程朱陆王,认为人为气化所生,气凝为体质为人形,凝为条理为人性,"性之为气,则仁义礼知之灵觉精纯者是已"[①]。仁义礼智的灵觉既是阴阳之气,亦是道德精神,所以他说:"天为阴阳,则地为柔刚,人为仁义,本一气也。"[②] 天地人三才为气,阴阳、柔刚、仁义本于气。王夫之集气学之大成,"理即是气之理,气当得如此便是理,理不先而气不后,天之道惟其气之善,是以理之善"[③]。气是根源范畴,源枯河干,无气即无心性天理。阴阳浑合、交感,合为一气,气有动静,动静为气之几,方动而静,方静而动,静者静动,非不动。气处于变化日新之中,"气日新,故性亦日新"[④]。气规定着人性的善恶价值。人性即气质之性,气是人的生命之源,质是气在人身的凝结,气无不善,性无不善;质有清浊厚薄不同,所以有性善与不

---

① 《吉斋漫录》卷上,《吴廷翰集》,中华书局1984年版,第24页。
② 同上书,第17页。
③ 《读四书大全说》卷十,《船山全书》第六册,岳麓书社1991年版,第1052页。
④ 《读四书大全说》卷七,《船山全书》第六册,岳麓书社1991年版,第860页。

善之别。王夫之以气为核心，诠释人性的伦理道德之理。戴震接着王夫之讲："气化流行，生生不息，仁也。"[①] 气化生人物以后，而各有其性，并有偏全、厚薄、清浊、昏明之别，气是人性的来源和根据，有仁的伦理精神，便互涵为义、礼、智、诚伦理道德和行为规范。这便是戴震所说的以"理言"与以"德言"，前者指仁义礼之仁，后者指智仁勇之仁，其实为一。

中华伦理范畴是动中有静，静中有动，动为静动，静为动静，动静互涵、互渗、互补、互济，而使中华伦理范畴结构、内涵、形态通达完满境界。

（四）伦理范畴历时同时的融合性

中华伦理范畴的形态动静性，侧重于范畴历时态的演化，其纵观与横观、历时态与同时态是互相融合、互相促进，而达相得益彰的状态。伦理各范畴之间上下左右、纵横异同，错综复杂，构成一网状形态，网上的每个纽结，都是上下左右的凝聚点、联络点、驿站，再由此凝聚点、联络点、驿站向四周辐射、扩散，构成一畅通无阻、四通八达的范畴逻辑之网。从这个意义上说，伦理范畴是人们对于宇宙、社会、人际、心灵之间关系长期生命体认的结晶，是对于个人、家庭、国家、民族之间关系深沉智慧洞见的提升。

每个伦理范畴的形态动静运动，都处于历时态和同时态之中。历时态和同时态可以养育、发展、丰富伦理范畴，也可以使其破坏、废弃、断裂。因而协调、融突好伦理与政治、经济、文化的关系，理性地调整、平衡好伦理范畴之网各方面关系，是使伦理范畴在历时和同时态中不遭破坏、废弃、断裂的措施。在这里，协调、融突、调整、平衡、蕴含价值观念、思维方法，由于

---

① 《仁义礼智》，《孟子字义疏证》卷下，中华书局1961年版，第48页。

价值观念和思维方法的偏激，亦会造成伦理道德范畴被批判、扔掉、打倒，导致中华伦理精神伦丧、行为规范迷失，乃至人们手足无所措，礼仪之邦而无礼仪的状况。

礼作为伦理范畴，是在历时性和同时性中得以体现的，礼的起源，历来众说纷纭：一是事神致福说。许慎《说文解字》："礼，履也，所以事神致福也。"《礼记·礼运》认为礼之初是致其敬于鬼神，王国维诠释为"奉神之酒醴谓之醴"，"奉神人之事通谓之礼"①。礼是奉神致福的祭祀行为，祭祀鬼神的仪式，有一定礼仪之规，后便约定俗成为礼。二是礼尚往来说。《礼记·曲礼》："礼尚往来，往而不来非礼也，来而不往亦非礼也。人有礼则安，无礼则危。"② 礼尚往来包含"礼物"和"礼仪"两个层面，礼物往来是物品交易活动，礼仪是交往规范。三是周公制礼作乐说。孔子说，殷因于夏礼，周因于殷礼，可见夏商已有其礼，周公在损益夏商之礼后而作周礼。四是礼皆出于性。栗谷（李珥）在《圣学辑要》中引周行已的话："礼经三百，威仪三千，皆出于性。"③ 礼出于本真的人性，而非出于伪装饰情或礼品交换行为。礼在历时性和同时性中都有不同的体认，但一般都把它作为礼仪行为规范。

孔子处"礼崩乐坏"的时代，礼仪行为规范遭严重破坏，不仅礼乐征伐自诸侯出，而且子弑父、弟弑兄等违礼的行为层出不穷，致使孔子是可忍，孰不可忍！在这个同时态中，本来作为"天之经也，地之义也，民之行也"，"上下之纪，天地之经纬

---

① 王国维：《释礼》，《观堂集林》卷六，《王国维遗书》（一），上海古籍书店1983年版，第15页。

② 《曲礼上》，《礼记正义》卷一，中华书局1980年版，第1231—1232页。

③ 《圣学辑要》（二），《栗谷全书》（一）卷二十，韩国成均馆大学校大东文化研究院1985年版，第442页。

也，民之所以生也"的礼，已与揖让、周旋之礼有别。前者已超越礼的形式，即仪的揖让、周旋的层次，而提升为天经地义、民之所以生的形而上的终极层次，赋予礼以终极价值。孔子是在这样的时态中，体认礼的价值，呼喊不可"违礼"。然而，礼作为"国之干"也好，"身之干"也好，"所以正民"也好，都是主体人外在的东西，是以外在的力量规定礼的性质、作用、功能，以及主体人应如何的行为规范，并非出于主体人自身的自觉。为了使外在的礼的行为规范成为主体人的自觉的行为活动，必须获得内在伦理精神、道德意识的支撑，于是孔子援入仁的伦理道德范畴，并以仁为礼的本质的体现。"子曰：'人而不仁，如礼何？'"① 无仁，如何来对待礼仪制度，这是化解外在违礼行为与内在道德意识分裂、紧张的一种选择，只有把道德意识与行为规范、内与外、仁与礼融合起来，置于同时态的状态中，礼才能转化为一种主体自觉的道德行为。孔子说："克己复礼为仁，一日克己复礼，天下归仁焉。为仁由己，而由人乎哉？"② 一切违礼的行为都出于某种私利、权力、功利的欲望，克制自己的欲望，使自己的行为自觉地符合礼，凡非礼的都不去视听言动，就是仁，这样仁与礼圆融。既然实践仁的道德全凭自己的自觉，那么，实践礼的道德规范也出于自己的自觉。这样，外在礼的他律性同时也具有了内在的道德自律性。

仁与礼在同时态的互渗、互补中，又在历时态的演变中，获得了丰富和发展。孟子绍承孔子，他把仁义礼智都纳入伦理精神、道德意识中。他认为"人皆有不忍人之心"，所谓不忍人之心是指人人皆有怵惕恻隐的心。由此看来如果一个人没有恻隐心、羞恶心、辞让心、是非心，简直就不像个人，"恻隐

---

① 《八佾》，《论语集注》卷二，世界书局1936年版，第9页。
② 《颜渊》，《论语集注》卷六，第49页。

之心，仁之端也；羞恶之心，义之端也；辞让之心，礼之端也；是非之心，智之端也"①。礼作为辞让之心，是人作为一个人所不能欠缺的，否则就是"非人也"，这就是说，礼的伦理精神是"人皆有"的道德心，是人性所本有的。礼的辞让之心的自然流出，即是主体道德心自觉又自然的表现。这样孔子的"仁者爱人"和孟子的"人皆有不忍人之心"，在"礼崩乐坏"、天下无道的情境下，为"复礼"的合法性、合理性作了理论的诠释。

如果说孟子从人性善的价值观出发，导向内律与外律、仁与礼的圆融，那么，荀子从人性恶的价值观出发，导向外律的礼与法的圆融。这种圆融，孟子实以仁节礼，仁体礼用；荀子援法入儒，以儒为宗，以礼统法。荀子认为礼有五方面的性质和功能：（1）作为行为规范而言，礼是衡量人之好坏的标准，国家有道无道的尺度，治国的规矩。他说："礼者，人主之所以为群臣寸、尺、寻、丈检式也。"②"礼之所以正国也，譬之犹衡之于轻重，犹绳墨之于曲直也，犹规矩之于方圆也，既错之而人莫之能诬也。"③"隆礼贵义者其国治，简礼贱义者其国乱。"④ 这是国家强弱的根本；从这个意义上说，礼是政事的指导，是处理国政的指导原则："礼者，政之面挽也。为政不以礼，政不行矣。"⑤（2）作为伦理道德而言，礼体现了伦理精神和道德行为。"礼也者，贵者敬焉，老者孝焉，长者弟焉，幼者慈焉，贱者惠焉。"⑥在人伦关系上，对贵、老、长、幼、贱者，要尊敬、孝顺、敬

---

① 《公孙丑上》，《孟子集注》卷三，世界书局1936年版，第25页。
② 《儒效》，《荀子新注》，第111页。
③ 《王霸》，《荀子新注》，第171页。
④ 《议兵》，《荀子新注》，第233页。
⑤ 《大略》，《荀子新注》，第445页。
⑥ 同上书，第442页。

爱、慈爱、恩惠，体现了忠孝仁义的道德原则，并使之定位，"礼以定伦"①，即指君臣、父子、兄弟、夫妇之伦，都能遵守符合其伦的道德规范；(3) 作为礼的性质来看，"礼有三本，天地者，生之本也。先祖者，类之本也。君师者，治之本也。"② 三者是生存、人类、治国的根本。礼有三本而有分与别，"辨莫大于分，分莫大于礼，礼莫大于圣王"③。人与人之间的分别，最重要的是礼，即等级名分。"礼也者，理之不可易者也。乐合同，礼别异。"④ 礼体现着贵贱上下的等级差分，这是其不可改变的原则。这个不可易者，便是终极之道。"礼者，人道之极也。"⑤ (4) 作为可操作的礼仪制度，包括婚、葬、祭等各种礼仪，如"亲近之礼"，男子亲自到女方迎娶的礼节。"丧礼者，以生者饰死者也。"⑥ 但"五十不成丧，七十唯衰存"⑦。(5) 作为礼与法的关系来看，"礼义生而制法度"⑧。"明礼义以化之，起法正以治之。"⑨ 以礼义变化本性的恶，兴起人为的善，并以法度来治理。治国的根本原则，在礼与法，"明德慎罚，国家既治四海平"⑩。礼法兼施，"隆礼尊贤而王，重法爱民而霸"⑪。前者可以称王于天下，后者可以称霸于诸侯。这种礼法融合的礼治模式，开出汉代"霸王道杂之"的"汉家制度"，凸显了中华

---

① 《致士》，《荀子新注》，第 226 页。
② 《礼论》，《荀子新注》，第 310 页。
③ 《非相》，《荀子新注》，第 56 页。
④ 《乐论》，《荀子新注》，第 338 页。
⑤ 《礼论》，《荀子新注》，第 314 页。
⑥ 同上书，第 322 页。
⑦ 《大略》，《荀子新注》，第 442 页。
⑧ 《性恶》，《荀子新注》，第 393 页。
⑨ 《性恶》，《荀子新注》，第 395 页。
⑩ 《成相》，《荀子新注》，第 416 页。
⑪ 《天论》，《荀子新注》，第 277 页。

伦理范畴历时态与同时态的融合性。

（五）伦理范畴的内涵生生性

中华伦理范畴大化流行，生生不息。"天地之大德曰生"，"生生之谓易"。天地间最根本、最伟大的德性，就是生生。生生是为变易，生生的变易是新事物、新生命不断的化生。换言之，即是中华伦理新范畴的化生和范畴新内涵的开出。

从孔子"仁"的伦理范畴新内涵的开出表层结构的具体意义，深层结构的义理意义及整体结构的真实意义来看仁内涵的生生性。就表层结构而言，仁是爱人，《论语》"爱人"三见，讲治国要爱护百姓，君子学道则爱人，其基本语义是人与人之间关系的一种行为规范或道德标准。进而如何实践"仁者爱人"，孔子要求从自己做起，"为仁由己"，从正面说自己"欲立"，"欲达"，也使别人"立"和"达"；从负面说，"己所不欲，勿施于人"。"己欲"与"己所不欲"，"立人达人"与"勿施于人"，从正负两个方面说明实践"仁者爱人"的要求。

"为仁由己"，要求每个人要"克己"，即约束自己，使自己的视听言动合乎礼，这便是仁，如何进行仁的道德修养？从正面说"刚毅木讷近仁"[①]，是正面的应然价值判断，从负面说"巧言令色，鲜矣仁"[②]，这是负面的不应然价值判断。由自己的道德修养"仁"，推致家庭的父子、兄弟、夫妇之间，便是"孝弟也者，其为仁之本与"[③]，再由家庭推致天下，"能行五者于天下为仁矣"[④]。此五者便是指恭、宽、信、敏、惠。构成了从约束自我—家庭—社会—天下的道德行为规范。仁便从内在的道德意

---

① 《子路》，《论语集注》卷七，世界书局1936年版，第58页。
② 《学而》，《论语集注》卷一，第1页。
③ 同上。
④ 《阳货》，《论语集注》卷九，第74页。

识和伦理精神转化为伦理道德行为规范，这是一个从内到外的化生过程。

"仁"从表层结构的具体意义而开出深层结构的义理意义，是把孔子仁的伦理精神和行为规范从句法和语义层面超越出来，置于宏观的时代思潮之中，来透视微观伦理范畴义理。仁是孔子思想的核心范畴，它与各伦理范畴联结，由各纽结而构成网状形式，抓住网上的纲领，便可把孔子思想提摄起来，也可以进一步体认仁的伦理价值。譬如说仁与礼融合渗透，礼的尚别尊分、亲亲贵贵的意蕴作用于仁，使仁在处理人与人之间关系，便不能普遍地、无差等地贯彻"仁者爱人"的"泛爱众"的伦理精神，而受到墨子的批评。从范畴的联系中，反求伦理范畴的涵义，更能体贴伦理范畴真义。

从伦理范畴的网状结构贴近其真义，开展为从时代思潮的整体联系中体贴其意蕴，体现伦理范畴内涵的吐故纳新，新意蕴化生。譬如《国语》讲："杀身以成志，仁也。"[①] 孔子说："志士仁人，无求生以害仁，有杀身以成仁。"[②] 又《左传》僖公三十三年载："德以治民，君请用之；臣闻之：'出门如宾，承事如祭，仁之则也'。"[③] 孔子说："出门如见大宾，使民如承大祭。"[④] 再《国语》载："重耳告舅犯。舅犯曰：'不可，亡人无亲，信仁以为亲……'"[⑤] 孔子说："君子笃于亲，则民兴于仁。"[⑥] 由此可见，孔子"仁"的学说是与时代政治、经济、礼乐制度相联系，是当时一种社会思潮的呈现；是在"礼崩乐坏"

[①] 《晋语二》，《国语集解》卷八，中华书局2002年版，第280页。
[②] 《卫灵公》，《论语集注》卷八，世界书局1936年版，第66页。
[③] 《春秋左传注》，中华书局1981年版，第1108页。
[④] 《颜渊》，《论语集注》卷六，世界书局1936年版，第49页。
[⑤] 《晋语二》，《国语集解》卷八，中华书局2002年版，第295页。
[⑥] 《泰伯》，《论语集注》卷四，世界书局1936年版，第32页。

的冲突中，企图援仁复礼，重建伦理精神、礼乐制度的努力；孔子仁的义理智慧在时代的振荡中获得新生命。

"仁"再由深层结构的义理意义而开出整体结构的真实意义。"仁"作为伦理范畴，在与时偕行的大浪中，被冲刷、淘尽了一切外在的面具和装饰，而显露出真实的相貌。战国初，墨子从两个方面批评孔子"仁"的思想。《墨子·非儒下》载："儒者曰：'亲亲有术，尊贤有等，言亲疏尊卑之异也。'"[①] 施仁有此异，则爱人有差等。结果是"各爱其家，不爱异家"，"各爱其国，不爱异国"。这种异，便是有别，别则"相恶"，故此，墨子主张"兼相爱"，"兼即仁矣，义矣"[②]。"别"与"兼"，为孔墨仁学之分。另墨子认为，儒者以古言古服合乎礼，然后仁。他主张"仁人之事者，必务求兴天下之利，除天下之害"[③]。礼之道义与兴利除害的功利之分。在这里，墨子所批评的是孔子仁的深层结构的义理意义，但从表层结构的具体意义来看，孔子的"泛爱从"与墨子的"兼相爱"并无语义上的差别。

孟子对墨子的批评提出反批评："杨氏为我，是无君也；墨氏兼爱，是无父也。无父无君，是禽兽也。"[④] 说明为什么爱有差等亲疏之别。荀子亦认为，"贵贱有等，则令行而不流；亲疏有分，则施行而不悖……故仁者仁此者也"[⑤]。批评墨子"有见于齐，无见于畸"[⑥] 之失。秦的速亡，仁的伦理精神获得了价值合理性的论证。两宋时，伦理精神和道德规范提升为道德形而上

---

① 《晋语二》，《国语集解》卷八，中华书局2002年版，第295页。
② 《兼爱下》，《墨子校注》卷四，中华书局1993年版，第178页。
③ 《非乐上》，《墨子校注》卷八，第379页。
④ 《滕文公下》，《孟子集注》卷六，世界书局1936年版，第48页。
⑤ 《君子》，《荀子新注》，中华书局1979年版，第408页。
⑥ 《天论》，《荀子新注》，第280页。

学，仁在生生不息中获得新义。理学的开山周敦颐说："天以阳生万物，以阴成万物。生，仁也；成，义也。"① 仁育万物，而有生意。程颢说："万物之生意最可观，此元者善之长也，斯所谓仁也。"② 仁所体现的万物生命的生意，是天地生生之理的所以然，于是他把仁放大，以体验仁者以天地万物为一体的境界。朱熹集周敦颐、张载、二程道学之大成，发为"仁也者，天地所以生物之心，而人物之所得以为心者也"③。如桃仁、杏仁，此仁即为桃、杏生命之源，亦是桃、杏之所以为桃、杏的根据。这种伦理范畴生生不息的新意，是伦理精神和道德价值合理性生命力的体现，是伦理范畴的内涵生生性呈现。

中华伦理范畴在和合学"竖观"、"横观"、"合观"的视野下，其逻辑的结构性、思维的整体性、形态的动静性、历时同时态的融合性、内涵的生生性都得到了充分的展示，中华民族伦理精神和道德行为规范的价值合理性也得到了完善的说明。《中华伦理范畴》丛书的出版，将为弘扬中华民族传统文化，实现中华民族伟大复兴作出贡献，这也是一项利在当代，功在后世的重大文化工程。

是为序。

2006 年 8 月 30 日
于中国人民大学孔子研究院

---

① 《顺化》，《周敦颐集》卷二，中华书局1984年版，第22页。
② 《河南程氏遗书》卷十一，《二程集》，中华书局1981年版，第120页。
③ 《克斋记》，《朱文公文集》卷七十七。

《中华伦理范畴》第二函前言

傅永聚　齐金江

中华文化是伦理型文化。以儒家伦理道德为显著特色的中华伦理是中华民族文化和精神的内核与载体，是中华民族五千年生生不息、绵延峥嵘的源头活水；在建设有中国特色的社会主义事业进程中，继承和弘扬中华民族优秀的伦理道德，是建设中华民族共有精神家园的重要切入点，是全面实现社会和谐的重要保障；从当代中华民族生存的国际环境看，中华伦理是东方文化和智慧的杰出代表，是在多元文化相互激荡、多元思想猛烈交锋的新的历史条件下，保持中华民族强大竞争力和凝聚力，促进中华民族和平发展，实现中华民族伟大复兴的强大思想武器和坚实基础。

一、以儒家伦理道德为显著特色的中华伦理是中华民族文化与精神的内核与载体，是中华民族五千年生生不息、绵延峥嵘的源头活水。

中国是世界文明古国之一，且是文明唯一不曾中断者。中华民族从诞生之日起就十分注重伦理道德建设，使民族文化具有伦理型的典型特征。先秦时期伟大的思想家老子、孔子、孟子、荀子等都曾为中华伦理的价值体系构建作出了重大贡献。尤其是孔子，其思想积极入世，以仁为核心，以和为贵，以礼为约束，以道德高尚的君子人格为楷模，其影响跨越时空，成为中华礼乐文化的重要根据、价值观念的是非标准和伦理道德的规范所在。孔子是当之无愧的中华文化符号，他的一系列思想构成中华文化的基本精神。汉代以来，孔子为代表的儒家思想成为中华主流文化，儒家的伦理道德遂成为中华民族传统文化的主干。中国统一稳定、疆域辽阔、经济发达、文明先进，曾领先世界文明两千年。中华影响远播海外。受中华伦理道德熏陶培育成长起来的政治家、文学家、军事家、思想家、教育家如群星璀璨，民族英雄凛然千古，成为炎黄子孙千秋万代的丰碑。只是在近代，由于资本主义和帝国主义列强的侵略，民族灾难深重，我们才暂时落伍了。19—20世纪中叶中华民族所受的苦难和耻辱，在世界民族史上是罕见的。但中华民族一直在反抗、在斗争。历经磨难而不亡，说明我们的民族有一种坚韧不拔、自强不息的精神。

人类历史的发展是不平衡的，跳跃性的，先进变落后，落后变先进也是一种历史规律。"雄鸡一唱天下白"。中国共产党领导新中国成立，中国人民站起来了！尤其是改革开放以来，在邓小平理论指引下中国发展迅速，综合国力增强，政治、经济地位发生了翻天覆地的变化，中国人民正在信心百倍地建设现代化社会主义。强大的政治、经济呼唤强大的文化，呼唤人的高尚道德的养成。通过弘扬中华民族优秀的伦理道德，提升国人素质，优化国人形象，确立优秀伦理道德在华人文化中的特色地位，可以得到不同文化背景、不同宗教信仰的群体的共同认可。这对于发扬光大中华文化、实现祖国统一大业、实现中华民族的伟大复兴都具有重要的现实意义和深远的历史意义。

二、在建设有中国特色的社会主义事业进程中，继承和弘扬中华民族优秀的伦理道德，是建设中华民族共有精神家园的重要切入点，是全面实现社会和谐的重要保障。

近代以来，中国饱受西方列强侵凌，经济落后，积贫积弱，传统文化一时成为替罪之羊。在全盘西化、民族虚无主义妖雾迷漫之时，嘲笑、批判、搞倒搞臭传统文化一度成为最革命、最时髦的心态。从盲目不加分析地打倒孔家店，到"文化大革命"破四旧、批林批孔，人们在干着挖掘自己民族文化之根的傻事。"文化大革命"过后，一代人的道德品质沦丧，几代人的道德品质受损，礼仪之邦一时间竟要从礼仪 ABC 起补课。尤其近几十年来，由于西方强势文化携其具有鲜明征服特色的价值观念不断有意识地涌入，中华民族传统的道德伦理受到猛烈的冲击，社会上下思想领域中普遍存在着信仰失范、价值观念扭曲、道德滑坡、精神迷惘和庸俗主义、世俗化盛行、拜金主义泛滥等一系列问题。对此，党和国家领导人一直给予高度重视，屡屡发出警语。

早在改革开放之初，邓小平同志就严厉地指出："一些青年男女盲目地羡慕资本主义国家，有些人在同外国人交往中甚至不顾自己的国格和人格，这种情况必须引起我们的认真注意。我们一定要教育好我们的后一代，一定要从各方面采取有效的措施，搞好我们的社会风气，打击那些严重败坏社会风气的恶劣行为"[1]；"如果中国不尊重自己，中国就站不住，国格没有了，关系太大了"[2]；"中国人要有自信心，自卑没有出路"[3]；他反复强调物质文明与精神文明一起抓，两手都要硬，否则，"风气如果坏下去，经济搞成功又有什么意义？"

江泽民同志十分重视用中华优秀传统道德伦理教育下一代，他说："在抓紧社会主义物质文明建设的同时，必须抓紧社会主义精神文明建设，坚决纠正一手硬、一手软的状况"[4]；"必须继承和发扬民族优秀文化传统而又充分体现社会主义时代精神，立

---

[1] 《邓小平文选》第 2 卷，第 177 页。
[2] 《邓小平文选》第 3 卷，第 332 页。
[3] 同上书，第 326 页。
[4] 《在党的十三届四中全会上的讲话》，载《江泽民文选》第 1 卷，第 61 页。

足本国而又充分吸收世界文化优秀成果，不允许搞民族虚无主义和全盘西化"①；"任何情况下，都不能以牺牲精神文明为代价去换取经济的一时发展"②；"保持和发扬自己民族的文化特色，才能真正立足于世界民族之林。我们能不能继承和发扬中华民族的优秀文化传统，吸收世界各国的优秀文化成果，建设有中国特色的社会主义文化，这是事关中华民族振兴的大问题，事关建设有中国特色社会主义事业取得全面胜利的大问题"③。

胡锦涛总书记更是从中华民族优秀传统文化中汲取营养，提出了科学发展观、以人为本、社会主义和谐社会建设的一系列重要理念，尤其是社会主义荣辱观的提出，在全社会和全体公民中引起强烈反响。以热爱祖国为荣，以危害祖国为耻；以服务人民为荣，以背离人民为耻；以崇尚科学为荣，以愚昧无知为耻；以辛勤劳动为荣，以好逸恶劳为耻；以团结互助为荣，以损人利己为耻；以诚实守信为荣，以见利忘义为耻；以遵纪守法为荣，以违法乱纪为耻；以艰苦奋斗为荣，以骄奢淫逸为耻。"八荣八耻"是中国传统文化价值的进一步发展，现实性和可操作性很强。对于全社会，特别是青少年思想道德教育意义重大。十七大正式提出了建设中华民族共有精神家园的宏伟历史任务，而中华优秀传统伦理道德就是我们的民族之根。

我在8年前写过一篇文章，名字叫"日积一善，渐成圣贤"，这句话今天仍不过时。人的潜意识中亦即本性中总有为恶的一面。换句话说，人是既可以为恶也可以为善的。一个人一生当中，一点坏事也没有做过的，可以说没有；但所做的坏事好事

---

① 《当代中国共产党人的庄严使命》，载《江泽民文选》第1卷，第158页。

② 《正确处理社会主义现代化建设中若干重大关系》，载《江泽民文选》第1卷，第74页。

③ 《宣传思想战线的主要任务》，载《江泽民文选》第1卷，第507页。

总有一个比例。就社会上的芸芸众生来说，完完全全的君子可能一个也找不到，但基本上属于君子的或基本上属于小人的有一个明显的界限。人生一世，所做的好事多，就基本上是个好人；而所做的恶事多，就基本上是个坏人。我们每人每天都在做事，为自己，为他人，为社会，为人类。在做每一件事情之前，你是怎么想的？是想做善事还是做恶事？是一种什么心态支配着你去做成善事或者是恶事，这就牵涉一个人的道德修养水平，牵涉人生观、价值观这个根本问题。法律是刚性的他律，舆论监督是柔性的他律，而道德修养属于自律。具体到每一个人，自律永远是道德修养的基础，也是他律的基础。自律受法律的威慑，但更重要的是内里自觉修养的功夫。因此，儒家伦理所揭示的仁义礼智、忠孝廉耻、和合勇毅等一整套人之为人的大道理就成为流传千古的向善弃恶的道德规范。日积一善，慢慢接近于道德高尚的境界；日为一恶，就会不断向小人的队伍靠拢。诚然，让每个人都成为君子是不现实的；但是，通过优秀伦理文化的教育和普及，不断提高绝大多数人的"君子化"水平则是可能的，也是现实的。季羡林先生说过一句非常中肯的话："能为国家、为人民、为他人着想而遏制自己本性的，就是有道德的人。能够百分之六十为他人着想百分之四十为自己着想，就是一个及格的好人。"[①]语重心长，应该引起人们的深思。

三，从当代中华民族生存的国际环境看，中华伦理是东方文化和智慧的杰出代表，是在多元文化相互激荡、多元思想猛烈交锋的新的历史条件下，保持中华民族强大竞争力和凝聚力、促进中华民族和平发展、实现中华民族伟大复兴的强大思想武器和坚实基础。

当今世界，既有多元化、多极化的客观需求，又有强权独

[①] 季羡林：《季羡林谈人生》，当代中国出版社2006年版，第6页。

霸、政治高压、经济封锁和文化扩张的客观现实。这就是中华民族走向现代化所面临的国际生存环境。你必须强大，可人家不愿看到你强大，而压制你强大的武器不仅有政治的、经济的，更有文化的、思想的。在这种环境下，民族精神、民族文化越来越成为一个民族赖以生存和发展的精神支柱。精神颓废、委靡不振的民族必然失去其自主、独立、生存的资格，必然走向衰亡。儒家思想在其2500年的发展中，孕育了中华民族精神，担当了建构民族主题精神的重任，它以和合发展、生生不息的生命与生存智慧维系着中华民族的绵延和发展，影响着东方文化体系的形成壮大，成为东方文化智慧的杰出代表。这是其他三大文明古国的精神传统所不能比拟的。孔子与穆罕默德、耶稣和释迦牟尼一起被称为缔造世界文化的"四圣哲"和世界名人之首。孔子既属于中国，也属于世界，他的思想既是历史的又是跨时代的。在多元文化并行，多种思想激烈交锋的时代背景下，儒家文化就是中华民族的声音，就是文化对话的资格。在文化传播的态度上，既要主张"拿来主义"，又要力行"送去主义"，现在我们国家设立在世界上的250多所孔子学院，就是主动送出去的例证。当然，孔子学院主要发挥的是语言传播的功能，今后应加强孔子思想传播的内容。因为思想传播比语言传播更为深邃。

中华传统伦理思想内涵丰富，包罗万象。我们对前人的研究进行了系统的反思和归纳，将其总结为64个德目，即仁、爱、忠、恕、礼、义、廉、耻、中、信、和、合、诚、德、孝、悌、勤、俭、修、志、圣、公、洁、贞、庄、正、平、温、友、强、容、智、道、顺、良、格、博、节、健、实、恒、明、忧、廉、行、美、刚、气、善、勇、敬、慈、敏、惠、乐、毅、省、新、恭、直、慎、雅、理、利（见《联合日报》2006年8月10日第3版）。首批选取了仁、和、信、孝、廉、耻、义、善、慈、俭等10个德目进行研究，已由中国社会科学出版社于2006年12

月出版发行。

《中华伦理范畴》第一函甫出，学术界给予了鼎力支持和高度评价。著名国学大师季羡林先生在301医院抱病亲笔为之题词：中华伦理，源远流长；东方智慧，泽被万方；并委托秘书打电话给总编，说"感谢你们为中华民族文化复兴事业做了一件大好事"。中国人民大学著名学者张立文先生冒着酷暑、挥汗如雨，一气呵成洋洋两万多字的长文，称"《中华伦理范畴》丛书从中华民族传统伦理道德中撷取六十多个重要德目，并对每个德目自甲骨文以至现代，进行全面系统研究，以凸显集文本之梳理，明演变之理路，辨现代之意义，立撰者之诠释的价值，撰写者探赜索隐，钩沉致远，编纂者孜孜矻矻，兀兀穷年"；"这是一项利在当代、功在后世的文化工程，将对进一步证实中华伦理精神的价值合理性产生深远的影响，并对弘扬中华民族传统文化，实现中华民族伟大复兴作出应有的贡献"。原中共中央政治局委员、国务院副总理谷牧、姜春云和原国务委员王丙乾纷纷致函祝贺，认为"《中华伦理范畴》丛书的出版发行，对于弘扬中华民族精神，提高民族人文素质，全面翔实地展现中华民族的优秀传统伦理道德，积极推进社会主义道德建设具有重要的现实意义"。国际儒联主席叶选平先生慨然为丛书题写了书名。台湾著名学者刘又铭、张丽珠、郭梨华等在《光明日报》上撰写文章，认为："中华传统伦理文化源远流长，《中华伦理范畴》丛书对六十多个范畴进行系统的梳理和研究，气势磅礴，意义深远实乃填补学界空白之作"；"《中华伦理范畴》丛书的第一函出版发行，令人鼓舞"；"《中华伦理范畴》付梓印行，实乃学界盛事，作者打通中西之隔，超越唯物论与唯心论之争，高屋建瓴，条分缕析，用力之勤，令人感佩"。主流媒体分别以《海峡两岸学者笔谈中华伦理范畴》、《人能弘道、非道弘人》、《弘儒学之道、为生民立命》和《人文学者为生民立命的人间情怀》等为题发表了评论。《中华伦理范畴》丛书已经先后获得济宁市2007年社会科学优秀成果一等奖；山东省高校2007年社会科学优秀成果一等奖和山东省2008年哲学社会科学优秀成果一等奖。所有这些荣誉都给我们这个学术团队的辛勤劳动以充分肯定，也坚定了我们迅速编撰第二函的决心。我们接着精选了节、智、明、谦、美、正、中、乐、公等9个基本范畴，按照第一函的体例，对这9个伦理范畴的含义、实质及在历史上的发生、演变进行了系统的介绍、阐述和论证，力求完整地呈现出它们本来的面目、意义和社会价值。

——关于"节"。节可称为节操，包含气节和操守两个方面的内容。在《易·序卦》中，"其于木也，为坚多节"。可见节对于良木的重要作用，它可以连接并加固植物的各个部分，使植物变得更加坚韧，而不易弯曲、折断。由于节的特殊地位，"节"通常用来形容人坚韧不拔、高风亮节、不屈不挠的高贵品格。左思《咏史》中"功成耻受赏，高节卓不群"就反映了人心不为名利、爵位所动的精神品质和道德修养。高尚的节操被历朝历代所肯定和赞赏，载入史册，流芳百世。节操与仁义、信义、忠义、廉耻等伦理概念紧密联系在一起，它们之间的内涵相互渗透、相互补充，为"节"的内容注入了丰富而新鲜的血液和生机。节操作为一种思想观念，在秦统一以后才逐步显现，先秦时期那些为国君、宗族效命的思想如殉君、死节、侠义等意识逐渐扩大为民族主义、爱国主义以及遵纪守法等思想，气节、节操与坚持正义、英勇不屈、洁身自好、品行端正等优秀品格联系在一起。在儒学成为中国主流文化后，在其日益影响下，节操观念不断发展和修缮，成为中华传统伦理范畴之一。节操的思想自古有之，考诸历史典籍，孔子、孟子等先期儒学大师未明确提出"节"的概念，直到北宋时期，程颐开始提出"节"，并对"节"从贞节的角度进行阐述，指出"饿死事小，失节事大"，其中的"节"就包含了人诸多的道德层面。历经宋元理学家的提倡和赞颂,明清时期的贞节观念逐步浓厚,贞节观成为束缚古代妇女自由的枷锁和镣铐,影响深远。各类古籍直接论述气节、操守的相对较少,只散见于典籍中的一些名人笔记,例如苏武:"屈节辱命,虽生,何面目以归汉"[1];颜真卿:"吾守吾节,死而后已"[2];韩愈:"士穷乃见节义"[3];刘禹锡:"烈士之所以异于恒人,以其仗节以死谊也"[4];苏轼:"豪杰之士,必有过人之节"[5];欧阳修:"廉耻,士君子之大节"[6];文天祥:"时穷节乃见,一一垂丹青"[7]。节操包含仁、义、忠、信、廉、耻等诸多内容,它是一个综合性很强的范畴,不成一个完备的系统。概括来讲,节操观念是具有仁、义、忠、信、廉、耻等内容的儒家伦理范畴,它形成于先秦秦汉时期,贯穿于整个中国传统社会,无论治世还是乱世,它拥有强大的张力和表现力,凝聚着中华民族思想文化的精华,涵盖了传统文化最有价值的核心范畴。节操在中国古代法律伦理化的过程中,被吸收融入许多法律规定中,如有人叛国投敌,亲属要受到惩处;贪赃枉法,最高可处以死刑。在传统中国,利用伦理道德约束的氛围和有关法律规定,使人们自觉或不自觉地受到节操观念的影响,保持高尚的气节操守受世人仰慕、失节则受万世万代唾弃的思想深入人们的心灵之中,士大夫对自己的气节与名节尤为爱惜,看得宝贵,认为此"节"关乎当下和身后名,把它看得比性命还要重要。节操观念在现代

---

[1] 《汉书·苏建传附苏武传》。
[2] 《旧唐书·颜真卿传》。
[3] 《柳子厚墓志铭》。
[4] 《上杜司徒书》。
[5] 《留侯论》。
[6] 《廉耻说》。
[7] 《正气歌》。

社会可以发挥它道德约束的巨大作用。在社会舆论方面，坚持爱国主义、民族气节、廉洁奉公可敬，让人人都认同缺乏职业道德、丧失气节可耻，并由此形成浓厚的社会氛围，不仅中国要建设法治化社会，也要以德治为补充和依托，弘扬高尚的道德操守、民族气节与高度的社会责任感。

——关于"智"。其基本的含义是智慧、聪明。《说文》云："智，识词也。从白，从亏，从知。"《释名》曰："智，知也，无所不知也。"仁、义、礼、智、信是儒家伦理学说的重要内容，孔子说："仁者安仁，知者利仁。"子贡说："学不厌，智也；教不悔，仁也。"《孙子兵法》云："将言，智、信、仁、勇、严也。"孟子说："是非之心，智也。"智是社会生产力不断发展的产物，智包含人对是非对错的分辨能力，战争中所表现出的机智和谋略，也是智的一种，智也是"知"，知识之意。《论语·子罕》曰："智者不惑，仁者不忧，勇者不惧。"孟子认为"仁义礼智根于心"。智与仁义、诚信、勇、勤等概念和范畴紧密联系，儒、道、法、兵、名、墨家都在不同程度上分别论述了"智"的内涵和外延。《中庸》云："好学近乎知（智），力行近乎仁，知耻近乎勇。"认为智、仁、勇是"天下之达德"。在中国古代的兵法中，"智"占据了重要的内容，智对战争的胜负起了决定性作用，"兵不厌诈"与指挥者的智慧是分不开的，兵道即诡道，更充分说明了智的变化性对指导战争的积极作用。战时要把握战争的规律，创造有利于己方的作战阵容，即时掌控敌方的兵事变更，争取战斗的主动权。春秋战国是百家争鸣、众家之智角逐历史舞台的重要时期，从那时起，中国的智谋文化开始萌动，并逐渐成长和发展，智观念的形成与发展，推动了我国思想文化的发展与繁荣，奠定了古代科技的良好基础，对当时社会改革的深入与进步起到了有效且有力的作用。战国时期，养士风气日浓，出现了许多著名的有识之士和纵横家，如惠施、苏秦等。

汉代崇尚智的学者如司马迁、刘向等，他们在书中褒扬了许多智慧之士，三国时期的诸葛亮与周瑜是智慧的使者与化身，明清是充满智慧的时代，当时的文人学者、贤哲仁人、能工巧匠不绝于世，出现了《益智编》、《智品》、《经世奇谋》、《智囊》四大智书，《智囊自叙》认为："人有智犹地有水，地无水则为焦土，人无智则为行只。智用于人，犹水行于地，地势坳则水满之，人事坳则智满之。"到了近代，有识之士为开发民智进行了艰苦卓绝的努力和改革，严复认为鼓民力、开民智、新民德三者为自强之道。维新派与洋务派不断认识到开民智的重要意义，加强学校的教育。新文化运动的倡导者与共产党人更是在开发民智，提高国民文化素质上作出了努力和改革。智对于现代社会的意义不言而喻，人类的智慧在社会生产力的发展中起到了重要作用，智在现代人际交往、现代商战、现代法制建设等诸多方面有其独特的地位和意义。智不是孤立的世界，现代的智要与普遍的社会道德、仁义联系起来，才能发挥它积极的作用，创造出更多的社会价值。

——关于"明"。"明"，由日月二字组成。《易·系辞下》云："日往则月来，月往则日来，日月相推而明生焉。""明"，就是在日月的照耀下，世界一片光明的意思。古人把清楚明白的事物称为"明"，把显著的、一目了然的事物称为"明"，把站高看远之人称为"明"。《尚书·太甲》云："视远惟明。"人们把看透事物的本质称为"明察秋毫"，把能够认识事物本质的人称为"贤明"，或尊称为"明公"，把能够勤于国务、明辨是非的帝王称为"明君"。"明"在社会生活中的引申义就是说，所有的人和事物，都在日月的照耀下，明明白白，一目了然。它是儒家伦理学说的重要内容，是几千年来中国人民的渴望和追求。儒家学说对"明"有深刻的理解和认识，自儒家学说的先驱周公至明清儒家学者，都对"明"做了阐释。儒家的经典《尚书》

中记载了"明德慎罚"、"明四目、达四聪"、"视远惟明"、"圣人不以独见为明"等观念,孔子则提出"举直错诸枉,则民服;举枉错诸直,则民不服",汉代董仲舒,宋代的二程、朱熹,明代的王阳明皆在先秦儒家"明"观念的基础上,对"明"进一步阐述,但总的说来,是希望国家政务都处在光明正大之中。"明"既包括"明德"、"明君",也包括吏治清明、军纪严明等。"明德"就是要修己、正己,"明君"就是要明察狱讼。"明"体现在国家官员的任用方面,就是必须要任人唯贤,以保证吏治的清明。吏治清明、择贤而任,是儒学的重要内容。军纪严明也是古代"明"观念的重要内容,中国最早的兵书《司马法》提出,军中号令要严明,长官要有仁爱之心的兵学原则。《孙子兵法》更是强调了军纪严明的主张。到了近代,当西方资本主义列强用洋枪大炮轰开古老中国的大门时,一部分先知先觉的中国人开始清醒,他们意识到:中国要想富强,必须走西方之路。林则徐、龚自珍、魏源等提出"明耻"观念,康、梁变法提出"君主立宪"的主张,这都体现出近代中国知识分子的"明"的思想,但并未提出以民主制代替专制的主张。中国资产阶级革命运动兴起后,主张以暴力推翻专制,孙中山先生更是提出了"天下为公"、"主权在民"的思想。革命党人的"公理之未明,以革命明之"的理论对几千年封建专制统治下的中国是空前的,想通过"主权在民"实现政府的廉明、官吏的清明、财政的透明,这与封建社会的"明君"、"明臣"是完全不同的概念,他们代表了近代先进中国人的"明"的思想。现代中国在改革开放的大背景下,更需要"明"的观念。特别是对于权钱交易、暗箱操作、"官本位"等社会不良风气的抵制,更是需要树立"明"的观念和"明"的行为,呼唤"明"的思想和作风,这才是建立现代文明社会的途径。

——关于"谦"。其基本的含义是谦让。谦让之德是一种道德自律,是处世原则的重要部分。它要求人们在道德标准上严于律己,宽以待人;在人际交往中要尊重他人,要有卑己尊人的态度和行为。谦让之德不仅是儒家伦理范畴的组成部分,也是中华民族璀璨的传统文化特征之一。《周易·谦卦》以卑释谦:"谦谦君子,卑以自牧也。"朱熹释之:"大抵人多见得在己则高,在人则卑。谦则抑己之高而卑以下人,便是平也。"① 由此可见,谦让可以理解为较低并谦虚地评价自己,同时对别人的心理和行为要较高地看待。《尚书·大禹谟》中说:"满招损,谦受益,时乃天道。"其中的"谦"含有谦逊戒盈的内容。"谦"也通"慊",有满足、满意的意思。《大学》云"所谓诚其意者,毋自欺也,如恶恶臭,如好好色,此之谓自谦"。"谦"不仅是一种伦理范畴,它也是一个哲学概念,中国人历来追求的"谦谦君子"之崇高人格,实际上是积极进取与谦虚自抑的完美结合。《周易》中说:"谦:亨,君子有终","初六:谦谦君子,用涉大川,吉。"《老子》说:"持而盈之,不如其已;揣而锐之,不可长保。金玉满堂,莫之能守;富贵而骄,自遗其咎。功遂身退,天之道也。"② 其意是,碗里装满了水,不如停止下来;尖利的金属,难保长久;金玉满堂,没有守得住的;富贵而骄傲,等于自己招灾;功成名就,退位收敛,这是符合自然规律的。他告诫人们要虚己游世,谦虚恭让,方能长久。孔子说:"君子有九思;视思明,听思聪,色思温,貌思恭……"③ 大意是说,君子在修身达己的过程中,常要考虑容貌态度是不是谦虚恭敬,并论证了谦虚恭敬与礼的密切关系,"恭而无礼则劳,慎而无礼则葸,勇而无礼则乱,直而无礼则绞"④。《国语》中晋文公说:

---

① 《朱子语类》卷七十。
② 《老子》第九章。
③ 《论语·季氏》。
④ 《论语·泰伯》。

"夫赵衰三让不失义。让，推贤也。义，广德也。德广贤至，又何患矣。请令衰也从子。"赵衰数次谦让不失仁义，且有助于国家选贤任能，是个人美德与魅力的一种彰显形式。孟子说："无恻隐之心，非人也；无羞恶之心，非人也；无辞让之心，非人也；无是非之心，非人也。"① 王符认为谦让的品质是人之安身立命的重要依据，"内不敢傲于室家，外不敢慢于士大夫，见贱如贵，视少如长"②。谦让与个人修身、政治素养方方面面的紧密联系，更说明了其在中华传统文化中的特殊地位和社会价值。谦让的态度有利于冲淡人际交往中的各方面冲突，促进团队精神的形成，进一步增强群体和各阶层间的凝聚力。儒学认为谦让是一切道德观念的基础，"让，德之主也。让之谓懿德"③。谦让之德对推进我国道德环境建设，形成和谐而文明的社会氛围有积极的作用。《菜根谭》认为："处世让一步为高，退步即进步的张本；待人宽一分是福，利人实利己是根基。"可见谦让的美德能构筑起和睦温馨的人际往来之桥，通过对"谦"的体悟，人类必能通向和谐而幸福的家园。

——关于"美"。其基本的含义是"以美立善"的伦理美。作为伦理美的"美"是一种"宜人之美"，即从审美角度出发而阐发出对人的"终极关怀"，它指向人的现实生活，与人的生命、生活休戚相关。"美"成为追求人类合规律的自觉与自由的和谐统一，人的社会活动应是"合乎人性"的，能够充分引起精神愉悦、审美情趣的美好享受与舒适体验。中华民族的"美"、"善"观念是从图腾崇拜以及巫术礼仪与原始歌舞中萌发诞生的。"美"、"善"观念在"以人和神"中萌动，在"神人

---

① 《孟子·公孙丑上》。
② （汉）王符：《潜夫论·交际》。
③ 《左传·昭公十年》。

以和"中孕育,在"以众为观"中萌芽。《论语》中写道:"知者乐水,仁者乐山。知者动,仁者静。知者乐,仁者寿。"在其中孔子充分阐述了一种自然的审美情感,在《论语·八佾》中"子谓韶,'尽美矣,又尽善也。'谓武,'尽美矣,未尽善也。'"子曰:"里仁为美。择不处仁,焉得知?"孟子将性善之美、浩然正气、充实之美和与民同乐等方面归纳阐释,引发了人们对美、善至高境界的追求与向往。道法自然、上善若水、大音希声、虚壹而静的道德修养无一不探到美与善的丰富实质,美的内涵与外延包罗万象,"天地有大美而不言","乐行而志清,礼修而行成,耳目聪明,血气和平,移风易俗,天下皆宁,美善相乐"。董仲舒在《俞序》中引世子的话说:"圣人之德,莫美于恕。"同时他也论及了道德之美:"五帝三皇之治天下……民修德而美好","士者,天之股肱也。其德茂美不可名以一时之事","德不匡运周遍,则美不能黄。美不能黄,则四方不能往","此言德滋美而性滋微也"。董仲舒把德与美联系起来,德之美,即德之善。《淮南子》曰:"当今之世,丑必托善以自解,邪必蒙正以自辟。"因此,书中认为假、丑、恶,应予以揭露,同时在社会上提倡真、善、美,期待建立起真、善、美基础上的伦理美。伦理美的核心是"真"而不是"伪",是"质"而不是"文"。中国传统伦理美思想是以儒、道、墨、法等各家伦理道德传统为主要内容的伦理美思想与行为规范的总和。它不仅影响了中国历代人们的价值观念与行为方式,同时也成为衡量人们行为的准则与分辨德行修养的客观依据。修身内省、完善人格、重视情操的伦理美思想,有利于构建和谐社会和人们自我价值的提升,追求人际关系的和谐和强调人伦关系中的"美",有助于社会良好道德氛围的塑造,"天人合一"的伦理美能够保持人与自然的和谐共存,"贵中尚和"、"协和万邦"的伦理美思想是指导和谐社会、恰当处理各类关系的道德准则,"志存高远"、"自强不息"、"修己以敬"等伦理美观念丰富了人们的思想视野与道德境界。

——关于"正"。"正"与"中"、"直"意义相近，常与"邪"对举。其原初含义为走直路，其基本含义为正中、平正、不偏斜，合规范、合标准，纯正不杂，使端正、治理、修正等。其中正中、平正、不偏斜具有本体意义，治理、修正则具有方法意义。在中华传统伦理道德中，"正"既是个人身心修养的内容与方法，也是处理人与人、人与社会关系的原则和规范，在修身、齐家、治国三个层面有着不同的伦理意蕴。我国先民很早就有"正"的观念，而尧、舜、禹、汤、周文王、周武王自律、躬行、示范、用贤、惩恶的言行可视为"正"范畴的萌芽。"正"的范畴是在殷周之际的社会变革中伴随着西周伦理思想的建立而产生的，西周伦理思想中敬德、克己、用贤等思想可视为"正"范畴的源头。春秋战国时期，百家争鸣，儒、墨、道、法各学派在修身、齐家、治国方面有着不同的见解，从而丰富了正的思想。《大学》从理论上揭示了修身、齐家、治国的内在逻辑联系，使正的思想得以系统化。秦汉以降，"罢黜百家，独尊儒术"，赋予先秦儒家正心、正己、正人、正名思想以正统地位，其在修心、修身、齐家、治国方面的作用，被历代思想家所阐发，从而使正的思想得以发展和完善。与此同时，司马迁、诸葛亮、魏征、王安石、岳飞、文天祥、郑成功、谭嗣同、孙中山等志士仁人用自己的正言正行，甚至生命诠释了正的含义。历经变迁，"正"范畴在今天对民众、对国家依然具有重要的现实意义，具体表现在儒家"正己正人"的德治传统与以德治国方略，"正己率民"的官德思想与党员领导干部的思想道德建设，"尚贤"传统与党的干部队伍建设，孔子"正名"思想与社会的可持续发展，传统正气观与新时代的党风建设等方面。

——关于"中"。对于"中"字的含义，学术界有不同的诠释。《说文》曰:"内也。从口、丨,上下通。"王筠《文字蒙求》曰:"中,以口象四方,以丨界其中央。"唐兰《殷墟文字记》说最早的"中"是社会中的徽帜,古代有大事则建"中"以聚众。王国维《观塘集林》释"中"为古代投壶盛筹码的器皿。郭沫若在《金文诂林》中认为"一竖象矢,一圈示的",像射箭命中之说。还有人认为是古战场中王公将帅用以指挥作战的旗鼓合体物之象形。可以看出的是,早在原始氏族社会时期就有了"中"的观念,在这种观念中,蕴涵了一种因力而中的价值取向,是部众必须依附听从的权威和统治,具有政治、军事、文化思想上的统率作用,进而意味着一切行为必须依附的标准所在。当然,这种观念仅仅表现为一种传统习惯而已,人们还没有把"中"上升到伦理道德的范畴。后来随着社会的发展,"中"就逐渐用来规范人们的思想行为。到了三代时期,执中的王道思想开始形成。三代相传的要点,就在于"执中"的王道思想。到了商代,"中"已然被作为一种美德要求于民,同时,也预示着后世"忠"字出现的契机。周朝进一步发展了"中"的思想,明确提出了"德中"的概念。周公把"中"纳入"德"作为施政方针,周公的"中德"思想,主要包括明德和慎罚两个方面。在孔子以前,中的观念在中国古代文化中早已形成了传统。虽然他们还没有将"中"和"庸"连缀使用,但我们已可以看出两个字字义的高度契合性。孔子则正式提出了"中庸"的伦理范畴,他视"中庸"为"至德"。这种"至德"首先体现为公允地坚守中正的原则,以无过无不及为特征。纵观中庸问题的发展历史,我们可以对中庸之道作如下概括:中庸之道是儒家的最高哲学范畴,是儒家的道德准则和思想方法。首先,中庸是一种"至德"。中庸的核心是"诚",作为德行规范,广泛作用于社会、思想道德以及自然各领域。其功用则表现为"正己"、"正人"和"成己"、"成物"。"诚"在中庸中有两大特质:一是由下而上，为天人合一之道；一是由内而外，为内圣外王之道。作为德行理论，中庸之道教育人们进行自我修养，把自己培养成至仁、至诚、至善、至德、至道、至圣、合内外之道的理想人格和理想人物，以达到"致中和，天地位焉，万物育焉"天人合一的境界。其次，中庸之道作为一种思想方法，它含有"尚中"、"尚和"两个方面。"尚中"，即崇尚中正不偏之意。它既是一种方法原则，又包含对行为结果的要求。"尚和"，强调矛盾事物的统一、和谐。"尚和"还含有"中和"的意义。其中，"和"是"中"的目标和结果，"中"是"和"的前提和保证；无"中"便无"和"，"中"与"和"互相联系、相互依存。但是，"和"仅体现了事物的表层状态，而"中"则作为事物的本质和精神内藏于事物之中。《中庸》认为："中也者，天下之大本也；和也者，天下之达道也。"又认为："致中和，天地位焉，万物育焉。"由此可知，中庸之道亦是中和之道，然而亦为天地之道，亦为人行事之道。它合一天人，使自然界和人类社会和谐无间，从亲亲之仁出发，以人的道德自律为途径，以"致中和"为其宗旨，最终达到内圣外王的理想境界。中庸之道作为一种政治与道德形态，对于中国社会的和谐和发展以及维系几千年的统一，起到了极其重要的作用。因而，行中庸，执中道，致中和，便成为中国传统文化的核心内容之一，中庸思想、中和情结，时时刻刻地影响着我们个人和社会。今天，我们全面而客观地评价中庸之道，深刻地理解和把握其合理内容及实质，汲取其思想精华，对于推动当今中国现代化的进程和社会主义道德建设有重要的意义。同时，当今世界，在全球一体化的发展趋势之下，中庸思想和价值观对全球化的价值思维也有着指导意义。

——关于"乐"。乐是一种心理状态，包括人的内心、人与人、人与自然和社会的幸福情感交流。如何看待幸福快乐即幸福快乐观是人生观系统中关于幸福快乐的根本观点和看法，也是产生并形成幸福快乐感的关键。迄今虽然中国伦理思想家对幸福快乐的理解见仁见智，但他们对如何达到和实现幸福快乐这种完满状态，却作过大量的思考。他们探讨了义利、理欲、苦乐、荣辱等幸福维度，并由此构成了不同历史时期各具特色的幸福快乐论。先秦时期，既有儒家以道德理性满足为乐的道义幸福快乐论，又有墨家以利他为乐和法家以建功立业为乐的幸福快乐论，还有道家以无为自由为乐的自然幸福快乐论。汉代儒家董仲舒强化了道德理性对于幸福的决定性，强调了以纲常秩序为美的道义幸福快乐论。魏晋玄学家主张以性情自然、精神自由、行为放达为乐的自然幸福快乐论。宋明理学家片面深化了道德理想主义，其幸福内涵的价值取向完全抛弃了感性幸福，走向了纯粹的道德理性单维。晚明时期出现了彰显自我的幸福快乐论。清代思想家在批判宋明理学家极端道义幸福论的基础上，重构了理欲、义利、公私关系，形成了多维度均衡的幸福快乐论。近代，面对救亡图存的历史重任，新学家提倡道德革命，借鉴西方的幸福快乐论和功利主义等思想形成了求乐免苦的幸福快乐论，但并没有从根本上背离传统幸福快乐论的大方向。

儒家所倡导的道义幸福快乐论在中国传统伦理文化中占有统治地位，对中国人追求幸福快乐生活的影响最为深远，并与以苦为人生起点的西方伦理观相判别。从先秦时期的孔子、孟子，到宋明时期的程颐、程颢、朱熹、陆九渊、王阳明，都思考了获得幸福快乐的方式和途径，都认为幸福快乐必须内求于己。除了追问幸福的含义以及实现幸福的方法外，儒家对于德与福之关系的思考也是不绝如缕的。首先，儒家坚持以高尚为乐，认为乐于行道，乐于助人，才能有君子道德的造诣，达到心灵和谐的境界；其次，儒家在强调道德幸福和精神幸福的同时，也特别强调社会的共同幸福，认为自我独乐不如"天下皆悦"，力倡"先天下之忧而忧，后天下之乐而乐"，所谓修身、齐家、治国、平天下之理论，其旨亦在求得普天下人的共同幸福快乐。因而儒家就建立了道德、精神的快乐与普天下人的共同快乐两个方面的幸福快乐标准。儒家强调人如果没有理性和美德就不会有幸福快乐，认为幸福快乐就在于善行，就在于为社会整体利益而行动之同时，又强调为完善德行而"一箪食，一瓢饮"的乐道精神，注重个人德行的完善和人生的不朽以及强调平治天下的大志与追求社会的共同幸福快乐，把个人的幸福快乐包容于普天下民众的幸福快乐之中。儒家传统幸福快乐观在诠释幸福的内涵上不仅仅重视人的主观内在感受，更重视个人幸福同自然、他人、社会的相互关联，这与现代和谐社会思想的理路是基本一致的，对今天的人生和社会依然颇具启迪意义。

——关于"公"。重视"公"是中华伦理的一个重要特征，"先公后私"、"崇公抑私"已经成为中华伦理的基本道德要求。"公"作为一种道德理念，不仅贯穿于中华传统伦理的过去、现在和将来，而且在某种程度上已经内化到中华民族的集体记忆中，成为中华伦理道德的一大特色。正如刘畅先生所说的那样："崇公抑私，是传统文化中最活跃的思想因子，公私观念，是古代思想史中至关重要的论证母题，相对于其他范畴来说，具有提纲挈领的意义，牵一发而动全身。"[①] 因而，探究"公"范畴的内涵及其发展历程对于研究中国伦理思想有重要意义。"公"观念不仅对中国古代社会产生了重要影响，即便在当今社会，"公"观念也没有褪色，反而显示出强大的生命力，获得了新的生长点。"公天下"的理念是中国社会的崇高理想，早在先秦时期"公天下"的观念就已经萌芽，比如《慎子·威德》写道："故立天子以为天下，非立天下以为天子也；立国君以为国，非

---

① 刘畅：《中国公私观念研究综述》，《南开学报》（哲社版）2003年第4期。

立国以为君也。"慎子的意思很明白,那就是立君为公,应该以天下为公。这一思想和明末清初思想家王夫之的"不以天下私一人"具有异曲同工之妙。"公天下"的理想被后世思想家不断提及,《礼记·礼运》描绘的那个"天下为公"的大同世界是对"公天下"的最好诠释。唐太宗所说:"故知君人者,以天下为公,无私于物。"① 柳宗元认为秦设郡县乃是公天下的行为:"然而公天下之端,自秦始。"② 顾炎武强调"合天下之私以成天下之公";王夫之反对"家天下",主张"公天下",认为"天下非一姓之私",应"不以天下私一人"。近代以来,"天下为公"的思想仍然备受推崇,众所周知,"天下为公"是孙中山先生毕生奋斗的最高理想。尽管这些关于"公天下"或"天下为公"的思想论述的角度和具体内涵有差异,但是毫无疑问都表达了对"公天下"的向往。既然公私问题如此重要,历代思想家自然非常重视,几乎历史上重要的思想家都对公私问题发表过自己的看法。也正因为公私问题在漫长的历史中不断被探讨辨析,所以"公"观念的内涵也随着时代发展不断被赋予新的内容,呈现出历史演变的阶段性。可以说,我国社会思想的发展史,就是公私关系的历史,是公、私观念产生、发展、嬗变及辨别的过程。"公"观念的发展大致经历了形成、发展、激荡、转型等几个时期。邓小平继承并发展了马克思主义公私观。为了适应中国国情和时代要求,邓小平突破传统,对公私问题进行了深入思考,开创性地提出了共同富裕的思想。他指出:"社会主义的本质就是解放生产力,发展生产力,消灭剥削,消除两极分化,最终达到共同富裕。"③ 但是在此过程中又不可能平均发展,所以要一部

---

① (唐)吴兢:《贞观政要·公平第十六》,裴汝城等译注《贞观政要译注》,上海古籍出版社 2007 年版,第 154 页。
② 《封建论》,载《柳河东全集》,中国书店 1991 年版,第 34 页。
③ 《邓小平文选》第 3 卷,人民出版社 1993 年版,第 373 页。

分人先富起来，以先富带动后富，他还强调在这一过程中要兼顾公平与效率。江泽民、胡锦涛等对"公"观念也有很多论述。江泽民在继承邓小平的经济共同富裕的基础上，开创性地提出了精神层面的共同富裕。进入21世纪以来，公观念又有进一步的发展，特别是和谐社会思想的提出是对传统公观念的一大突破。党的十六届六中全会提出要"按照民主法治、公平正义、诚信友爱、充满活力、安定有序、人与自然和谐相处"[①]的原则来建设社会主义和谐社会，民主原则的提出体现了以民为本的思想，"公平正义"则体现了对公平的追求，这标志着从原来注重效率逐渐向注重公平的重大转向，是对"公"思想的又一个重大突破。

到此，《中华伦理范畴》已经相继出版了19个德目，它们之间既是相对独立的，又是紧密联系的，构成一个完整的体系。为了共同的目标，每一卷的作者都勤勤恳恳、呕心沥血，付出了艰辛的劳动，在此谨向他们致以深深的谢意！

正当《中华伦理范畴》第二函杀青之际，世界陷入了次贷危机的泥沼之中。次贷危机，其实是一场信誉危机，本质上仍是伦理道德的危机。惊恐之中，重温1988年1月诺贝尔物理奖获得者、瑞典科学家汉内斯·阿尔文的"人类要生存下去，就应该回到25个世纪前，去汲取孔子的智慧"的演讲和镌刻在联合国大厅里的孔老夫子的"己所不欲，勿施于人"、"己欲立而立人，己欲达而达人"的教诲，应该给人们一些启迪吧！

《中华伦理范畴》总结的是中华民族千百年来所继承和弘扬的做人的大道理。它是每一个想做君子而不想做小人的人的道德约束和修养圭臬。伦理道德虽然并称，但道德主要是每个人内心

[①] 《中共中央关于构建社会主义和谐社会若干重大问题的决定》，人民出版社2006年版，第5页。

的活动，而伦理有为全社会的人规范行为的作用。因此，普及中华民族优秀伦理，对于全社会成员的道德自律既具有普遍的指导作用，又具有某种意义上的他律作用。有自律和他律两个方面的保障，国人的素质才会提高。

让我们每个人都明白做人的道理，用中华民族优秀的传统伦理去规范一言一行，努力去做一个道德高尚的人。每个人都从身边的小事做起，从自身做起；多做善事，少做乃至不做恶事。

愿我们共勉。

戊子隆冬于曲园寒舍

目 录

绪论
　　——"正"范畴的界定 …………………（ 1 ）
　一　"正"的语义学阐释 ……………………（ 1 ）
　二　"正"的伦理学意蕴 ……………………（ 2 ）
　三　"正"与"中"、"直"、"刚"、"公"、"义" …（ 6 ）
　四　"正"与"邪" ……………………………（ 7 ）

第一章　"正"范畴的发端 ……………………（ 9 ）
　一　"正"范畴的萌芽 ………………………（ 9 ）
　二　西周"正"范畴的产生 …………………（ 17 ）
　三　周公正的思想 …………………………（ 19 ）
　四　《周易》正的思想 ………………………（ 23 ）
　五　《诗经》正的思想 ………………………（ 30 ）

第二章　先秦儒家正的思想 …………………（ 33 ）
　一　孔子正的思想 …………………………（ 33 ）
　二　孟子正的思想 …………………………（ 80 ）
　三　荀子正的思想 …………………………（108）
　四　《大学》、《中庸》正的思想 ………………（117）

第三章　先秦墨家正的思想 …………………（130）
　一　任人唯贤之正 …………………………（131）
　二　修己率民之正 …………………………（138）

第四章　先秦道家正的思想 …………………（150）

一　先秦道家"修心"之正 …………………………………（150）
　　二　先秦道家"修身"之正 …………………………………（168）
　　三　先秦道家"治国"之正 …………………………………（181）
第五章　先秦法家正的思想 …………………………………………（193）
　　一　以法正国 …………………………………………………（193）
　　二　以法正君 …………………………………………………（197）
　　三　以法正官 …………………………………………………（199）
　　四　以法正民 …………………………………………………（204）
第六章　秦汉时期正思想的演变 ……………………………………（208）
　　一　《吕氏春秋》正的观念 …………………………………（208）
　　二　贾谊论治国之正 …………………………………………（218）
　　三　董仲舒论"正心"与"正万民" …………………………（222）
　　四　司马迁与《史记》之正 …………………………………（227）
　　五　《盐铁论》中正的思想 …………………………………（233）
第七章　魏晋南北朝正思想的发展 …………………………………（240）
　　一　嵇康"越名教而任自然"之正 …………………………（240）
　　二　阮籍"达生任性"之正 …………………………………（243）
　　三　诸葛亮修己、为人、利天下之正 ………………………（245）
　　四　颜之推平生经验之为人必正 ……………………………（252）
第八章　隋唐时期正思想的丰富 ……………………………………（259）
　　一　唐太宗纳正谏而为正 ……………………………………（259）
　　二　魏徵"进思尽忠，退思补过"之正 ……………………（261）
　　三　韩愈的"谏迎佛骨"之正 ………………………………（264）
　　四　李翱的"去情、复性"之正 ……………………………（267）
第九章　宋代正思想的完善 …………………………………………（271）
　　一　司马光刚直廉洁之正 ……………………………………（271）
　　二　王安石"熙宁变法"之正 ………………………………（274）
　　三　周敦颐"以诚为本"之正 ………………………………（277）

四　程颢、程颐"闲邪存诚"之正 …………………… (280)
　　五　朱熹的"正心诚意"观 ………………………………… (283)
　　六　爱国将士忠义报国之正 ………………………………… (288)
第十章　元明清时期正思想的补益 …………………………… (298)
　　一　许衡的"王道德治"之正君心 ………………………… (298)
　　二　于谦之清正廉洁 ………………………………………… (303)
　　三　张居正身正法正改革不移 ……………………………… (306)
　　四　戚继光抗倭与郑成功驱荷之正 ………………………… (309)
　　五　黄宗羲愤斥君主制以正天下 …………………………… (315)
　　六　王夫之以"人欲之各得"求天下之至正 ……………… (318)
第十一章　近现代正思想的变迁 ……………………………… (322)
　　一　龚自珍正的观念与社会改良 …………………………… (323)
　　二　康有为、梁启超正的观念与维新变法 ………………… (326)
　　三　谭嗣同正的思想与以血醒民的正义之举 ……………… (329)
　　四　严复正的观念与思想启蒙 ……………………………… (330)
　　五　孙中山正的思想与"天下为公"的主张 ……………… (332)
　　六　毛泽东正的思想与干部队伍建设理论 ………………… (334)
第十二章　"正"思想的现代价值 …………………………… (337)
　　一　儒家"正己正人"的德治传统与以德治国方略 ……… (337)
　　二　"正己率民"的官德思想与党员领导干部的
　　　　思想道德建设 …………………………………………… (348)
　　三　"尚贤"传统与党的干部队伍建设 …………………… (354)
　　四　孔子"正名"思想与社会的可持续发展 ……………… (363)
　　五　传统正气观与新时代的党风建设 ……………………… (368)
主要参考书目 …………………………………………………… (372)
后记 ……………………………………………………………… (375)

3

绪论
——"正"范畴的界定

一 "正"的语义学阐释

"正"字在甲骨文中作"🙰"或"🙱"形,在金文中作"🙰"形。"🙲"像脚,有脚掌和脚趾。凡取此字为义的形声、会意等字,其意义多与脚及脚的动作有关。① "▱"像人所居之邑。② 从"正"字的形体结构可见,"正"字的本义是远行,"▱"代表行程的目的地,"🙲"代表脚的动作,"🙲"向"▱",表示向目的地行进。

"正"字在小篆中作"正"形,我们认为,"一"象征一条直路,"止"表示脚的动作,"正"则会走直路之意。《说文·止部》曰:"正,是也。从止,一以止。"徐锴曰:"守一以止也。"段玉裁在《说文解字注》中引江沅曰:"一所以止之也。如乍之止亡,母之止奸,皆以一止之。"饶炯部首订:"'正'下云'是也'。'是'下说'直也',义即相当无偏之谓……《书》云:'无偏无党,王道荡荡;无党无偏,王道平平;无反无侧,王道正直。'亦是意也。"《尔雅义疏·释诂下》云:"《考工记·辉人》注:'正,直也。'《文选·东京赋》注:'正,中也。'中、

---

① 达世平、沈光海:《古汉语常用字字源字典》,上海书店出版1989年版,第214页。
② 徐中舒:《甲骨文字典》,四川辞书出版社1998年版,第146页。

直皆'是'之义也。"《书·说命上》云："惟木从绳则正，后从谏则圣。"《贞观政要·论君道》云："未有身正而影曲，上理而下乱者。"

历经发展，"正"字现已具有多种含义。《汉语大字典》将其解释为"正中、平正、不偏斜，合规范、合标准，纯正不杂，使端正，治理，修正等"。在此基础上，《辞海》将其引申为形态上的端正，质量上的纯正，言行上的正大、正当，品德修养上的正直、正派与正气，道义上的公正、正义，方法上的正确合理，等等。故在日常生活中，形体方正、笔画平直的字体谓之"正楷"，箭靶的中心谓之"正鹄"，合乎一般规律的情况谓之"正常"，正确的道理谓之"正道"，纯正的乐声谓之"正声"，纯正的味道谓之"正味"，纯正的颜色谓之"正色"，学术的嫡传谓之"正宗"，浩然刚正之气谓之"正气"，正直而有道德的人谓之"正人"，等等。

二 "正"的伦理学意蕴

中华伦理范畴是遵循人心—家庭—人际—社会—世界—自然的顺序逻辑系统。① 在中华传统伦理道德中，"正"既是个人身心修养的内容与方法，也是处理人与人、人与社会关系的原则和规范。因此，作为中华伦理范畴之一，"正"在修身、齐家、治国三个层面有着不同的含义。

（一）修身之正

"正"作为个人身心修养的内容与方法，在中华传统伦理思

---

① 张立文：《中华伦理范畴丛书·总序》，中国社会科学出版社2006年版，第16页。

想中占有重要的位置，受到历代思想家的关注，主张通过正心、正思、养心正志等修养方法，做到为人的正直、刚正与正派，处事的公正、正义，达到正身、正己的目的。

"正心"谓使人心归向于正，是儒家提倡的一种内心道德修养方法。《礼记·大学》云："欲修其身者，先正其心；欲正其心者，先诚其意；欲诚其意者，先致其知；致知在格物。"所谓正，指端正，使……正。所谓心，用朱熹的话说："心者，身之所主也。"正心，指心要端正而不存邪念。正心是进行道德修养的起始阶段，只有把身之主宰心放端正，才有可能成为君子和圣人。

"正思"谓使思想、意念合乎正道而"弗虑弗思"，是唐代李翱提倡的道德修养方法。他认为人与外部接触，被情欲所牵，就会产生邪恶。"动感外物，有正有邪"（《论语笔解·阳货》）。因此，要达到"忘情灭息，本性清明"就要杜绝思虑，"弗虑弗思则情不生"（《复性书》）。

"养心正志"即通过类似佛教禅宗的"修心"、"守心"的修持方法，来达到"顺天理，去人欲"的目的，是北宋程颢、程颐提出的一种精神修炼方法。他们认为人的智、愚、贤、不肖的区别在于个人先天气禀的不同。认为："气有善不善，性则无不善也。人之所以不知善者，气昏而塞之耳。"（《河南程氏遗书》卷二十一下）故需通过"养气"的方法来变化人的气质。但"养气"须先"养心"和"正志"。程颐说："君子莫大于正其气，欲正其气，莫若正其志。"（《河南程氏遗书》卷二十五）认为天赋"气禀"的稍偏，可以经过精神修炼的主观努力（"正志"）来纠正。

（二）齐家之正

"正"在治理家庭方面包含两层含义：一方面，在家庭中，做长辈的应严于律己、以身作则，起到模范作用；另一方面，每个家庭成员都应摆正自己的位置，做好分内的事，也就是中华家庭传统伦理思想中所强调的"父慈子孝"、"夫义妇顺"、"兄友弟恭"。《周易·家人》曰："女正位乎内，男正位乎外，男女正，天地之大义也，家人有严君焉。"

"正位"是唐代李翱提出的治家之道。他认为要治理好家庭，必须先正名分，区分"妻妾男女高下内外之位"（《全唐文》），使其心服而无辞。反之，如果宠爱偏信，"名位必潜矣"（《全唐文》）。提出治家必须做到令当、事正、言义，"是故出令必当，行事必正，非义不言，三者得，则不劝而从之矣"（《全唐文》）。治家当中，还必须注意扬弃邪恶不善，"思其不善而弃之，则百善成"（《全唐文》）。

（三）治国之正

"正"在治理国家的层面，侧重管理国家和解决社会问题的方法，如先秦儒家的德治，先秦道家的道治，先秦法家的法治等。其中正人先正己、正名与正德莅民是治国之正在中华儒家传统伦理思想中的代表。

正人先正己，是儒家所倡导的关于执政者率先正己方能正人思想的表述，是儒家德政理念的重要构成。孔子首先提出："政者，正也。子帅以正，孰敢不正？"（《论语·颜渊》）又说："其身正，不令而行；其身不正，虽令不从。"（《论语·子路》）"政"的意思就是端正。执政者自己率先端正，在下者也就不敢不端正，由此则可收到"不令而行"之效。为后儒传承，且多有发挥。"政者，正也。君为正，则百姓从政矣。"（《礼记·哀公问》）"上者，民之表也，表正则何物不正。"（《大戴礼记·主言》）"人主之立法，先自为检视仪表，故令行于天下。"（《淮南子·主术训》）"夫欲影正者端（正）其表，欲下廉者先之身。"(《盐铁论·疾贫》)"以正德临民,犹树表望影,不令而行。"(《傅子·正心》)"率俗以身,则不言而化。"(《抱朴子·外篇·广譬》)唐太宗李世民也说:"君不约己而禁人为非,是犹恶火之燃,添薪望止其焰……莫若先正其身,则人不言而化矣。"(《帝范·务农篇》)北宋王安石云:"盖人君能自治,然后可以治人。"(《王文公文集·洪范传》)明清之际王夫之总结历代王朝之兴衰说:"夫为政者,廉以洁己"(《读通鉴论·随文帝》),"大人者,正己而物正"(《读通鉴论·太宗》)。反映出儒家政治伦理思想的一个传统,亦即"明王统治,莫大身化"(《潜夫论·叙录》)。

正名是孔子提出的一种为政主张,即纠正其名分,使名实相符。《论语·子路》云:"子路问:'卫君侍子而为政,子将奚先?'子曰:'必也正名乎!'子路曰:'有是哉!子之迂也,奚其正?'子曰:'野哉由也!君子于其所不知,盖阙如也。名不正则言不顺,言不顺则事不成,事不成则礼乐不兴,礼乐不兴则刑罚不中。刑罚不中则民无所措手足。'"孔子的正名仅限于君臣父子的范围内,即君君、臣臣、父父、子子。为君要行君道,为臣要行臣道,为父要行为父的权利和义务,为子要恪守为子的准则,使社会等级之人,都严守各自的名分。

正德苍民是管仲学派对为君者提出的道德要求。"有道之君,正其德以苍民。"(《管子·君臣上》)意谓懂得为君之道的君主,应端正其自身的道德,给臣民树立榜样。他们认为君道的重要内容之一是正德,君主要以其德治天下。"为人君者,荫德于人者也。""主身者,正德之本也","身立而民化,德正而官治。治官化民其要在上"(《管子·君臣上》)。君主之职责在于"论材量能,度德而举之",在于以德导民。如果为君者不务德,而"言智能聪明",就为之"下及官中之事"。使"有司不任",没有尽其为君之职。"有道之君,正其德以苍民,而不言智能聪

5

明。智能聪明者,下之职也。所以用智能聪明者,上之道也。"(《管子·君臣上》)正其自身道德,是君主的最高职责。

修身之正、齐家之正与治国之正三者有着内在的逻辑联系。《礼记·大学》云:"古之欲明明德于天下者,先治其国;欲治其国者,先齐其家;欲齐其家者,先修其身;欲修其身者,先正其心;欲正其心者,先诚其意;欲诚其意者,先致其知;致知在格物。"格物、致知、诚意、正心是内圣功夫,是修身的内容和途径;齐家、治国、平天下是外王功夫,是可践履的措施。修身是达成理想人格和实现政治理想的基础,是从内圣至外王的中介。"自天子以至于庶人,一是皆以修身为本。"(《礼记·大学》)同时,正心诚意是修身的根本,家庭是联系个人与社会的重要中间环节。总之,个人的道德修养是国治世宁的基础,道德对政治具有能动作用,唯有个人通过修身养性,成为合乎道德要求的人,方能使家庭内部做到长幼有序,社会上做到尊卑有别。

三 "正"与"中"、"直"、"刚"、"公"、"义"

"正"与"中"、"直"、"刚"、"公"、"义"在某一层面上意义相近,经常连用。如中正的处事法则,品德修养的正直、刚正,言行上的正义、公正等。因此,"正"范畴与"中"、"直"、"刚"、"公"、"义"等范畴在含义上有交叉。

对于"中",《汉语大字典》云:"正,不偏不倚。"中与正,都是言适度。无过与无不及谓之"中",无偏差谓之"正"。中与正合为一种道德品质,即公正、无偏私。就中与正相比而言,中更为根本。《管子·法法》说:"正心在中。"《心术》下篇说:"治心在于中。"中是体,正是用。"正也者,所以正定万物之命也。"(《管子·法法》)"是故,圣人精德立中以生正。明正以治国,故正者所以止过而逮不及也。过与不及也,皆非正

也。"(《管子·法法》)

《字汇·目部》:"直,正也。"正直是指一个人在说话、办事、待人接物上坚持道德原则和道德规范,善恶分明,公正无私,作风正派,性格坦率,不搞歪门邪道,敢于同坏人作斗争,同时也善于暴露和纠正自己的缺点或不足。《易·坤·文言》云"君子敬以直内,义以方外",是强调内心正直与行事合义的统一。《老子·五十八章》云:"直而不肆,光而不耀。"老子认为正直并非无所顾忌,强调凡事适可而止。《韩非子·解老》:"所谓直者,义必公正,心不偏党也。"韩非子认为,直即公正不偏。

刚,坚硬、坚毅。刚正不阿是表示个人品德的用语。刚正即坚强正直,指个人自身具有明善恶好坏、辨是非曲直的能力,同时具有强烈的原则性和宁折不弯的意志;不阿即对恶势力不屈服,不低头,不溜须拍马。只有刚正,才能不阿,两者合起来就表现一个人在立身处世当中,始终坚持原则,坚持正义,惩恶扬善,疾恶如仇,从不委曲求全,不迎合他人的错误思想和行为。

《玉篇·八部》云:"公,平也,正也。"公正作为道德范畴,与正义和公道是同义词。从一般意义上说,公正是指公平而正直,如"公正无私"。在伦理学上,公正常表示人的一种美德,有时也指办事和处理问题没有偏颇。

《释名·释言语》云:"义,宜也。裁制事物使合宜也。"正义作为伦理学的一个重要范畴,是对道德关系和道德行为的价值判断。在道德领域,正义是对符合一定社会或阶级道德要求的言行的一种肯定价值判断,是体现人的美德的基本概念,是衡量个人或社会集团道德状况的主要尺度。

四 "正"与"邪"

"正"常与"邪"对举,是一对相反的概念。邪的基本含义是不正,《广韵·麻韵》曰:"邪,不正也。"《新书·道术》云:"方直不曲谓之正,反正为邪。"邪可引申为邪恶、邪僻。《易·乾》曰:"闲邪存其诚。"孔颖达疏:"言防闲邪恶,当自存其诚实也。"《论语·为政》云:"《诗》三百,一言以蔽之,曰:'思无邪。'"《左传·隐公三年》云:"骄奢淫泆,所自邪也。"孔颖达疏:"邪,谓恶逆之事。"邪还可引申为奸佞。《洪武正韵·遮韵》云:"邪,佞也。"《逸周书·玉佩》曰:"亡正处邪,是弗能居。"孔晁注:"邪,奸术也。"

第一章 "正"范畴的发端

我国先民很早就有"正"的观念。《尚书·大禹谟》曰："正德、利用、厚生,惟和。"《尚书·说命上》曰："惟木从绳则正,后从谏则圣。"《尚书·洪范》曰："无偏无党,王道荡荡;无党无偏,王道平平;无反无侧,王道正直。"《尚书·洪范》曰："三德:一曰正直,二曰刚克,三曰柔克。"而《周易》卦、爻辞中众多的"贞"字,皆有"正而固"之意。

一 "正"范畴的萌芽

"伦理界之通例,非先有学说以为实行道德之标准,实伦理之现象,早流行于社会,而后有学者观察之、研究之、组织之,以成为学说也。在我国唐虞三代间,实践之道德,渐归纳为理想。虽未成学理之体制,而后世种种学说,滥觞于是矣。"[①] 据此,尧、舜、禹、汤、周文王、周武王自律、躬行、示范、用贤、惩恶的言行可视为"正"范畴的萌芽。

(一) 尧

尧或称帝尧,号陶唐氏,名放勋,史称唐尧。记述尧的历史文献较多,包括《尚书》、《左传》、《国语》、《论语》、《墨子》、

---

① 蔡元培:《中国伦理学史》,商务印书馆2004年版,第4页。

《孟子》、《庄子》、《易传》、《荀子》、《礼记》、《大戴礼》、《淮南子》、《史记》，等等。其中《尚书·尧典》所记述尧的生平事迹，是后人根据传闻追记并加以整理而成，不是当时的记录。虽然如此，《尚书·尧典》仍具有相当的史料价值。范文澜认为，"《尧典》等篇，大概是周朝史官掇拾传闻，组成有系统的记录，其中'禅让'帝位的故事，在传子制度实行已久的周朝，不容有人无端发此奇想，其为远古遗留下来的史实，大致可信。"[①]

传说尧王天下，吃、住、穿都非常艰苦和朴素，"茅茨不翦，采椽不斲；粝粢之食，藜藿之羹，冬日麑裘，夏日葛衣"（《韩非子·五蠹》）。《尚书·尧典》云："帝尧曰放勋，钦明文思安安，允恭克让，光被四表，格于上下。克明俊德，以亲九族。九族既睦，平章百姓。百姓昭明，协和万邦，黎民于变时雍。"意思是，帝尧名叫放勋，他恭谨地处理政事，推贤让能，光照四海，亲睦族人，明察百官，协和万邦，教化黎民，使之和睦相处。又称："乃命羲和，钦若昊天，历象日月星辰，敬授民时。"（《尚书·尧典》）命令羲和根据日月星辰的运行，制定天文历法，以指导农事。又命羲仲、羲叔、和仲、和叔四位属官分赴东南西北四方，担任测定四时的工作，他们分处四方观测太阳运行的情况，以此为依据，把一年算作三百六十六天，分为十二个月，剩下的天数，每三年置一闰月。这样，历法制成，百官各尽所责，众事皆兴。

后来，尧征求臣下的意见，谁来接替羲和顺天授时？放齐回答说：你的儿子丹朱聪明，可以接替他。尧曰：唉！他顽狠放纵，不可。又问：谁可以呢？驩兜回答说：共工能干，可用。尧说：共工表里不一，貌似谦恭，实则傲慢，也不可用。

此后，尧对四位大诸侯说：四岳，我在位已七十年，你们之

[①] 范文澜：《中国通史》第1册，人民出版社1978年版，第20页。

中谁能够继承我,接替天子的位置?四岳回答说:我们的才德不够。尧说:那么你们推荐一位贤德之人吧。众人对尧说:民间有一个名叫虞舜的人,中年独身,很有才干。尧说:我也听说这样一个人,其人如何?四岳说:他父亲是个盲人,冥顽不灵,其母是个泼妇,其弟傲慢不讲道理,但舜却能够与他们和睦相处,孝父母,和兄弟,使其改恶从善,不至于为奸。尧说:好,让我试一试他。于是把两个女儿嫁给舜,叫舜处理政务。

舜接受尧的指派,负责推行德教,教民以五典,即父义、母慈、兄友、弟恭、子孝。百姓都听从舜的教化。于是又叫舜管理百官,政事处理得宜。然后又让舜接待四方来的诸侯,与诸侯和睦相处。最后叫舜入山里的森林,接受恶劣环境的考验,舜在暴风雷雨中没有迷失方向。于是,尧说:你经受了三年的考验,表现很好,取得了成绩,现在你可以登帝位了。舜以自己的德行不够,谦让不就。

然而,尧在正月初一这天,在祖庙里把政禅让给舜,然后退休,由舜摄行天子之政。这就是尧舜"禅让"帝位之事,为历代所称颂。舜摄政二十八年,帝尧去世,"百姓如丧考妣",悲恸三年,民众无心作乐,以思念帝尧。三年丧毕,舜才顺应民心,正式继天子位,是为帝舜。

从尧的生平事迹中可以看出,尧在以身作则、任人唯贤方面为后世做出了榜样。对此,孔子称颂道:"大哉!尧之为君也,巍巍乎!唯天为大,唯尧则之(《论语·泰伯》)。"

(二) 舜

舜亦称帝舜,姚姓,号有虞氏,名重华,史称虞舜。记述舜的历史文献主要有《尚书》、《左传》、《国语》、《论语》、《孟子》、《庄子》、《礼记》、《大戴礼》、《史记》,等等。《尚书·尧典》把尧、舜结合起来介绍,两人密不可分,所以后世儒家代表人物孔孟等往往将尧舜并论。

舜王天下，行宽容、厚爱之德，以德感化民众和敌人。《尚书·尧典》曰："帝曰：'皋陶，蛮夷猾夏，寇贼奸宄。汝作士，五刑有服，五服三就。五流有宅，五宅三居。惟明克允。'"是说帝舜让皋陶出任法官，制定五刑，根据罪行大小来处罚。又以流放来代替，以示宽大。流放也根据犯罪情节，区分远近不同的地方。这样，处理得宜，以示警戒，使人弃恶从善。

舜当政时，善用人才，赏善罚恶。《左传·文公十八年》记载，据说有高阳氏有才子八人，"齐、圣、广、渊、明、允、笃、诚"，高辛氏也有才子八人，"忠、肃、共、懿、宣、慈、惠、和"，他们的这些好品德，受到人们的称赞，人们分别称他们为"八恺"、"八元"，"世济其美，不陨其名"。但是"尧不能举"。舜当政时，举"八恺"管理土地，结果"地平天成"。举"八元"管教化，"使布五教于四方，父义、母慈、兄友、弟共、子孝，内平外成"。当时浑敦、穷奇、梼杌，这三族"世济其凶，增其恶名"，而"尧不能去"。还有一个凶族叫饕餮，"尧不能去"，舜则采取坚决措施，"流四凶族"，"投诸四裔以御魑魅"，这些措施受到人们的拥护，"是以尧崩而天下如一，同心戴舜，以为天子，以其举十六相，去四凶也"。《论语·颜渊》称："舜有天下，选于众，举皋陶，不仁者远矣。"引子夏的话指出，虞舜治理天下的时候，到众人里面去选拔人才，举用皋陶，使众人皆归化于仁。《论语·泰伯》还指出："舜有臣五人而天下治。"朱熹注曰："五人，禹、稷、契、皋陶、伯益。"意即舜用贤臣五人，而使天下得到治理。对此，"孔子曰：'才难，不其然乎？唐虞之际，于斯为盛。'"虽然人才难得，但由于尧舜都善用才，所以当时人才辈出，比武王时也不逊色。

儒家经典《礼记·中庸》既以舜为大智，又以舜为大孝，集中体现了圣人的美德。《礼记·中庸》称："子曰：'舜其大知也与！舜好问而好察迩言，隐恶而扬善，执其两端，用其中于民，其斯以为舜乎！'"指出孔子赞扬舜这样具有大智的人，舜的大智表现在他虚心好问，不自以为是，善于审察浅近之言，对于恶言则隐而不宣，不使其扩散；对于善言则加以宣扬，使人效法。对于那些彼此都合理的，则执其两端，而量度以取中，选择最合适的用之于民，加以推行，使道得以行。这就是舜的作为。《礼记·中庸》不仅赞扬了舜的大智，而且称颂了舜的大孝。指出："子曰：'舜其大孝也与！德为圣人，尊为天子，富有四海之内。宗庙飨之，子孙保之。'"是说舜的大孝充分体现了他的圣人之德，足以为天下后世所景仰和效法。据《尚书·尧典》及《史记·五帝本纪》等史书记载，舜的父亲瞽叟、继母和弟弟象对舜很不好，时常加害于舜。舜却逆来顺受，事父母以孝。一次，瞽叟叫舜上谷仓涂泥，等舜上到仓顶后，却从下放火烧仓，企图烧死舜。幸亏舜用两个大斗笠，像鸟的大翅膀一样飞身而下，才没被烧死。后来，瞽叟又叫舜打井，舜穿井而下，又在旁边打了一个孔。舜下井以后，瞽叟和象便用土填井，想把舜埋在里面。舜从旁边的洞里逃出来，免于一死。而瞽叟、象以为舜已死，十分高兴，忙着分舜的财产。象来到舜的房间拿东西，看见舜正在房里弹琴。象又惊又羞愧，只好说：我想来看你。舜高兴地说：好啊！以后，舜仍和从前一样孝敬父母，爱待兄弟，为后世树立了大孝的榜样。

如上所述，舜在为政、举贤、用人、孝亲方面，为后世做出了榜样，并经过孔孟及儒家经典的宣扬和表彰，被视为道德高尚的圣人。

（三）禹

禹，姒姓，名文命，亦称夏禹、大禹。禹的父是鲧，由四岳推荐，奉尧之命治理洪水。鲧用防堵的方法治水，未获成功，被舜殛之于羽山。于是舜举鲧之子禹继续治水。禹吸取父亲治水失败的教训，废弃防堵的方法，改为因势利导、疏通水流的办法，领导民众疏通江河。治水十三年，三过家门而不入，公而忘私，终于把泛滥多年的水患治平，造福于人民。又划分天下为九州，使中国有了最初的行政区划，为建立大一统的国家奠定了基础。

《尚书》、《国语》、《左传》、《孟子》、《庄子》、《淮南子》、《史记》、《大戴礼》等书都记载了禹的事迹，尤其是《史记·夏本纪》记述较详。

禹也是大有圣道王功可称颂的明君。禹王天下，"身执耒臿以为民先。股无胈，胫不生毛"（《韩非子·五蠹》）。据说禹为人"敏给克勤，其德不违，其仁可亲，其言可信；声为律，身为度，称以出，亹亹穆穆，为纲为纪"（《史记·夏本纪》）。《尚书·大禹谟》记载了禹的事迹，禹曾对舜说："于，帝念哉！德惟善政，政在养民。"提出为政以德，政在养民的思想，其养民之本，在于先修水、火、金、木、土、谷六府之事，并做到正德、利用、厚生，即正德以率下，利用以多财，厚生以养民。做到了六府三事，则天下得到治理。

《尚书·皋陶谟》是舜、禹、皋陶之间对话的记录，其中有关于大禹治水的内容。"禹曰：洪水滔天，浩浩怀山襄陵，下民昏垫。予乘四载，随山刊木，暨益奏庶鲜食。予决九川距四海，浚畎浍距川；暨稷播，奏庶艰食鲜食。懋迁有无化居。烝民乃粒，万邦作乂。"是说洪水泛滥，包围了山陵，地上的人民都被洪水淹没。禹乘坐四种载人的交通工具，勘察地形山路。并与益一起把猎杀的鲜食分给民众。禹带领民众疏通九州之川，使河水都流入大海；又浚通田间小沟，使田野的水都流进大河。又与稷一起，教民播种粮食，以谷物和肉类维持民众的生活。并发展贸易，互通有无，于是人民得以安居乐业，万邦诸侯乃治。《尚书·皋陶谟》还记述了大禹治水的无私奉献精神，说大禹娶了涂山氏的女儿，结婚仅四天，就又出去治水。以后儿子启生下来，呱呱地哭，也顾不上去照看抚育，完全把个人的小家放在一旁，全身心地投入到治理洪水的事情中去，终于获得了成功。

（四）汤

汤，亦称成汤、天乙、商汤、武汤，商朝的建立者。记述汤的事迹的史书较多，其中《尚书》、《孟子》、《史记》较详。其他如《诗经》、《国语》、《论语》、《易传》、《礼记》、《淮南子》等也有不少关于汤的记载。

其中《孟子》记载了汤求贤若渴的事迹。汤即位后，得知有个贤人叫伊尹，在有莘国的田野里耕地，而乐于尧舜之道。自称如果不符合其道义，就是把天下的财富给他做俸禄，牵上千驷的马给他，他也不屑一顾。汤爱惜贤才，于是派人以礼聘之。伊尹却满不在乎地说：我为什么要接受汤的聘礼呢？我在田野里耕田、乐道，有什么不好？"汤三使往聘之"（《孟子·万章上》）。伊尹被汤的诚意所感动，心想，与其我在田野耕田、乐尧舜之道，不如我出来推行尧舜之道，使君成为尧舜那样的君，使民成为尧舜时代那样的民。于是，伊尹应聘而出，被汤任用为相，"故汤之于伊尹，学焉而后臣之，故不劳而王"（《孟子·万章上》）。是说汤先拜伊尹为师，然后委以重任，在伊尹的辅佐下，使自己得以称王。

（五）周文王、周武王

文王是商末周国的领袖。姬姓，名昌，亦称周文王、文、西伯、伯昌等。武王是西周王朝的建立者。姬姓，名发。亦称周武王、武。武王是文王的次子，文王逝世后，武王即位，继承文王的遗志，以武力革纣王之命，灭商朝，建立西周王朝。记叙文王、武王事迹及思想的材料主要有《尚书》、《左传》、《国语》、

15

《论语》、《孟子》、《毛诗》、《易传》、《庄子》、《荀子》、《礼记》、《史记》等。

文王施行仁政，有功于后世，对儒家的德治思想产生重要影响。《尚书》通过周公之口，记述了文王的仁政："文王卑服，即康功田功。徽柔懿恭，怀保小民，惠鲜鳏寡。自朝至于日中昃，不遑暇食，用咸和万民。文王不敢盘于游田，以庶邦惟正之供。"（《尚书·无逸》）指出文王身居尊位，也从事修路、耕田等一般民众所从事的劳作。可见与民打成一片。他善良仁慈，和蔼谦恭，爱民保民，将其恩泽惠施于鳏寡之人。从早晨到中午，再到太阳偏西，整天忙于朝政，而顾不上吃饭，为的是使万民和谐，安居乐业。文王不敢为了满足自己的游猎玩乐，而耗费各邦百姓的贡赋。可见其与民同甘共苦。经过文王的治理，其仁政远播，使殷民仰慕其德而投奔。

继《尚书》之后，《左传·襄公三十一年》称颂了文王的德治。指出："《周书》数文王之德。曰：大国畏其力，小国怀其德。言畏而爱之也。《诗》云：不识不知，顺帝之则。言则而象之也。纣囚文王七年，诸侯皆从之囚。纣于是乎惧而归之。可谓爱之。文王伐崇，再驾而降为臣；蛮夷帅服。可谓畏之。文王之功，天下诵而歌舞之。可谓则之。文王之行，至今为法。可谓象之。"认为文王的德治，得到小国之民的爱戴和拥护；而行不仁之政的崇国却畏惧而降服。指出文王的武功，天下颂扬；文王的德政，则至今为人所效法而推行。

《诗经》赞扬了文王的道德，指出："维天之命，于穆不已；于乎不显，文王之德之纯。"（《诗经·周颂·维天之命》）《礼记·中庸》对此加以解释："《诗》云：'维天之命，于穆不已。'盖曰天之所以为天也。'于乎不显，文王之德之纯。'盖曰文王之所以为文也，纯亦不已。"是说《诗经》所讲的苍天之命深远而运行不息，就是天之所以为天的道理；《诗经》又说，天道岂有不显的吗？文王的道德纯一不杂，意思是文王之道纯一不二，这就是文王之所以为文王的道理，即文王之道与天道一样，是至诚无息的。朱熹引二程的话加以发挥："程子曰：'天道不已，文王纯于天道，亦不已。纯则无二无杂，不已则无间断先后。'"（《四书章句》）既然天道运行不息，无间断先后，而文王效法天道，与天同一，自然也至诚无息。表现出程朱对文王之道的推崇。

荀子也赞颂了文、武之道，并把文、武之道溯源于伏羲。指出"基必施，辨贤罢，文、武之道同伏羲。由之者治，不由者乱何疑为？"（《荀子·成相》）认为从伏羲到文、武，其道一脉相传，遵循其道即为治世，不守其道必然为乱，这是没有什么可怀疑的。

二 西周"正"范畴的产生

按照史学界的通行见解，西周伦理思想的建立标志着中国古代伦理思想的诞生。而"正"范畴正是在殷周之际的社会变革中伴随着西周伦理思想的建立而产生的。

大约在公元前 1046 年，周武王率军占领殷都朝歌，宣告了殷朝的灭亡和西周王朝的建立。"大邦殷"猝然被"小邦周"打败，丧失了君天下的统治地位。这一急剧的政权变故，不能不给周人以强烈的震动，促使他们从"殷鉴"中吸取教训。周人吸取了殷纣王骄横自大、目空一切而致亡国绝祀的深刻教训，提出为政要克己自谦，不骄不躁。《尚书·无逸》中言："厥亦惟我太王、王季，克自抑畏。"蔡沈曰："大抵抑畏者，无逸之本，纵肆怠荒皆矜夸无忌惮者之为。"（《书集传》）这是周人在宣传他们的先祖能够做到责己省怨，不矜不骄。在谈到商中宗、高宗时，《尚书·无逸》又说："厥或告之曰：'小人怨汝詈汝'，则皇自敬德。厥愆，曰：'朕之愆允若时。'不啻不敢含怒。此厥不听，人乃或诪张为幻。曰：'小人怨汝詈汝'，则信之。则若时，不永念厥辟，不宽绰厥心，乱罚无罪，杀无辜，怨有同，是丛于厥身。"这段话是讲殷先王都很明智，如果有人告诉他们说百姓在怨恨你，他们不但不生气，反而会更加谨慎自己的行为；有人举出他们的过错，他们就会承认确实如此。周公要求周统治者要像这些殷王一样，闻过则喜，心胸宽平，出现问题，不要去责罚别人，而要先检查自身，更严格约束自己，寻找失政之源而加以努力改正。

周人还从夏殷王朝兴衰历史中看到，每当国道复兴时，除当政的君王英明外，总是有贤哲的辅臣在身旁，成汤时有伊尹，太戊时有伊陟、臣扈，中宗时有巫咸，高宗时有甘盘，正因为有这些人，"率惟兹有陈保乂有殷，故殷礼陟配天，多历年所"（《尚书·君奭》）。凭借这些贤臣辅政，才使殷国大治，渡过一次次难关，国祚得以久传。同时，他们的贤明美德还为别的官员树立了榜样，在他们的影响下，殷各级臣民"罔不秉德明恤，小臣屏侯甸，矧咸奔走"（《尚书·君奭》）。

与此相反的是，纣王继位后，抛弃了原来的用人原则，"敌羞刑暴德之人，同于厥邦，乃惟庶习逸德之人，同于厥政"（《尚书·立政》）。强行把刑徒和暴虐之人聚在身旁，用众多亲幸和失德之人来治理国家。《史记·殷本纪》记载了相同的情况：纣王"用费仲为政，费仲善谀，好利，殷人弗亲"。"纣又用恶来，恶来善毁谗，诸侯以此益疏"。

如何去认识和选拔贤臣，周人也从历史中找到了答案。夏代的办法是"三宅"，殷代是"三俊"，即从政务、理民、执法三个方面考核官员的政绩，从中任用贤能之士。周文王时，提出了"三有宅心"和"三有俊心"，即注意考察官员的心地思想，了解他们的优点，去扶持他们。周公提供夏殷两代以及文王的经验，目的就是向周人说明，要把国政搞好，必须注意考察各级官吏，要使他们名实相符各称其职，要选拔贤能之臣，注重德行，这样才可治国。

西周伦理思想中敬德、克己、用贤等思想可视为"正"范畴的源头。

三　周公正的思想

周公有文字可信的论著，主要保存在《尚书》一书中。《尚书》被公认是我国最早的一部历史文献。它记录了春秋以前夏、商、周三代最高统治者的一些誓词、诰语、谈话等，是当时史官所收藏的重要的政府文献及政治论文选编。仅就今文《尚书》28篇而言，有虞书2篇、夏书2篇、商书5篇、周书19篇。在周书19篇中，有11篇是周公的诰语。整个《尚书》，涉及中国原始社会末期，奴隶社会夏、商、周和春秋之前各王朝的历史、政治、哲学、伦理、法律等极为珍贵的资料。它是我国历史、政治、哲学、伦理、法律等思想发展的重要源头。同时，也是我国儒家的经典之一。几千年来，它对我国奴隶社会、封建社会人们的政治生活和精神生活产生了极其广泛而深远的影响。顾颉刚先生曾说："《尚书》一书可说牵涉到全部中国古代史，以至影响全部中国史。"[①]

《尚书》虽然是我国最早的一部历史文献，但其可信程度如何？根据郭沫若、顾颉刚等著名史学家的考证研究，虞书、夏书、商书共9篇，虽有一些具有可信的、真实的史料价值，但多为春秋末期或战国时期的作品。就是周书中，有些也是伪作，只有大诰、康诰、酒诰、梓材、洛诰、多士、无逸、君奭、多方、

[①] 刘起釪：《古史续辨》，中国社会科学出版社1991年版，第382页。

立政等11篇确是周公的诰语。据郭沫若研究,"周书十一篇中除掉《召诰》的前半是召公所说的话外,其余的都是周公所说的话。那其中流露着的思想我们不能不说是周公的思想。"① 周公这11篇诰语是中国历史上最早、最可信的历史文献。周公在这11篇诰语中,系统地论述了以正治国和以正修心的思想。

(一) 做民楷模、敬重贤能,以正治国

《尧典》中的舜,《皋陶谟》中的禹,便是勤政爱民为百姓做事的贤君形象。最后舜死在南巡途中,而禹为治水,三过家门而不入,真是鞠躬尽瘁,死而后已,成为全民的楷模。以贤德著称的皋陶指出统治者必须除"逸欲","兢兢业业"为百姓操劳。周公建成东都洛邑以后,对成王寄予很大的希望,希望他去洛邑以后积极主持政事,奋发努力,"汝往敬哉!兹予具明农哉!"要以自己的行为带动百姓,扭转东方诸侯民心不服的问题。在《召诰》中,召公在讲了"王其疾其敬德"后紧接着说:"其惟王位在德元,小民乃惟刑用于天下,越王显。"这就是说,王应该属于德的顶峰,小民才会效法你于天下,于是王的德就显著了。这里包含了正己正人的思想。不仅如此,王还要善于听取批评意见,"厥或告之曰:'小人怨汝詈汝。'则皇自敬德。厥愆,曰:'朕之愆允若时。'不啻不敢含怒。"(《无逸》)郑玄对这段话作了这样的解释,"不但不敢含怒,乃欲屡闻之,以知己政得失之源也"。《无逸》篇,周公对成王要求更加严厉,一开始便对成王提出要求,"君子所,其无逸。"并且要亲自了解"稼穑之艰难",只有这样,才能知"小人之依",才能统治人民。

《尧典》中讲到传说中的禅让之事,事实上是敬重贤能最具

---

① 郭沫若:《郭沫若全集》历史编第1卷,人民出版社1982年版,第337页。

体的体现。禹在与舜的交谈中,谈了如何敬重贤能的问题,"敷纳以言,明庶以功,车服以庸"。这就是说对待贤者先要虚心接受他们的建议,再根据情况任用他们、考察他们,更要用物品酬劳他们。历史是最好的试金石,同是成汤天下,汤得贤人得天下,纣失贤人失天下。推崇德治的周公一刻也没忘记这一祖训。任用贤人,不用小人,是治理国家的法宝。用贤人,不但是历史的经验,也是保证国家大法能够正确贯彻执行的现实需要。一方面贤能之人执法公允,老少无欺,"明明棐常,鲜寡无盖"(《吕刑》);另一方面贤德之人正己正人,足为人镜,"德威惟畏,德明惟明"(《吕刑》),由他们推行政策,可收立竿见影之效。

周公的治国思想是我国历史上治国思想的圭臬,对儒家的治国理想影响极大。孔子的德治思想就直接渊源于周公的以正治国思想。"为政以德,譬如北辰,居其所而众星拱之。"(《论语·为政》)孔子对周公治国思想最大的发展在于他认为在治理国家时,不但要注重统治者的德,更重要的是要对老百姓加强道德教育,"君子之德风,小人之德草,草上之风,必偃"(《论语·颜渊》)。孟荀也是沿着周公、孔子的理论提出自己的政治思想。这些思想经过我国封建社会长期政治实践的丰富,形成了我国封建社会的勤政爱民、知人善任等主流统治思想。

但是,以周公为源头的以正治国思想在给封建统治带来稳定的同时也为我国的封建政治带来了最大的弊端。它直接将统治者的道德水平与国家的治理联系起来。统治阶层的道德品质对于国家的安危福祸,具有极为重要的影响。仁君、明君则兴邦,暴君、昏君则丧邦,几乎成为中国古代历史上一个普遍现象,这种弊端在封建政治思想内部是无法解决的。

另外,周公不仅认识到统治者自身的道德修养对治国的重要性,而且提出发挥内心的作用以提高道德修养的方法。殷人已经能够把身与心区别开来,"恐人倚乃身,迁乃心"(《盘庚中》)。

可见，殷的统治者已经认识到心是思维器官，对人有支配作用，正身重在正心，所以，他们要求"克黜乃心"（《盘庚上》）。周公继承了这一思想，他指出："惟圣罔念作狂，惟狂克念作圣。"（《多方》）人的一念之差，可以为圣，也可以为狂。他要求贵族们"康乃心，顾乃德"（《康诰》）。这样，他就把心与德联系起来，认为尽心就能有德。肯定了道德观与心理现象的联系。

（二）周公言行一致、公而忘私的正己之行

利欲熏心、唯利是图、假公济私之人，古今都是遭人憎恶的；理论巨人、行动矮子、光说不做的人，终究会被淘汰。公而忘私、口心如一、言行一致、身体力行的人，无论古今，都会得到人们的敬爱。周公深谙个中道理，一生谨慎修为，勉力而行，因而得到古今人们由衷的敬爱。之所以如此，是与其公而忘私的高洁人格和身体力行的楷模思想密不可分。从以下具体事例中，我们可略窥端倪。

第一，注意修德行事。据《史记·鲁周公世家》记载："自文王在时，旦为子孝，笃仁，异于群子。"由此可知其非常注意伦理道德修为，不但在内心予以认同"孝"、"仁"，并努力按之践履行事，这对其以后逐渐形成高洁人格与身体力行的楷模思想是至关重要的。

第二，公而忘私，力挽狂澜。据《尚书·金縢》等记载，武王伐纣后一度病重，周公曾召人设坛卜祝，愿以身代武王没，以便让武王完成天下统一大业。未几，武王崩，成王立。成王幼，无法执政，而眼下又百事待举。在此危难时刻，周公依据传统王位继承原则，冒着被误解的风险，置个人利益于度外，挺身而出，"摄政"，行王事，使周初渡过了上层权力更迭难关。管叔、蔡叔等不满周公独掌朝政，勾结武庚发动叛乱，于是连锁引发商原属区域的反叛。一时间新建的西周政权顿时处于风雨飘摇的险境。对管、蔡是否一同镇压，意见不一。周公在此危急关头，力排众异，公而忘私，以国家、阶级的总体利益为重，统一上层思想认识，安顿妥"宗周"后方，毅然率兵东征，历时两年，平叛成功，使周初政权重新得以巩固，并逐渐得以发展完善。

第三，致政成王，功成身退。据《尚书·大传》记载，周公"摄政"七年，"一年救乱，二年克殷，三年践奄，四年建侯卫，五年营成周，六年制礼作乐，七年致政成王"。周初各项制度的设计创立大多出自周公，如何身体力行、率身垂范，周公深知其重要性。嫡长子继承制攸关国家政治权力和经济利益的分配及平衡，是各项具体制度的重中之重，因而，周公在天下经营大定之后，毫不考虑个人利益，致政于成王，自己功成身退，安居臣位。这种身体力行的表率精神与行为，的确令人发自由衷的钦佩。

周公的这种思想及行为，对先秦儒家产生了极大影响。他们身体力行的同时，又大力加以宣扬倡导，对表率精神予以高度重视，尤其认为执政者的表率精神作用，更具有重要而广泛的意义。他们都极力强调，为政者无论在道德修养，还是在其他方面，都要为他人起到良好的表率作用。如"正人"先要"正己"，以"身教"辅以"言教"，甚至认为"身正"可以收到"不令而行"的功效。

四 《周易》正的思想

《周易》乃群经之首，为古代占筮之书及其解说，后被列入儒家经典。《周易》包括《经》、《传》两部分。《经》有时称为《易经》或《古经》，是在专门从事卜筮的巫史们长期经验和记录的基础上逐渐形成的；《传》是战国时人对《经》的解释说明,又称《易传》。《易经》分为六十四卦,《易传》分为七种十篇。《周易》是中国哲学思想的渊薮,奠定了中国哲学的一些基本范畴和基本观念。其中蕴涵的"正"伦理思想对后世具有广泛而深远的影响。

(一)《周易》的"中正"法则

中正,即恰到好处,亦即无过无不及。"中正"法则,是用于调节同一事物内在的两极之间关系的法则。它体现为在相反相成的关系中要求达到既中且正的"中正"标准。

"中正"法则,充分反映在《周易》的"太极阴阳"学说之中。《周易》将每一个事物的整体视为一个太极,包括保持相反相成关系的阴阳两个方面。阳性刚健,阴性柔顺。阴阳互相作用以推动事物的正常发展,谓之"刚柔相摩"。在这条规律中,当以刚柔兼胜并能保持相对平衡者为最优,谓之"中正"。其次则在阴阳之间也允许有一定程度的偏胜:偏于阳胜而仍不违反中道者谓之"刚中";偏于阴胜而仍不违反中道者谓之"柔中"。但决不可阳中无阴或阴中无阳,乃所谓"孤阴不生,独阳不长"也;亦不可不阴不阳,因为阴阳若丧失了个性,也就缺乏推动事物发展的动力了。这一理论在易象中是以爻位来表示的:凡阳爻居阳位,阴爻居阴位,就是当位,谓之"得正";凡阳爻居阴位,阴爻居阳位,就是不当位,谓之"失正"。凡阳爻居二或五之中位,象征"刚中"之德;阴爻居二或五之中位,象征"柔中"之德。若阴爻处二位,阳爻处五位,则是既"中"且"正",称为"中正",在易爻中尤具美善的象征。然而以"中"爻与"正"爻相比较,"中"德又优于"正"。程子曰:"正未必中,中则无不正也。"故六爻当位者未必皆吉,而居"中"位的二、五两爻,则吉者独多。

《周易》认为,大至宇宙,小至一事一物,无不蕴涵着阴性与阳性这一对普遍的矛盾；并由这对矛盾在一定的客观条件下的平衡消长和互相作用，才推动了事物的运动变化和不断发展。这条基本规律，即体现为阴阳两极之间既中且正的"中正"法则。如《节·彖》曰："当位以节，中正以通。"《益·彖》曰："利有攸往，中正有庆。"正是体现了"中正"之道的作用。若将"中正"法则运用于具体事物之中，则"正"犹如横向重量之平衡，"中"犹如纵向重心之垂直。横向虽平，但若纵向倾斜，犹难免偏倚之虞；只有纵向的重心保持垂直，则横向虽略有不平，自能卓立而无倾。因为重心之垂直，已兼有横向平衡之意。这就是"中"重于"正"、"中"包含"正"的道理。

"中正"法则不仅体现了事物两端之间相反相成的关系，而且也体现了互相转化的关系。《易·系辞》引孔子曰："危者，安其位者也；亡者，保其存者也；乱者，有其治者也。是故君子安而不忘危，存而不忘亡，治而不忘乱，是以身安而国家可保也。"《孝经》曰："在上不骄，高而不危；制节谨度，满而不溢。"孟子亦曰："天将降大任于斯人也，必先苦其心志，劳其筋骨，饿其体肤，空乏其身，行拂乱其所为，所以动心忍性，增益其所不能。人恒过，然后能改；困于心，衡于虑，而后作；徵于色，发于声，而后喻。入则无法家拂士，出则无敌国外患者，国恒亡。"从而得出了"生于忧患而死于安乐"的结论（《孟子·告子下》）。这些都充分体现了居安思危的辩证思想。

在运用"中正"法则时，必须坚决反对两种错误的观点，一是在"不及"与"过"两端之间机械地对半折中，二是在"是"与"非"之间取其中性。这两者都是"中正"所坚决反对的错误观点。诚然，从表面形式上看，"过"与"不及"乃是互为相反的两种倾向，而"中"必然处于这两者之间。但是，就其价值实质而论，"中"决不是"过"与"不及"两者之间在数量上无原则的对半折中，而是从实践中总结出来的合乎客观规律、适得事理之宜的最佳点；而"过"与"不及"则都是背离客观规律的错误倾向，因而两者又同为"中"的对立面。在正确与谬误的对立关系中，"中"代表正确，而"过"与"不及"同为谬误。那种把"执两用中"曲解为正与邪、是与非、真与伪、善与恶、美与丑等诸项对立关系之间的对半折中而取其中性的说法是极端错误的。其实，"执两用中"法则，是在两个错误的极端之间寻求正确点，而不是在正确与谬误之间取其中性。对此，孔子说得很清楚："择其善者而从之，其不善者而改之。"（《论语·述而》）

相传周庙之中有一种器皿，曰"右坐之器"，这种器皿，注满水就要倒下来，把水排空就要倾斜，恰到好处就能端正。据《说苑·敬慎》载："孔子观于周庙而有欹器焉，孔子问守庙者曰：'此为何器？'对曰：'盖为右坐之器。'孔子曰：'吾闻右坐之器，满则覆，虚则欹，中则正，有之乎？'对曰：'然。'孔子使子路取水而试之，满则覆，中则正，虚则欹。孔子喟然叹曰：'呜乎！恶有满而不覆者哉！'子路曰：'敢问持满有道乎？'孔子曰：'持满之道，挹而损之。'子路曰：'损之有道乎？'孔子曰：'高而能下，满而能虚，富而能俭，贵而能卑，智而能愚，勇而能怯，辩而能讷，博而能浅，明而能暗，是谓损而不极。能习此道，惟至德者及之。'"孔子由"右坐之器"悟出"保持盈满"的方法是：身居高位而能善待下人，盈满而能虚己，富足而能节俭，尊贵而能处卑贱，机智而能自甘愚拙，勇敢而能自居怯懦，雄辩而能自甘木讷，博大而能自居浅薄，贤明而能自居暗弱。要而言之，减损一点，不让它达到极致。可见，"中正"法则实乃立身处世之大法。

（二）《周易》的"正家"观念

人作为社会动物，总是生活在一定的群体之中。群体是由不同组织、单位所组成的人群。人的社会组织虽然多种多样，但其中最重要的社会组织，无疑是家庭。家庭是社会的基本细胞。在中国古人看来，治理国家与社会，首先应从治理家庭开始。《周易》六十四卦中，有一卦名曰《家人》，就是专门探讨家庭问题的。《家人》卦位居第三十七位，次于《明夷》之后。《序卦》说："夷者伤也。伤于外者，必反其家，故受之以《家人》。"家庭是人在外受伤害以后，寻求抚慰、保护的温暖的小巢。这是《周易》对于家庭的基本定位。

《家人》卦形是，下离（☲）上巽（☴）。下离为日、为火，上巽为木、为风，所以称为风火家人。孔颖达说："火出之初，因风方炽；火既炎盛，还复生风。内外相成，有似'家人'之义。"（《周易正义》）以风火相生相长之象，而喻家庭中父母子女之生生不息、相互依靠之理，这正是《周易》的用心所在。再从卦形结构上看，下卦（内卦）关键位之六二，阴处阴位而居中得正，上卦（外卦）关键位之九五，阳处阳位居中得正，并且六二与九五阴阳相应，象征女主乎内，男主乎外，女柔男刚，女顺男健，男女和睦相处，互敬互爱。所以《彖》说："家人，女正位乎内，男正位乎外，男女正，天地之大义也。家人有严君焉，父母之谓也。父父子子兄兄弟弟夫夫妇妇而家道正。正家而天下定矣。"家正而国安，作为社会结构基本单元的家庭稳定了，社会、国家也就稳定了。

《家人》卦辞曰："家人：利女贞。"由于男主乎外，女主乎内，所以在家庭中，主持"内政"的妻子是否有操守，行正道，对于家庭的和睦与安定起着决定性的作用。"利女贞"所突出的就是女性在家庭中的特殊作用。这句话也可解释为家庭是女性发挥其作用、才能的最为重要的场所。《家人》卦辞不讲别的，只讲"利女贞"，意在突出女性在家庭中的地位和作用，反过来也可以说是家庭在女性心目中的地位与影响。对于男子来讲，家庭

27

只是他生活的一部分；对于女性而言，家庭则可能是其生活的全部。在中国古代，尤其是这样。

《家人·初九》曰："闲有家，悔亡。"初九象征家道初立。初立之家，重在建立秩序，防止邪恶产生。程颐认为："初，家道之始也。闲谓防闲法度也。治其有家之始，能以法度为之防闲，则不至于悔矣。"（《伊川易传》）从爻象上看，初九阳爻居阳位，中正而刚健，象征严格而正规的家庭教育。《象》说："闲有家，志未变也。"在一个大家庭中，当家人还没有发生矛盾纠纷时，就应当对家庭成员进行严格的家庭教育，使每个家庭成员都懂得长幼有序、相亲相爱的道理。这种防患于未然的措施，对于保持家庭的和睦是十分必要的。《颜氏家训》中就有"教妇初来，教儿婴孩"的训诫，而这一训诫强调的也是对家人的教育要及时和及早。

《家人·六二》曰："无攸遂，在中馈，贞吉。"遂为顺遂、成就。中馈，指家中饮食事宜。这就是说，女人在家的本分就是操持好家务，如此才是贞正吉祥的。汉代杨震说："《易》曰'无攸利，在中馈'，言妇人不得与于政事也。"（《后汉书·杨震传》）《颜氏家训》也说："妇主中馈，唯事酒食衣服之礼耳。"从爻象看，六二处下离之中，既中且正。又，离性为明，故具有自知之明，以礼法自恃，一心只干女人本分之事，在家照顾公婆、丈夫、兄弟、孩子的饮食家务。在《周易》看来，这才是做女人的正道。《象》说："六二之吉，顺以巽也。"意思是说，六二的吉祥，是由其柔顺温逊得来的。强调女子的柔顺，以持家为女子的本分。

《家人·九三》曰："家人嗃嗃，悔厉，吉；妇子嘻嘻，终吝。"这里涉及治家宽严及所产生的不同后果。嗃嗃，众口怨尤之声；嘻嘻，骄逸笑闹之音。爻辞是说，家人苦于家法之严，哀怨不断，这样虽有一时的怨尤与疾痛，但最终会导致吉祥；而如果家法松弛，妻子儿女不知礼法，整天嬉笑打闹，结果难免会发生有辱家门的灾祸。如果说初九为家道之始，九三则已呈家道有成之象。成家已久，子女众多，故爻有"妇子"之喻。从爻象上看，九三虽位处阳刚得正，但已过中，而上又无应；且三与二、四互卦为坎（☵），坎有小险之象，故爻象中潜伏了嗃嗃之悔厉。但九三居下离之上，为明之极，明则察远而虑深。以阳刚之严正，上下承比六二、六四，而得阴阳和谐之合，故虽暂有悔厉，而终致吉祥。所以《象》说："家人嗃嗃，未失也；妇子嘻嘻，失家节也。"家有节、有秩序，则吉；无节、无秩序，则凶。从这一爻可以看到，我国古人对于治家宽严的基本态度，是宁严毋宽。

《家人·六四》曰："家富，大吉。"爻辞是说，发家致富，大吉大利。从爻象上看，六四爻位已上升到上巽体下，据《说卦》所云，"（巽）为利市三倍"，可见六四精于盘算，在生产与流通中获利三倍，故有所谓家富之言。另外，六四处上卦之下，阴虚本不富，但六四以阴居柔得正，又在巽体，性顺，故举止得体，下应初九之阳，上顺九五之尊，能够调适好家人之间的关系。这样，全家上下，团结一心，努力奋斗。俗语说，"和气生财"，由此，"家富"也是理所当然的。正因为此，《象》说："富家大吉，顺在位也。"《家人》主要是讲妻道的，这里所谓的顺、在位、得体，当然主要是针对妻而言的。《周易折中》说："四在他卦，臣道也。在《家人》卦则妻道也。夫主教一家者也，妇主养一家者也。《老子》所谓教父食母是也。自二之在中馈，进而至于四之富家，则内职举矣。"在《周易》看来，"内职"，即家庭主妇的责任不仅在于理财，同时也在于正确协调、理顺家庭成员之间的关系。

《家人·九五》曰："王假有家，勿恤，吉。"这一条可以看做对家长所提出的要求。假，通"格"，即感染、感动、以身作则。这就是说，家长以美德感染他的家庭成员，并能做到以身作则，无须忧虑，这样的家庭必然吉祥。从爻象上看，九五阳刚处中得正居君位，是一卦之主，下与六二阴阳相应。以中正之尊，正己正人。家人受其所感，都能敦睦相处、相亲相爱。所以《象》说："王假有家，交相爱也。"

《家人·上九》曰："有孚，感知，终吉。"这是说，上九，心存诚信，威严作则，家道以成而终致吉祥。从爻象上看，上九之交，阳刚居卦之极，下与九之无应，已经显露出矛盾转化的先兆。故兆称"终吉"，并非一般意义之吉祥，而是包含了诫谕的味道。作为一家之主而居于一家人之上的上九，怎样才能维持家道长久不败呢？要言之，就是"威"、"信"二字。吉自威、信而来。有信、有威，家人心悦诚服，才能维持家庭的长久和睦。威信又从哪里来呢？《象》说："威如之吉，反身之谓也。"就是说，家长的威、信不是靠作威作福，强使家人信服得来的，而是得之于反身修己，严于律己，是靠自己的表率作用而形成的。陈梦雷在《周易浅述》中说："阳爻实，有孚之象，以刚居上，有威如之象。有孚则至诚恻怛，可联一家之心而不至于离。威如则整齐严肃，可振一家之事而不至于渎。故长久得吉也。"

《家人》以家庭为基本结构，阐述其家庭管理和家庭观念。从以上卦爻辞可以看到，夫妻是家庭的主体。夫刚妻柔，夫正妻顺，夫妻各守其本位，严于律己，正己正人，家庭成员之间和睦共处、相亲相爱，这是《周易》的基本家庭观念。这种家庭观念几千年来对中国社会、家庭产生了广泛的影响。

五　《诗经》正的思想

《诗经》既是我国第一部诗歌总集，又是研究中国古代历史的重要文献，反映了殷周时代五百年间的中国社会风貌，描述了处于社会过渡时期的人类生活状态，蕴涵了人们对道德生活的最初思考。因此，《诗经》的伦理思想可以看做儒家伦理思想的雏形，并为儒家伦理学说的形成提供了丰富的思想资料。

一定时期的文学是一定社会的反映，《诗经》中的许多诗篇全面系统地反映了周人以正治国的思想，就这一方面说，《诗经》可以起到以诗证史的作用。

周初的开国先主和守成明君在《诗经》的颂诗中几乎都是勤政的典范。《大雅·皇矣》不惜大量篇幅，具体生动地描述太王勤政的情况；《周颂·昊天有成命》歌颂成王不敢贪图安逸，尽心竭力，才敢得天下的安定；《周颂·烈文》警戒被封诸侯在封国内只有励精图治，不滋事腐化，才会受到天子的敬重："无封靡于尔邦，维王其崇之。"

周人把内修道德当做政治实践的基础，认为"治国"需从"修身"做起。《小雅·南山有台》中的"邦家之基"的王室重臣"德音不已"，"德音是茂"；《大雅·烝民》着力颂扬仲山甫的德行，成功塑造了一个德行完美、勤于王事的政治家形象。

重视人才，虚心纳谏，是周初统治者实行以正治国的又一个重要内容。《史记·周本纪》云："（文王）礼下贤者，日中不暇食以待士，士以此多归之。"周公为了得到人才，"一沐三捉发，一饭三吐哺，起以待士，犹恐失天下之贤人"。他们懂得用贤首先还得育才，《大雅·棫朴》云："周王寿考，遐不作人。"《大雅·旱麓》曰："岂弟君子，遐不作人。"这是反复提醒周王要造就人才。《思齐》曰："誉髦斯士。"《时迈》云："我求懿德。"这是表达选才时要注意德才兼备的标准。统治者要想视听不受蒙蔽和制定正确的方针政策，必须虚心采纳各方面的意见，从谏如流。《假乐》说"率由群匹"，赞扬周王能听从众大臣的意见。《思齐》更是赞扬了文王"不闻亦式，不谏亦入"的积极主动的纳谏精神。

西周中后期以后,周王室逐渐衰微。《史记·周本纪》载:"昭王之时,王道衰微。"又,"穆王即位,春秋已五十年矣。王道衰微。"这与统治者缺乏自律,不守礼法,不修德政不无关系。统治阶级内部从天子到诸侯失德之事时有发生,如周厉王专山泽之利,对人民实行高压政策;周幽王宠爱褒姒,烽火戏诸侯,等等。另外,统治阶级内部道德沦丧的丑闻也层出不穷,有臣弑君、子弑其父、兄弟相斗、兄妹乱伦,等等。面对统治者道德沦丧,不修德政的情形,统治阶级内部的有识之士忧心如焚,劳动人民鄙夷万分,他们或劝谏讽喻,或讽刺诅咒,《诗经》对此都有反映。这些反映主要表现在以下两类诗中:

一类是贵族政治讽刺诗。诗作者站在维护贵族阶级的统治立场上对统治集团中那些道德沦丧、不修德政的行为进行揭露、劝谏,表示出强烈的忧患意识,充满着无奈和悲愤的情绪,同时也表现出对统治集团中的失德者能重修德政的期盼,如:《小雅·节南山》云:"方茂尔恶,相尔矛矣。既夷既怿,如有酬矣。"《大雅·瞻卬》云:"人有土田,女反有之;人有民人,女覆夺之。"《大雅·民劳》曰:"敬慎威仪,以近有德。"《小雅·雨无正》曰:"凡百君子,各敬尔身。"这些诗既对统治者鲜廉寡耻、暴虐人民的失德行为进行揭露、痛斥,又对其提出规谏之语,其根本目的是为了重修德政,延续周王朝的统治。

另一类则是民间政治讽刺诗。劳动人民以此作为向统治者作斗争的武器,把统治者见不得人的勾当公之于世,表示出强烈的蔑视和痛恨之情。这类诗中一种是讽刺当权统治者荒淫无耻的乱伦丑行,如《邶风·新台》讽刺卫宣公霸占儿媳,诗中将他比作癞蛤蟆;《齐风·南山》、《齐风·敝笱》讽刺齐襄公与同父异母妹文姜的乱伦丑行。另一种诗是揭露暴君的残忍,如《秦风·黄鸟》就是揭露秦君用三良殉葬的暴行。

第二章　先秦儒家正的思想

一　孔子正的思想

孔子（公元前551—前479年），名丘，字仲尼，春秋鲁国陬邑（今山东曲阜东南）人。孔子是我国春秋末期伟大的思想家和教育家，儒家学派的创始人。孔子为改变当时"天下无道"的局面，提出"为政以德"的政治主张和以仁为核心的道德思想体系。他设教授徒，把教育当做实现其政治主张的重要手段。这样，政治、道德和教育构成孔子整个思想体系的主干。孔子的思想主要反映在他与其弟子及时人的谈话记录《论语》一书中。孔子正的思想主要蕴涵于其"为政以德"的政治主张中，以正己正人为核心，强调正名与正心。

（一）孔子论"帅以正"与"举贤才"

"政者，正也。"（《论语·颜渊》）孔子把政治归结为一个"正"字，认为为政就是正己正人，统治者的统治过程就是一个以自己的人格力量影响感化民众的过程。既然为政者是正人之人，而正人必先正己。孔子在《论语》中不厌其烦地论及正己的重要意义："子帅以正，孰敢不正？"（《论语·颜渊》）"其身正，不令而行；其身不正，虽令不从。"（《论语·子路》）"苟正其身矣，于从政乎何有；不能正其身，如正人何？"（《论语·子路》）总之，为政者正能起到先锋模范作用，为政时必会得心应手一帆风顺,反之,自己不正,必不能正人。至于为政者以身作则所带来的影响与效果,孔子认为:"君子之德,风;小人之德,草。草上之风,必偃。"(《论语·颜渊》)所以:"临之以庄,则敬;孝慈,则忠;举善而教不能,则劝。""上好礼,则民莫敢不敬;上好义,则民莫敢不服;上好信,则民莫敢不用情。"(《论语·子路》)对此,历代真正崇儒的统治者不仅在理论上教育人们以身作则,而且也都能身体力行地做到万民的表率。可见,为政者正与不正,关系到全部为政活动的成败,进而关系到国家兴废存亡。

孔子非常重视为政者的道德修养,要求为政者首先做到"正己"。他将"正己"所要达到的理想人格设定为君子,因此,《论语》中关于君子应有的道德品质也就是为政者应具备的道德素质,可概括为以下几个方面:

1. 重仁贵义,节俭廉洁

君子"义以为质"(《论语·卫灵公》),"义以为上"(《论语·阳货》)。仁义乃君子人格的本质规定,故君子的价值取向应重义轻利,"君子去仁,恶乎成名?君子无终食之间违仁,造次必于是,颠沛必于是"(《论语·里仁》)。君子须臾不能离开仁德。当然,君子作为血肉之躯,也要食人间烟火,也有欲有求,但他至少应做到"见利思义","义然后取"。"不义而富且贵,于我如浮云。"(《论语·述而》)君子"谋道不谋食","忧道不忧贫"(《论语·卫灵公》),因此,他能"食无求饱,居无求安"(《论语·学而》),能"饭疏食饮水,曲肱而枕之,乐亦在其中矣"(《论语·述而》)。

孔子还强调为政者要崇尚节俭廉洁,反对奢华。《论语·尧曰》载子张向孔子请教如何从政问题,孔子答"尊五美,屏四恶,斯可以从政矣"。"五美"即"惠而不费,劳而不怨,欲而不贪,泰而不骄,威而不猛"。孔子把"惠而不费"、"欲而不贪"作为"五美"的重要内容是有其道理的,这其中即包含着节俭、廉洁的意思。孔子称赞颜回"一箪食,一瓢饮,在陋巷,人不堪其忧,回也不改其乐"。在孔子看来,志于道,乐于道,生活节俭,贫贱不移,是颜回所具备的贤德。这体现了孔子崇尚节俭廉洁、反对奢侈浪费的思想。

2. 严于律己,为人表率

由于为政者处在政治舞台的中心,其过失如"日月之食焉,过也,人皆见之"(《论语·子张》),危害大影响坏,因此,他必须做到"躬自厚"(《论语·卫灵公》),即严于责己,"就有道而正焉"(《论语·学而》),"见贤思齐,见不贤而内自省也"(《论语·里仁》)。学习他人的优点,警戒他人的缺点。如果不慎犯错,"则勿惮改"(《论语·学而》),决不能文过饰非。律己与宽人是辩证的,君子在律己的同时,还要能"薄责于人"(《论语·卫灵公》),对他人"赦小过"(《论语·子路》)。

孔子认为,为政者应当以身作则,为百姓树立榜样,起到表率作用。他在回答子路"问政"时说:"先之劳之。"即是说要先给老百姓作出表率。当季康子苦于盗贼太多而向孔子请教时,孔子回答说:"苟子之不欲,虽赏之不窃。"在孔子看来,如果为政者自己清正廉洁,不贪求财货,那么即使奖励偷盗,人们也不会去干。这表明,为政者的道德品质具有鲜明的导向作用。

3. 正直无私,不谄媚阿谀

正直是为政者应当具备的一种重要品质。孔子说:"人之生也直,罔之生也幸而免。"(《论语·雍也》)可见,不但为政者理应正直行事,而且,品行正直与否,也是直接关系到一个人的安身立命、生死存亡的。孔子还经常以处事是否正直作为对为政者进行评价的标准,他曾评论晋文公"谲而不正",齐桓公"正而不谲"。毫无疑问,孔子是充分肯定和赞赏"正而不谲"的。对于"狂而不直,侗而不愿,悾悾而不信"(《论语·泰伯》)

者，孔子给予了劝告和批评。孔子认为"巧言乱德"。他指出："巧言令色，鲜矣仁。"(《论语·学而》)他还说："其言之不怍，则为之也难。"这体现了孔子反对花言巧语、阿谀奉承，而主张说话谨慎、言行一致的思想。

4. 忠于职守，勤奋工作

当子路"问政"时，孔子除了答"先之劳之"外，还补充说"无倦"。即为政者不但要身先士卒，起到带头作用，还要尽职尽责，在工作中不要懈怠。子张"问政"时，孔子回答说："居之无倦，行之以忠。"(《论语·颜渊》) 即身居官位者不能疲倦懈怠，在执行政令、处理政事等本职工作中要有忠心。这里都包含着为政者要忠于职守的意思。孔子还把一心只想个人官位的得失，而不是勤奋为政的人称为"鄙夫"，他说："鄙夫可事君也与哉？其未得之也，患得之。既得之，患失之。苟患失之，无所不至矣。"(《论语·阳货》) 在孔子看来，为个人的职位患得患失的人，不但不能勤奋工作、有所作为，甚至还会无所不用其极，为了个人的官位和利益不择手段，什么事都可能干得出来。所以孔子认为不能与这样的人一起共事。

5. 身体力行，言行一致

孔子强调为政者是实干家，不是空谈家，"先行其言，而后从之"(《论语·为政》)。他决不夸夸其谈，而是"敏于事而慎于言"(《论语·学而》)，甚至是"讷于言而敏于行"(《论语·里仁》)。因此，"君子耻其言而过其行"(《论语·宪问》)。以言多行少为耻。要"敏于事"就得有真功夫，所以，不怕人不知，只怕己无能，"君子病无能焉，不病人之不己知也"(《论语·卫灵公》)。"不患无位，患所以立"(《论语·里仁》)，不愁做不了官而愁无做官的真本领。为政不图虚名，而重实绩。总之，在孔子思想中，注重自身的道德修养，并努力做到言行一致，身体力行，也是为政者应当具备的一种重要的道德品质。

孔子强调为政者的榜样力量。为了使为政者能"帅以正",他一方面主张为政者加强自身的道德修养,另一方面特别重视对官吏的选择,主张"举贤才"。当做季氏家臣的仲弓向孔子问政时,孔子答曰:"先有司,赦小过,举贤才。"(《论语·子路》)就是说,不仅自己要身体力行,体谅下属,还要任人唯贤,善于举荐贤能之人为政。当孔子去看望任武城宰的子游时问道:"女得人焉尔乎?"子游回禀:"有澹台灭明者,行不由径,非公事,未尝至于偃之室也。"(《论语·雍也》)从师徒对话中,我们不难看出,在孔子及其弟子心目中,贤才的主要品质特征是正直无私,不溜须拍马,不搞歪门邪道,孔子特别看重这一品德,并多次阐述为政者具备这一品质的重要性。"哀公问曰:'何为则民服?'孔子对曰:'举直错诸枉,则民服;举枉错诸直,则民不服。'"(《论语·为政》)他坚信这样一条用人至理:把正直的人提拔到不正直的人之上,百姓会服从你;反之,把邪恶之人提拔到正直的人之上,则难以服众。这是为何必须荐贤才为政的理由之一。理由之二:"举直错诸枉,能使枉者直。"(《论语·颜渊》)以正直之人治理邪佞之辈,能起到以正压邪的社会正效应;相反,一旦用人不当,让小人得志,"斗筲之人"当权,必坏民风,终将导致民怨国危,因此,孔子谆谆教诲弟子治国时要"放郑声,远佞人;郑声淫,佞人殆"(《论语·卫灵公》)。子夏对老师的"举直错诸枉"领悟最深,还举例明证:"舜有天下,选于众,举皋陶,不仁者远矣。汤有天下,选于众,举伊尹,不仁者远矣"(《论语·颜渊》)。

如何识别人才?孔子提出一些鉴别措施,如"听其言观其行"(《论语·公冶长》);"视其所以,观其所由,察其所安";"众恶之必察焉;众好之必察焉"(《论语·为政》);"乡人皆好之"或"乡人皆恶之"(《论语·卫灵公》),不如"乡人之善者好之,其不善者恶之"(《论语·子路》)。而"巧言令色,鲜矣仁"(《论语·学而》)。

(二)孔子的"正人"之道

《论语·宪问》载:"子路问君子。子曰:'修己以敬。'曰:'如斯而已乎?'曰:'修己以安人。'曰:'如斯而已乎?'曰:'修己以安百姓。修己以安百姓,尧舜其犹病诸。'"此段话乃孔子"正人"之道的总纲。它精辟地概括了"正人"之道的核心内容——人的躬行实践,也明确地提出了现实实践途径——由"正人"至"正百姓"。

所谓人的躬行实践,是将个体正己修身所获得的至真至善至美的精神成果,用以指导其经世致用、匡世济民的行为与行动过程。以此为目标,孔子为有志之士设计了一套由小到大、由近及远的行动方案:由"正人"至"正百姓"。在展开详细探讨之前,我们首先对孔子所言"人"与"百姓"两个概念作清楚的辨析。在孔子的学说中,"人"这一概念的含义很多,有时它指区别于禽兽的人类,有时则与"民"等同,而在"修己以安人"中的"人"范围最窄,仅仅指社会生活中与己有直接接触的群体。"百姓"这一概念的含义在大多数情况下是指一个国家一个社会中普遍的大众,但在"修己以安百姓"中其含义被扩大,用以指与己无直接关联的天下民众。我们说,孔子"正人"之道中的"人"则是此两概念的综合,具有最丰富的内涵和最广泛的外延。明晰这一点,我们便可以展开分析。

1. "修己以安人"

孔子言"修己以安人",是以与自身有血脉亲缘或朋友君臣等关系的群体作为对象,强调以仁义之道对待他们,使其在物质上、精神上皆能得享人生之安乐。它有以下四个方面的具体体现:

（1）"正亲"

所谓"正亲",其内容就是孝敬父母,友于兄弟,使有血缘至亲关系的人群能从正人者的行为和行动中享受到幸福与安康。其遵循的主要原则是"孝悌"。

《论语·学而》载:"有子曰:'其为人也孝弟,而好犯上者,鲜矣。不好犯上而好作乱者,未之有也。君子务本,本立而道生。孝弟也者,其为仁之本与?'"在这段话中"孝弟"被视为"仁之本",原因在于孔子及其弟子都认识到人的仁德与人孝悌的行为两者间存在着内在密切的联系:孝悌是仁德的前提和基础;仁德是孝悌的发展与扩充,因此"正亲"的内容就是正人者在家庭中孝敬父母,友于兄弟,其行为与行动必须时时从仁德的最本源处着手,使其能获得物质和精神两方面的满足与安乐。其遵循的根本原则即是"孝弟"。

善事父母曰孝。孔子有云:"色难。有事,弟子服其劳,有酒食,先生馔,曾是以为孝乎?"(《论语·为政》)孝的真义不应仅仅是单纯物质方面的供养,更关键的是精神方面的尊重。"事父母能竭其力"(《论语·学而》),此"力"更多时候讲的是人之财力和物力外的心力。所谓心力,即是自始至终以一颗情真意诚的心对待父母。"今之孝者,是谓能养。至于犬马,皆能有养,不敬,何以别乎。"(《论语·为政》)孝之原心不原迹的特质正是人区别于动物本能的关键所在。

善事兄长曰悌。孔子常常孝悌并举,如"其为人也孝弟"、"弟子入则孝,出则弟"等。(《论语·学而》)将悌与孝统一,作为仁德形成和仁道推行的基础。孔子认为悌之功用就在于协调兄弟姊妹之间的关系,建立一种和睦友善、相敬如宾的氛围,从而保证个体身心能在和谐安宁的家庭环境中得到正常发展。

孔子以"孝弟"为"正亲"之原则,目的在于以每个人生来固有的血缘关系为纽带来巩固和发扬人的内心善良美好的情感,并使之升华为一种相对持久稳定的家庭伦理原则,从而为个体的"正人"行为与行动打造坚实的人性道德基础。

(2)"正友"

在与己接触的群体中,除了父母兄弟等有亲缘关系的人外,有密切往来者便是朋友。子曰:"有朋自远方来,不亦乐乎?"(《论语·学而》)能与志同道合的朋友交往,孔子有一种欣喜欢悦的态度。这是因为:"君子以文会友,以友辅仁。"(《论语·颜渊》)与朋友一道不仅可以共同研析礼乐,更能切磋琢磨、共进于道,所以"正友"的内容就是诚心和朋友交往,彼此在学识、道德修养和精神境界上能够获得共同的提升,从而使朋友能在良性的交往中得享精神上的安宁与怡乐。而对于"正友"所应遵循的主要原则,孔子认为在于"忠信"。

孔子说"为人谋,而不忠乎?与朋友交,而不信乎?""与朋友交,言而有信"(《论语·学而》),以忠信待友,则友可信于我之交,在此基础上形成一种互忠互信的良好心态。此种心态对于朋友间正常和顺利的交往是相当必要的,尤其是在规劝朋友的时候。"忠告而善道之,不可则之,毋自辱焉。"(《论语·颜渊》)见友有瑕,不可不告,然而不得其法的说教批评,可能会造成彼此的疏离,因此真切地了解和理解朋友的内心想法,采用适当的方式尽心劝导才算得上是真正的待友忠诚。同样在维系朋友关系的问题上,"故旧无大故,则不弃也"(《论语·微子》)。正人者对待朋友应该持不离不弃的态度,只要朋友并未彻底地丧失仁德、背离仁道,仍有回头的可能,就应该尽心尽力地加以挽救,使其能归于正途,此亦是"正友"、"忠信"之体现。

孔子以"忠信"为"正友"之原则,在于强调正人者能诚心与人交往,对不如己者善加引导,与己相近者或胜于己者相互切磋,相互学习,通过朋友间的交流,使各自的道德修养与精神境界都有共同的飞跃,从而使以天下为己任的有志之士能凝聚在一起，为"正人"之道的实行积蓄人才。

（3）"正乡邻"

"乡邻"可解释为"宗族"、"乡党"是区别于亲、友、君这些具体对象而与己有接触的人群。《子路》篇中，孔子将"宗族称孝焉，乡党称弟焉"的人称为"士"，这些"士"其实质就是有志于"正人"之道的君子。他们以自身的仁德对周边的乡邻产生着深远的影响，所以"正乡邻"的内容就是正人者以正确的仁德思想，行仁道以引导乡邻，易其民风，倡其民德，在相对较大的范围（一村一乡）之中形成一种良性稳定的活动氛围，使乡邻百姓能够享受到真正意义上的安乐。为此孔子强调的重要原则就是对"乡愿"的批判。

何谓"乡愿"？"乡者，其群鄙俗。原同愿，谨愿也。一乡皆称其谨愿，故曰乡愿。"[①] 对于这类人，孔子毫不留情地斥之为"德之贼"（《论语·阳货》）。究其原因，在于乡愿者"非之无举也，刺之无刺也，同乎流俗，合乎污世，居之似忠信，行之似廉洁，众皆悦之，自以为是，而不可与入尧舜之道，故曰德之贼也"[②]。这样的"阉然媚于世"者在表面上与有志于正人者一样以仁义道德为修身处世之原则，但实质上他们仅是以此作为欺世盗名的工具。一旦面临实际问题的解决时，就会立刻不辨是非，人云亦云，以好好先生的形象随大流而动。这类人群因其具有的特殊迷惑性而对仁义之道产生着巨大的破坏作用。轻者混淆了仁义的真正含义，影响民众对正确思想的吸收和运用；重者则使人对仁义的指导作用丧失信心，造成民风民德的败坏，因此孔子对其可谓深恶痛绝。

孔子从批判乡愿的角度来论"正乡邻"，目的在于扫除正乡

[①] 钱穆：《论语新解》，巴蜀书社1985年版，第427页。
[②] 同上。

邻过程中的最大外在障碍,并指导人们认清伪善者的真正面目与用意,从而使正人者能够全心全力地发挥其积极的社会功能,为民众的安居乐业创造有利的社会环境,为"正人"之行做好外在条件的准备。

(4)"正君"

与"正亲"、"正友"、"正乡邻"相比,"正君"涉及的对象具有鲜明的特殊性。在奴隶社会和封建社会中,君王是可以直接影响江山社稷、平民百姓命运的特殊个体,正君可以说是正国、正天下的基础,也是"正人"之道的重要组成。所以"正君"的内容就是为臣者应竭尽所能地辅佐君王,不仅在国家政事方面,更应在道德规范约束上,从而保证君王能正确地治理国家、教化民众,时刻以为天下百姓谋福利为政治追求,对此孔子提出了"致其身"的原则。

所谓"致其身",其中包含两方面的内容:其一是"忠",其二是"敬"。"忠"与"敬"的内涵,孔子有言"勿欺也而犯之"(《论语·宪问》),"勿欺"即是"敬","犯之"可为"忠"。所谓"犯之",即犯颜谏争。当君王在言行上出现偏差时,为臣者无原则地唯命是从,此种举动不是"忠",相反为了匡扶正道,与上位者据理力争、敢于直谏的行为才是真正的"忠"。所谓"勿欺",即是不能欺骗君王。为臣者发现君王不合道义的行为,或视而不见,或故意隐瞒,或言过其实投君所好,皆是以不敬之心行欺骗之举。相反对君王的错误能义正词严地直斥其非,此种行为才是真正的"敬"。孔子将"勿欺"和"犯之"作为"忠"与"敬"的核心,源于他以仁礼之道来规范忠君与敬君的结果。他说:"人之言曰:予无乐乎为君,唯其言而莫予违也。如其善而莫之违也,不亦善乎?如不善而莫之违也,不几乎一言而丧邦乎?"(《论语·子路》)此中衡量"善"的决定性标准便是"事君以礼"和"以(仁)道事君"。前者是为臣者外在行动的指南，以符合社会绝大多数人利益的礼仪规章来纠正上位者，即是合乎情理的"犯之"；后者是为臣者内在思想的主旨，以合乎仁道与否作为辅佐君王时的道德尺度，便可做到"勿欺"。在这样的前提下，"忠"与"敬"的含义就有了新的改造和发展。所以"所谓大臣者，以道事君，不可则止"的做法在孔子看来仍可称为大忠、大敬，因为它与仁礼之道相合，是"致其身"本义的体现。

孔子以"致其身"为"正君"的主要原则，目的在于强调为臣者有理、有原则地辅佐君王，引导其能走上为国为民，施仁行义的正途。通过"正君"的过程，正人者能将"正人"之道的理论与现实状况紧密结合起来，为"正人"的实践寻找一条可行的政治途径。

由"正亲"至"正友"至"正乡邻"至"正君"，这是一个逐渐递进的行动过程，孔子将其作为"修己以安人"的主要内容，源于他对人的纲常伦理关系的深刻认识和理解。一方面，在人的各种社会关系中，纲常伦理是个体最先接触并持久延续的关系，它对人的心理与行为的影响直接而且相对稳定。当人们通过对其进行有意识、有目的的思考之后，就能从中提炼出符合人性发展和社会要求的基本道德准则，即孝悌忠信等。另一方面，从纲常伦理关系中总结所得的道德准则，又可以成为维持与巩固人的社会阶级关系的思想基石。"其为人也孝悌，而好犯上者，鲜矣。不好犯上而好作乱者，未之有也。"能诚心遵循孝悌原则者，可谓以仁道自持者，当社会处于正常发展的状态时，这类人因其思想上的觉悟，会尽己之力服务于社会，而极少有可能会与上层统治阶级发生激烈的冲突。伦理性道德准则在这其中起到相当重要的作用。当孔子对这一思想有了透彻领悟后，就以此为基础进一步提出了"修己以安百姓"的目标。

2."修己以安百姓"

"修己以安百姓"中的"百姓"所针对的对象应该说是全天下之人,即所谓的"四海之内,皆兄弟也"(《论语·颜渊》)。其主要表现为"泛爱众",即对于与己无直接关联的人群也能持一颗"爱人"之心对待,使其得之安逸,享之安乐,其具体内容反映在以下三个方面:

(1)"正民"

《论语·子张》载:"陈子禽谓子贡曰:'子为恭也,仲尼岂贤于子乎?'子贡曰:'君子一言以为知,一言以为不知,言不可不慎也。夫子之不可及也,犹天之不可阶而升也。夫子之得邦家者,所谓立之斯立,道之斯行,绥之斯来,动之斯和,其生也荣,其死也哀,如之何其可及也?'"此间子贡赞誉孔子苟或见用于世,其效无人可及,原因就在于他能够实现"立之斯立,道之斯行,绥之斯来,动之斯和"的理想。而这四点归纳起来,关注的问题就只有一个,即如何"正民"?

① "立之斯立"——"立民"

"立之斯立"论述的是"立民"之道。所谓"立民",即"扶而立(民)之而皆立"①。孔子认为"立民"之途有两种方式:一是"道之以政,齐之以刑"的外在法制管理;二是"道之以德,齐之以礼"的内在道德约束。两者相比较孔子更推崇以德以礼来"立民"。他说:"为政以德,譬如北辰。居其所,而众星共之。"(《论语·为政》)认为重刑苛政能使人一时畏惧,但难以从本质上被感化而真心向善,故功效短暂且不能深入人心,长此以往会造成"民免而无耻"的后果。而以德化之、以礼齐之则是从改造人的内在思想处着手,使个体清楚地认识到遵循道德原则不仅是社会得以存在的基础,更是完善自身,焕发人

---

① 钱穆:《论语新解》,巴蜀书社1985年版,第470页。

性的精神需求，以此而行，人即能达到"有耻且格"的地步。孔子这种主德化、主礼治的政治理想与其重纲常伦理的思想是密切相关的。人的纲常伦理关系得以维持，很大程度上，所依靠的并不是外在社会予以的强制性规定，而是一种温情脉脉的人性道德感召。所以当孔子以个体、家庭为基本出发点，将其研究的所得推广至社会关系调节的大课题时，他很自然地摒弃强制性的"制民"之策而坚定地选择了道德性的"立民"之法。

②"道之斯行"——"导民"

"道之斯行"论述的是"导民"之道。所谓"导民"，即"导（民）之使行而皆行"[①]。它包含教化和引导两种方式。

对于教化百姓，孔子一直坚持两大原则。一是重视道德教育，即通过礼乐等手段对老百姓进行潜移默化的思想教化。孔子认为，《诗》本性情，可发人心志，使人兴起；礼以恭敬辞让为本，可使人卓然而立，不为物动；乐者，可养人性情，荡涤邪秽。诗、礼、乐都能对学习者的道德修养产生良好的导向作用，因此他提出了"兴于诗，立于礼，成于乐"的观点（《论语·泰伯》）。二是"有教无类"的平民教育。在孔子的眼里，人不分类别，不分贵贱，不分民族，不分国别，所有社会成员都享有受教育的权利。"自行束修以上，吾未尝无诲焉。"（《论语·述而》）孔子身体力行这一原则，使文化向民间下层普及，向夷狄之邦传播，使平民百姓也可获得学习的机会，从而修德明理，终至成仁成圣之境界。这与当时学术在官的垄断行为相比，孔子无论在思想和行为方面都表现出明显的进步性。

对于引导百姓，孔子将责任重心置于上位统治者的身上。他要求统治者首先必先正其身，才有教导人民之可能。正乃正道，在孔子看来，行仁好礼就是正道。若君王能时时以仁义礼信自

[①] 钱穆：《论语新解》，巴蜀书社1985年版，第470页。

律,则可为百姓树立一个可遵循的道德与行动标准,这即是"上好礼,则民莫敢不敬;上好义,则民莫敢不服;上好信,则民莫感不用情"(《论语·子路》)。其次,要求统治者对引导百姓应有持之以恒的心态。这是因为一时的导民向善易,而时时坚持,毫无放弃之心难。统治者必须保持不变的为政热情,确实将百姓作为国家之本来考虑,才能引导民众一起走上仁德这条漫长而艰难的道路。最后,统治者引导民众要注意采用适当的政治手段。孔子说:"民可使由之,不可使知之。"(《论语·泰伯》)有人认为此乃孔子主愚民畅专制的证明,实则不然。《孟子》有云:"行之而不著焉,习矣而不察焉,终身由之而不知其道者众也。"《中庸》也有"百姓日用而不知"的说法。所以这段话是说"若在上者每事于使民由之之前,必先家喻户晓,日用力于语言文字,以务使知之,不惟无效,抑且离析其耳目,荡惑其心思,而天下从此多故矣"[①]。可见必要的政治手段也是有效引导民众执行统治者政令,确保国家政治稳定的必要条件。

③"绥之斯来"——"抚民"

"绥之斯来"论述的是"抚民"之道。何谓"抚民"?子曰:"近者说,远者来。"(《论语·子路》)近者悦其政泽,远者闻风而至。如何"抚民"?子曰:"盖均无贫,和无寡,安无倾。夫如是,故远人不服,则修文德以来之。既来之,则安之。"(《论语·季氏》)安抚百姓需从物质和精神两方面着手。

在物质方面,孔子提倡"富民"。他认为"百姓足,君孰与不足?百姓不足,君孰与足?"(《论语·颜渊》)将百姓的利益置于为政者利益之前考虑,并将"足食"与"足兵"、"民信之"一起奉为为政的三大原则之一,所以安抚百姓的重要前提就是使民衣食无忧。这种对物质基础的重视来自于孔子对于人性的多层次分

[①] 钱穆:《论语新解》,巴蜀书社1985年版,第197页。

析。他认识到衣食住行是人最基本的欲望,是维持生命延续的必要条件,抛开它一味强调精神道德的修养,只可能是无本之木,流于空谈。所以孔子将"富民"作为安抚民众的基础。

在此基础上,孔子进一步强调从精神方面对百姓进行安抚。当统治者执行"均无贫,和无寡,安无倾"等举措后仍出现"远人不服"的情况时,便应该修文德来安抚他们,此乃精神安抚的方式。而这其中又有"民信"与"民服"两大要求。"足食"、"足兵"、"民信之"是为政的重要原则,三者之中,"民信之"又是尤为关键的一条。子曰:"自古皆有死,民无信不立。"(《论语·颜渊》)当人与人之间缺乏一种基本的相互信任关系时,必然会导致社会环境的混乱与涣散,最终可能造成国家瓦解的后果。因此讲究诚信在这里已经不再简单是一个个人修养的问题,更是一个关系国家安危的重大社会问题。而通过怎样的手段使诚信深入人心呢?孔子的方法是统治者以诚信待民,"信则民任焉"。他认为只要为政者本着诚信的态度待人接物,树立一个良好的榜样,则天下民众皆会自愿自觉地依照而行,国家自然可以长治久安。

④"动之斯和"——"使民"

"动之斯和"论述的是"使民"之道。君王治理国家时,要求百姓尽心尽力地为其服务,这是必然的事情。但在这一过程中,并不是一味地要求依照在上者的个人意愿来行事,其中仍有一些必要的原则应该遵循。其一是"使民以时"(《论语·学而》)。时,指农时。为政者必须考虑到人民所能负担的程度,使民当于农隙,以不妨其生业为前提。这种做法既能保证有效运用民力,解决国家相关的问题,又不会因为严重影响民众生计而激发社会矛盾。其二是以惠养民,以义使民。孔子将这两点纳入了君子的"五美"之列,并进一步分析:"因民之所利而利之"可使君子"惠而不费";"择可劳而劳之"可使民"劳而不怨",

统治阶级与被统治阶级皆能各取所需、从中受益。其三是"使民"的关键在于"使民如承大祭"(《论语·颜渊》),用与祭祀祖先同样的态度来对待"使民"问题。不存故意欺骗之心,未有任意妄为之举,郑重其事、恭敬认真方能使"民忘其劳,故鼓舞作兴之而民莫不和睦奔赴也"[①]。

孔子论"立民"在于使百姓在内在思想上能够守仁而立德,在外在行为中能够循礼而立身;说"导民"在于使百姓乐于求知,安于受教,时刻本着"就有道而正焉"的近贤精神去求仁好礼;言"抚民"在于使百姓从物质与精神两方面皆能获得满足,为为政者有效施政打下坚实的民心基础;道"使民"在于使百姓能够全心全意地为谋求整个国家的幸福与安宁而辛勤劳作。四者相互融合,相互作用,共同构成了"正民"的总体框架。这是孔子从物质基础、精神修养、道德教化、社会实践、君主美德、民众行为等多角度、多层次对此进行深入研究的结果。它是孔子颇具个人特色的思想体系。

(2) "正国"

孔子论国,往往与民相联系,所以在探讨其治理之法时"正国"与"正民"就存在着许多共通之处,如"以德为政,以礼治国"和"富民",即是治国也是安民的重要原则。但仔细比较,二者仍存在一些差别:管理百姓通常是一种由上至下的模式,统治者制定行政法规,百姓服从与遵守,但治理国家有时则还需面临国与国之间关系的处理问题,以及对国家前途命运的长远考虑。因此孔子在"正民"基础上针对"正国"又特别强调一条原则,即反对战争,倡导和平。

《论语·述而》载:"子之所慎,齐,战、疾。"战争关乎人之生死,故孔子对其相当慎重。他反对一切违背仁义的战争。季

---

① 钱穆:《论语新解》,巴蜀书社1985年版,第470页。

氏讨伐颛臾，由于违礼失仁，在孔子看来是一场非正义的战争，这种为一己之私而发动的战争会危及国家的安全，损害百姓的利益，造成严重的后果。所以他对辅佐季孙的弟子冉有、季路不及时予以制止，反而推波助澜的行为大加责备。而对于"桓公杀公子纠，不能死，又相之"的管仲却给予了极高的评价，认为其为"仁者"。原因之一就在于"桓公九合诸侯，不以兵车，管仲之力也！"（《论语·宪问》）管仲使人民免于战乱之苦，让天下得以安宁，这正是大仁大义的表现。此外，孔子对于所有反对战争的志同道合者也是赞誉有加。如南宫适问于孔子曰："羿善射，奡荡舟，俱不得其死然。禹稷躬稼而有天下。"夫子不答。南宫适出，子曰："君子哉若人！尚德哉若人！"（《论语·宪问》）南宫适被孔子誉为君子就在于他认识到依恃武力不能得天下，施仁政则可得的道理。所以，少战事、"安无倾"是"正国"之要，亦是"正百姓"的重要前提。

孔子强调以"安无倾"为"正国"的重要原则之一，在于他清楚地认识到个体与国家之间存在密不可分的联系。在人类历史的极长时间内，个体的生存与发展都必须以国家政体的存在为前提，其稳固与安宁的状态是人之生命正常延续的保证。所谓家国一体，从这一层面上来说就是将个体的利益与国家的命运紧密结合起来，国在则家存，国昌则家旺。因此时时服从于国家的整体利益应当成为个体"正人"行动的大方向。

（3）"正天下"

所谓"正天下"即是实现天下之大一统。与前面"正民"、"正国"以一个国家为研究范围不同，孔子"正天下"的思想是以整个人类社会为思考对象，意图建立一个强大统一，经济文化繁荣发展，各民族平等交往、融合的政治局面。用现代的观点来说就是在我们生存的地球上建立一个理想的国度。这一观念源于孔子对春秋以来诸侯割据、国家争霸局面的极度不满，使其萌发了建立一个天下归一的理想社会模式的强烈愿望。对于这样一个统一的社会，孔子认为必须具有两大基本特征，其一是所有的人在思想领域、精神世界方面的统一，即"天下有道"的局面。"天下有道，则礼乐征伐自天子出。天下无道，则礼乐征伐自诸侯出。"对当时混乱的社会局势，孔子认为首先需要解决的是人的意识形态问题。社会是由个体的人共同组成的，从单个个体的角度来看，一个人的思想变化发展对社会产生的影响是有限的，但当具有相类似思想的大多数个体结合在一起时，就能形成一种巨大的思想潮流，左右整个社会的发展方向。因此确保思潮的正确合理性，是孔子思考的焦点，为此他提出"仁"这一道德又超越道德的理论作为统一人思想的标准。其二是社会物质资料的极大丰富。孔子认为能"博施于民而能济众"的为政者，已达到由仁入圣的阶段。原因不仅在于为政者具有广博施与、普遍救济的仁德之心，更因为他能引导百姓共同创建一个物质富庶、丰衣足食的理想社会，这就是孔子"富民"思想的终极发展。而要实现这一目标是相当困难的，物质资料的极大丰富是社会生产力高度发达的结果。在孔子所处的时代，从各方面而言，都没有实现的可能。孔子也清楚地认识到这一点，所以他说"尧舜其犹病诸"，但作为人至高至远的伟大理想，孔子仍义无反顾地为之奉献了一生。

当上述两个条件都具备之后，孔子认为天下人便能永享太平安乐。这是他对于人类最终的理想社会模式的一种创造性的设想。在此设想中，孔子认识到物质文明与精神文明对于人的生存发展起着相辅相成的作用，还认识到精神文明对于人的改造与完善所能产生的巨大功能，更重要的是他将谋求天下的永久安宁幸福作为人生的终极追求，因而具有非凡的意义。

由"正民"至"正国"至"正天下"，这也是一个逐渐递进的行动过程，孔子将这三项作为"修己以安百姓"的主要内容,反映出他对人之社会等级关系的深刻认识和理解。一方面,除纲常伦理之外,社会等级关系是人所具备的另一种关系。人与动物的最大区别在于人是具有社会性的生物。在人类历史发展进程中,私有财产的确立导致阶级出现,从而形成诸多社会等级关系。人无时无刻不在这些关系中生活,也只有通过这些关系才能突显人的特殊性。因此分析研究社会等级关系,从中发现有利于推动人类社会发展的规律和原则,在孔子看来,是完善人生,贡献社会,体现人之价值的必然要求。另一方面,孔子认为,与人的伦理血缘关系一样,社会等级关系的存在也是人类生命发展延续进程中永恒不变的真理。在这样的认识前提下,其"正天下"的最终目标具有鲜明的社会等级色彩,致使"修己以安百姓"的理论未能朝着更合理的方向发展。

(三)孔子论"正名"

春秋时期,周礼不被遵守,出现了大量"僭越"现象——大国称霸取代周天子的宗主地位。在这种"天下无道"、"礼崩乐坏"的社会背景下,孔子提出了正名的思想。其基本内容为:觚本为有角的酒器,但是后来凡酒器可盛三升都称为"觚",针对这种名实不符,孔子发出了"觚不觚"的感叹,子曰:"觚不觚,觚哉!觚哉!"(《论语·雍也》)提出了正名的要求,此其一。其二,针对当时之乱世,"僭越"现象的存在,孔子提出了定名分的要求。"齐景公问政于孔子,孔子对曰:'君君、臣臣、父父、子子。'公曰:'善哉!信如君不君,臣不臣,父不父,子不子,虽有粟,吾得而食诸?'"(《论语·颜渊》)"君君、臣臣、父父、子子"是在明确身份地位的基础上,对于各自所承担的社会职责或扮演的社会角色所应抱持的态度。人们如果能以应然的态度去要求自己的言行,做到名实相符,社会就必然会呈现一种井然有序的状态。其三,作《春秋》寓褒贬,以实际行动去纠正名实不符,力促名实相符。

1. 正"名器"以构建社会秩序

孔子是春秋末期鲁国人,春秋末期的鲁国保存了不少周朝的典章文物制度,服礼风俗较浓,所以孔子从小能够接触到各种丧祭的礼节仪式。据《史记·孔子世家》记载:"孔子为儿嬉戏,常陈俎豆,设礼容。"后来,孔子通过学习和访问,对历史上的各种礼制及其变化有着深刻的了解和研究。

礼是中国古代社会运用象征性的礼节仪式维护秩序的治理手段。社会生活的诸多方面,如丧祭、战争、婚姻等都要依靠一些象征性仪式来调节其中的秩序。因此,仪式中所有的物品、器物、位置、名称、颜色、动作、姿态等,都是一种秩序的象征,必须慎重对待,不可违犯和僭越,否则就是对神圣秩序的侵犯和破坏。

礼节仪式的每一细节都与人间秩序乃至宇宙秩序密切相连,不按照自己的身份履行自己的角色规范就是对社会秩序的侵犯和破坏。春秋时期社会失序的首要表现是现实生活中象征秩序的崩溃,即"礼崩乐坏"。孔子深谙礼乐仪式与社会秩序之间关系的重要性,在研究传统礼治经验的基础上,他发现了"名器"在社会秩序中的意义,从而对"名器"与社会秩序之间的关系进行了理论分析和探讨。

(1) 名以出信,信以守器

孔子曾在评论卫君处理仲叔于奚救孙桓子的事情上谈论了他对"名器"的看法。鲁成公二年(公元前589年),卫国君主派孙良夫(孙桓子)等将领率军袭齐,正好和齐军在新筑城相遇,齐军实力强大,卫师败绩,孙桓子依靠新筑大夫仲叔于奚的搭救才得以免死。卫君因此要赏赐仲叔于奚土地,仲叔于奚不要,却请求卫君允许他在上朝时享受诸侯才能使用的曲县和繁缨的礼节,卫君答应了。针对卫君的这种做法,孔子认为卫君不应该让一个大夫在上朝时享受诸侯的礼节,因为"唯器与名,不可以假人"。为什么这么说呢？孔子解释说："君之所司也，名以出信，信以守器，器以藏礼，礼以行义，义以生利，利以平民，政之大节也。若以假人，与人政也。政亡，则国家从之，弗可止也。"（《左传·成公二年》）

"名"在这里主要指爵号、名位、官职等社会角色的名称，它代表着一个人在社会中的身份与地位。"器"指与角色身份相适应的器物，代表一个人在社会中所应享受到的权利和应尽的义务。"名"和"器"与人们的日常生活非常密切，人们无时无刻不置身于"名"、"器"所构成的符号网络中，天子三公、诸侯、伯、子、男各有自己使用的车服、器物规格及相应的行为方式，普通庶民也有与自己相应的生活规格。拥有不同社会角色的人必须践履自己的角色规范、使用与自己的角色相适应的器物，以维护"名器"所象征的社会秩序。"名"与"器"之间的协调和对应是社会有序化的象征，在当时的人看来，也是宇宙秩序在人间的反映。君主的职责就在于使人们都按照自己的社会角色使用相应的器物，强化人们对这种社会秩序的认同。如果忽视"名器"的象征作用，随意将象征社会秩序的器物赐予他人，破坏"名"与"器"之间的协调对应关系，结果必然造成社会秩序的混乱。

按照周朝的价值原则，诸侯之所以享受曲县、繁缨之礼节在于被封为诸侯的人与天子之间的血缘关系或者自身的德行。仲叔于奚救助孙良夫是他应尽的职责，即便这种救助可以称为一种德行，也需要通过一定的程序在仲叔于奚被封为诸侯之后才能让他享受曲县、繁缨之礼。唯有如此，社会的价值原则才能得到人们的信仰和认同，形成社会秩序。如果君主不按照既定的价值原则授予和使用"名器"，就会破坏"名器"本身的权威性，毁灭人们对其内在价值原则的信仰。孔子认为这就等于放弃了自己的统治权，不仅社会秩序难以维持，自己的君位也难保。

孔子是在论述"名器"与信、礼、义、利之间关系基础上阐明"名器"之重要性的。在孔子看来,"名"、"器"是和"信"紧密联系在一起的。"名"作为国家管理系统的角色名称,即爵号、官职、名位等,是一定信仰与价值观的外化,是社会秩序的象征,保证其稳定性和权威性是人们信仰和认同这种社会秩序的现实基础,这就是"名以出信"。只有信仰和认同爵号、官职、名位的权威性,人们才会按照它所象征的秩序去行事,根据自己在社会中所处的位置履行自己的权利和义务。这种对"名"权威性的信仰和认同是人们按规定使用"器"的理性基础,所以叫"信以守器"。正因为有"信","名器"才在社会中具有长期的权威性和稳定性;也正因为有"信"来支撑"名"的权威和"器"的使用,礼的治国体系才能够最终建立起来,所以叫"器以藏礼"。"名"、"器"、"礼"共同构成了社会管理的秩序系统,使社会中各阶层的人都按照自己的社会角色行事,维护社会秩序的正常运行,所以叫"礼以行义"。这种有序的生活有利于人们进行生产和劳动,增加社会财富,所以叫"义以生利"。社会财富增加,生活有物质保障,人们才会安居乐业,这叫"利以平民"。因此,如果"名器"的使用发生了混乱,人们对现行秩序的合理性就会产生怀疑,就会出现价值失范、道德滑坡的现象,最终导致社会秩序的崩溃。

可见,"名器"对社会秩序所起的作用是建立在人们对"名器"的信仰之上的,"信"是"名器"与社会秩序之间发生联系的桥梁。有了这种信仰,人们才会认同"名器"的象征意义,践履自己的角色规范,形成一定的社会秩序。管理者的责任就在于维护这种信仰,谨防破坏"名器"的神圣象征意义。如果管理者自身无视或诋毁"名器"的象征意义,就等于截断了"名器"与社会秩序之间联系的链条,民众就会失去对"名器"的信任,社会也就失去了借以构建秩序的中介。孔子警告卫君不要随便赐"名器"于人，原因也在于这样做会使"名器"在人们心中的地位贬值。"名器"是社会秩序的符号，当人们不再信从"名器"的社会价值，也就是符号发生紊乱的时候。失去了对"名器"的信仰，社会秩序必然发生混乱，这时再想赋予"名器"以意义，重建社会秩序就困难了。

（2）"孝"、"友"亦为政

孔子对"名器"与社会秩序之间关系的发现，揭开了传统以礼治国的神秘面纱。"政之大节"在于正确使用"名器"，从而使社会个体都按照自己的社会角色规范行事。"礼"作为治国大纲的根基就在于社会成员对"名器"的信从以及统治者对"名器"的正确使用。从这个意义上来说，社会中的每一个体作为秩序系统中的一分子，其行为方式都有重要的政治意义。任何个体按照自己的角色规范行事，履行属于自己的权利和义务，都能够对维护社会秩序起到积极的作用，因而也是一种政治的参与。正因为如此，当有人问孔子为什么不参与政治的时候，他声称履行自己所应承担的社会义务，也就是参与了政治。或谓孔子曰："子奚不为政？"子曰："《书》云'孝乎惟孝，友于兄弟，施于有政。'是亦为政，奚其为为政？"（《论语·为政》）孝悌是孔子所处社会中重要的，甚至根本的道德行为规范。孔子认为只要做到孝顺父母，友爱兄弟，并把这种风气影响到政治上去，也就是参与政治了，并不是只有做官才算参与政治。孔子称践履道德规范为"为政"的观念把维护社会秩序的责任扩大到每一社会个体，赋予个体践履角色规范以维护社会秩序的意义。这是一种新的"为政"观念，它一方面赋予所有个体以维护社会秩序的资格和义务，扩大了政治参与的范围；另一方面也为要求个体约束自我、履行自身角色规范提供了理论依据。

孔子这种"为政"观念与他对"名器"意义的发现是一脉相承的。"名器"的赋予权虽然掌握在君主的手中，但只有社会个体对之信从和履行才能真正实现君主对社会的管理。所以，个体是否认同并服从自身的社会角色及规范，对社会秩序起着根本的影响作用。在孔子之前，"为政"只是统治阶层的事情，统治阶层通过天命神学理论迫使人们信从现实的"名器"制度。周公提出的"保民"思想以及春秋时期统治阶层对民众力量在战争胜负、国家兴亡中作用的认识，虽然都强调了普通民众在维护社会秩序方面的地位和作用，但他们所看到的都是民众的集体，未曾认识到民众个体的思想行为与整个社会秩序之间的密切关系。孔子从"名器"与社会秩序之间密切关系出发，认识到现实生活中的一个称号、一件器物都与社会秩序、国家治理关系密切，每一社会个体的一言一行都关系到整个社会秩序的好坏。因此，激发社会个体的道德责任心，运用信仰和道德将个体与社会紧密地联系起来，是构建社会秩序的关键。孔子的这一观念揭开了天命神祇统治社会的秘密，展现了民众的信仰对维护社会秩序的价值，有着十分重要的理论意义。

基于这种理念，孔子纠正了当时人们认为不参加统治阶层的管理活动就不能被称为"为政"的偏见。他依据自己的理论对"为政"观念进行了重新诠释，将一切认同自身社会角色并自觉履行角色规范的社会个体都纳入政治参与的系统中，从而开辟了一个社会管理的新世界。从此以后，统治阶层不再需要完全依靠神灵胁迫社会成员服从自己的管理，而可以通过激发个体的道德自觉性使之主动参与到维护社会秩序的行动中来。统治阶层只需认真履行自身的角色规范就能够起到规范其他社会成员的作用，即"正己"而后"正人"。

孔子由于对"名器"意义的认识，十分强调个体对"名器"秩序的服从。每一细小名称器物的使用在孔子看来，都与社会秩序密切相关。比如，按照传统之礼的规定，每年秋冬之交，周天子都要把第二年的历书颁给诸侯。这历书包括该年有无闰月，每月初一是哪一天，因而叫"颁告朔"。诸侯接受了这一历书，藏于祖庙。每逢初一，便杀一只活羊祭于庙，然后回到朝廷听政。祭庙叫做"告朔"，听政叫做"视朔"或者"听朔"。春秋末期，天子失政，大权旁落，许多诸侯国也就不再履行这一礼节了。鲁国当时虽然保留周代的礼节比较多，但对于这一礼节，鲁君也不再亲临祖庙或听政，只是杀一只活羊来表示对这一礼节的遵从而已。孔子的弟子子贡认为这种做法只是虚应故事，不如连羊也不杀。但孔子却不同意子贡的想法，认为这种礼节虽然只剩下"杀羊"这一种形式，但却依然表现了对社会秩序的认同和遵从，具有维护社会秩序的意义，所以不应去掉"告朔之饩羊"。由此可见孔子对"名器"意义的重视以及维护社会秩序的自觉。

孔子的这种行为看似一种"复古"或倒退，但从对后世的影响角度来看，却有着深刻的社会政治意义。"名器"是一种社会秩序的象征，因此对"名器"的执著与尊重就意味着对秩序的尊重和维护。这种执著实质上表达了对秩序的信仰，是孔子强烈社会责任感的体现。秦以后的汉室在遍览诸子学说的基础上，最终"罢黜百家，独尊儒术"，以及历代统治阶层对儒家"名分"制度及思想的发展和维护，都与儒家强烈的维护秩序的精神有着密切的联系。当前研究者们在论及孔子的时候，常常对其维护旧秩序和"复古"的行为大张挞伐，其实对这个问题我们应该辩证地看待，应该以"同情"的心态看待古人。生活在春秋末期这样一个战乱频繁、动荡不已的社会中，旧制度虽已摇摇欲坠但影响力犹存，新制度正在生长但却远未建立起来，作为一个有强烈社会责任感的思想家，最大的愿望当然是希望有一个稳定的社会秩序，这是生活在那个时代的普通人的心声。这种对秩序的执著信仰与当时变法改革、建立新秩序的精神是相辅相成的。后来的法家理论要求社会成员严格遵守法律规定，但却未曾在整个社会建立一套与自己的制度规范相应的信仰与价值体系，从而在培养个体自觉遵守和维护社会秩序方面显现出粗疏和无知。在以后的历史发展中，继承秦制的汉代统治阶层不得不接受儒家的信仰与价值观，融合儒法，开始培养人们尊重和维护秩序的精神。从这个意义上讲，孔子的这种执著精神确实有着光照千古的魅力，它所彰显的是信仰与价值体系在维护社会秩序中的重要作用，要求培养的是社会个体尊重社会秩序的精神。在和平历史时期，这种精神尤其显得可贵，它是推行法制、维护社会秩序的内在力量，是形成道德感的源泉，有着任何外在强制力都代替不了的作用。

2. 定"名分"力促名实相符

孔子发现了"名器"对社会秩序的象征意义，因此，他匡正现实、实现其政治理想的首要目标就是解决当时"名器"使用的混乱问题。他要求人们认清自身的社会角色，按照角色规范行事，以实现和谐有序的社会。这也就是孔子所讲的"正名"。孔子阐明了"正名"在整个社会政治管理中的意义，即"为政之先"在于"正名"，并进一步揭示了社会个体践履角色规范的价值基础——"仁"。"仁"是自然秩序的人间表现，是根植于人心的道德自觉。在孔子看来，"仁"即是"人道"，是"天道"的人间表现，社会的每一分子都应该遵循这一规律。因此，"仁"之理论的提出为"正名"提供了理论基石，赋予所有社会成员以维护社会秩序的义务。另外，孔子认为"仁"是人类天生具备的道德能力，这实际上是论证了个体维护社会秩序的能力，即论证了"正名"的现实可能性。

（1）为政之先在于定名分

在孔子的思想中，"为政"有广义和狭义之分。广义的"为政"是孔子对这一观念的创新和发展，指社会个体认真履行自身角色规范、维护社会秩序的行为，包括统治阶层的行政管理和社会成员的自我管理。但和孔子同时代的人一般还是把进入国家管理机构中参与政治的管理工作,即做官处理政事视为"为政"。这是孔子思想中狭义的"为政"观念。

关于如何"为政",孔子有过许多论述。比如,鲁哀公的正卿季康子是当时鲁国政治上最有权力的人,他曾多次向孔子请教政事,孔子鉴于当时君主权弱、卿大夫权重的现实,提醒季康子要先正己,才能正人。又如孔子的弟子仲弓做了季氏的总管,向孔子问政。孔子建议仲弓要给工作人员带头,不计较别人的小错误,提拔优秀人才等。此外,孔子的弟子子路、子夏,楚国的叶公等都曾向孔子请教过政事。在这些关于"为政"的论述中,孔子的核心是统治阶层首先要履行自身的角色规范,以身作则,才能使民众服从自己的管理,遵守各种规章制度。孔子认为统治阶层按照自己的角色规范行使自己的权利和义务是管理好政务的前提,只有统治阶层遵纪守法,才有可能说服普通民众服从统治阶层所宣扬的秩序。否则,采用任何威胁、利诱、逼迫的方式都不可能取得"为政"的成功。从这个角度上来讲,孔子思想中狭义和广义的"为政"观念没有根本的区分,一切社会个体,包括统治阶层和普通民众,其"为政"的根本都是按照自己的角色规范行事。换句话来讲,也就是说道德在"为政"中起着基础性的作用。"为政以德"、"以德治国","修身以德",都是这种观念的表达。孔子"正名"的核心在于说明道德在维护社会秩序中的基础作用,使人人都按照自己的角色规范行事。

子路曰:"卫君待子而为政,子将奚先?"子曰:"必也正名乎!"子路曰:"有是哉,子之迂也!奚其正?"子曰:"野哉,由也!君子于其所不知,盖阙如也。名不正,则言不顺;言不顺,则事不成;事不成,则礼乐不兴;礼乐不兴,则刑罚不中;刑罚不中,则民无所措手足。故君子名之必可言也,言之必可行也。君子于其言,无所苟而已矣。"(《论语·子路》)如何理解

"名"的含义是解释这段话的关键。从我们对孔子"名器"观的分析中可以知道,对孔子来说,"名"、"器"都与社会秩序有着密切的联系,二者都是社会秩序的象征;"名器"的稳定有序是社会稳定有序的前提和基础。"名器"稳定有序的具体表现主要是个体都按照自己的角色规范行事,即遵循自身角色的语言、礼节等一切习惯和规定。"名器"使用混乱的根本原因是社会信仰与价值观发生了混乱,社会个体不再按照自己的角色规范行事,诸侯行天子事,大夫篡诸侯权。因此,维护秩序、管理社会也最终需要从维护"名器"的稳定有序开始。"名"与"言"、"事"、"礼乐"、"刑罚"之间的关系,也都是从"名"代表着社会的信仰与价值体系以及它是社会秩序的象征这一基点上推论出来的。

"正名"是"为政"的前提和基础,其目的在于端正社会秩序,这一点从对具体历史的分析中也可以看出。据《左传·定公十四年》和《左传·哀公二年》记载,当时卫国的君主卫出公辄是卫灵公的孙子。卫灵公生前十分昏庸,把太子蒯聩逐出卫国。他死后,一部分卫国贵族以灵公遗命的名义拒绝蒯聩回国继位,而拥戴蒯聩之子辄为国君,即卫出公。晋国乘机武装护送蒯聩回国向其儿子夺取王位,而卫出公却拒绝其父回国继位。在这种情况下,孔子认为要使卫国政治走上正确的轨道,首先要做的就是端正卫国君臣父子的身份和位置,即"正名"。"正名"包括两部分,一是确定每个人的社会角色,二是按照各自的社会角色确定应当履行的权利和义务。蒯聩有父亲之名,那么卫出公辄就当以事父之礼来对待自己的父亲;卫出公辄有君主之名,那么,蒯聩就当以事君之礼来对待卫出公辄。只有各人都按照自己的身份行事,才能名正言顺。只有"名正",才能取得当时诸侯和国人的信任,其他的政治建设如礼乐刑罚才能真正起到相应的作用。

总之,"名"发生混乱,管理者就无法取信于民,也就无法治理国家,所谓"民无信不立"是也。"名不正"现象在本质上都是"名"与其所代表的事物或社会关系不相适应造成的。有"天子"之"名",无"天子"之"实";"名"为"诸侯",却行"天子"之权,都是"名不正"的表现。在这种情况下,社会关系混乱,社会角色不明确,人们进行交流时就不知道该如何说话,也不能确切地表达自己的意思,即"言不顺"。不能确切地表达自己的意思,社会生活及社会事务的管理就无法顺利地进行,系统的礼乐教化也就不可能实施。系统的礼乐教化不能进行,就无法培养人们的道德品质,刑罚在社会中就根本无法起到应有的作用。"名不正"意味着社会的无序、没有规则,人们不知道如何去把握这个变动不居的世界,即"民无所措手足"。因此,治理国家、构建社会秩序首先就要端正人们的信仰和价值观,使人们认清自身的社会角色,按照自身的角色规范说话办事。

孔子在一次与齐景公的对话再次论述了他的"为政"之先在于"正名"的观点。"齐景公问政于孔子,孔子对曰:'君君、臣臣、父父、子子。'公曰:'善哉!信如君不君、臣不臣、父不父、子不子,虽有粟,吾得而食诸?'"(《论语·颜渊》)当时陈恒在齐国任大夫,他通过"小斗进,大斗出"来收买人心,虽为人臣,却越臣位做君事。而齐景公身为国君,却寻欢作乐,不求上进,所以齐国虽有姜子辅佐进谏,却无法阻拦其衰退的趋势。基于此,孔子建议齐景公改变齐国当时上下不别,君臣职责不分的苗头,维护"君君、臣臣、父父、子子"的社会秩序,使君臣父子都按照自己的角色规范做自己应该做的事情。孔子认为唯有如此,整个社会才会实现稳定有序的局面,才有可能发展生产,富国强兵。如果"名不正",一切政事都只能是空中楼阁。"名正"是为政治国的一个基本条件,春秋时期的混乱无序是因为这种基本条件已不具备。因此,要治理天下,实现"有道"之社会,"正名"就成为首要的任务。只可惜齐景公虽然知道这种秩序是他作为君主得以食粟的原因,却不懂得如何维护这种秩序,做一个称职的君主,阻止"臣不臣"的大趋势,最终导致田氏代齐治国。

(2) 克己复礼为仁

孔子认识到了"名器"与社会秩序之间的密切关系,指出"正名"是构建社会秩序、治理国家的前提和基础,要求人们都按照自己的社会角色规范行事。但在社会结构正在发生巨变的社会转型时期,社会的暂时失序应该说是这一时期必然会遇到的问题,只有在新的信仰与价值体系形成之后,人们才有可能在社会中找到自己的位置,整个社会才有可能"名正言顺"。换句话说,要实现孔子的"正名"理想,还需要有个前提,即适应社会发展状况的新的信仰与价值体系的建立。从这个角度来讲,孔子"正名"理论的核心首先是建立新的社会信仰与价值体系。因为只有具备主导社会的信仰与价值体系,社会个体才有可能认清自己的社会角色,服从自身的社会角色规范。孔子对"仁"的阐发及其与"礼"之间关系的论述表明了他的这种努力。

①作为信仰和价值观的"仁"

在孔子思想中,"仁"首先是个体对其他社会成员应该表现出的普遍关怀的品质和精神。《论语·颜渊》载:"樊迟问仁。子曰:'爱人'。"这里的"人"应指与其他动物相对的人类社会中的一切个体。有些学者认为这里的"人"有一定的阶级意义,并不是指所有的人,而是指贵族君子。这是将阶级斗争观念普遍用于学术研究的表现,其对孔子思想理解的偏差是显而易见的。事实上,孔子虽然对人有君子、小人等道德品质高低的区别,但对作为类的人来说,他主张对所有人都同样地爱护和关怀。《论语·乡党》载:"厩焚。子退朝,曰:'伤人乎?'不问马。"马棚失火,孔子不问马烧死了多少,却问有没有伤人。这说明,在孔子眼里,"人"指社会中一切的人,社会中不存在"人"和"非人"的区别。所有的人,包括品质不好的小人,都是社会的一分子,都在孔子"爱"的范围之内。孔子虽然认为对"不仁"之人应当给予适当的批评和责备,但反对痛恨他们太深,因为这种态度也会造成社会的混乱。

将这种"爱人"的精神扩展开来,"仁"就表现为一种强烈的社会责任感和济世情怀。子贡曰:"如有博施于民而能济众,何如?可谓仁乎?"子曰:"何事于仁!必也圣乎!尧舜其犹病诸!夫仁者,己欲立而立人,己欲达而达人。能近取譬,可谓仁之方也已。"(《论语·雍也》)一个能广泛地给民众以好处,又能帮助人家生活得很好的人,在孔子看来,不仅是仁者,而且一定是圣者,尧舜恐怕都难以做到这一点。可见,孔子所推崇的"仁"最重要的特点是能够为民众带来好处。而要做到这一点,就需要从身边的事情做起,即"己欲立而立人,己欲达而达人",通过体会自己的需要来认识别人的需要,从而帮助别人实现其愿望。自己想要站得住脚,就先帮助别人站得住脚;自己想要事事通达,就先帮助别人事事通达。仁者就是要以整个社会的共同需要为自己的人生目标,先"立人"、"达人",最终实现自己的"立"与"达"。无怪乎曾子要说"士不可以不弘毅,任重而道远"了,因为践履"仁"之规范就意味着将社会发展的重任作为自己的人生目标,奋斗一生,死而后已。

另外,以"仁"为己任,就意味着社会中的富贵贫贱必"以其道得之",君子的富贵"成名"是自己"先难后获"的结果,因此,君子是"无终食之间违仁,造次必于是,颠沛必于是"。(《论语·雍也》)在任何时候,无论是仓促急遽,还是社会混乱、生活困顿,都要考虑到自己的社会责任,以"仁"的精神去处理个人和社会的关系,穷则"爱人",达则"济众",

把自己和社会紧密相连。

由此看来,孔子所讲的"仁"是对社会个体提出的一种具有无限延展性的道德规范,人人都可以去追求和践履一定程度的"仁",但却很难达到完善永恒之"仁"。孔子否认"仁"是高不可攀的,认为"仁"存在于人的本性之中,随时都可以得到和践履。他说:"仁远乎哉?我欲仁,斯仁至矣。"(《论语·述而》)徐复观先生对这句话的评价是:"孔子实际上是以仁为人生而即有,先天所有的人性,而仁的特质又是不断地突破生理的限制,作无限地超越,超越自己生理欲望的限制。从先天所有而又无限超越的地方来讲,则以仁为内容的人性,实同于传统所说的天道、天命。"① 但就"仁"自身而言,徐复观先生认为"它是一个人的自觉地精神状态。自觉地精神状态,可以有许多层级,许多方面。为了使仁的自觉地精神状态,能明白地表诠出来,应首先指出它必需包括两个方面。一方面,是对自己人格的建立及知识的追求,发出无限地要求。另一方面,是对他人毫无条件地感到有应尽的无限的责任。再简单说一句,仁的自觉地精神状态,即是要求成己而同时即是成物的精神状态。"② 虽然,徐复观先生并不是就孔子思想来谈对"仁"的这种感受,但一样可以说明孔子所提出的"仁"具有的信仰与价值的意义。"仁"是根植于人的内心,赋予世界每一事物以意义与价值的精神。有了这种意义与价值,事物才能在世界中找到自己的位置,人类也才能在社会中获得自己的身份。从这一角度来看,孔子所提倡的"仁"不仅是一种道德规范,同时还是一种信仰和价值观。正如徐复观先生所说:"仁只有无限的展现,没有界限,因

---

① 徐复观:《中国人性论史》(先秦篇),上海三联书店2001年版,第88页。

② 同上书,第81页。

之也没有完成。以仁自居，即是有了界限，有了完成，仁便在这里隔断了。孔子不许人以仁，不以仁自居，正是他对仁的无限性深切把握。"①

"仁"既是一种对社会个体的道德要求，又是一种社会信仰和价值目标。而从孔子提出"仁"的初衷来看，无论是作为个体的道德规范，还是作为社会整体的信仰，"仁"的最终目的还在于实现和谐有序的理想社会。正因为如此，"仁"必须以"礼"作为实现自身的形式，以"礼"约束个体、引导个体，达到人与人之间的和谐相处目的。孔子的弟子有子对此有深刻的体会，他说："礼之用，和为贵，先王之道，斯为美，小大由之。"（《论语·学而》）"礼"的作用和价值就在于为社会个体提供具体的行为规范和标准，使人们能够依循一定的礼节实现对"仁"的追求。

② "仁"之视野中的"礼"

"礼"是对传统社会制度规范及风俗习惯的总称。对于"礼"的作用，春秋时期人们已经有了十分清楚的认识，"礼，经国家、定社稷、序人民、利后嗣者也"（《左传·昭公二十五年》）。"礼者，人之经也，地之义也，民之行也"（《左传·隐公十一年》）。孔子对"礼"的作用也是推崇备至，要求人们"非礼勿视，非礼勿听，非礼勿言，非礼勿动"（《论语·颜渊》）。但我们必须明确的是，孔子所提倡和推崇的"礼"已经不单单是纯粹的周代流传下来的传统之"礼"，而应当是经过了孔子"仁"的价值观筛选和过滤过的社会行为规范的总和。

春秋时期，虽然社会呈现出"礼崩乐坏"的政治局面，但周礼对现实社会生活的影响依然是广泛而强大的。一方面，人们

---

① 徐复观：《中国人性论史》（先秦篇），上海三联书店2001年版，第88页。

依然把礼作为评价社会行为的标准；另一方面，随着礼对现实规范作用的减弱，人们对礼的作用也进行了反思和理论总结。孔子继承了前人研究礼的成果，建立了自己关于礼的理论。他在总结前代以礼治国经验的基础上，主张以"仁"为价值标准对礼进行损益，在继承传统社会规范的同时对之加以改进和创新。如《论语·子罕》载，子曰："麻冕，礼也；今也纯，俭，吾从众。拜下，礼也；今拜乎上，泰也。虽违众，吾从下。"麻冕是一种礼帽，原先用麻做原料，麻质粗，织起来非常费工。春秋时期，人们发现用丝织礼帽更方便俭省，纯是指黑色的丝，于是产生了用纯织成的礼帽。孔子认为这种礼制上的变化是俭省的表现，符合"仁"的原则，因而赞成这种变化。按照周礼的规定，臣见君，应当先在堂下磕头，然后升堂又磕头，但到孔子生活的年代，臣见君时免去了堂下磕头的礼节，只在升堂后磕头。孔子认为这是臣对君倨傲的表现，不利于君臣上下之别，因而不符合"仁"的原则。所以虽然当时一般人在拜见君主时都只升堂后才磕头，但孔子依然遵从周礼，先在堂下磕头，升堂后再磕头，以表达对君的尊重。这些事说明孔子并非死守规矩不变的"复古派"，而是既认同变化，又坚守礼之精神的"革新派"。

孔子要求人们学习礼、服从礼，主张统治者"为国以礼"，认为以德礼治理国家能够使民众"有耻且格"。他认为不仅士君子学礼有利于治国安邦，小人学礼对国家的稳定也起重要的作用。孔子自身作为普通平民也是这样做的。《论语·乡党》记载的主要就是孔子在不同的场合、面对不同的人如何按照礼的规定行事的情况。孔子这种倡礼的做法看起来有些迂腐、不合时宜，甚至被人误解，其繁文缛节也遭到了不少非议，但他所彰显的正是一种尊重制度和规范、继承传统的道德精神。在混乱无序的社会转型时期，除了需要各种创新精神进行价值和制度的整合与创新之外，尊重制度和规范、继承传统的道德精神对重建社会秩序也一样重要。历史是连续的，是在继承中不断向前发展的，礼作为传统社会规范，在社会转型时期进行创造和转化之后，必然要作为新社会规范的一部分保留下来。礼制在中国历史上的源远流长已经证明了这一点。

孔子认为只有以"仁"为自身内在价值的"礼"才是真正的礼，否定"仁"、违犯"仁"的"礼"已经不具有现实的价值。"人而不仁，如礼何？人而不仁，如乐何？"（《论语·八佾》）如果没有以"仁"为基础，礼乐只是一种外在的语言行为表现，不可能真正起到规范人之行为的作用。没有"仁"，礼乐就仅仅是一种仪式而已。也正是在这一前提之下，孔子的"克己复礼为仁"才有现实意义。它启示人们按照"仁"的价值准则去改造和创新"礼"，为重建新的社会秩序制定新的社会规范。基于此，我们认为孔子"克己复礼为仁"的命题正是他为实现"正名"提供的主要手段和方法。他以"仁"为基础创造新的信仰和价值体系，并以"仁"释"礼"，改造旧的社会规范使之为新的时代服务。孔子将"仁"根植于人之自我，认为"仁"是"由己"不"由人"的观点，也论证了人们践履"克己复礼"的可能性和必要性。

综上所述，在"礼崩乐坏"、战乱频繁、社会混乱的春秋末期，孔子对"仁"的倡导、实践和理论阐发意味着一个新时代的开始。"仁"既根植于人的内心，又具有无限延展性和超越性；既是个体的道德，又具备形而上实体的性质。"仁"的这些特性实质上为春秋战国这一社会转型时期提供了一个信仰与价值观体系，一切制度规范、治理手段都要在"仁"的评价下获得新时代的合理性地位。正是凭借这一以"仁"为核心的信仰与价值体系，儒家在后来的发展中不仅为自己提倡的君臣父子夫妇长幼的道德规范提供了合理性，而且在政治、经济、文化等方面都产生了深远的影响，成为构建中华民族精神的核心内容。也正是凭借以"仁"为核心的信仰与价值体系,孔子"正名"的政治主张才能够有足够的精神动力在现实生活中发挥其应有的作用。"仁主要地不是一个人际关系的概念,而勿宁说它是一个内在精神的原则。这个'内在的精神'意味着'仁'不是一个从外面得到的品质,也不是生物的、社会的或政治力量的产物。……'仁'作为一个内在的品质并不是由于'礼'的机制从外面造就成的。相反,'仁'是更高层次的概念,它规定着'礼'的含义。"① "仁"作为内在的精神原则充实和改造了现实之"礼",赋予各类社会角色以意义和价值。

孔子所要追求的是一个以"仁"为社会价值标准的稳定有序的和谐社会,因而"礼"在孔子的思想中是完全为和谐理想社会服务、以实现"正名"主张为目的、经过损益的系统社会规范的总称。从这个角度讲,传统周礼与孔子所推崇的"礼"有着完全不同的本质。传统周礼主要还是以天命神学体系为其信仰和价值的基础,人们服从周礼的原因在于对人(人格神)的畏惧和信奉。孔子虽然"畏天命",但却对人事之外的东西持敬而远之的怀疑态度,因此,孔子对"礼"的论证完全是以人事为核心的,其基础建立在对"仁"之价值的信仰之上。人们服从"礼"并不是为了事奉天命鬼神,而是为了展现自己内在的崇高精神,是对自我的一种发展和完善,是为实现和谐有序的理想社会所做的努力。只要出色地履行了自己的角色规范,真诚地体会自己所承担角色所包含的责任和义务,尽心尽力地去完成这些责任和义务,都可以成为真正的"仁者"。

3. 作《春秋》以道名分

孔子认为为政之先在于"正名",所以他自己首先就要做到"名正",即按照自己的社会角色规范行事,注重人际关系中不

---

① 杜维明:《人性与自我修养》,中国和平出版社1988年版,第8页。

同角色行为之间的差异,处处做到恰当合礼。面对不同的人际关系,孔子能明确意识到自身的社会角色,履行不同的规范。他对自己所应承担的角色义务,即使没有人要求,也总是自觉执行。如齐国的陈恒以臣弑君,杀了齐简公,孔子沐浴而朝,向鲁哀公建议讨伐齐国,鲁哀公及鲁国三大臣虽然不肯出兵,但孔子认为自己曾担任过鲁国大夫职位,所以向鲁君报告这件事并建议如何做是自己的职责,"以吾从大夫之后,不敢不告也"(《论语·宪问》)。相反,如果自己没有承担某种"名",则孔子无论如何也不愿僭越自己的角色规范。如孔子的弟子子路在孔子病重期间,曾让孔子的学生"为臣",相当于现在组织治丧处,孔子后来病好以后,批评了子路这种僭名犯分的行为,认为只有诸侯病重时才可以有治丧组织,自己作为大夫,病重时不应该"有臣",他表示宁愿死在自己的弟子手里,也不愿死在治丧之臣的手里。从这些事中可以看出,孔子有着强烈的社会责任感,对于自己该做的事,无论别人怎么看待,他都毫不犹豫地去做;而对于不属于自己角色范围内的权利,即使有条件享受,他也坚决反对去做。孔子对"名"的重视由此可见一斑。

自身"名正"毕竟影响太小,有着救世情怀的孔子面对"礼崩乐坏"、"乱臣贼子"横行的现实不愿做洁身自好、明哲保身的隐士。他招收门徒、四处游说,希望有机会一展身手。无奈世道混乱,直到老年孔子依然没有机会施展抱负,实现他的政治理想。但孔子并未因此放弃自己的希望,而是作《春秋》以道"名分","笔则笔,削则削",昭正道于世人,辨是非于天下。《孟子·滕文公章句下》第九章载:"世道衰微,邪说暴行有作,臣弑其君者有之,子弑其父者有之。孔子惧,作《春秋》。"后人因战国诸子只有《孟子》明确提出《春秋》为孔子所作,且春秋时期各国的历史记载都称《春秋》(如早在孔子之前鲁国就已经有"鲁春秋"),所以否认现传《春秋》为孔子所作,进而否认孔子作《春秋》的"微言大义"。我们认为这种否认缺乏充分的根据,且《孟子》所载不可轻易否认,现传《春秋》当是孔子依据《鲁春秋》的史实,对之进行裁断笔削修正,寓之以义理、托之以褒贬后所成之书。其主要目的应如《庄子·天下》所说"《春秋》以道名分",也就是"正名"。这里的"正名"就是按照周朝的礼制,对春秋时期诸侯士大夫的行为依其名分进行记载,通过对春秋几百年社会政治生活的记述,显示各种社会角色所应遵循的社会规范,昭示社会秩序的应然状态:僭称"王"的还之于"子",越"分"之葬不予记载,使天下乱臣贼子的本来面目在书中得以显现。所以孟子说:"孔子成《春秋》而乱臣贼子惧。"(《孟子·滕文公下》)

冯友兰先生认为"正名"并非孔子自创的观点,而是"孔子将《春秋》中及其他古代史官之种种书法归纳为正名二字,此实即将《春秋》加以理论化也"[①]。其实,"正名"不只是孔子对《春秋》诸史书笔法的理论化,如前所述,更是孔子在研究传统历史文化及治国经验的基础上总结出的改造现实世界的理论武器,只不过孔子通过作《春秋》将"正名"理论进一步具体化罢了。由于但言"仁"、"礼"终属空疏,一般人并不能明白"求仁"、"复礼"的依据何在,而且何为"仁",怎样才能做到"克己复礼",都是极难说明白的问题。孔子继承了传统史官的记史笔法,以记述历史的方式向人们昭示"仁"、"礼"之道,用具体的历史活动展现他的信仰和价值观及相应的制度规范,即如他所说"昔欲载之空言,不如见之于行事之深切著明也"。(《史记·太史公自序》)

孔子作《春秋》以"正名"的一个突出例证就是将春秋时期擅自称王的诸侯贬之曰"子"。春秋时期,诸侯称王者史不绝

---

① 冯友兰:《中国哲学史》(上),中华书局1961年版,第89页。

书。残存的《竹书纪年》有"楚共王"、"越王"之称,《国语》中吴、楚、越君称王的情况更是屡见不鲜,金文中诸侯各国多有称王者。《左传》时而称楚灵王为"子",如"楚子狩于州来";时而称之为"王",如"王揖而入,馈不食,寝不寐"。可见,楚君称王在当时已经广为流传,人们在日常说话中称楚君为"王"已是约定俗成的事情。但孔子作《春秋》却严格按照周礼的规定,称吴、楚之君或谓"人",或称"子",从来不称"王"。比如《左传·昭公十二年》记载楚灵王伐徐的事件,《春秋》记之曰:"楚子伐徐。"

在孔子看来,称呼楚灵王为"子"还是为"王"并不是一个简单的文字表达问题,而是一个信仰和价值观以及相应的社会制度问题。称楚灵王为"子"意味着当时的社会依然是周朝统治的社会,虽然当时周天子已经没有号召天下的实力,但整个社会赖以运转的秩序系统依然是自周公以来创立的礼治秩序。诸侯大夫虽然破坏和僭越礼,但礼依然是调节他们生活的主要行为规范。在新的社会秩序还未建立、新秩序系统还未形成的社会转型时期,楚灵王依然属于旧的社会秩序象征系统中的一分子,其社会角色当然还需要按照周朝的社会制度来确定。孔子并非不知在当时人们的心目中,楚灵王已经扮演了"王"的角色,具备了"王"的实力。但孔子理想中的"王"并不是诸侯争霸之"王",而是一统天下、给予民众安全、稳定、和谐生活的"王"。《春秋》所表达的正是孔子的这种理想,在这种情况下,孔子显然不可能给不修己德而希图称霸的楚灵王以"王"的名分。

《春秋》按照周朝的秩序系统称吴、楚之君为"子",同样道理,对他们死亡的记载当然也要按照对待"子"的方式进行。《春秋·宣公十八年》:"甲戌,楚子旅卒。"《春秋·襄公二十八年》又书"乙未,楚子昭卒。"《左传》在这两处称"楚庄王"

和"楚康王"。《左传·襄公二十九年》载:"夏,四月,葬楚康王。公及陈侯、郑伯、许男郑葬,至于西门之外,诸侯之大夫皆至于墓。"但《春秋》于此事却只记载"春,王正月,公在楚"几个字,对当时几个诸侯国为楚康王送葬之事未记一字。一方面,孔子按照"子"的名分记述楚康王之死,对当时震动各诸侯国的葬礼不予记载;另一方面,孔子这样记述也谴责了鲁襄公没有履行自身角色义务的行为。因为按照周礼的规定,在春天正月的时候,应该是各诸侯国朝见周天子的时候,但这时鲁襄公却正在朝见楚国。《左传》对这句话的解释是"春,王正月,公在楚,释不朝正于庙也"。孔子用这种方式表达了社会个体应该遵循自身角色规范的价值观,纠正了当时人们心中的价值混乱状况。《礼记·坊记》:"子云:'天无二日,土无二王,家无二主,尊无二上,示民有君臣之别也。'《春秋》不称楚、越之王丧,礼,君不称天,大夫不称君,恐民之惑也。"这种君臣上下之别以及对这种君臣上下之别秩序的标示与强调在社会转型时期对于维护社会秩序、管理民众无疑有着极为重要的意义。

孔子作《春秋》的目的在于让人们更清楚地明白他所构想的理想社会中的价值原则,因此利用记史的方式对违反自身角色规范的诸侯大夫以严厉的批驳和打击,阐明他的信仰和价值观念。他认识到对社会秩序进行维护和延续的真正承担者并非礼乐刑罚这些明显的政治举措,而是每一社会成员对象征着社会秩序的"名器"观念的认同和服从,以及由此而形成的道德和价值理念。这种认同和服从以及相应的道德价值理念是社会秩序得以维护和延续的真正原因,也是社会个体内在秩序精神的根本体现,一切统治者对社会的统治和管理都不得不建立在这一基础之上。失去了这一秩序精神和相应的道德价值理念,就失去了构建社会秩序的根本基础,一切社会制度、礼乐刑罚都无从开展。正因为如此,在"礼崩乐坏"的混乱社会里,孔子依然致力于培养和发展人们的这种秩序精神和价值理念，运用种种方式彰显和推广这种信仰和价值理念，为构建新的社会秩序奠定基础。孔子的用心可谓良苦，无怪乎后人要感叹"天不生仲尼，万古长如夜"了。

综上所述，孔子的"正名"理论的核心就是要求社会个体按照自身的社会角色践履自身的角色规范。孔子主要从两方面阐明了这一道理：一是为什么这么做？孔子提出了以"仁"为核心的信仰与价值学说，解释了社会个体遵循自身角色规范的原因和依据，即为了社会整体的生存与发展，为了每一个体都生活得更自由和更有价值。二是如何做？孔子提倡人们依据"仁"的价值原则损益"礼"、服从"礼"，从而创新"礼"。孔子关于"礼"的学说以损益创新的精神继承了传统周礼，为社会转型时期的人们提供了一个协调自身与社会之间关系的基本价值规范，对后世产生了深远的影响。总之，孔子的"正名"思想是对传统社会礼治管理经验的改造和创新，他通过分析"名器"对维护社会秩序的意义与价值，揭示了民众的信仰价值观在社会管理中的重要作用。并由此提出了"仁"的学说，为社会转型时期重建社会秩序奠定了信仰和价值基础，使履行自身角色规范、维护社会秩序不仅成为统治阶级的事情，而且成为每一社会成员应当履行的义务，从而开启了一个新的时代。正如仪封人所说"天将以夫子为木铎"（《论语·八佾》）。

（四）孔子的"正心"之教

孔子教育学说的重点是德育教育，即培养人的道德人格。而孔子德育教育的核心问题是正心，这里"正心"一词是修正人（己）心、修养人（己）心之意，有时也指不偏不倚、无过无不及之心，可以说孔子的育人观是正心的育人观。那么，孔子为什么以正心育人呢？

孔子说:"吾未见好德如好色者也。"(《论语·卫灵公》)他不相信好德之心是天然具有的,但是,正心却可以由后天的培养得成。孔子说:"性相近也,习相远也。"(《论语·阳货》)人的气质之性是相近的,无所谓正邪、善恶,由于后天的习惯不同,才有心之正邪,行之善恶。倘若不断培养道德习惯,培养得纯熟了,变成个人的品行,动容周旋无不合理,如孔子说的"从心所欲,不逾矩"(《论语·为政》),心自然归正,正心也会自然流露。然而,道德习惯的培养受到环境的制约,而孔子所处的时代又不利于人心之正。

孔子所处的时代,邪说暴行,人心不正、社会混乱,孔子认为,只有恢复周礼,审定音乐,推行教化,纠正人心,才能改变这种局面。作为教育家,应用到教学方面,他是通过礼、乐、射等方面培养和训练学生的道德习惯并端正其心的。礼、乐、射、御、书、数作为"六艺"在西周前就有,有些从小学就学,有些是大学的必修课,培养的是学生的六种技能。而孔子虽然提倡"复礼",却不是对周礼的简单恢复,而是进行删削和重铸。重铸的基本思想是,把"六艺"中能从技艺上升到培养道德习惯的内容挖掘出来,发挥到仁心的高度,应用到正心方面加以强调,加以阐释,使其在教学和实践中起到正心作用。

1. 以礼正心

孔子说:"克己复礼为仁。"(《论语·颜渊》)克己的意思是要克服自己的私欲,复礼表示礼有内在的根源。《论语·八佾》载:"林放问礼之本。子曰:'大哉问!礼,与其奢也,宁俭。丧,与其易(治理、周到)也,宁戚(哀)。'"孔子还说:"礼云礼云,玉帛云乎哉?"(《论语·阳货》)礼重要的是不在表面仪节方面,而在规范人心的意义方面。《礼记·乐记》也说:"中正无邪,礼之质也。"礼的本质是使人心中正无邪。由此看来,礼的内在根源就在正心。

对于传统的礼制，孔子就是从其内在根源出发的。这从两个方面可以看出：一是对周礼的斟酌损益。孔子对周礼不是盲目照搬，而是根据当时的时代和正心的需要，对周礼进行了重新审视。二是对旧礼赋予具有正心意义的新意。旧礼是仪节，孔子赋予其规制人心和培养道德习惯方面的意义。比如丧礼，如今有些地区依旧使用的相当繁缛的仪节——跪棚、丑孝、叩拜、送葬、安坟等。通过这些仪节，一方面要丧家从心中感戴敬尊死者；另一方面也有贬损丧家，去其骄傲之气之意。

礼最先是人神关系、人际关系的规范化，其后才发展到政治关系。礼对人神关系的规范具有神圣性，通过祭神、祭祖贬抑人性，防止人心的膨胀。礼对人际关系的规范具有道德性，通过日常的生活准则规制人心，防止人心思邪。无论对人神关系，还是对人际关系的规范，都强调礼的恭、敬精神。而"恭见于外，敬主乎中"（朱熹《论语集注》）。因而可以说，礼之本为敬，敬是君子的一种内在修养。"敬主乎中"，敬在心中，心不正则无敬，亦不知礼。可以说，礼培养的是君子敬人敬事之心。

礼还是外在规矩。礼是极其具体明细的行为仪节格式，体现出"预防为主"的社会治理原则。《礼记》云："子云：小人贫斯约，富斯骄；约斯盗，骄斯乱。礼者，因人之情而为之节文，以为民坊（防）者也。"（《礼记·坊记》）"故朝觐之礼，所以明君臣之义也；聘问之礼，所以使诸侯相尊敬也；丧祭之礼，所以明臣子之恩也；乡饮酒之礼，所以明长幼之序也；婚姻之礼，所以明男女之别也。夫礼，禁乱之所由生，犹坊（防），止水之所自来也。"（《礼记·经解》）"坊（防）民之所不足者也。"（《礼记·坊记》）"子云：夫礼者，所以彰疑别微，以为民坊（防）者也。故贵贱有等，衣服有别，朝廷有位，则民（人）有所让。"（《礼记·坊记》）这些外在规矩的功能，是防止人们的行为发生过失，就思想方面讲，也是正心。

孔子以礼正心的具体做法有二。第一，习礼。就"学习"一词讲，学自然必要，但习也同样重要。"习"是复习、演习。据《史记·孔子世家》载："孔子去曹适宋，与弟子习礼大树下。"可见，孔子与其弟子在周游列国途中，尽管颠沛流离，但仍不忘时时习礼，使礼的精神滋润于弟子心中。第二，行礼。按照《礼记·仪礼》的"八礼"说，礼有冠、婚、丧、祭、射、乡、朝、聘，如果再加上"宾主之礼"和"军旅之礼"，共10种，是广义的社会生活准则。细绎之，有所谓"经礼三百，曲礼三千"之说。儒家特别强调礼，就是要人们时时依礼行事，从而潜移默化，使人心归正。

2. 以《诗》、乐正心

孔子说："《诗》三百，一言以蔽之，曰'思无邪'。"(《论语·为政》)朱熹引程子的话解释说："'思无邪'者，诚也。"(《论语集注》)这里认为"思无邪"就是心正。学《诗》是为了正心。《诗》与礼、乐都是陶冶身心，养成道德习惯的利器，都是正心的手段。

《论语·泰伯》载："子曰：'兴于《诗》，立于礼，成于乐。'"朱熹解"兴于《诗》"曰："《诗》本性情，有邪有正，其为言既易知，而吟咏之间，抑扬反复，其感人又易入。故学者之初，所以兴起其好善恶恶之心而不能自已者，必于此而得之。"指出了"兴于《诗》"的目的是使人兴起"好善恶恶之心"。他解释"成于乐"道："乐有五声十二律，更唱迭和，以为歌舞八音之节，可以养人之性情，而荡涤其邪秽，消融其渣滓。故学者之终，所以至于义精仁熟而自和顺于道德者，必于此而得之。"可见，乐的意义是养性情、去邪秽，和顺于道德。

当然，并非所有的乐都具有这方面的意义。声有奸声、正声之分，"凡奸声感人，而逆气应之，逆气成象，而淫乐兴焉；正声感人，而顺气应之；顺气成象，而和乐兴焉。"(《礼记·乐记》）因而乐有淫乐、和乐之别。以上所说乐的意义，指的是和乐、淫乐对于人心的作用自然不同。而孔子所处的时代是淫乐起、和乐衰的时代，即所谓"礼崩乐坏"。如当时所盛行的"桑间濮上之音"，即被认为是"亡国之音"；"郑卫之音"，被认为是"乱世之音"（《礼记·乐记》）。为了使"奸声乱色不留聪明，淫乐慝礼不接心术，惰慢邪僻之气不设于身体，使耳目鼻口、心知百体皆由顺正，以行其义"（《礼记·乐记》），孔子要反其道而行，兴和乐，抑淫乐。

首先，孔子对前人遗留下的音乐进行了编审。《礼记·乐记》载：子夏对魏文侯说："郑音好滥淫志，宋音燕女溺志，卫音趋数烦志，齐音敖辟乔志。此四者，皆淫于色而害于德。"故此，孔子编审时，去郑宋卫齐之音，留《韶》、《武》、《雅》、《颂》之音。《韶》、《武》、《雅》、《颂》之音能"使其声足乐而不流，使其文足论而不息，使其曲直繁瘠、廉肉、节奏足以感动人之善心而已矣，不使放心邪气得接焉"（《礼记·乐记》）。所以，孔子说："吾自卫反鲁，然后乐正，《雅》、《颂》各得其所。"（《论语·子罕》）

其次，孔子对经他编审的《诗》配乐以歌。"古者《诗》三千余篇，及至孔子，去其重，取可施于礼义……三百五篇，孔子皆弦歌之，以求合《韶》、《武》、《雅》、《颂》之音。礼乐至此可得而述，以备王道，成六艺。"（《史记·孔子世家》）在此基础上，孔子还沿袭周朝传统，大力推行乐教。即使在陈蔡之困，仍"讲诵弦歌不衰"（《史记·孔子世家》）。

孔子推行乐教的作用有四：第一，调节人的真性情，陶冶情操，即所谓"乐也者，情之不可变者也"（《礼记·乐记》）。第二，善人心。"乐也者，圣人所乐也，而可以善民心"（《礼记·乐记》），乐教能去人心之邪秽，和顺于道德，从而改善人心。第三，防邪气入心。由于人的"好恶无节于内，知诱于外"

(《礼记·乐记》),所以,邪气容易侵入人心,乐教能防止邪气的入侵,使人心思正。第四,升华人心。"仁近于乐"(《礼记·乐记》),儒家的道德理想是"仁",因而,乐能使人的道德之心升华,达到仁的高度。此四点,可以归结为一点,就是正心。孔子推行乐教的意义也在于此。

3. 以射正心

在中国文化里,中与正有必然联系。中是正中、适中,中必然正,正必然中,"中正意味着有获(善),悦目(美),正确(真)"[①]。而中字的原始含义就是射、射箭。郭沫若在《扶风齐家村器群释文》中说:"一圈示的,一竖示矢,乃会意字。""中"与射箭的原始关系中,射不仅主张中的,而且强调贯革。可知孔子之前的"射"仅仅是一种技能,贯革的意义在于射伤、射死猎物或敌人,因而肯定是强调力的。因为无力不能贯革,便不可言"中"。

然而,到了孔子,主射就有不同。《论语》说:"子不语怪、力、乱、神。"(《论语·述而》)"射不主皮,为力不同科,古之道也。"(《论语·八佾》)其实孔子只是托古而已,"射不主皮"并非"古之道"。孔子又说:"俎豆之事(祭祀)则尝闻之,军旅之事未之学也。"(《论语·卫灵公》)由此可见,孔子主射,不在狩猎和打仗之类的实用价值,也不单纯是一种体育活动。否则,不会不强调力和贯革。

那么,孔子主射的意义何在呢?孔子说:"君子无所争,必也射乎!"(《论语·八佾》)君子没有什么可争的,如果争的话,看射时谁中。《礼记·射义》也说:"射者,进退周环必中礼。内志正,外体直,然后持弓矢审固。持弓矢审固,然后可以言中。此可以见德行矣。"这里首先强调的是,射箭时的一步一趋

---

① 马中:《中国哲人的大思路》,陕西人民出版社1993年版,第510页。

都必须遵循射礼,其次才是"中的"要领,并且从中可以看出德行的好坏。又说:"射者,仁之道也。求正诸己,己正而后发;发而不中,则不怨胜己者,反求诸己而已矣。"把射上升到仁的高度,说要射中,必先正己;倘"发而不中",不要抱怨"胜己者",要从自身找原因,"反求诸己"。可以看出,孔子主射的目的是训练人心,体悟中道,培养道德人格。所谓"射者,礼也",就是射与礼有相同的作用,那就是正心。至于"可以见德行矣",只是从比赛的过程和结果,看你正心的效果而已。而射,对于正心的训练,主要不在赛场上,而在于习射,即平时训练射箭。射必求中,为中,必"内志正,外体直"、"持弓矢审固",久之,达到凝神贯注和正心的目的。

如果说礼规制了人心的膨胀,那么,射矫正的是人心的偏邪,《诗》、乐是对道德人格的提升。孔子的时代,"邪说暴行有作","处士横议",人心不正。孔子育人,为规制人心之膨胀,正位于心,才以礼定规矩,厘清上下尊卑关系,各司其职,不觊觎其他;为防人心之偏邪,正心于中,才以射定心位,潜移默化,培养中正之德和凝神贯注之习;为提高人的道德人格,升华人心,才以《诗》、乐浸润之,从而涤除心垢,调节性情,陶冶情操,和顺于道德。所有这些,总括为一点,那就是正心。

关于孔子所教"六艺"中的御、书、数,在可资利用的古代典籍中记载极少。就"御"方面,我们可以找到的资料有《论语·乡党》中记载的孔子的升车之容:说孔子"升车,必正立执绥。车中,不内顾,不疾言,不亲指"。朱熹解该句时引范氏曰:"正立执绥,则心体无不正,而诚意肃恭。盖君子庄敬无所不在,升车则见于此也。"(《论语集注》)从朱熹的解释,以及"不内顾,不疾言,不亲指"的行为做派,应该说,孔子执御升车是有一定的礼数和规矩的。因而,不能说没有正心的意义。就"书"的方面,典籍记载极少,而今人说法也不一。有的说,"书"单纯指的是书法写字,有的说还应包括识字、读书甚至写文章。仅就毛笔书法书写姿势的要求看,便不能说与"礼"、"射"的正心意义没有相似之处。比如,要求端坐,上体直,纸放正,笔尾对准鼻尖,等等。书法亦在于正心,身正、心正才能字正。有资料说明,西周时就有了毛笔,只是笔毫扎于笔杆头的周围,到了孔子的时代,对毛笔进行了改进。作为孔子教学内容的"书",或应包括毛笔书写。至于书写方面,孔子是否赋予其正心的意义,尚不得而知。至于"数"的演算技能,既非孔子发明,孔子之后也发展为单一学科,游离出儒学的范围。虽然孔子仍以"数"教人,却不为后儒强调发挥,就是可想而知的了。

二 孟子正的思想

孟子(约公元前 372—前 289 年),名轲,字子舆,战国中期邹(今山东邹县)人。孟子继承了孔子"仁"的精神,从性善论出发,标榜"仁义",以"仁政"学说发展了孔子的德治思想,为以血缘关系为纽带的封建宗法制度的进一步合法化提供了理论基础。因此,孟子被冠以"亚圣"尊号,为封建统治者所推崇,而他的思想也与孔子思想合称为"孔孟之道",被奉为封建统治思想的正统。现存《孟子》7 篇,是研究其思想的可靠材料。

孟子继承了孔子正人先正己的思想,强调执政者以身作则的重要性。孟子曰:"行有不得者,皆反求诸己。其身正而天下归之。"(《孟子·离娄上》)孟子还着重说明了任用贤能的重要,强调"贤者在位,能者在职";"尊贤使能,俊杰在位"(《孟子·公孙丑上》)。故"尧以不得舜为己忧,舜以不得禹、皋陶为己忧",并认为"为天下得人者谓之仁"。于是慨叹:"以天下与人易，为天下得人难！"(《孟子·滕文公上》)又曰："仁者无不爱也，急亲贤之为务。……尧舜之仁，不遍爱人，急亲贤也。"(《孟子·尽心上》)这是说，尧舜如果没有贤人辅佐，也不可能把仁爱遍及天下之人。孟子认为能否做到"尊贤使能"关系一国的兴亡，"虞不用百里奚而亡，秦穆公用之而霸"(《孟子·告子下》)。即使像商纣那样无道，但因为当时"有微子、微仲、王子比干、箕子、胶鬲，皆贤人也，相与辅相之，故久而后失之也"(《孟子·公孙丑上》)。国有贤才，至少可以延缓亡国。然而，孟子关于正的思想的系统论述在于其"正人心"理论与"正气"观。

（一）孟子论"正人心"

孟子生活在七国争雄的战国中期，诸国之间"争地以战，杀人盈野；争城以战，杀人盈城"(《孟子·离娄上》)。频繁的战争，使人们生活在水深火热之中，"庖有肥肉，厩有肥马，民有饥色，野有饿莩"(《孟子·滕文公下》)。所有"尊礼重信"、"宗周王"、"严祭祀，重聘享"、"论宗姓氏族"、"宴会赋诗"等周礼之遗风在这时都荡然无存。尔虞我诈，钩心斗角，大国图霸，小国求存。"圣王不作，诸侯放恣，处士横议，杨朱、墨翟之言盈天下"(《孟子·滕文公下》)，思想界各有所主，争辩不已，皆"持之有故，言之成理"。各诸侯国纷纷变法改革，各行其是。

战国社会的混乱无序使现实中的公卿士大夫等官职爵位变得有名无实，担任这些职位的人凭借手中的权力捞取钱财、寻欢作乐、鱼肉百姓，却并不履行自己应尽的职责。面对这种名实严重不符的现象，孟子提出了"人爵"和"天爵"的概念，以揭示现实的是非所在。"人爵"指现实中公卿士大夫等官职爵位，"天爵"指仁义忠信等道德品质。孟子明确指出"天爵"应该成

81

为"人爵"的内核和基础,批判了现实的"人爵"制度,规定了"人爵"制度的本质,重申了"天爵"的价值,为改造和创新现实的制度规范注入了道德理性内容。

孟子考察了"人爵"在现实生活中的地位与价值,阐明其本质,指出了官职爵位、君臣父子等名位的相对性,找到了构建社会秩序的真正起点——人心。孟子认为信仰和价值观最终决定了人们的行为方式如何,"心"对"政"、"事"起着最终决定和影响作用。因此,孟子主张从"正人心"出发以救治这个混乱无序的社会。他提出了"仁政"的观念,认为"身正而天下归之";指出"心之官则思",论证了人类道德的可能性;提倡人们"求放心",论证"仁义皆内",为人们提供了获得道德的途径。孟子的"正人心"论致力于培养个体的道德感及主体性,为形成和谐有序的社会秩序奠定信仰和道德基础。

1. "以斯道觉斯民"

在《孟子·滕文公下》篇,孟子阐述了他"正人心"的原因。孟子认为在不同的时代,扰乱天下的事物是不同的,因而用以救世的方案也有所差别。尧舜之时,是洪水泛滥于中国,人兽杂居,人为禽兽所害,这时有大禹疏水驱兽,远险阻,消鸟兽之害,使"人得平土而居之"。尧舜之后,"圣人之道衰,暴君代作",邪说暴行不断,到商纣王时达到了极点,暴君使"天下又大乱",这时有周公帮助武王"诛纣伐奄,三年讨其君,驱飞廉于海隅而戮之,灭国者五十,驱虎豹犀象而远之,天下大悦"[①]。到春秋时期,"世衰道微,邪说暴行有作,臣弑其君者有之,子弑其父者有之。"社会混乱的原因在于王纲泯灭,礼崩乐坏,民心散乱,这时孔子因鲁史而作《春秋》,明君臣父子之分,显王道之大义。孔子之后,"圣王不作,诸侯放恣,处士横议,杨

---

① 焦循:《孟子正义》,沈文倬点校,中华书局1987年版,第449页。

朱、墨翟之言盈天下。"① "杨墨之道不息,孔子之道不著,是邪说诬民,充塞仁义也。仁义充塞,则率兽食人,人将相食。"在这种情况下,孟子担忧天下生民的未来,所以"闲先圣之道,距杨墨,放淫辞,邪说者不得作。"②

"禹抑洪水而天下平,周公兼夷狄、驱猛兽而百姓宁,孔子成《春秋》而乱臣贼子惧。"不同的时代导致社会混乱的原因是不同的,因而用以救世的手段也不相同。杨朱、墨翟的学说盛行天下之时,"天下之言不归杨,则归墨",但在孟子看来,这些学说有危害天下,使人们归为禽兽的危险。杨朱主张"为我","拔一毛利天下而不为",孟子认为这是无视君主的思想,其学说的盛行会动摇君主制度的合理性,使天下归于无人管理的混乱之中。墨翟主张"兼爱",提倡人们"视人之国,若视其国;视人之家,若视其家;视人之身,若视其身",认为人人"相爱"就能够使天下太平:"诸侯相爱,则不野战;家主相爱,则不相篡;人与人相爱,则不相贼;君臣相爱,则惠忠;父子相爱,则慈孝;兄弟相爱,则和调。天下之人皆相爱,强不执弱,众不劫寡,富不侮贫,贵不敖贱,诈不欺愚。凡天下祸篡怨恨,可使毋起者,以相爱生也。"(《墨子·兼爱中》)这种视"兼爱"为医治社会百病的思想在孟子看来恰恰是对家庭父母亲情的一种抹杀,最终会损害家庭存在的合理性,使人回归到六亲不认的时代。家庭的产生和国家的形成都是人类文明进步的成果,人类从蒙昧时代进入文明时代的主要标志就是有了夫妻、父子,君臣等家、国之礼,家庭的出现是国家得以建立的前提和基础,国家是建立在无数的家庭之上的。因此,孟子认为杨朱的"为我"论无视君主国家的存在,墨翟的"兼爱"说则要销毁家庭存在的

---

① 焦循:《孟子正义》,沈文倬点校,中华书局1987年版,第456页。
② 同上书,第458页。

必要性，这两种学说盛行天下，长此以往，家国必毁，人类又会回到蒙昧的时代，所以"无父无君，是禽兽也"。基于此，孟子认为自己的历史任务就是"正人心，息邪说，距诐行，放淫辞"，拒斥当时的邪说以继承禹、周公、孔子三圣的精神，救治乱世，他声称"能言距杨墨者，圣人之徒也"，提倡有识之士起来像他那样捍卫圣道，反对杨墨的学说。

孟子的"正人心"的目标是为了拒斥杨墨，发扬孔子的正道精神，像禹、周公、孔子那样救治乱世。具体来讲，就是以仁义之道说服君主行"仁政"，教导民众行仁义，"求放心"。这从他对伊尹事迹的解释中就可以看出。《孟子·万章上》记载孟子弟子万章曾向他请教"伊尹用割肉烹饪的技艺获得汤的好感，从而向汤企求做官"这一说法是否真实。孟子认为这一说法是不正确的。接着孟子就用自己的理论对伊尹的事迹进行了论述和解释。他说：伊尹耕于有莘之野，而乐尧、舜之道焉。非其义也，非其道也，禄之以天下，弗顾也。系马千驷，弗视也。非其义也，非其道也，一介不以与人，一介不以取诸人。汤使人以币聘之，嚣嚣然曰："我何以汤之聘币为哉？我岂若处畎亩之中，由是以乐尧、舜之道哉！"汤三使往聘之。既而幡然改曰："与我处畎亩之中，由是以乐尧、舜之道，吾岂若使是君为尧、舜之君哉？吾岂若使是民为尧、舜之民哉？吾岂若于吾身亲见之哉？天之生此民也，使先知觉后知，使先觉觉后觉也。予天民之先觉者也，予将以斯道觉斯民也，非予觉之而谁也？"思天下之民，匹夫匹妇有不被尧、舜之泽者，若己之推而内之沟中。其自任以天下之重如此，故就汤而说之，以伐夏救民。吾未闻枉己而正人者，况辱己以正天下者乎！圣人之行不同也，或远或近，或去或不去，归洁其身而已矣。吾闻其以尧、舜之道要汤，未闻以割烹也。

孟子认为伊尹坚守自己的道义，决不为了财物名声放弃自己的原则。汤使人以币帛予之，想聘用他，伊尹不答应，认为不如"处畎亩之中，由是以乐尧、舜之道"好。汤三次去请伊尹，伊尹幡然改悟，认识到与其自己一个人处于畎亩之中乐尧、舜之道，不如让汤变为尧、舜一样的君主，使天下之民变为尧、舜时代一样的德行好的民众，从而亲眼见到尧、舜之君和尧、舜之民。"天之生此民也，使先知觉后知，使先觉觉后觉也。予天民之先觉者也，予将以斯道觉斯民也，非予觉之而谁也？"这些话与其说是出自伊尹之口，不如说更像是孟子在借伊尹之口诉说自己的心声。因此，孟子接着描绘伊尹说："思天下之民，匹夫匹妇有不被尧、舜之泽者，若己推而内之沟中。其自任以天下之重如此，故就汤而说之，以伐夏救民。"按照孟子的这一解释，伊尹俨然是一个以天下为己任的仁人志士，决非屈己之身求官买爵的无能鼠辈。孟子从伊尹辅助汤以正天下的结果反推出伊尹不可能是屈己求名利，"以割烹要汤"，而是为了让尧、舜之道光照天下，"以斯道觉斯民"，让所有的人都过上好的生活。所以，孟子得出结论说："吾闻其以尧、舜之道要汤，未闻以割烹也。"

　　孟子对伊尹事迹的解释也可以看做对他自己行为的解释，他周游列国，倡议"仁政"，目的也在于"以斯道觉斯民"。孟子对自己行为的价值有着明确的认识，所以在与别人的争辩中往往有咄咄逼人的"大丈夫"气概。在别人眼里，孟子以好辩著称，企图说服当时的诸侯实行自己的政治主张。他常常以君师自居，要求诸侯尊重并礼待自己，其主要目的在于使天下人接受他的道义主张。他认为如果君心不正，那么帮助"无道之君"富国强兵就是"富桀"、"辅桀"的贼民行为。所以当稷下学宫的名人淳于髡以世俗的标准质问孟子何以"在三卿之中，名实未加于上下而去之"时，孟子举出历史上伯夷、伊尹、柳下惠等人的事迹，指出"三者不同道，其趋一也。一者何也？曰仁也。君子亦仁而已矣，何必同？"认为自己的行为也是"仁"的一种表现,虽然没有表现为现实的功业,但"君子之所为,众人固不识也"(《孟子·告子下》)。孟子认为当时混乱的社会最缺乏的不是一些小仁小义,而是为天下万民指明一条正道,这才是拯救天下的正确途径。所以当淳于髡质问他"今天下溺矣,夫子之不援,何也?"时,孟子就反问淳于髡"天下溺,援之以道;嫂溺,援之以手。子欲手援天下乎?"(《孟子·离娄上》)淳于髡把看得见的功业实惠看做救治天下的手段,但孟子的目光更为深远,他把"行天下之大道"作为救治天下的手段,意在以"仁义之道""觉斯民"。

孟子认为战国乱天下的既不是洪水,也不是夷狄、猛兽,而是信仰与价值体系的衰退和紊乱。杨墨之说横行,人们不再信从圣王之道致使"暴君"、"民贼"执政。他如果"不乡道,不志于仁",缺乏最起码的道德基础,任何富国强兵的手段都无法救治天下,"由今之道,无变今之俗,虽与天下,不能一朝居也"(《孟子·告子下》)。因此,最重要的是树立正确的信仰,培养人们的道德感,才能在整个社会实现和谐有序。正是基于对道德价值的认识,孟子才敢于断言"王如用予,则岂徒齐民安,天下之民举安"的论断;同时在齐王不接受他的主张,有人问他为什么不快乐时,他才会有"夫天未欲平治天下也,如欲平治天下,当今之世,舍我其谁也?"(《孟子·公孙丑下》)的豪言壮语。

2. "心"与"政"、"事"

孟子坚信自己以"仁义之道""觉斯民"的方法是真正的救世之道,唯有让天下之人都认识到"仁义之道"的好处,备"仁心",行"仁政",才能变今之俗,实现由乱达治的目标。在孟子的思想中,"心"是一个极为重要的范畴,"心"处于何种状态决定了人们的行为方式及行为结果。孟子从分析历史上出现的治世的原因来论证"心"与"政"之间的关系。他说:"先王有不忍人之心,斯有不忍人之政矣。以不忍人之心,行不忍人之政,治天下可运之掌上。"(《孟子·公孙丑上》),按照孟子的逻辑,先王之所以"有不忍人之政"、实现天下大治的主要原因在于"先王有不忍人之心"。何为"不忍人之心"?孟子列举的有"恻隐之心"、"羞恶之心"、"辞让之心"和"是非之心"。他认为这"四心"是人天生就具有的,是仁义礼智等道德品质的"四端"。他说:"人之有是四端也,犹其有四体也。……凡有四端于我者,知皆扩而充之矣,若火之始然,泉之始达。苟能充之,足以保四海;苟不充之,不足以事父母。"(《孟子·公孙丑上》)人有"恻隐"、"羞恶"、"辞让"、"是非"四善端,就像人有四肢一样自然而然,如果人们能够认识到这一点,并对此四善端发扬光大,就会像火刚刚燃起、泉水刚刚开始流淌一样最终会形成大的局面,整个社会也会因之而发生大的变化,最终走向治世。具体到个人,孟子认为如果一个人能发扬这四善端,就有能力安定天下;但一个人如果不去发扬这四善端,可能连自己的父母都无力奉养。

有"不忍人之心"则有"不忍人之政",发扬四善端则可以"保四海"。这种"心"与"政"、"事"之间的联系在孟子看来是具有必然性的。有"善心"则有"善政",有"恶心"当然也会有"恶政"。战国时期各诸侯国君之所以都成为"嗜杀人者",造成"庖有肥肉,厩有肥马,民有饥色,野有饿莩"之"率兽而食人"(《孟子·滕文公上》)的局面,正是因为这些君主没有发扬其四善端。因此,孟子指出"人心不正"、缺乏正确坚定的道德信仰,是当时社会混乱的主要原因。他说:"生于其心,害于其政;发于其政,害于其事。"(《孟子·公孙丑上》)这些君主由于"心不正",对其政务就有影响,政务做不好,整个国家当然就治理不好了。在《孟子·滕文公下》第九章孟子说了相似的话:"作于其心,害于其事;作于其事,害于其政。"

这"生于其心"、"作于其心"的东西都决非"善心",应该说都是孟子所谓的"放心"的表现,都对"政"与"事"有着巨大的危害。简单来讲,就是当时社会上出现的一切混乱、祸害都开端于"心",即"祸由心始"。所以孟子提出改善"政"、"事"的首要前提就是让人们"求放心",把人天生的四善端发扬光大,使人人都拥有仁义礼智的品德,有序的社会秩序也就能够建立起来了。

3. "身正而天下归之"

在孟子看来,只有"正人心"才能救治乱世,只有具备"不忍人之心",拥有"天爵"的人才有可能管理好这个社会。"心"与"政"、"事"之间存在着必然的联系,这一观念实质上是从孔子那里继承下来的。孔子认为"政者,正也",为政的关键就在于自己以身作则,己身正,整个国家才能够正。孟子把这一理论向前推了一步,提出"身正"的根源在于"心正","心正"才能"服人心"、"正国家"。同时,孟子还对这一观念进行了补充。他认为"心正"、"身正"虽然是"正国家"的前提和必要条件,但却并非充分条件。他说:"徒善不足以为政"(《孟子·离娄上》),"为政"除了要有"善心"之外,还要有治理国家的"善道",也就是说,仅仅有"善"还不足以治理好国家,还需要以此"善心"用"善道",养万民,才能够服人之心王天下。他说:"以善服人,未有能服人者也;以善养人,然后能服天下。天下不心服而王者,未之有也。"(《孟子·离娄下》)具备"善"只是服人的前提条件,只有用自己的"善"感化、养育民众,才能够使天下人心服口服。而使天下人心服口服又是管理好天下的前提条件。所以,一切政事处理得好坏的原因都可以追溯到自身行为如何,"爱人不亲,反其仁;治人不治,反其智;礼人不答,反其敬。行有不得者皆反求诸己,其身正而天下归之"(《孟子·离娄上》)。

基于"善心"对"政"、"事"的影响，孟子认为在战国这样你争我夺的乱世里，行"仁政"者就能够王天下。他说："行仁政而王，莫之能御也。且王者之不作，未有疏于此时者也；民之憔悴于虐政，未有甚于此时者也。饥者易为食，渴者易为饮。孔子曰：'德之流行，速于置邮而传命。'当今之时，万乘之国行仁政，民之悦之，犹解倒悬也。故事半古之人，功必倍之。"（《孟子·公孙丑上》）一方面是"以善养人"能够服天下；另一方面当今之天下万民长期生活于虐政之下，穷困潦倒，苦不堪言。若有人能在这时行仁施德，救民于水火之中，就能够起到事半功倍的效果，其王天下之势不可抵挡，所以说"仁者无敌"。实际上，"行仁政"的本质还是为了构建社会的信仰与价值体系，并在此基础上制定制度和规范，形成和谐有序的社会秩序。孟子之所以阐明"心"对"政"、"事"的影响并揭示"身正而天下归之"的趋势都旨在说明在战国这样的乱世之中道德建设对构建社会秩序的必要性。但接下来的问题是，在这样的乱世中，道德建设的可能性如何，人们怎样才能认识到"仁"、"德"的重要性，从而具备仁德呢？针对这一问题，孟子对人的本质进行了分析和论述，揭示了人们具备"仁"等道德的可能性。

4．"心之官则思"

在战国这样的乱世中，孟子认为暴君、"民贼"横行，"人爵"、"天爵"不符的根本原因在于人们都"失其本心"，不去追求"贵于己者"。所以解决问题、救治社会的根本途径也就是要人们认识到"心"之"求"与"思"的功能，使人们主动求善，以此影响行为和政事，重建社会秩序。

人有耳目口鼻这些感官，耳之于声，目之于色，口之于味，鼻之于臭都有自己天生的判断能力，能够判断出声音、色彩、味道、气味的好坏。因此，对于人来讲，耳朵的功能在于听，眼睛的功能在于看，口的功能在于品尝，鼻子的功能在于嗅。孟子承认人的这些感官的判断能力及功能,并将之与人的另外一个感官"心"相类比。他认为,人的"心"如同人的耳目口鼻一样有天生的判断能力,能够判断出善恶,因此,"心"的功能就在于"思"。只要人们用"心"去思考和判断,就能够觉察出仁义礼智这些东西对人来说是最好的东西,就像美妙的声音、漂亮的色彩、好吃的味道和好闻的气味一样。好听、好看、好吃、好闻的东西,人们都会喜欢,也就是说人的耳目口鼻这些感官对于外界事物的判断趋向是一致的。而"心"的判断也是如此,善的东西也是人人都喜欢的。他说:"口之于味有同耆也,易牙之先得我口之所耆者也。如使口之于味也,其性与人殊,若犬马之于我不同类也,天下何耆皆从易牙之于味也!至于味,天下期于易牙,是天下之口相似也。惟耳亦然。至于声,天下期于师旷,是天下之耳相似也。惟目亦然,至于子都,天下莫不知其姣也。不知子都之姣者,无目者也。故曰:口之于味也有同耆焉,耳之于声也有同听焉,目之于色也有同美焉。至于心,独无所同然乎?心之所同然者何也?谓理也义也。圣人先得我心之所同然耳。故理义之悦我心,犹刍豢之悦我口。"(《孟子·告子上》)"理义"是圣人通过"心"进行判断的结果,是"心之所同然者"。普通人只要通过"思"就能够认识到"理义"的价值,享受到"理义"给自己带来的快乐。但并非所有的人都会运用自己的"心"进行"思",让自己享受到"理义"的滋养而成为品德高尚、拥有"天爵"的"大人"。普通人常常为外物所引,放弃了自己"心"的判断力,不知道用"理义"来充实自己,这样就成为"小人"。孟子曾通过与其弟子公都子的谈话讨论了"心"对于人成为"大人"或"小人"的影响。公都子问曰:"钧是人也,或为大人,或为小人,何也?"孟子曰:"从其大体为大人,从其小体为小人。"曰:"钧是人也,或从其大体,或从其小体,何也?"曰:"耳目之官不思,而蔽于物,物交物,则引之而已矣。心之官则思。思则得之，不思则不得也。此天之所与我者，先立乎其大者，则其小者不能夺也，此为大人而已矣。"(《孟子·告子上》)"大体"指"心"，"小体"指耳目口鼻。孟子认为耳目口鼻这些感官虽然能够辨别声色味臭，但本身不能够思考，所以容易为外物所蒙蔽，认识不到事物的本质。"心"天生具有辨别事物本质的能力，只有让"心"发挥自己"思"的功能，一个人才能够不为外物所蒙蔽，成为拥有"天爵"的"大人"。因此，关键是"先立乎其大者"，让"心"在自己的判断中起主导作用，那么，耳目口鼻这些感官所引起的欲望就不能够再误导人了。相反，如果一个人不用"心"去"思"，而是听任外物左右自己的判断，那就认识不到仁义礼智这些善，也就享受不到"天爵"带给自己的快乐。

　　孟子所说的这个"心"主要指的是人的道德之心，"先立乎其大者"就是要人们时时彰明自己的道德之心，勿为物欲所蒙蔽，这是人之所以区别于禽兽的关键地方。孟子说："人之所以异于禽兽者几希，庶民去之，君子存之。舜明于庶物，察于人伦，由仁义行，非行仁义也。"(《孟子·离娄下》)人与禽兽在饥渴饮食等一般的生理反应上都是相同的，人与禽兽的区别就只是一点点（"几希"），这一点点就是人的道德之心。这一道德之心虽然少，却有无限的扩充性，正如孔子所说"我欲仁，斯仁至矣"，人只要"从其大体"，让道德之心自然呈现，就能够明辨是非，拥有仁义礼智这些"天爵"。孟子指出舜之所以能够成就大事业，成为道德高尚的人（"明于庶物，察于人伦"），根本原因就在于他能扩充自己的道德之心，让道德之心在自己的判断中占主导地位，而不是从外边找个仁义去实行它（"由仁义行，非行仁义也"）。

　　这一人区别于禽兽的道德之心也就是孟子所讲的"不忍人之心"，以及"恻隐之心"、"羞恶之心"、"辞让之心"、"是非之心"等"四端"。这些道德之心是人天生就具备的,"人之有是四端也,犹其有四体也"(《孟子·公孙丑上》),做人就是要对这"四端""扩而充之",使之在自己的行为举止中体现出来,"其生色也,睟然见于面,盎于背,施于四体,四体不言而喻。"(《孟子·尽心上》)只有扩充这"四端",人才能成为人本身,展现自己的真正本质。

正是基于对人区别于禽兽在于道德之心的认识,孟子认为人之所以能够成为人,在于人有道德之心这一事实。就此一点来说,人性是善的,人人都有善因,都有天生的素质和条件,只要扩充之,就能够成为道德高尚的人。但就其现实性来讲,并非所有的人都能够发展自己的善因,成就自己的善果,所以在事实判断上只能说是人性可善,"乃若其情则可以为善矣"(《孟子·告子上》)。为什么现实生活中有那么多人不能发展自己的善因、成就自己的善果,而是"邪说暴行有作"呢?孟子认为这是由于这些人都顺从了耳目口鼻之欲,"陷溺其心"的缘故。他说:"富岁子弟多赖,凶岁子弟多暴,非天之降才尔殊也,其所以陷溺其心者然也。今夫麰麦,播种而耰之,其地同,树之时又同,浡然而生,至于日至之时,皆熟矣。虽有不同,则地有肥硗,雨露之养,人事之不齐也。故凡同类者举相似也,何独至于人而疑之,圣人与我同类者。故龙子曰:'不知足而为屦,我知其不为蒉也。'屦之相似,天下之足同也。"(《孟子·告子上》)无论是"富岁"还是"凶岁",都有行为不良的人存在,这并不是因为他们天生就是如此,而是由于环境的影响及自身不努力向善的缘故。人天生的本性是相同的,就像做鞋子的人,即使不画好鞋样就编草鞋,也不会将鞋编成草筐子,因为天下之人的脚是相似的,所以草鞋的样式也大致相同。所以道德高尚的圣人和普通人在本质上是相同的,只不过圣人能够避免恶劣环境对自己的影响和物欲的引诱,让自己的道德之心自然呈现,即"君子之所以异于人者以其存心也"(《孟子·离娄下》)。

从这里我们可以看出,孟子是在将人与禽兽相比较的基础上规定了人之类本质在于有道德的可能性。也正是在这一论断的基础上,孟子才将人性与社会规范统一起来,沟通了"性"与"分"之间的联系。当然,道德显现的可能性并不等于道德在现实中显现的必然性,汉代思想家董仲舒就该问题批评了孟子的"人性善"观点,认为孟子混淆了可能性和必然性之间的区别,从而忽视了社会引导和教育对道德形成的作用。但孟子从多种角度对人类之道德可能性及其与道德必然性之间联系的有力论证确实开创了中国古代人性研究的新局面,这为重建社会秩序、在整个社会进行道德建设奠定了雄厚的理论基础。

5. "求放心"

孟子认为人的道德之心是为人的根本,也是整个社会治乱的关键。如果人人都能够扩充己之四善端,那么建立仁义礼智盛行的有序社会就易如反掌。如果人们追从物欲的引诱,"失其本心",那么社会秩序就无法真正建立起来,现实中的"人爵"只能成为空壳或满足物欲的工具,根本不能完成自身管理社会的职能。因此,要管理好社会,使"人爵"真正实现其功能,就首先要使人们找回自己失去的"本心",端正自己对"心"的认识,正视自己作为人的本质。孟子以牛山的历史与现状为例说明现实社会的人能够成善的可能性及不能成善的原因。他说:"牛山之木尝美矣。以其郊于大国也,斧斤伐之,可以为美乎!是其日夜之所息,雨露之所润,非无萌蘖之生焉,牛羊又从而牧之,是以若彼濯濯也。人见其濯濯也,以为未尝有材焉,此岂山之性也哉?虽存乎人者,岂无仁义之心哉?其所以放其良心者,亦犹斧斤之于木也。旦旦而伐之,可以为美乎?其日夜之所息,平旦之气,其好恶与人相近也者几希。则其旦昼之所为,有牿亡之矣。牿之反覆,则其夜气不足以存。夜气不足以存,则其违禽兽不远矣。人见其禽兽也,而以为未尝有才焉者,是岂人之情也哉?故苟得其养,无物不长;苟失其养,无物不消。孔子曰:'操则存,舍则亡;出入无时,莫知其向。'惟心之谓与?"(《孟子·告子上》)

牛山是战国时期齐国都城临淄附近的一座山,过去树木曾经非常丰美,但由于地处大都市旁边,常有人去砍伐,树木就不再丰美了。山上每日每夜都有树木在生长,也有雨露在滋润,因而有新的树苗生长出来。只是总是有人在山上放牧牛羊,长期以来,就变成现在光秃秃的样子了。人们看到牛山光秃秃的样子,以为牛山不曾有过成材的高大树木,其实这并非牛山的真实面目。牛山的现状就好比孟子所处的战国社会,战争频繁,人如禽兽,暴行不断,几百年过去了依然没有圣人出来拯救处于水深火热中的民众,只有暴君污吏横行霸道。这时候人们心中的现实社会就像光秃秃的牛山,人们不再相信会有品德高尚的人产生,同时也不相信自己能够成为品德高尚的人。圣人辈出的美好社会只是海市蜃楼,人们对其现实性已经丧失了信心。对于这样的世道人心,孟子坚定地指出正如"若彼濯濯"非牛山之性一样,暴君污吏横行、仁义充塞的现实也并非人类社会的本然状态。人类历史上也曾经有过尧、舜、禹、周公所建造的美好社会,而每个人心中都有仁义礼智四善端之存在,每天从晚上到清晨,在人的内心中都有善念善意萌生。只是人们不相信自己有仁义之心,不去保护和发扬自己的善心善念,而是像"斧斤之于木"一样"放其良心",整日里只顾追求耳目口鼻之欲,把自己偶尔生长出来的善念都丧失了。不发扬自己道德之心的人其行为与禽兽相去不远,但这种行为如同禽兽的人在其本质上具有道德的可能性,只是没有培养自己的道德之心罢了。

现实社会的人由于受到物欲的引诱,不能保存自己的善心善念,也就失去了自己的"本心"。因此,要拯救社会的根本途径也就在于使人们做到不断地"求放心",认识到自己的"本心"和应该走的"正道"。孟子曾无限惋惜地说:"仁,人心也。义,人路也。舍其路而弗由,放其心而不知求,哀哉!人有鸡犬放,则知求之,有放心而不知求,学问之道无他,求其放心而已矣。"(《孟子·告子上》)"学问之道"就在于"求放心",只要能够做到不"失其本心",那么"道"的获得就很容易了。"夫道,若大路然,岂难知哉?人病不求耳。"(《孟子·告子下》)因此,关键在于"求"和"思"。

　　孟子曾向齐王进谏,指出齐王有"不忍人之心",引导他"推恩"行"不忍人之政"。齐王虽然表示"于我心有戚戚焉",但最终并没有听从孟子的教导。孟子在解释其原因时阐述了"专心致志",也即"求"和"思"对于具备道德的重要性。他说:"无或乎王之不智也。虽有天下易生之物也,一日暴之,十日寒之,未有能生者也。吾见亦罕矣,吾退而寒之者至矣,吾如有萌焉何哉?今夫弈之为数,小数也。不专心致志,则不得也。弈秋,通国之善弈者也。使弈秋诲二人弈,其一人专心致志,惟弈秋之为听;一人虽听之,一心为有鸿鹄将至,思援弓缴而射之,虽与之俱学,弗若之矣。为是其智弗若与?曰非然也。"(《孟子·告子上》)这段话和前面孟子讲的牛山之木的例子联系起来理解,意思可能更明确。"苟得其养,无物不长;苟失其养,无物不消。"齐王心中虽有仁义礼智之"四端",但齐王自身却不主动去"求"和"思"。再加上齐王身边的谄谀之人太多,对他进行误导,孟子虽能点明他的"仁心",却因孟子能够见到齐王的时间太少,不能时时提醒齐王"求放心",所以"仁义"在齐王的心中是"一日暴之,十日寒之",不能得到很好的滋养,也就不能"扩而充之"、发展壮大。因此,如果齐王自己不主动去"求放心",即使孟子是一个很好的老师,也无法教会他具备高尚的道德修养,成为智慧的人。这就如同二人学弈,一人专心致志，一人心不在焉，即使老师再好，也不能让心不在焉的学生和专心致志的学生同时学会。这并不是因为心不在焉的学生智力差，而是没有用心的缘故。学习成为品德高尚的人的方法也是如此，必须首先"求放心"，时时"存心"才可以。

6."仁义皆内"

孟子所时时强调的"求放心"之"心"是一种道德之心，也就是仁义礼智之"四端"。这"四端"在孟子看来是一种实然的存在，是人天生具有的道德认知能力。正是由于天生的道德认知能力，人才有可能成为道德高尚的人、拥有"人爵"，在现实生活中才可能出现仁行仁政，"天爵"才可能成为秩序的象征、发挥其应有的管理社会的功能。因此，人天生的道德认知能力是现实一切社会规范得以建立的前提，在既有的社会规范面前，人应具有自身的道德主体性。"仁义礼智非由外铄我也，我固有之也。"（《孟子·告子上》）既如此，人对于既有的道德社会规范自然有根据自己的道德判断力灵活处理的权利，而不必死守外在的社会规范不变。孟子与告子关于"仁义内外"的争论就表现了孟子的"仁义皆内"的立场。

告子曰："食色，性也。仁，内也，非外也。义，外也，非内也。"孟子曰："何以谓仁内义外也？"曰："彼长而我长之，非有长于我也。犹彼白而我白之，从其白于外也。故谓之外也。"曰："异，于白马之白也，无以异于白人之白也。不识长马之长也，无以异于长人之长与？且谓长者义乎，长之者义乎？"曰："吾弟则爱之，秦人之弟则不爱也，是以我为悦者也，故谓之内。长楚人之长，亦长吾之长，是以长者为悦也，故谓之外也。"曰："耆秦人之炙，无以异于耆吾炙，夫物则亦有然者也。然则耆炙亦有外与？"（《孟子·告子上》）

孟季子问公都子曰："何以谓义内也？"曰："行吾敬，故谓之内也。"曰："乡人长于伯兄一岁，则谁敬？"曰："敬兄。"

"酌则谁先?"曰:"先酌乡人。""所敬在此,所长在彼,果在外非由内也。"公都子不能答,以告孟子。孟子曰:"敬叔父乎,敬弟乎?彼将曰敬叔父。曰弟为尸则谁敬,彼将曰敬弟。子曰恶在其敬叔父也,彼将曰在位故也。子亦曰:在位故也,庸敬在兄,斯须之敬在乡人。"季子闻之曰:"敬叔父则敬,敬弟则敬,果在外,非由内也。"公都子曰:"冬日则饮汤,夏日则饮水,然则饮食亦在外也。"(《孟子·告子上》)

孟子与告子及孟季子的争论,后人已对此做过相当透彻的分析和研究,这一问题产生的原因,"主要是来自对于'实然'与'应然'的混乱不清。"① 告子和孟季子把"义"当做一种"实然"的判断,认为"义"这种行为规范是依据客观事物的变化而制定的。"长楚人之长,亦长吾之长",虽"敬兄"却"先酌乡人",因此,长辈的客观存在是敬重他们的原因。孟子反对这种看法,他认为"楚人之长"与"吾之长"虽然都是一种客观实在,但"长之"却是由人心中发出的。孟子用"长马之长"与"长人之长"之间的不同来说明这个问题,指出"长"本身并不包含"义"的内容,而"长之"才属于"义"的范畴。"长马之长"是一种对马年龄的认识,是一种"实然"判断,无所谓"义"与"不义"。而"长人之长"则包含了两种认识,一种是对人年龄的认识,这是"实然"判断;另一种是对不同年龄的人所应采取的态度的认识,这是"应然"判断,是"义"的真正内涵。因此,"敬长"之意重在"敬",不在"长","敬长"在本质上是一种"应然"的判断,而不是"实然"的判断。但这种"应然"的判断是建立在"实然"基础上,所以又离不开"实然"判断。

---

① 徐复观:《中国人性论史》(先秦篇),上海三联书店2001年版,第166—170页。

这场争论表明，孟子认识到了"义"作为一种道德判断的"应然"本质，认识到"义"的最终决定权在人的内心，而不在于客观事物。"孟子坚决主张'义'及'礼'的内在性，实质上是认为作为自我实现必要条件的人的道德内在性不能降低为一种外在的力量。不管多么精巧地把社会价值强加到个人身上，如果一个人没有自己的内在的决断，那么他所能得到的最好的结局也不过是一个使人不得不想起的'乡愿'似的消极的顺从。"①孟子的贡献就在于他认识到社会各种道德规范的终极性根源不在人之外，而在人的内心。因此，构建社会秩序、改造社会必须从人的内心着手。

（二）孟子的"正气"观

"正气"，作为观念，最早源于孔子。孔子教人以"志"："三军可夺帅也，匹夫不可夺志也"（《论语·子罕》）。此所谓"志"，就是一种人格精神、襟怀抱孔子此说，标志着中华民族优良传统中重人格精神、重胸襟抱负、重情怀气度、重操守品位的光辉发端。

"正气"观正式形成于孟子，正如程子之所谓"仲尼只说一个'志'，孟子便说许多'养气'出来"（朱熹《四书章句集注·孟子序说》）。"夫志，气之帅也；气，体之充也"，"志壹则动气，气壹则动志也"，"我知言，我善养吾浩然之气"，"其为气也，至大至刚，以直养而无害，则塞于天地之间。其为气也，配义与道；无是，馁也。是集义所生者，非义袭而取之也。行有不慊于心，则馁矣。我故曰，告子未尝知义，以其外之也。必有事焉而勿正，心勿忘，勿助长也"（《孟子·公孙丑上》）。其要点可以概括为四个方面：其一，"志"是"气"的理性主宰，

---

① 杜维明：《人性与自我修养》，中国和平出版社1988年版，第21页。

"气"是"志"的感性体验形态；其二，"气"从本质上说是"义"与"道"即社会客观真理在主体身上的集结，是主体的人格精神；其三，"气"从形态上说，其广度"盛大流行"，其力度"至刚不可屈挠"（朱熹《四书章句集注》），是一种雄强生动的人格精神力量；其四，拥有这种人格精神力量，主体的生命就有意义，有价值，有抱负，有作为，无论是非荣辱加之于身均能"不动心"，人生价值取向矢志不渝，见之于道德践履便"行之勇决，无所忌惮"（朱熹《四书章句集注》），反之，如果没有这种人格精神力量，"则其一时所为虽未必不出于道义，然其体有所不充，则亦不免于疑惧而不足以有为矣"（朱熹《四书章句集注》）。

孟子讲的养"浩然之气"的方法包括两个方面：一方面是了解一种义理，对之深信不疑，内化成为一种精神信仰，此可称为"明道"；另一方面是常做他所认为应该做的事，此可称为"集义"。合此两方面，就是"配义与道"。这两方面不可失之偏颇，且缺一不可。然而这种"气"，要"养"，必须具备两个前提，一是"心勿忘"，二是"勿助长"。就好比种庄稼，要常常想到松土、施肥、浇水、耘苗，幼苗就会自然而然地成长起来，而一曝十寒或揠苗助长，却不会有好的结果，甚至会适得其反。正所谓"是集义所生者，非义袭而取之也"，"我故曰'告子未尝知义'，以其外之也"。孟子认为，告子是从外面拿一个义来强制其心，使之不动，这就是"义袭而取之"，就像宋人那样揠苗助长，反而会欲速则不达。实际上行义应是"心"的自然发展，自然流露，行义既久，"浩然之气"就会油然而生于胸间。因此，养"浩然之气"要靠日积月累，持久不懈地坚持下去，才能水到渠成，否则，"非徒无益，而又害之"（《孟子·公孙丑上》）。当然，养"浩然之气"不但不可一蹴而就，相反，却要在长期实践中即人生践履中，经过自觉、刻苦地磨炼才能获得。正所谓"天将降大任于斯人也,必先苦其心志,劳其筋骨,饿其体肤,空乏其身,行拂乱其所为,所以动心忍性,增益其所不能"(《孟子·告子下》)。

孟子的"正气"观,具有生生不已的繁衍能力,为后世中华民族的仁人志士提供了无穷无尽的启迪和昭示。历经发展,"浩然之气"被赋予丰厚的高尚道德情操的内涵,成为后人所致力追求的理想人格和崇高的精神境界。

这种浩然之气有着厚重的道德内涵。首先,它表现为尚志、守节、对理想信念的不懈追求,体现为强烈的使命感和义务感,中华民族历来崇尚理想、重视立志,认为"志不立,天下无事可成"(王守仁《王阳明全集·卷二十六》)。孟子在回答王子垫所问"士何事"时,明确答曰:"尚志。"这种"志",就是"居仁由义"(《孟子·尽心上》)。尚志守节是传统伦理的重要内容。"士不可以不弘毅,任重而道远。仁以为己任,不亦重乎?死而后已,不亦远乎?"(《论语·泰伯》)即为了追求"仁义"的理想,要矢志不渝、死而后已。孟子认为,"尊德乐义,则可以嚣嚣矣。故士穷不失义,达不离道。穷不失义,故士得已焉;达不离道,故民不失望焉。古之人,得志,泽加于民,不得志,修身见于世。穷则独善其身,达则兼善天下。"(《孟子·尽心上》)一切唯义是从、直道而行,穷不失志、达不失道,任何艰难险阻、功名利禄、权贵威势都不能动摇。"居天下之广居,立天下之正位,行天下之大道。得志,与民由之;不得志,独行其道。富贵不能淫,贫贱不能移,威武不能屈,此之谓大丈夫。"(《孟子·滕文公下》)同时,这种理想和志向也应经得住生死的考验,"生亦我所欲也,义亦我所欲也,二者不可兼得,舍生而取义者也"(《孟子·告子上》)。这种坚持志向、舍生取义的"大丈夫"精神,这种气贯长虹的浩然之气,这种崇高的精神境界,后人高度重视和钦佩,并多次重申了这种情操。荀子说，坚守仁义，应做到"权利不能倾也，群众不能移也，天下不能荡也。生乎由是，死乎由是，夫是之谓德操。德操然后能定，能定然后能应"（《荀子·劝学》）。即循着坚定、正确的志向而至死不渝，就是一种高尚的道德情操，是应付外界一切变故之本。朱熹则认为，只要人们心中有了"仁义"这种道德理想，即使"刀锯在前，鼎镬在后"，也要"硬着脊梁，无所屈挠"，"临利害时，便将自家斩锉了，必须壁立万仞始得"（《朱子语类》）。郑板桥在《题画竹石》中说："咬定青山不放松，立根原在破岩中。千磨万击还坚劲，任尔东南西北风。"这种志与节只有经历风险变故，才能磨炼得更加坚定，"临利害，遇事变，然后君子之所守乃见。盖不经盘根错节不足以别利器；不经变故患难，不足以识忠良"（康有为《论语注·卷九》）。树立崇高的理想和志向，具有坚忍不拔的意志，不畏任何艰难险阻，勇往直前，坚持富贵不能淫、贫贱不能移、威武不能屈的精神，永远是我们民族极为珍贵的精神财富。

其次，这种浩然之气又表现为"胸怀天下，公忠为国"的爱国情怀。爱国主义的光荣传统，构成了中华民族传统美德的核心。孟子认为，君子应该"自任以天下之重"（《孟子·万章上》），为了国家大业，要敢于挺身而出，有"如欲平治天下，当今之世，舍我其谁也"的济世救民的气概（《孟子·公孙丑下》）。伟大的爱国主义精神哺育了大批光照日月、名垂青史的民族英雄，为了"安社稷、济苍生"、治国、平天下，文死谏、武死战；为了民族的尊严、独立和兴旺，"丈夫皆有志，会当立功勋"（杨炯《出塞》）。"丈夫誓许国，愤惋应何有！功名图麒麟，战骨当朽休"（杜甫《前出塞》），"人生自古谁无死，留取丹心照汗青"（文天祥《过零丁洋》）。正是这种以身许国、杀身成仁、大义凛然的爱国情怀和民族精神，激励了无数英雄豪杰和志士仁人前赴后继、浴血沙场、马革裹尸，"捐躯赴国难，视死忽如归"（曹植《白马篇》），谱写了一首首惊天地、泣鬼神的壮丽诗篇，受到了历代人民的崇敬。正是"天下兴亡，匹夫有责"、"位卑未敢忘忧国"的爱国情操，凝聚了各族人民的意志和力量，在国难当头之际，揭竿而起，挺身而出，以死抗争，"拼将十万头颅血，须把乾坤力挽回"（秋瑾《黄河舟中日人索句诗》），掀起了一场场气壮山河的英勇斗争。这种强烈的爱国主义精神，不仅是一种浩然之气，而且成为民族精神的精髓，是我们永远应该发扬光大的。

再次，这种浩然之气又体现为自尊自强、不畏权贵、敢于坚持真理和正义的独立的人格。孟子鄙视那些依附权贵、屈服威势的行径，说他们高堂数仞、食前方丈、妻妾成群、后车千乘，"皆我所不为也"，"吾何畏彼哉？"（《孟子·尽心下》）并借曾子的话说："彼以其富，我以吾仁；彼以其爵，我以吾义。吾何慊乎哉？"（《孟子·公孙丑下》）他曾痛斥那些貌似君子而行为卑鄙虚伪的"乡原"，说这种人"同乎流俗，合乎污世，居之似忠信，行之似廉洁；众皆悦之，自以为是，而不可入尧舜之道"（《孟子·尽心章句下》），他们是危害道德的人。他认为，民为贵，社稷次之，君为轻。所以，作为臣子，也不应对国君一味屈从而丧失独立人格，"君之视臣如手足，则臣视君如腹心；君之视臣如犬马，则臣视君如国人；君之视臣如土芥，则臣视君如寇仇"（《孟子·离娄下》）。这种清介自守、从道不从人、不吃"嗟来之食"、不为"五斗米折腰"的精神，长期为后人所称道，成为催人奋进的一种精神力量。因此，"宁可玉碎，不为瓦全"，"粉身碎骨全不怕，要留清白在人间"，"生当为人杰，死亦为鬼雄"，不仅是千百年来无数志士仁人所信守、所崇奉的道德信念，而且成为中华民族酷爱自由、勇于斗争的民族精神的重要体现。

在我国古代，不少圣明君主凭着这种浩然之气，以宽阔的胸怀,广开言路,虚心纳谏,博采众长,除弊兴利,安邦治国,使国家兴旺。而贤臣廉吏则凭着这种浩然之气,不避嫌疑,犯颜直谏,建言陈策,止兵戈,肃时弊,论吏治,禁土木,诛权阉。当外族入侵时,文臣武将们不负天下之望,恪尽臣节,不避祸福,舍身报国,抗敌御侮,维护了民族尊严。他们留下大量千古传诵、可歌可泣的故事。

在中国古代的典籍中,专门用以彰显"气节"价值的比较集中的历史记载首见于司马迁的《史记》。除了对先秦及秦汉时期的刺客和游侠有专门的传记外,还有诸如《伯夷列传》、《鲁仲连邹阳列传》、《屈原贾生列传》、《季布栾布列传》等分篇的列传。在单独的列传体裁中,伯夷、叔齐是儒家传统中最有名的人物。有关他们"气节"的事迹先见于谦让帝位,后见于"义不食周粟……遂饿死于首阳山"。孔子曾赞扬说:"伯夷、叔齐不念旧恶,怨是用希。"(《论语·公冶长》)明清之际身受二姓异族统治之厄困惑的气节之士顾炎武也借对伯夷、叔齐的赞扬来表白自己的心迹:"甘饿首阳岑,不忍臣二姓。可为百世师,风操一何劲。"(顾炎武《谒夷齐庙》)到20世纪,我们民族的历史经验中又多增加了几位堪以伯夷、叔齐的气节相赞誉的人物,其中有王国维以及以折服王国维"一死从容殉大伦"的陈寅恪,还有拍案而起的闻一多及饿死也不吃美国人白面的朱自清。

与他们相比,较为次要一级的"气节"人物也都列入单独的传记体裁之中。在《鲁仲连邹阳列传》中,司马迁说鲁仲连是"好奇伟俶傥之画策,而不肯仕宦任职,好持高节"的名士,因为解邯郸秦军之围有功,赵平原君欲以千金为其祝寿答谢,鲁仲连却笑辞:"所贵于天下之士者,为人排患释难解纷乱而无取也。即有取者,是商贾之事也,而连不肯为也。"因此,他离开了平原君,终身未再与之相见。至于三闾大夫屈原,他的人生追求体现在其"亦余心之所善兮,虽九死其犹未悔。……路漫漫其修远兮,吾将上下而求索"(《离骚》)的诗句中,司马迁也为之感叹:"推此志也。虽与日月争光可也。"时过千年,还真应验了司马迁的感叹,唐代名士柳宗元贬谪邵州、永州,投止屈子沉渊的湘江,触景伤情,因祭先贤:"委故都以从利兮,吾知先生不忍。立而视其覆坠兮,又非先生之所志。穷与达固不渝兮,夫唯服道以守义。矧先生之悃愊兮,滔大故而不贰。……先生之貌不可得兮,犹仿佛其文章。托遗编而叹喟兮,涣余涕之盈眶。"(柳宗元《吊屈原文》)此正所谓:志士仁人为名节所恸者,乃千载以下同声一哭。在《季布栾布列传》中的人物季布,有"季布之诺"的节名,儒家的知识分子在讲"君子重然诺"时应该能联想到他,他的事迹在战国时期流传甚广,故"楚人谚曰:'得黄金百斤,不如得季布一诺'。"《刺客列传》中讲述的聂政的事迹很能揭示儒家传统中"气节"的意义。据传,聂政是为躲避仇人而和母亲、姐姐逃到齐国的外乡人,以屠宰为业。韩国国相侠累的仇人严仲子也躲难到了齐国。严仲子为了寻找能向侠累报仇的义士而执意结交聂政并对聂母敬献厚礼。尽管如此,聂政因奉养母亲之孝,不敢对严仲子表示忠诚。很久以后,聂母故去,聂政服丧期满后才感叹严仲子对自己的恩遇。他说,自己不过是个低贱的屠夫,而贵为诸侯卿相的严仲子却能千里寻访、委屈相交,视同亲信。以往母亲在世,不能报答严仲子;而今母亲已享尽天年,自己应该对恩人以身相许。

于是,聂政找寻到了严仲子,表达了自己报恩的意愿。严仲子告诉聂政自己的仇人是韩国国君的叔父——宰相侠累,他族旺丁多而且兵士防卫严密,刺客不易得手,想多派些壮士与聂政同行。聂政不同意这样做。他说,人多反而惹人注意,刺杀国君的叔父一旦走漏风声,等于与其一国结仇。因此,聂政便只身前往韩国都城,在宰相公堂上不顾众多持刀握戟的护卫将侠累刺死。接着,聂政还击杀了几十个护卫并趁势毁坏了自己的面容,挖眼并剖腹自杀。

韩国的人将聂政的尸体陈列在街市，悬巨赏查找刺客的亲朋好友，很久都没有人认出尸体。聂政的姐姐聂荌听说了这件事，哭着说这一定是自己的弟弟聂政。聂荌马上动身到韩国都城，到街市一看尸体果然是聂政，她趴在聂政的尸体上哭喊。周围的人都说，我们的国君正在悬赏查找凶手的亲属，你怎么敢来认尸呢？聂荌回答，当初，因为母亲健在，自己尚未出嫁，弟弟不敢报答严仲子。后来母亲安享了天年，自己也出嫁，弟弟才不惜以死来报严仲子的知遇之恩。如今，却因姐姐还在，聂政便将自己的面容躯体毁坏，使人不能辨认，以免牵连别人。我怎么能害怕杀身之祸而不来指认弟弟使其名声不得张扬呢！她大叫三声"天哪"，继而因过度哀伤而死在聂政的身旁。这应该是战国时代人们对"气节"之士的共识：一则言"亲孝"高于"忠诚"；一则言"气节"内涵中亦有女性之"刚烈"。

继司马迁写"气节"之士的传统，西汉尚有刘向所做的《新序》、《说苑》，其中"节士"、"义勇"、"立节"卷多有感人至深的守节死义的故事。《新序》"节士"卷中说，楚国的节士申包胥见吴国军队攻陷了楚国都城，便自作主张跑到秦国去搬救兵，秦王让他先到宾馆歇息，再作商议。可是申包胥硬是靠着秦国宫廷的墙壁哭了七天七夜，水浆不进，终于感动了秦哀公。秦国派出救兵，解了楚国的危难。待楚王欲重奖申包胥时，他又为躲避楚王的奖赏，终身不再出现。刘向评论说："申子之不受命赴秦，忠矣；七日七夜不绝声，厚矣；不受赏，不伐矣。"他从申包胥的动人故事中揭示出"忠"、"厚"、"不伐（谦让）"的价值内涵，俾后人读之，知"申包胥之哭"寓有深意。及南朝宋人范晔写《后汉书》，其中的列传所举之"气节之士"遍及社会诸阶层，所列人物事迹也更加彰显了当时社会对"气节"价值的广泛认同。《后汉书》中的《党锢列传》，其中的"党人"

多是当时历史环境中受到普遍敬重的抗节之士；社会亦以"三君"、"八俊"、"八顾"、"八及"、"八厨"这些雅号来标榜这些风节党人。仅《张俭列传》一篇就足资明证。

东汉末期，有清廉名望的东部督邮张俭因上书检举中常侍侯览及其亲属在家乡胡作非为而得罪侯览。张俭的同乡朱并是张俭所不齿的奸佞小人，因此上书诬陷张俭与同郡的二十四人结党。皇帝听信朱并的诬告遂下令收捕张俭等人。"俭得亡命，困迫遁走，望门投止，莫不重其名行，破家相容。"张俭逃到东莱，躲在李笃家。地方官员毛钦带兵追到李笃家门口，李笃便对毛钦说，张俭名重天下，难道我们不应保护这样的名节之士吗？毛钦拍着李笃说，古代贤人蘧伯玉以自己独占君子美名为耻辱，难道你的仁义不能让我分享吗？李笃会心地答道，有你这句话，我的仁义已经与你分享一半了。毛钦感叹了一番就领人走了。李笃找机会将张俭送往了安全的地方，才得以免祸。

张俭逃亡所经过的地方，不少官员都因敬重他的名节而保护他，致使十几处地方的官民皆遭牵连，宗族亲戚都被灭绝，郡县为之残破。范晔就此评论：战国时魏齐为躲避赵王的追杀而投奔赵相虞卿，虞卿便解下相印和魏齐一起逃亡；季布逃到朱家那里，朱家冒杀身诛族之罪而收留他。而今张俭惹怒君王，颠沛逃命，天下听到风声的，没有不怜惜他的壮志而争着收留他，以至于抛弃官职爵禄、破族屠身的，大概有数十百处。这都是敬重他清廉名声的缘故。后人基于这段历史故事，流传下"望门投止"的成语。

受"党锢之祸"牵连的诸多人物其人品、气节不仅为当时社会所敬重，而且后世变法人物也对其多加正面评价，以表达自己感同身受的艰难际遇和匡时济俗的政治抱负。因此，参与范仲淹"庆历新政"并在失败后同受排挤的欧阳修感叹："小人无朋，惟君子则有之。……小人无朋，其暂为朋者，伪也。君子则不然，所守者道义，所行者忠信，所惜者名节。以之修身，则同道而相益；以之事国，则同心而共济；始终如一，此君子之朋也。"（欧阳修《朋党论》）小人可以因利害关系结成狐朋狗友，但是鲜见长久；而君子则以气节道义结成朋党，可以长久地同舟共济。

此外，中国历史上最受儒家知识分子推崇的"气节"之士大概要公推文天祥了。文天祥不仅遭逢中国历史上第一次由"夷狄"（蒙古人）入主中原的宋元之变，而且抗节不屈，就义前还留下了一首堪称知识分子千古绝唱的《正气歌》。文天祥所面临的考验有特别的意义：一是天下易主，不仕二姓；二是外族入侵，不臣夷狄。文天祥以死经受住了这双重的考验，其惊天地、泣鬼神的壮举全凭着"气节"二字。文天祥在《正气歌》中将中国历史上那些感人至深的气节人物列成一个清单："在齐太史简，在晋董狐笔，在秦张良椎，在汉苏武节。为严将军头，为嵇侍中血，为张睢阳齿，为颜常山舌。或为辽东帽，清操厉冰雪；或为出师表，鬼神泣壮烈；或为渡江楫，慷慨吞胡羯；或为击贼笏，逆竖头破裂。"

春秋时期，齐国的大夫崔杼把国君杀了，史官立刻把这件事如实地记在竹简上，说"崔杼杀了国君"。崔杼把这个正直的史官杀了，史官的弟弟继续这样写，崔杼又把他杀了，可是史官的另一个弟弟仍旧这样写，崔杼没办法，只好由他去写。春秋时期晋国的赵穿也是杀了晋国国君，赵穿的兄弟赵盾身为晋国大夫，对赵穿放任不管，当时的史官董狐认为这件事责任在赵盾，就写下"赵盾弑其君"。孔子听到这件事，赞叹说："董狐真是一个好史官啊！"

张良原是战国时期的韩国人，秦始皇灭了韩国以后，张良找到一个大力士，在博浪沙用大铁锥钉秦始皇，但没有成功。苏武出使匈奴被扣留，十九年历尽艰苦，但他一直不忘汉朝赋予他的使命。三国时代巴郡守将严颜被张飞俘虏,他说:"我州但有断头将军,没有投降将军。"张飞见他威武不屈,就把他释放了。嵇侍中是晋朝的侍中官嵇绍,奸臣要杀害晋惠帝,嵇绍用身子遮住了惠帝,因此自己被奸臣杀死,鲜血溅满了晋惠帝的龙袍。安禄山叛乱的时候,张巡守卫睢阳,被贼兵抓住,张巡骂不绝口,被敌人打掉牙齿,最后被害而死。与张巡同时代的常山太守颜杲卿则更为壮烈,他被安禄山的叛军俘虏,被割去舌头,他仍然含糊地骂个不停。

后汉的管宁看不起同学华歆热衷权势。后来华歆投靠曹操当了魏国的官,管宁却仍然避居辽东,一直戴着汉朝的帽子,三十年不肯出来做官,表现了对汉室的忠诚。而诸葛亮在《出师表》里所表达的那种恳切忠贞、忧勤国事的精神,真可以惊天地而泣鬼神。东晋的祖逖,痛恨外族侵犯中原,自请统兵北伐。皇帝封他为奋威将军。他领兵渡江,击着船桨,发誓一定要收复中原。文天祥在这里形象地赞扬祖逖的气概,说他好像要把入侵者一口吞灭一样。唐德宗时候,朱泚作乱,先和义士段秀实商量,段秀实说:"逆贼,要我和你一起作乱吗?"说完就用牙笏朝朱泚头上打去。文天祥通过列举上述十二位历史人物,热情歌颂了他们磅礴天地、忠诚为国、视死如归的凛然正气。

像以上这样的历史人物及其英雄事迹,在各个朝代都不乏其例。如宋朝的岳飞、李纲,当外族入侵时,不负天下之望,节义重泰山,以身舍命,以社稷生民为重,抗金主战;明朝的史可法恪尽臣节,浩气沃中华;清朝的张之洞力抗法寇,林则徐为国禁烟不畏生死,等等。

三 荀子正的思想

荀子(约公元前 313—前 238 年),名况,字卿,战国末期赵国（今山西北部、河北南部）人。荀子不拘泥于孔孟之道，综合先秦诸子之说，从性恶论出发，标榜"礼义"，主张王霸并重，礼法兼施，是先秦时期集大成的思想家，也是先秦儒家的代表人物之一。其思想主要集中在《荀子》一书中。

继孔子、孟子之后，荀子亦非常重视君主的正己率民与尚贤使能。他说："主者，民之唱也；上者，下之仪也。彼将听唱而应，视仪而动。……上宣明则下治辨矣，上端诚则下愿悫矣，上公正则下易直矣。"（《荀子·正论》）又曰："君者仪也，民者景也，仪正而景正；君者槃也，民者水也，槃圆而水圆；君者盂也，盂方而水方。""君者，民之原也，源清则流清，源浊则流浊。"（《荀子·君道》）荀子也强调"尚贤使能，则民知方"（《荀子·君道》）；"尊圣者王，贵贤者霸，敬贤者存，慢贤者亡，古今一也。……故尚贤使能，则主尊下安。"（《荀子·君子》）荀子还对老子的"无为而治"的思想作了进一步发挥："大有天下，小有一国，必自为之然后可，则劳苦耗顇莫甚焉。""若夫论一相以兼率之，使臣下百吏莫不宿道乡方而务，是夫人主之职也。若是，则一天下，名配尧、禹。人主者，守至约而详，事至佚而功，垂衣裳不下簟席之上，而海内之人莫不愿得以为帝王。夫是之谓至约，乐莫大焉。"（《荀子·王霸》）这就是说，君主只要用得其人，就能执简驭繁，无为而治了。荀子也同孔、孟一样，认为君主即使讲求享乐，但若能任用贤人，也还是可以把国家治理好的。他举例证明说：齐桓公尽管讲求声色犬马，却能"九合诸侯，一匡天下，为五伯长，是亦无他故焉，知一政于管仲也"（《荀子·王霸》）。

君主作为国家唯一的人格或主权者，在先秦时期对其臣民并不拥有绝对支配的权利。在主权者自觉利用神秘之天为王权作辩护时，也出现了一些重要辅臣对所谓"天示"作出了人文主义的阐释，而在中国历史上长期存在的道统和继统之间的合作和交锋,也反映了古代学人意欲把道统凌驾于继统之上的努力。春秋战国时期是等级君主制的解体时期,等级君主制是一种由氏族民主制向君主专制转化的过渡形态政体,它的权力结构模式具有先天性的自身矛盾性和二重性,它既强调上一级君主与下一级君主之间的严格的君臣关系和等级隶属关系,强调存在一个凌驾于各级君主、各级贵族之上的最高君主即天下之共主,又同时承认各级君主都享有充分的独立自主权。这种矛盾性、二重性,使政权的权力结构在根本上处于不稳定的失衡状态。① 在这种政体之下,国人拥有较高的权利,西周、春秋时期,国人弑君事件史不绝书,弑杀恶君被视为义举,战国时期的孟子针对武王伐纣的行为评论说"闻诛一夫纣,未闻弑君也"(《孟子·梁惠王下》),并公然宣称"诸侯危社稷,则变置"(《孟子·尽心下》)。荀子亦有同样的思想,在《荀子·正论》中从"天下归之谓之王"的观点出发,说:"故桀、纣无天下,而汤、武不弑君,由此效之也。汤、武者,民之父母也;桀、纣者,民之怨贼也。"在民本思潮盛行时期,理想的君主政治属于典范政治,儒家理想的尧、舜、禹、汤、周武王等都是这种典范政治的代表。

荀子推崇王道政治,认为"义立而王,信立而霸,权谋立而亡"(《荀子·王霸》)。荀子认为在国家的治理上,有称王、称霸、安存、危险和灭亡五种目标,善于选择的就能制伏别人,称王天下;不善于选择的,就受制于人,最终走向灭亡。他把古代的圣王看做典范政治的极致,虽然不满意于当代君主的所作所为,但仍然把王制的理想寄托在这些现实的君主身上。因此,荀子认为典范政治的根本取决于君主的行为,在注重君主典范政治效应方面,荀子和齐法家思想较为相似。如《管子·七臣七

---

① 杜建民、李泉:《中国古代君主制研究》,中州古籍出版社1994年版,第50页。

主》:"故一人之治乱在其心,一国之存在在其主。天下得失,道一人出"、"主好本,则民好垦草莽;主好货,则人贾于市;主好宫室,则工匠巧;主好文采,则女工靡。"《管子·牧民》:"御民之辔,在上之所贵;道民之门,在上之所先;召民之路,在上之所恶。故君求之,则臣得之;君嗜之,则臣食之;君好之,则臣服之;君喜之,则臣匿之。"《管子·法法》:"凡民从上也,不从口之所言,从情之所好者也"、"上好勇,则民轻死;上好仁,则民轻财。故上之所好,民必甚焉。是故明君知民之必以上为心也。"荀子也强调君主的德行修养的重要性,他说:"闻修身,未尝闻为国也。"并进一步把君主比喻成政治的源头,是"民之原"、"原清则流清,原浊则流浊"(《荀子·君道》),而典范政治的根本在于君主要服膺礼义。

典范政治在政治上的要求,在于对君臣的职责要求较高,如《礼记·曲礼上》就记载国君乘车遇见高龄人要行轼礼,经过卿的朝位要下车,进入国都都不驱驰,进入里巷一定要行轼礼。国君不乘式样奇邪不正的车,在车上不大声咳嗽,不随便指画,立乘在车上只能向前看车轮五周的距离,行轼礼时看着马尾,回头看时不得超过车轴头;国君经过宗庙时要下车,看到祭牛要行轼礼;等等。在灾荒之年还应遵守能够体现关心下情的君臣贬抑之礼:"岁凶,年谷不登,君膳不祭肺,马不食谷,驰道不除,祭事不县;大夫不食粱;士饮酒不乐"(《礼记·曲礼下》),郑玄注:"登,成也。君、大夫、士皆为岁凶自贬抑,忧民也。礼食杀牲则祭先,有虞氏以首,夏后氏以心,殷人以肝,周人以肺。不祭肺,则不杀也。天子食日少牢,朔月大牢;诸侯食日特牲,朔日少牢。除,治也。不治道,为妨民取蔬食也。县,乐器,钟磬之属。粱,加食也。不乐,去琴瑟。"孔颖达也说:"'君膳不祭肺',以下,及'士饮酒不乐',各举一边而言,其实互而相通:君尊,举大者而言;大夫士卑,举小者言耳。"这体现的正是节食以足用，君臣与民同忧的仁者形象，荀子对君主的德行提出较高要求，这和传统政治的精神是相吻合的。

荀子认为君主的主要职责就在于修身和用人，在为政和用人方面，荀子认为君主的主要职责体现在这样几个方面：

第一，确立正确的政治原则。君主所遵循的政治原则，荀子称为"道"，"道"也就是"君子之所道"，即礼义。"君"是能够把人组织成社会群体的人，而要保持群体的和谐，君主必须做好人的抚育、任用安置，不同的服饰区分等诸多方面，采取立本重农、众农增收的政策，同时还要禁止盗贼，铲除奸诈邪恶之徒，只有这样人民才会亲近、顺从、喜欢、赞美君主，而正确政治原则的确立则以君主的身教为前提。要在全国范围内确立礼义，君主必须注意修身，理顺名分等级秩序，使衣帽修饰、各种器具上的图案雕刻等都有一定的等级差别。要使道义真正落到实处，天子既要彰显等级的差别，又要做到天子诸侯没有浪费的用度，士大夫没有放荡的行为，群臣百官没有怠慢的政事，群众百姓没有奸诈怪僻的习俗和偷盗抢劫的罪行。做君主的，只有在掌握礼义的情况下而普施于天下，才能公平而不偏私，才能保证行动无过错；只有以正确的政治原则来治国，才能使国家得到有效的治理，反之，不致力于道义而热衷于阴谋权术，就会如齐湣王、宋献公之流那样，落个身死而被人耻笑的下场。因此，对治国原则的选择是君主治国和国家存亡的关键。

第二，建立贤人政治，注重相职的人选。荀子认为君主不能事事躬亲而没有安逸，也不可能没有疾病死亡之类的变故，但是国家的事务却不会减少，所以君主必须有足可胜任的贤人辅佐。荀子把人才分为三种，也就是"官人使吏之材"、"士大夫官师之材"、"卿相辅佐之材"，而人主之道就是"能论官此三材者而无失其次"，这样"则身佚而国治，功大而名美；上可以王，下可以霸，是人主之要守也"（《荀子·君道》）。否则，君主不知道遵循这个原则,自己抛弃声色娱乐,亲自处理具体的政事,是"役夫之道也,墨子之说也"(《荀子·王霸》),不仅于国无益,反而会导致国家的混乱。君主在国家的治理上,任用贤人,尤其是选取具有德能的贤相,在荀子看来,是君主安乐和国家安定的重要因素。由于君主是掌管等级名分的枢纽,所以《荀子·富国》说:"故美之者,是美天下之本也;安之者,是安天下之美也;贵之者,是贵天下之本也。"君主的才能在于能够正确用人,即"人主者,以官人为能者也;匹夫者,以自能为能者也"(《荀子·王霸》),因此,需要"官人守数,君子养原",要做到正确"养原",君主必须注意修身,即"上好礼义,尚贤使能,无贪利之心,则下亦将綦辞让,致忠信,而谨于臣子矣",并能收到赏不用而民劝,罚不用而民服,有司不劳而民治,政令不烦而俗美的功效。要想使民为己所用,则必须爱民、利民,"故人主欲强故安乐,则莫若反之民;欲附下一民,则莫若反之政;欲修正美俗,则莫若求其人"(《荀子·君道》)。荀子主张君主劳于政事,主要指劳于寻觅治国的人才,英明的帝王在选拔人才上有一定的原则和标准,即"任人唯贤"的原则和对礼制的恪守为标准,同时对人才的任用要遵循"取人之道,参之有礼;用人之法,禁之以等"的方法。对人才的考核,主要注重德和能两个方面。德的标准是礼,要了解其待人接物是否安泰恭敬,通过职务的升降观察其能否应付各种变化;让他安逸舒适,看他能否不耽于享乐;让他接触音乐美色、权势财利、怨恨愤怒、祸患艰险,看他能否不背离节操。对于能的方面的考核,则主要根据其政绩来确定。荀子在理论上主张把官吏的职责限制在一定等级的范围之内,与孔子"不在其位,不谋其政"思想一致,只不过一个是主动的,另一个是被动的。为能把任用贤人真正落到实处,君主要努力营造一个有利于贤能之士发挥作用的环境和氛围,要力图避免"使贤者为之,则与不肖者规之;使知者虑之,则与愚者论之;使修士行之,则与污邪之人疑之"等"六患"(《荀子·君道》),这样有德才的人就会脱颖而出,庸能判然有别,才不失为英明帝王的治国之道,而德才兼备的相是成就王霸之业的重要条件。君主要急于求得相才,并重用他,方是"仁且智"的君主。荀子进一步指出善于治国、深知政权得失之道的人才,是生在今日而爱好、遵循古代政治原则的人,这种人贫穷、困厄而不改其志,他们一旦得到重用,"则天下为一";即使君主一般地任用他,那么威势也能扩展到邻邦敌国,如果君主不能任用他,则要防止他们离开自己的国土,即"小用之,则威行邻敌;纵不能用,使无去其疆域,则国终身无故"(《荀子·君道》)。因此君主必须爱民好士,才能保持身心的安荣。

　　第三,君主要正确处理好国家治理和追求安逸、先成其大功再私其所爱的关系,只有建立以相为首的贤人辅政体系,君主才能垂拱而治。孟子曾把口之于味、目之于色、耳之于声、鼻之于臭、四肢之于安逸看成是人之天性,但并没有把其作为天性的必然,主体天性的满足与否则归之于天命,《孟子·尽心下》说:"口之于味也,目之于色也,耳之于声也,鼻之于臭也,四肢之于安佚也,性也,有命焉,君子不谓性也。"荀子也认为,虽然目好色、耳悦声、口嗜味、鼻欲臭、心趋佚为人之自然性情,但对于君主来说,必须摆正治理国家和追求享乐的先后关系。英明的君主,一定要先治理好自己的国家,然后再追求快乐,急于追求享乐而放松治国的人,并不是真正懂得享乐的人。荀子提出君主有"三欲"、"三恶","三欲"是"欲强"、"欲安"、"欲荣","三恶"是"恶弱"、"恶危"、"恶辱",要做到"要三欲"和"辟三恶"(《荀子·君道》),"故君人者,立隆政本朝而当,所使要百事者诚仁人也,则身佚而国治,功大而名美,上可以王,下可以霸"(《荀子·王霸》)。也就是说君主王霸的重要条件是任用的相是真正的仁德之人，君主在确立了最高政治原则后，能恰当地任用相，则垂衣裳而天下治，而君道正如《荀子·王霸》所云："主道：治近不治远，治明不治幽，治一不治二"、"主好要，则百事详；主好详，则百事荒。君者，论一相、陈一法、明一指、以兼覆之、兼炤之，以观其盛者也"、"故君人劳于索之，而休于使之。"

荀子认为近千年以来，君主和贤人始终没能很好配合起来，原因就在于君主用人不公正，臣下对上不忠诚。君主只有不论亲疏和贵贱，唯贤是务，那么臣下才能看轻职位而虚位以让贤人。现在君主的大患是"使贤者为之，则与不肖者规之；使知者虑之，则与愚者论之；使修士行之，则与污邪之人疑之"。这种做法是"犹立枉木而求其景之直也，乱莫大焉"。对于"善射者"和"善驭者"的办法用"县贵爵重赏以招致之"，不以亲疏而以中的为标准，掌管一个国家，要求取辅佐的卿相的时候，君主往往不能像求取"善射者"和"善驭者"那样公正，而往往喜欢任用宠爱的小臣及亲近依附自己的人，结果导致国家的危险和灭亡，"古有万国，今有数十焉，是无它故，莫不失之是也"。因此明主"有私人以金石珠玉，无私人以官职事业"，因为如果那样，就会造成"主暗于上，臣诈于下，灭亡无日"（《荀子·君道》）的局面，是对君主和臣子都有害而无利之举，并非真正的爱人。周文王就不是这样，他提拔了异姓之臣姜太公，借以树立尊重贤人的名声和正确的政治原则，最终控制天下，裂土分封，设置七十一个诸侯国，姬姓就占了五十三个，而天下不以为偏，这就说明只有先举天下大道，立天下大功，然后再爱其所爱，才能避免欲爱之反而危其所爱的情况。

荀子理想中的政治形态仍然是等级君主制，天子配备太师、太傅、太保三公，诸侯配备一个相，大夫独掌一个官职，士谨守自己的职责，无不按照法令制度而秉公办事。在官职的设置上，审察德行来确定等级，衡量才能来授予官职，使他们每人都承担工作而各人都能得到和他的才能相适合的职务，上等的贤才使他们担任三公，次一等的做诸侯，下等的贤才使他们当大夫。不过，他并不主张由周王室重振王纲，因为那是既不现实也不可能的。荀子对当时的治道是不满的，如果说五霸仅仅停留在驳杂使用礼的话，那么后世之君更没有把礼抬到治国之本的高度，荀子入秦虽然对秦政多所肯定，但也指出秦国无儒的缺陷和潜伏的危机。荀子并不主张君主政事躬亲，但要做到君主垂拱无为，必须建立一套官僚体系，君主管理的事务要体现简约而周详的特点，因此，相的作用在荀子的政治主张中占有非常重要的地位。

第四，君主要做到为政公正。荀子说："人主不公，人臣不忠也。"(《荀子·王霸》)"公生明，偏生暗。"(《荀子·不苟》)都是强调君主在处理政务、用人、执法等各方面都应该做到公正和公平。君主应该努力在为政中做到公正："水至平，端不倾，心术如此象圣人。而有执，直而用挩必参天。"(《荀子·成相》) 这是说水在平的时候，是端正不倾斜的。人心如此，就会像圣人。公正而又宽容待人，就能与天地比配。君主要做到为政公平公正，就要注意赏罚分明，荀子说："听政之大分：以善至者待之以礼，以不善至者待之以刑。两者分别，则贤不肖不杂，是非不乱。……故公平者，听之衡也；中和者，听之绳也。……偏党而无经，听之辟也。故有良法而乱者，有之矣。"(《荀子·王制》) 处理政务的要领和关键，要以区分贤德和不贤德的人、好的和不好的事情为前提，做到这一点，正确和错误就不会混乱。公正，就是处理政事轻重得当；中正平和，就是处理政事有一定尺度标准。处理政事有偏私之心而且没有原则，处事不公正，即使有好的法令也会出现混乱的局面。

四 《大学》、《中庸》正的思想

《大学》、《中庸》最早收在《礼记》中,宋代的理学家们对这两篇特别推崇,朱熹把这两篇与《论语》、《孟子》并列为四书,加以注释,使之成为儒家经典,是学子必读之书,在思想领域有着广泛的影响。《大学》、《中庸》将先秦儒家正的思想系统化、理论化。

正己而后正人乃先秦儒家正的思想之核心,其实质即是儒家的"内圣外王"之道。儒家把内心的道德修养与外在的政治实践融为一体,建构了一种独特的道德政治哲学。这种道德政治哲学被后世学者概括为"内圣外王"之道。后世学者多引用"体用"之说来解释"内圣外王","内圣"是根据,"外王"是目的。没有"内圣","外王"便失去根据;没有"外王","内圣"亦无归宿。"内圣"是体,"外王"是用。"内圣"是主体心性修养方面的境界,以达至仁、圣境界为极限;"外王"是社会政治教化方面的理想,以实现王道、仁政为目标。

孔子把"修己以安人"及"修己以安百姓"作为对圣人品格的界定,"修己"即从事内在的道德修养,"安人"和"安百姓"指从事外在的道德实践。"修己",即加强自身的道德修养,属于"内圣"功夫;"安人"和"安百姓",即治国安民,属于"外王"功业。内在的道德修养应该扩展而为外在的博施济众的政治的事功,外在的政治事功应该以内在的道德修养为基础。

孟子提到"君子之守,修其身而天下平"(《孟子·尽心下》),"修其身"是指"内圣"而言,"天下平"是指"外王"而言。孟子主张性善,认为善属先天,恶起自后天。所以,孟子主张养心寡欲,反身以诚,尽心知性知天的"内圣"修养方法。"人皆有不忍人之心。先王有不忍人之心,斯有不忍人之政矣。

以不忍人之心，行不忍人之政，治天下可运之掌上。"(《孟子·公孙丑上》) 所谓不忍人之心，就是善心；所谓不忍人之政，就是仁政。行仁政是王道政治的基本要求，它凝聚着孟子的"外王"思想。

荀子常常圣、王并提，他说，"圣也者，尽伦者也。王也者，尽制者也。两尽者，足以为天下极矣。"(《荀子·解蔽》) 这是认为，圣是指道德修养最高的人，王是指礼仪法度方面有最高地位的人，圣与王结合而精通两个方面，就是尽善尽美，达到天下最高的标准了。圣的本质在德，王的本质在位，圣与王的结合，即是道德修养与政治权力的结合，也是内圣与外王的结合。荀子主张性恶，认为恶属先天，善起于后天。所以，在"内圣"的修养方法上，荀子主张化性起伪，积善成圣，着重于后天的教育、学习和对本性的改造；在"外王"的功业上，强调外在权威的力量，主张王霸并重，礼法兼施。

"内圣外王"的思想在《大学》中得以理论总结："大学之道，在明明德，在亲民，在止于至善。"所谓"大学"，就是培养造就具有"内圣外王"理想人格之人的学问，即宋儒所说的大人之学。其纲领是通过道德的修养，把美好光明的德行发扬光大，用"明德"来教化百姓，最终使人们都达到"至善"境界。其中"明明德"是内圣的功夫，"亲民"是外王的功业。那么，怎样才能达到这样崇高的人生境界呢？它提出"格物、致知、诚意、正心、修身、齐家、治国、平天下"八个步骤，其中前四项是内圣的功夫，后三项是外王的功业，修身既是内圣的结果，又是外王的基础。其具体内容如下：

（一）格物与致知

关于"格物"与"致知"，《大学》中的传文没有明确解释。照朱熹的解释，格物之"格"，是到达之意，即亲身参与各种社会实践活动，或读书，或习史，或从事日用常行之事，并在其中体验所蕴涵的"理"。而"致知"就是要在格物的过程中获取人生修养方面的知识，研究的是道德知识的获取方法和过程。"格物"是个人的道德实践，"致知"是个人的道德认识。只有积极参与道德实践，才能提高人们的道德认识能力，故曰"物格而后知至"。在封建社会中，"格物"的具体表现便是臣事君、子事父、妇事夫、弟事兄等伦理道德活动。在这些具体道德活动的过程中提高人们的道德认识能力，这就是"物格而后知至"的过程。这一过程表现为道德实践上升为道德认识的过程，也就是感性认识上升到理性认识的过程。

（二）诚意

人们具备了对道德的理性认识，便有了道德修养的自觉性。所以《大学》说："物格而后知至，知至而后意诚。"道德修养的自觉性促使人们在生活中进行道德自律，诚意不欺。《大学》指出："所谓诚其意者，毋自欺也。如恶恶臭，如好好色，此之谓自谦。故君子慎其独也。小人闲居为不善，无所不至。见君子而后厌然，掩其不善而著其善。人之视己，如见其肺肝然，则何益矣！此谓诚于中，形于外，故君子必慎其独也。曾子曰：'十目所视，十手所指，其严乎？'富润屋，德润身，心广体胖。故君子必诚其意。"这就阐明了道德自觉意识促进人们达到道德自律行为的思想境界——诚意。所谓"诚意"就是使自己意念真诚、思想纯正。诚意的标志是"毋自欺"，毋自欺，必须心怀坦荡，真情实意，实实在在地为善。它追求的是自我满足，自我完善。

值得注意的是，《大学》讲"诚意"时将"慎独"联系起来，更加彰显了儒家修养"内圣"的一面。"慎独"，是指道德主体在独处活动、无人监督、有做坏事的可能并不会被发觉的情况下，仍然能坚守自己的道德信念，自觉地按一定的道德准则去行动而不做坏事。通过道德修养，形成道德信念，进而达到一种极高的道德境界。《中庸》主张："君子戒慎乎其所不睹，恐惧乎其所不闻。莫见乎隐，莫显乎微。故君子慎其独也。"《中庸》认为，人们若能做到"慎独"，就能"素富贵行乎富贵，素贫贱行乎贫贱，素夷狄行乎夷狄，素患难行乎患难"，"正己而不求于人"；既"不怨天"，也"不尤人"。强调人们只有在一定的道德信念支配下，才能在即使别人看不见或听不到的情况下，仍然能小心谨慎，一丝不苟地自觉进行道德修养；同时还强调，道德修养要在"隐"和"微"的地方下功夫，并把这种主动性和自觉性看成是道德修养的先决条件。

(三) 正心与修身

《大学》指出："所谓修身在正其心者，身有所忿懥，则不得其正；有所恐惧，则不得其正；有所好乐，则不得其正；有所忧患，则不得其正。心不在焉，视而不见，听而不闻，食而不知其味。此谓修身在正其心。"也就是说，如果要修养品性，必须先端正心思。心有愤慨，就不能端正；心有恐惧，就不能端正；心有喜好，就不能端正；心有忧患，就不能端正。一旦心思不在应在的位置，是看也看不见，听也听不到，吃东西也不知道滋味。这就是修身须先端正心思的道理。"正心"是"修身"的基础，要"修身"，必得先"正心"，即以儒家的伦理道德为标准，来纯洁和净化人们的思想。任何私心杂念、喜怒哀乐及用心不专，都会影响自我道德修养的完善。

(四) 齐家

《大学》认为，只有自我道德修养完善的人才能治理好家庭，反之就不能治理好家庭。古代封建社会是以家族为本位的宗法社会，家庭是构成社会的基本单位。"齐家"是在"修身"的基础上进行的。因为人们的感情有所偏颇，如对于他所亲爱的人就特别喜欢，对于他所讨厌的人就特别厌恶。这种偏爱、偏恶的感情不利于加强家庭成员间的团结。推及到社会上，就不利于维护和巩固封建统治。因此，必须用儒家的伦理道德标准，诸如仁义之道、中庸之道、忠恕之道来规范和约束自己，尽量避免"爱、恶、敬、矜、惰"等偏颇感情的产生。对任何人都要不偏不倚，一视同仁，一切都按伦理道德标准做人、做事，从而做到"好而知其恶，恶而知其美"（《大学》）。

(五) 治国

家齐自然国治。《礼记·哀公问》云："'为政如之何？'子曰：'夫妇别，父子亲，君臣严，三者正，则庶物从之。'"为政治国在于明晰家庭之秩序。《大学》云："其为父子兄弟足法，而后民法之也，此谓治国在齐家。"同时《大学》还强调："所谓治国必先齐家者，其家不可教，而能教人者无之。故君子不出家而成教于国，孝者所以事君也，弟者所以事长也，慈者所以使众也。"《大学》认为，国是放大了的家庭，能够齐家，就能够出而治国。如果不修身，就不能治理好家庭，不能教育好自己的子女，因而也就无法教化国人。所以，善于治国的君子，必然是修身齐家的典范。《大学》强调要想整顿好自己的家族，则必须把"孝"、"悌"、"慈"作为维护家族内部关系的根本道德规范。也就是说，一个家庭内部，子女要做到孝顺父母；兄弟姐妹之间要互相尊重，和睦相处；父母要慈爱自己的子女。只有协调好这些关系，才能维护家族内部的安定团结。而协调家族内部关系的原则也同样适用于协调国家中君与臣、臣与民之间的关系，即把"孝"、"悌"、"慈"从家族内部推广到国家政治生活中，把"孝"和"事君"，"悌"和"事长"、"慈"和"使众"联系起来，使国家内部各种复杂的政治关系得以协调发展。所以说：“一家仁，一国兴仁，一家让，一国兴让。”反之"一人贪戾，一国作乱"(《大学》)。这样就把个人伦理道德的内修泛化为国家政治秩序的和谐发展，由内圣而致外王。

（六）平天下

治国、平天下是针对统治者进行的思想政治教育。能治国就能平天下。平天下的基础在于治国，国治自然天下平。对于统治者而言，应如何治国、教化民众呢？纵观《大学》，可以有以下几条具体的原则和方法：

第一，行絜矩之道。絜矩之道即治国、平天下之道，内圣外王之道。《大学》云："所谓平天下在治其国者，上老老而民兴孝，上长长而民兴悌，上恤孤而民不倍，是以君子有絜矩之道也。所恶于上，毋以使下；所恶于下，毋以事上；所恶于前，毋以先后；所恶于后，毋以从前；所恶于右，毋以交于左；所恶于左，毋以交于右。此之谓絜矩之道。"这也就是说，统治者尊敬老人，民众就会兴行孝道；统治者尊敬兄长，民众就会奉行悌道；统治者抚恤孤寡，民众就不会相互背弃。针对各级官吏而言，厌恶上级对待自己的事，就不要用它对待下级；厌恶下级对待自己的事，就不要用它侍奉上级；厌恶前面对待自己的事，就不要用它对待后面；厌恶后面对待自己的事，就不要用它来对待前面；厌恶右边对待自己的事，就不要用它对待左边；厌恶左边对待自己的事，就不要用它对待右边。《大学》在这里以儒家传统的仁政思想为理论依据，强调了"己所不欲，勿施于人"的观点。要求统治者以身作则，尊重老人，抚恤孤寡。要既能爱人，又能恶人，好恶要与民同，成为民之父母。

民心的向背决定着政权能否持久巩固。统治者的治国之道、御民之本决定着民之好恶及民心所向。而民心的向背又反过来决定统治者的前途和命运。所以，怎样才能争取民心是统治者必须考虑的。《大学》认为，统治者若能做到"民之所好好之，民之所恶恶之"，则不失为争得民心的最佳方式。对民众来说，最难以承受的是经济方面的横征暴敛、奢侈浪费、劳民伤财。因此，要想争得民心，平治天下，统治者必须与民同利，在经济生活方面有所节制。然而，归根到底取决于统治者是否采取德治的手段。所以《大学》说："是故君子先慎乎德。有德此有人，有人此有土，有土此有财，有财此有用。德者，本也；财者，末也。外本内末，争民施夺。是故财聚则民散，财散则民聚。"因此，统治者应当首先注重个人的道德修养，有德才能拥有民众、土地和财富，国家才能兴旺发达。这就是行絜矩之道所产生的社会效益。

第二，举贤才。举贤才是统治者采取维护政权良性发展的用人政策。《中庸》强调"其人存，则其政举；其人亡，则其政息"，认为有无贤人执政，是治国的关键。《大学》进一步论及了举贤才的标准和方法。《大学》认为："见贤而不能举，举而不能先，命也。见不善而不能退，退而不能远，过也。"命，郑玄注："当作慢。"二程称为"怠"。此段话的意思是发现贤才而不能荐举，或即使荐举上去而不愿其位居于己上，这就是怠慢。发现品行不端者不能斥退，或虽斥退却不能疏远，这是过错。所以，《大学》主张应当把忠实、宽厚作为选才的标准，以防那些嫉妒和憎恶别人才能的小人得到重用。同时又指出，统治者应当爱憎分明，唯才是举，对德才兼备的人应及时选拔重用，但对那些言行不善的人则应坚决将其流放到边远的地方，只有这样才会对民众和国家有利。

第三，以义为利。《大学》认为："国不以利为利，以义为利也。""以利为利"追求的是个人私利，"以义为利"追求的是社会公利。"义"是作为一种社会道德原则体现社会公利的。

《礼记·表记》里说:"义者,天下之制也。"意思是说义是检验社会成员行为是否符合社会道德规范的标准。而这种以义为利的观点同样在《大学》中可以印证:"生财有大道,生之者众,食之者寡,为之者疾,用之者舒,则财恒足矣。仁者以财发身,不仁者以身发财。""仁"首先代表为一种"德","德"者,得也。但这个得,不是指得到财物,而是指以财富发扬自己的美德。而不仁者只看到财富,以身发财。所以仁者与不仁者对于"发身"与"发财"的态度是截然不同的。古之仁者,乐善好施,仗义疏财,把发扬自己的品德看得比钱财更重要,常常是用自己的钱财来扶危济困,借此实现自身内在的"仁义"之德。

以上"八条目"由低到高,内涵由简到繁,活动由己到人,由个体而至社会,层层递进,逐一包含,浑然一体,前一步是后一步的铺垫,后一步是前一步的实现,舍一而不能完成其他,表现出了很高的道德要求和较强的逻辑性、可操作性。格物、致知、诚意、正心是"内圣"的方法,是由外而内的过程;修身、齐家、治国、平天下是"外王"的途径和方法,是由内而外的转换。前者是属于个人内在的道德修养,后者属于个体外在的道德实践。理想人格的取得,政治理想的实现,也就是由认识到实践、由个人价值到社会价值、由内在价值到外在价值的不断深化过程。"修身"既是"格物、致知、诚意、正心"的结果,又是"齐家"、"治国"、"平天下"的逻辑起点,兼有内圣和外王的双重功能。

《大学》、《中庸》提出修身为治国、平天下之本。《大学》说:"自天子以至于庶人,壹是皆以修身为本。"又说:"一家仁,一国兴仁,一家让,一国兴让,一人贪戾,一国作乱,其机如此。此谓一言偾事,一人定国。"《中庸》说:"知所以修身,则知所以治人;知所以治人,则知所以治天下国家矣。"

《中庸》修身之道的基本点是向内下功夫,并由内而外。所谓向内就是顺性和诚心。《中庸》说:"天命之谓性,率性之谓道,修道之谓教。"大意是,天的旨意和自然生就的叫"性",顺着本性而行的叫做"道"。

道既然是顺性的表现,如何才能率性?要点在一个"诚"字。《中庸》说:"唯天下至诚为能尽其性。"即是说,只有天下至诚的人,才能充分发挥本性。《大学》中没有讲"率性",但在讲到修身时,其中心点也是诚意正心。

诚主要指主观意志和信念。《中庸》的"诚"又分为两种:一是天生的固有的"诚","诚者,天下之道也。"这种"诚",只有"圣人"才有,"诚者不勉而中,不思而得,从容中道,圣人也。"大意是,天生具备诚的人,不用努力就能获得道,不用思考就能懂得道,行动自然而然符合道,这是圣人。另一种"诚",是通过后天的努力修养和学习达到的,这叫"诚之者",意思是,可使之达到诚。因此"诚之者"是"人之道也"。不论是生而有之,还是学而得之,一旦达到诚,就没有什么区分了,"自诚明,谓之性,自明诚,谓之教。诚则明矣,明则诚矣。"大意是,由天生的诚而自然明白善德的,叫做本性,由后天学习修养明白善德而达到诚的,叫做教化。诚就能明白善德,明白了善德也就是诚了。起点不同,落点为一。

诚虽然是主观意识内求的修养,但是这种诚不只是限于个人,求诚是为了改造客观。"诚者非自成己而已也,所以成物也。"又说:"不诚无物。"(《中庸》)对于"不诚无物"有两种解释,一种认为,不诚就没有物,这样一来,物是诚的派生物。另一种说法,不诚就做不成事。从《中庸》看,两者兼而有之。只要诚,无事不通,无事不成,"唯天下至诚为能尽其性。能尽其性,则几能尽人之性;能尽人之性,则能尽物之性;能尽物之性,则可以赞天地之化育;可以赞天地之化育,则可以与天地参矣。"大意是,只有天下至诚的人,才能充分发挥本性。能充分发挥自己的本性，就能充分发挥一切人的本性；能充分发挥一切人的本性，也就能充分发挥万物的本性；能充分发挥万物的本性，可以帮助天地化育万物，就可以与天、地并列为三了。诚的作用还表现在认识方面，达到至诚便可以认识一切："至诚之道，可以前知。""善，必先知之；不善，必先知之。故至诚如神。"(《中庸》)

诚重在强化意志和修身。修身的外在标准便是中庸之道。《中庸》认为中庸之道是从"诚"中引导出来的，"诚者，自成也；而道，自道也。"大意是，诚是天生的，中庸之道是从诚中引导出来的。中庸之道是诚在情与行动上的表现。

中和是中庸之道的精髓。《中庸》篇的"中"，首先指非常稳定的心理状态。这种状态最近于本性，最符合道德与诚，故而说："喜怒哀乐之未发谓之中。"喜怒哀乐是欲望的诸种表现。人的情感有两种情况，一是背离"中"，亦即背离道，肆无忌惮；二是与"中"统一，称之为"节"，"节"指节度，恰到好处，既不过，又无不及。"发而皆中节谓之和"(《中庸》)，"和"可以说是情感上的中庸。

对待矛盾的事物，中庸要求"执其两端，用其中于民"。(《中庸》)下边的一段话颇能表现这个意思的真谛。子路问强，孔子曰："南方之强与？北方之强与？抑而强与？宽柔以教，不报无道，南方之强也，君子居之。衽金革，死而不厌，北方之强也，而强者居之。故君子和而不流，强哉矫！中立而不倚，强哉矫！国有道不变塞焉，强哉矫！国无道至死不变，强哉矫！"(《中庸》)大意是，强有三种，一是南方人的强，二是北方人的强，三是你应该有的强。用宽大教人，不报复无理的行为，这是南方人的强，一般的君子具有这种强；把兵器、铠甲当卧具，死了也不悔恨，这是北方人的强，勇猛烈士具有这种强；真正的君子应把两者统一起来，不偏向一端，这才是真正的强！站在两者之间，不偏不倚，这才是真正的强！国家有道不改变自己的态度，这是多么的强啊！国家无道也不改变自己的立场，这是多么的强啊！依笔者之见，南方之强与北方之强都有可取之处，但又都有些偏颇，中庸之道则要把两者结合起来，介于二者之间，但又不是与二者分道扬镳，形成三足鼎立之势。这种强既吸收了南方之柔强，又吸收了北方之刚强，形成柔刚浑然一体之强。其妙处在于"和"与"中立"。

总之，《大学》、《中庸》的修身，内心在于求诚，行动在于求中。

《大学》、《中庸》宣扬修身为齐家、治国、平天下之本，理由如下：

其一，己、家、国、天下是一种系列关系，己是系列之始。修身、齐家与治国有内在的统一性。治国是治家的扩大。其间的统一性就在于一个"孝"字。舜、武王、周公都是由孝发迹而上升为天子或成为圣王。孝的基本精神是遵守列祖列宗遗志，即"夫孝者，善继人之志，善述人之事者也"（《中庸》）。另外，还必须遵循一整套祭仪礼制。明乎孝，"治国其如示诸掌乎！"（《中庸》）《大学》中也说："所谓治国必先齐其家者，其家不可教而能教人者，无之。故君子不出家，而成教于国。孝者，所以事君也；弟者，所以事长也；慈者，所以使众也。"这种说法是有一定历史根据的。春秋时期以来，直到战国前期，宗法制与政治体系是一致的，国是家的扩大，而家又俨如一个独立小国，有家臣、家朝、家卒。国也就是由家扩大而来的，如魏、赵、韩等便是原来的家变成国的。孝是维护家的思想纽带，家是国的细胞，又可转化为国。在这种情况下，修己首先要以孝为首，人与人的关系则以"亲亲为大"。（《中庸》）孝是己、家、国、天下系列的精神中枢。

其二，在社会道德诸种关系中，修身是起点或中心环节。

"凡为天下国家有九经，曰：修身也，尊贤也，亲亲也，敬大臣也，体群臣也，子庶民也，来百工也，柔远人也，怀诸侯也。"九经即九项原则。在这九项原则中，修身不仅是始，而且是本。只有修身才能立道，即所谓"修身则道立"(《中庸》)。其他八项只解决某一方面的问题，是修身在某一个方面的展开。《大学》中说："古之欲明明德于天下者，先治其国；欲治其国者，先齐其家；欲齐其家者，先修其身；欲修其身者，先正其心；欲正其心者，先诚其意；欲诚其意者，先致其知，致知在格物。"平天下、治国、齐家、修身、正心、诚意、致知、格物八者之间，修身处于枢纽地位。正心、诚意、致知、格物是修身的功夫和修身的方式。修身向外扩充表现为齐家、治国、平天下。这是一个普遍规律。"自天子以至于庶人，壹是皆以修身为本，其本乱而末治者，否矣。"只有知道怎样修养自己，才能知道怎样治理别人。《中庸》说："知所以修身，则知所以治人。"治人、治物、治国、治天下是治己的外化与扩大。

其三，在道德与人的关系中，人是道德的体现者。先正己，然后才能正人。《大学》说："君子有诸己而后求诸人；无诸己而后非诸人。所藏乎身不恕，而能喻诸人者，未之有也"。大意是，君子有好品德才能要求别人，自己不违犯道德，才能指责别人。自己不讲恕道，而让别人通晓并遵从道德是不可能的。所以，修身是对别人提出要求的前提。

《中庸》、《大学》都特别强调榜样的力量。依据下必从上，下必学上的理论，认为上好下必然跟着学好，上坏下必然跟着学坏。《大学》说："所谓平天下在治其国者，上老老而民兴孝，上长长而民兴弟，上恤孤而民不倍。""尧舜帅天下以仁，而民从之；桀纣帅天下以暴，而民从之；其所令，反其所好，而民不从。"(《大学》)

其四，在人与政治制度等政治实体的关系中，人是活的主动的因素。《中庸》、《大学》认为,治国之本在人而不是政治实体,如制度、法律,已形成的政治传统等。据此,主张人治,反对法制或政治。《中庸》说:"文武之政,布在方策。其人存,则其政举;其人亡,则其政息。"又说:"人道敏政。"在人与礼的关系中也是人存礼行,《中庸》说:"礼仪三百,威仪三千,待其人而后行。"礼是固定的、凝化的东西,人是活的因素。

第三章　先秦墨家正的思想

墨家是先秦时期唯一可以与儒家相抗衡的学派，因而与儒家齐名，时称"儒墨显学"。墨子作为墨家的创始人，先习儒而后非儒，提出以"兼爱"为中心，包括非攻、尚贤、尚同、节用、节葬、非乐、非命、天志、明鬼在内的十大匡时救世的主张。这些思想包含在记录墨子言论的《墨子》中。今存《墨子》53篇，据考，除《经》、《经说》、《大取》、《小取》是后期墨家作品外，大部分都是墨子学说的记录。先秦墨家"正"的伦理思想，主要蕴涵在《墨子》的"尚贤"主张中。

尚贤是春秋以来社会分化、竞争的时代产物。孔子也有"举贤才"的主张，但在他眼中的贤才排除了"下愚"的"小人"；如同推行施爱的方式一样，选贤也得因循"亲亲"、"尊尊"的血统序列。敢以"贱人"自比的墨子批评儒家："亲亲有术，尊贤有等，言亲疏尊卑之异也。"（孙诒让《墨子闲诂》）墨子尽管承认因权力而规定的等级存在，却主张以自身的贤能来取代靠"骨肉之亲、无故富贵、面目姣好"的先天特权，强调社会身份可以改变。《墨子》的"尚贤"有两层含义：一是要求当时的王公大人坚持任人唯贤的原则，选取贤人做各级政长；二是要求从王公大人到各级政长都依照贤人的标准，修养自己成为民众的表率。

一　任人唯贤之正

《墨子》尚贤，有两句名言：一是"尚贤之为政本也"；二是"归国宝不若献贤进士"，把尚贤摆在政本、国宝的地位。《墨子》设问："何以知尚贤之为政本也？曰：'自贵且智者，为政乎愚且贱者，则治；自愚且贱者，为政乎贵且智者，则乱。'是以知尚贤之为政本也。"（《墨子·尚贤中》）如何知道崇尚贤能是治理国家的根本呢？回答道："由高贵而智慧的人去治理愚蠢而低贱的人就会安定无事，由愚蠢而低贱的人去治理高贵而智慧的人就会混乱。"因此知道崇尚贤能是治理国家的根本。这是《墨子》从正面论述尚贤的重要性。"臣下重其爵位而不言，近臣则喑，远臣则吟，怨结于民心，谄谀在侧，善议障塞，则国危矣。桀纣不以其无天下之士邪？杀其身而丧天下。故曰：'归国宝不若献贤进士'。"（《墨子·亲士》）由于臣下看重自己的爵位不敢谈对国家大事的看法，君主身边的近臣缄默不言，远臣闭口不谈，怨恨集结在士民的心中，阿谀奉承的人在旁边，好的建议被阻塞听不到，那么国家就危险了。夏桀、商纣王不正是不重用天下那些贤士吗？最终自身被杀而丢掉了天下。所以说："送国宝，不如推荐贤士。"这是《墨子》举反面的例子来说明不尚贤的后果。

在论述尚贤的重要性时，《墨子》指出统治者尚贤，一有利于君主，二有利于百姓，三有利于国家。

首先，"尚贤"有利于君主的统治。君主如能得贤士而用之，"勤则谋不困，体不劳，名立而功成，美彰而恶不生"（《墨子·尚贤上》）。"近朱者赤，近墨者黑"，对君主而言，如果能够尚贤，亲近贤士，也会受到好的感染、影响，成为有道之主。"今者王公大人为政于国家者，皆欲国家之富，人民之众，刑政之治。然而不得富而得贫，不得众而得寡，不得治而得乱，则是本失其所欲，得其所恶。是其故何也？是在王公大人为政于国家者，不能以尚贤事能为政也。是故有贤良之士众，则国家之治厚；贤良之士寡，则国家之治薄。故王公大人之务，将在于众贤而已。"（《墨子·尚贤上》）现在的王公大人治理国家，都希望国家富强，人民众多，刑法和政治合理有序，然而国家不得富强而得贫困，人口不得增多而得减少，刑法和政治不得合理有序而是从根本上失去了所希望的，而得到了所厌恶的。这是因为治理国家的王公大人，不能用尚贤使能（的态度）来处理政事的缘故。因此，国家所拥有的贤良之士多，那么国家的治绩就大；贤良之士少，那么国家的治绩就小。所以大人的急务，将在于如何使贤良之士增多。

"故古者尧举舜于服泽之阳，授之政，天下平；禹举益于阴方之中，授之政，九州成；汤举伊尹于庖厨之中，授之政，其谋得；文王举闳夭泰颠于置罔之中，授之政，西土服。"（《墨子·尚贤上》）这说明古代圣王由于重视选拔有才能的人，帮助他们治理国家，国家才安定，被后世所赞扬，奉为表率。反之，"若苟贤者不至乎王公大人之侧，则此不肖者在左右也。不肖者在左右，则其所誉不当贤。而所罚不当暴。王公大人尊此以为政乎国家，则赏亦必不当贤，而罚也必不当暴，若苟赏不当贤而罚不当暴，则是为贤者不劝而暴者不沮矣。是以入则不慈孝父母，出则不长弟乡里，居处无节，出入无度，男女无别。使治官府则盗窃，守城则背叛，君有难则不死，出亡则不从。使断狱则不中，分财则不均，与谋事不得，举事不成，入守不固，出诛不强。"（《墨子·尚贤中》）这就从贤者为政必治，不肖者为政必乱两方面论证尚贤对君主为政的重要性。

《墨子》在强调尚贤对君主为政的重要性的同时，还对当时不尚贤使能的统治者提出了批评。他说："今王公大人有一衣裳不能制也，必借良工；有一牛羊不能杀也，必借良宰。故当若之二物也，王公大人未知以尚贤使能为政也。当王公大人之于此也，虽有骨肉之亲、无故富贵、面目姣好者，实其不能也，不使之也。是何故？恐其败财也。当王公大人之于此也，则不失尚贤而使能。逮至其国家则不然，王公大人骨肉之亲、无故富贵、面目姣好者则举之。逮至其国家之乱，社稷之危，则不知使能以治之。"（《墨子·尚贤下》）王公大人在一些小事上可以做到"尚贤使能"，在治理国家的大事上做不到"尚贤使能"，这是明乎小而不明乎大，是一种严重的认识错误。还有一些统治者不能尚贤使能，则是因为自身的品德问题。"贪于政者，不能分人以事；厚于货者，不能分人以禄。"（《墨子·尚贤中》）他们因为自己擅权吝财，不能任用贤能。还有一种人，尚贤只停留在口头上，行动上不尚贤使能。"今天下之士君子，居处言语则尚贤，逮至其临众发政而治民，莫知尚贤而使能。"（《墨子·尚贤下》）《墨子》在这里运用了归谬法，尖锐地批判了由儒家"亲亲尊尊"观念而导致的"任人唯亲"思想，《墨子》对当时的王公大人之用人标准提出了批评；"夫无故富贵、面目姣好则使之，岂必智且有慧哉？若使之治国家，则此使不智慧者治国家也。国家之乱，既可得而知也。"（《墨子·尚贤中》）任用那些无缘无故富贵、面容美丽的人，难道他们一定是有智慧的人吗？如果让不智慧的人治理国家，国家的混乱也就可以知道了。可见贤人标准不确立，国家必然混乱。所以他强调："古者圣王既审尚贤，欲以为政，故书之竹帛，琢之盘盂，传以遗后世子孙。于先王之书《吕刑》之书然：王曰：'於！来！有国有土，告女讼刑。在今而安百姓，汝何择言人？何敬不刑？何度不及？'能择人而敬为刑，尧、舜、禹、汤、文、武之道可及也。是何也？则以尚贤及之。于先王之书，《竖年》之言然，曰：'晞夫圣武知人，以屏辅而身。'此言先王之治天下也，必选择贤者，以为其群属辅佐。"(《墨子·尚贤下》)古代圣王已明白尚贤的道理,想用它来治理国家,所以把它写在竹简和绢帛上,刻在盘、盂上,流传给后代子孙,用贤者安抚百姓,选择贤者谨慎地使用刑罚,就可以达到尧、舜、禹、汤、文、武之道。这是说先王治理天下一定要选择贤人作为他的臣僚来辅佐他。

"贤良之士众,则国家之治厚;贤良之士寡,则国家之治薄",国家能否治理得兴盛,与贤士的多少密切相关。因而"大人之务,将在于众贤"。统治者的主要任务,就是要培养、选拔和任用众多的贤才。《墨子》说:"故善为君者,劳于论人,而佚于治官。"论人,指选贤,治官即处理政务。善于做君主的人,在选贤任能上多花精力,而少把精力放在亲自处理政务上。反之,事必躬亲,劳于"治官",而不知尚贤,佚于"论人"者,并非"善为君者",算不上好的领导者。

其次,"尚贤"有利于百姓的生活。《墨子》指出:"贤者之治国也,早朝晏退,听狱治政,是以国家治而刑法正。贤者之长官也,夜寝夙兴,收敛官市、山林、泽梁之利,以实官府,是以官府实而财不散。贤者之治邑也,早出暮入,耕稼树艺,聚菽粟,是以菽粟多而民足乎食。故国家治则刑法正,官府实则万民富,上有以絜为酒醴粢盛,以祭祀天鬼;外有以为皮币,与四邻诸侯交接;内有以食饥息劳将养其万民。以怀天下之贤人。是故上者天鬼富之,外者诸侯与之,内者万民亲之,贤人归之。以此谋事则得,举事则成,入守则固,出诛则强。"(《墨子·尚贤中》)如果让贤士治理百姓,可使百姓免除饥饿,得到休息,衣食富足,因而尚贤是"百姓之利"。

尚贤有利于教化民众,改变社会风尚。只要君主举贤者为官长,使天下士人君子皆知"欲富贵而恶贫贱""莫若为贤",就会有更多的人"相率而为贤者",社会上就会形成为贤向上的良好风气。反过来,如果国家不重用人才,而重用奸才,就会在人民中造成不良影响,使一些人变坏。可见,国家是否重用人才,清除奸臣,不仅关系到政权兴衰,而且关系到对人民的教化问题。

最后,"尚贤"有利于国家的安定。贤良之士是"国家之珍"、"社稷之佐",是否尚贤,关系着国家的存亡。《亲士》开篇即说:"入国而不存其士,则亡国矣。见贤而不急,则缓其君矣。非贤无急,非士无与虑国。缓贤忘士,而能以其国存者,未曾有也。"进入朝廷治理国家不恤问那些贤士,那么国家就会灭亡。如果不重用贤士却使自己的国家得到保全,这是不曾有的事。贤士是国家的瑰宝,社稷的柱石,不亲任贤士。国家有危难就无人献策效力,国家就会灭亡。只有君主尚贤,国家才会兴盛。

墨子之所以把尚贤放在国家政治的首要位置,这与他对历史的理解和当时的社会环境的要求分不开。他从古史传说中桀、纣统治期间,君臣昏庸腐败、上下无节、父子兄弟为仇,结果导致天下大乱、国家败亡的教训中得出结论:要把国家治理好,就必须尚贤。同时,经过春秋时期长期的大国争霸和战国初期的诸侯兼并战争,人才的重要性更为突出,各国都极力招揽人才。有了人才,就可以使国家兴旺发达;没有人才,必然使国家败亡。墨子认为:为政于国家者,欲使国家之富,人民之众,行政之治,必须注意选拔有才能的人担任重要职务。

《墨子》还通过对历史上政治经验的总结,提出了一个十分重要的"用人"问题,一代君王用什么样的人,用什么样的臣僚来经邦治国,这直接关系到社稷的兴亡治乱。尧得舜,汤得伊尹,武丁得傅说,或继为天子,或任为股肱,正是因为有了这些贤才,才保证了太平盛世时代的形成。"贵且智者,为政乎愚且贱者,则治;自愚且贱者,为政乎贵且智者,则乱。"这里的"贵"、"贱"不是指身份,而是指德行。"贵者"即贤者,指德行高尚的人。"贱者"即不肖者,指德行卑下的人。德行高尚且智慧丰富的人执政,当然能够达到"治";反之,让德行卑下且愚蠢无能的人执政,自然只能招致"乱"。

"尚贤"的内容实质,就是要求由贤人来担任各级行政长官。"贤者举而上之,富而贵之,以为官长;不肖抑而废之,贫而贱之,以为徒役。是以民皆劝其赏,畏其罚,相率而为贤者,以贤者众而不肖者寡,此谓进贤。"(《墨子·尚贤中》)将贤良的人选拔出来并使其处于高位,使他富裕并且高贵,令他做官长;无德才的人就贬抑、废黜他,使他贫困并且低贱,让他做仆役。于是民众都因获得奖赏而劝勉,因受到惩罚而畏惧,争相做贤人,所以贤能之人多而无德才之人少,这就叫做进贤。

同时,《墨子》提出根据人的贤能与否进行分配的制度:对于有贤能的人,应分配较多的财富;对于不肖之人,应分配较少的财富。这样,国家的贤士就会增多。具体来说,尚贤的办法就是要对已有的贤士"富之、贵之、敬之、誉之",使他们"始贱卒而贵,始贫卒而富"。《墨子》云:"故古者圣王之为政,列德而尚贤,虽在农与工肆之人,有能则举之。高予之爵,重予之禄,任之以事,断予之令,曰:爵位不高,则民弗敬;蓄禄不厚,则民不信;政令不断,则民不畏。举三者授之贤者,非为贤赐也,欲其事之成。"(《墨子·尚贤上》)《墨子》主张要给贤者提供优厚的条件,必须使贤者富裕,令他们显贵,尊敬他们,称誉他们;给他们高官,给他们厚禄,给他们事做,给他们决断的权令。显然,这些条件既包括一定的物质利益,也包括精神激励。就是说,既要给予优厚的物质待遇,又要赋予其崇高的社会地位,同时还要授予其职权使其充分施展才能。如果不能在爵、禄、事三方面厚待贤者,那么,"爵位不高,则民不敬也;蓄禄不厚,则民不信也;政令不断,则民不畏也"。要为贤者置"三本"就是"爵位高,食禄厚,政令断"。总之,就是要给予已有的贤士盛名、高官、美爵、厚禄、重权,以此号召天下人争当贤士。

《墨子》对起用贤人还提出了一套方法,即任前试用制、任上监督制、任后评论制。其一,《墨子》反复提到的尧举舜、舜举禹之事,其任前都有一个试用期。根据《尚书·尧典》等篇记载的传说,尧在帝位时,咨询四岳(类似部落首领的元老会议),四岳推举舜做继承人,经过考验,舜摄位行政,尧死,舜正式即位。后来舜以同样的方式让位于禹。再者,《墨子》的"听其言,迹其行,察其所能"都是"慎予官"的体现,其实这就是任前考察和试用制,考验合格后方可正式任命为政长。其二,"君必有弗弗之臣,上必有谔谔之下。"(《墨子·亲士》)君主要有谏诤的大臣。又云:"闻善而不善,皆以告其上……上有过则规谏之,下有善则傍荐之。"可以将各级政长的善与不善向更上一级政长汇报,同时对于政长的过错,可以提出规谏;"故当是时,以德就列,以官服事,以劳殿赏,量功而分禄。故官无常贵而民无终贱,有能则举之,无能则下之。"(《墨子·尚贤上》)应按劳动的业绩确定奖赏,按照功勋来发给俸禄。所以官不可能永远富贵,民不可能终身下贱。有才能的就举荐他们,没有才能的就撤销他们。这是一种非常严格的任上监督制,所有的政长根据功劳都是能上能下的,同时这也建立起了一种合理的人才流动机制。可见,《墨子》十分重视贤者就任后实绩的考察,在这种机制下,庸才、污吏必然被淘汰,超群之英才必然得到提拔。其三,《墨子》对政长(特别是对君主)提出了任后评论制。"若昔者三代圣王尧、舜、禹、汤、文、武者是也……万民从而誉之曰圣王,至今不已。若昔三代暴王桀、纣、幽、厉者是也……万民从而非之曰暴王,至今不已。"(《墨子·尚贤中》)像从前的三代圣王尧、舜、禹、汤、文、武等,万民赞誉他们为"圣王";三代暴王桀、纣、幽、厉等,万民咒骂他们为

"暴王"。

二 修己率民之正

《墨子》所谓的贤者，实际上是"贤良"或"贤能"的简称，不贤者则被称为"不肖"或"暴"。在个人素质方面，必须德才兼备。贤者的标准是"厚乎德行"、"博乎道术"、"辩乎言谈"、"摩顶放踵"、"非乐节用"、"兼容守拙"。它包括品德特征、知识结构、语言能力、工作态度、生活作风和为人原则六个方面。

（一）"厚乎德行"的品德特征

《墨子》认为贤者第一条就是要具有高尚的德行，这种高尚的德行很明显是在"兴天下之利，除天下之害"的基础上建立起来的，也是贤者所具备的最基础的条件。《墨子》认为，德行敦厚之士，就是能够"兴天下之利，除天下之害"、"视人之国若视其国；视人之家若视其家；视人之身若视其身"的"仁人"、"兼士"。另外，他还讲："志不强者智不达，言不信者行不果。据财不能以分人者，不足与友"；指出道有"四行"："贫则见廉，富则见义，生则见爱，死则见哀。"（《墨子·修身》）德行是一个人的灵魂。没有正确的行为准则，一切知识和技能也都失去了它应有的价值和作用。"君子战虽有阵，而勇为本焉；丧虽有礼，而哀为本焉；士虽有学，而行为本焉。是故置本不安者，无务丰末。"（《墨子·修身》）

如何做到"厚乎德行"？《墨子》认为应该从别人对自己的态度了解自己的情况，并经常内省，自我批评，从而早日养成高尚的道德情操。"君子察迩而迩修者也。见不修行，见毁，而反之身者也，此以怨省而行修矣。"（《墨子·修身》）君子能明察左右，跟着修养自己的品行，他知道不修养自己的品行将受到别人的毁谤，所以经常反躬自问，检查自己，这样，别人的怨言也少了，自己的品行修养也提高了。人们都知道要修身树德，可是在做的过程中往往不能克服一些困难而放弃。《墨子》批评有些人想修身但拒绝别人的有益劝告，"世之君子欲其义之成，而助之修其身则愠，是犹欲其墙成，而人助之筑则愠也。岂不悖哉！"（《墨子·贵义》）世上的君子想实现自己的义，可是别人帮助他修身就恼怒，这好比想把墙修好，别人帮助他筑墙他就恼怒一样，这不是很荒谬的吗？

墨子积极教导弟子修身，认为道德修养可以帮助事业早日成功，即"君子力事日强，愿欲日逾，设壮日盛"。《墨子》明确阐述了道德修养的内容："志不强者智不达，言不信者行不果。据财不能以分人者，不足与友；守道不笃、遍物不博、辩是非不察者，不足与游。本不固者末必几，雄而不修者其后必惰。原浊者流不清，行不信者名必耗。名不徒生，而誉不自长，功成名遂，名誉不可虚假，反之身者也。务言而缓行，虽辩必不听；多力而伐功，虽劳必不图。慧者心辩而不繁说，多力而不伐功，此以名誉扬天下。"（《墨子·修身》）《墨子》认为考察"德"的指标主要有十一项：强志、重信、轻财、守道、明察、诚实、自省、实干、谦虚、睿智、无私。强志是指重视意志的磨炼，因为意志不坚强，才智不会通达。重信是指以信为本，如果说话不讲信用，行动就不会坚决。轻财是指君子不爱财，更不吝啬，占有钱财不肯分给别人，这样的人不值得与他交朋友。守道是指自己的为人处世的原则和信仰追求要专一。明察是指认识事物要广博，分辨能力要强。诚实是指言行一致，如果行为不诚实，名声必定败坏，因为名声不会徒然而生，荣誉也不会自己增长，必须靠努力来获得。自省是指经常反思自己的行为，及时纠正行为的偏差。实干是指少说多做，因为致力于空谈而行动迟缓，即使能言善辩，别人也不会听。谦虚是指即使出力多也不夸耀自己的功劳，聪明的人心中明白，但不求夸夸其谈，因此名扬天下。睿智是指既有智慧又内敛，并不锋芒毕露。无私是指没有求名求利的私心，谋利之心很重而成为天下的贤人，这是从来没有的。墨子认为只有通过艰苦的磨炼才能形成良好的道德情操，他带领弟子们日夜奔走，救国救民，并处处表现出其"贫则见廉，富则见义，生则见爱，死则见哀"（《墨子·修身》）的修身原则。《墨子·备梯》载："禽滑厘子事子墨子三年，手足胼胝，面目黧黑，役身给使，不敢问欲"，由此可见一斑。

（二）"博乎道术"的知识结构

《墨子》要求贤者要有广博的知识，有处理实际工作的经验和办法，这是对知识储备和能力素质的要求。人才，说到底就是有较高的品德、学识、能力并能对社会作出贡献的人。这样的人，《墨子》也常常以"能"相称。墨子说："为贤之道将奈何？曰：'有力者疾以助人，有财者勉以分人，有道者劝以教人。'"（《墨子·尚贤下》）。墨子本人即是这方面的表率。

在先秦诸子中，墨子既是一位理论家又是一位实践家。在理论方面，墨子与孔子等圣贤一样，著书立说，《墨经》把知识的来源分为亲知、闻知和说知，这种唯物的认识论已达到相当高度。墨子在论辩时善于应用分析归纳法，在《墨子·非命》中谓"三表法"是："有本之者"，指立论要有历史依据；"有原之者"指立论要有现实证明；"有用之者"指立论的正确与否要看实际效果。"三表法"既有唯物因素，又符合逻辑辩证方法。而在《墨经》中的"以名举实，以辞抒意，以说出故"，"以类取，以类予"则是直接揭示了概念、判断和推理这三种思维形式以及它们的区别和联系，并指明推论赖以进行的逻辑方法，在中国乃至世界古代哲学史上具有重要的地位。在实践方面，墨子是一位手艺精湛、技术高超的工匠,能顷刻之间削三寸之木成一能载五十石的车轴,研制出会飞的木鹰;墨子是一位杰出的外交家和军事家,独自一人到楚国与公输班进行模拟战争,并说服楚王放弃侵略;墨子是一位教育家,由他独自创办的墨家学派其实是一所强调实践和献身精神的流动性综合学校,"其弟子弥丰,充盈天下"。

墨子的博通源于他的好学,在《墨子·贵义》中记载了他热爱读书的故事。子墨子南游使卫,关中载书甚多,弘唐子见而怪之,曰:"吾夫子教公尚过曰:'揣曲直而已'。今夫子载书甚多,何有也?"子墨子曰:"昔者周公旦朝读书百篇,夕见漆十士,故周公旦佐相天子,其修至于今。翟上无君上之事,下无耕农之难,吾安敢废此?翟闻之:'同归之物,信有误者'。然而民听不钧,是以书多也。今若过之心者,数逆于精微。同归之物,既已知其要矣,是以不教以书也。而子何怪焉?"墨子以著名政治家周公为榜样,刻苦学习,钻研学问,所以在出游时马车上载满书也就不奇怪了。

(三)"辩乎言谈"的语言能力

能言善辩是墨子根据自身的情况,在特殊的历史环境条件下提出的要求。当时诸子百家相互争鸣,各诸侯国相互发动战争。墨子把"辩乎言谈"作为实现其政治理想的主要手段,同时与其他学派进行辩论,作为推广其思想的重要工具。把"辩乎言谈"作为贤者的一项基本标准,是与当时的社会历史条件对人才的需求相符的。贤良之士要能用于诸侯,就不得不推销自己的治世韬略,这就要具备高超的言谈技巧,否则,纵使胸怀经世治国之才,也难被诸侯青睐。

先秦墨家学说多次遭到其他学派的攻击,而且墨子本人热衷于政治实践,游说各国的王公大人,经常与平民百姓和自己的弟子辩论,在长期的辩论、谈判、讲学过程中,墨子坚持原则,灵活运用娴熟的论辩技巧,常能出奇制胜,驳倒对方,而且总结出一套行之有效的辩论方法和技巧,留下传世之作《墨辩》,辩论也成为墨家的一大特色。

《墨子·小取》阐述了辩论的目的是"夫辩者,将以明是非之分,审治乱之纪,明同异之处,察名实之理,处利害,决嫌疑",也就是辩论的目的要分清是非的区别,审察治乱的规律,辨明同异的所在,考察名实的道理,决断利害,解决疑惑。《墨子》还总结了一套立辩的方法,认为:"或也者,不尽也;假者,今不然也。效者,为之法也;所效者,所以为之法也。故中效,则是也;不中效,则非也。此效也。辟也者,举也物以明之也。侔也者,比辞而俱行也。援也者,曰:'子然,我奚独不可以然也?'推也者,以其所不取之,同于其所取者,予之也,是犹谓也者,同也。吾岂谓也者,异也。"(《墨子·小取》)"或"指有可能,"效"指立个标准,"辟"指举别的例子来说明此物。"侔"指两个词义相同的命题可以由此及彼,"援"指援引对方的已肯定的命题来证明自己的正确性,"推"指用对方所不赞同的命题,类同于对方所赞同的命题来反驳对方。

(四)"摩顶放踵"的工作态度

墨子崇尚先王圣贤,以他们为榜样,"摩顶放踵利天下",为百姓利益劳作一世也不后悔、厌倦。"古者明王圣人所以王天下、正诸侯者,彼其爱民谨忠,利民谨厚,忠信相连,又示之以利,是以终身不厌,殁世而不倦。"(《墨子·节用》)

墨子在行义的过程中,遇到很多困难,也遭到别人的误解,甚至有生命的危险,他的朋友劝他放弃孤身一人去行义,他说:"今有人于此,有子十人,一人耕而九人处,则耕者不可以不益急矣。何故?则食者众而耕者寡也。今天下莫为义,则子如劝我者也,何故止我?"(《墨子·贵义》)他的回答不仅反映他的积极救世的实干精神,也显示了他坚强的意志品质。

墨子在行义的过程中,不仅自己以身作则,而且严格要求弟子不能贪图功利而违背自己的信仰,违背自己的行事原则,违背墨家所倡导的"义"。《墨子·鲁问》记载,越王想以百里封地来请教墨子的治国之道,而墨子却说:"子观越王之志何若?意越王将听吾言,用吾道,则翟将往,量腹而食,度身而衣,自比于群臣,奚能以封为哉!抑越不听吾言,不用吾道,而吾往焉,则是我以义粜也。钧之粜,亦于中国耳,何必于越哉!"《墨子·鲁问》载,墨子派弟子胜绰去项子牛那里做官,而胜绰重利轻义,违背师言,助桀为虐,墨子派人要求项子牛辞退胜绰,他说:"我使绰也,将以济骄而正嬖也。今绰也禄厚而谲夫子,夫子三侵鲁而绰三从,是鼓鞭于马靳也。翟闻之:'言义而弗行,是犯明也。绰非弗之知也,禄胜义也。'"墨子反对空谈,认为应该言行一致,"常使若二君者,言必行,行必果,使言行之合,犹合符节也,无言而不行也。"当墨子一听到公输班为楚造云梯将攻宋,"起于齐,行十日十夜而至于郢,见公输班",与之展开一场惊心动魄的模拟战争。

(五)"非乐节用"的生活作风

春秋战国时期生产力比较落后,加上连年战乱,人民生活水平很低,而当时的许多王公大人却生则奢靡,死则厚葬,加剧了国穷民困,社会混乱。为此,墨子用《墨子·节用》、《墨子·节葬》、《墨子·非乐》三篇文章来抨击腐败,提倡廉洁。墨子认为,节省开支,避免浪费,其实就是增加了一倍的收入。"圣人为政一国,一国可倍也;大之为政天下,天下可倍也。其倍之,非外取地也,因其国家去其无用之费,足以倍之。圣王为政,其发令、兴事,使民用财也,无不加用而为者。是故用财不费，民德不劳，其兴利多矣。"(《墨子·节用上》)圣人治理一国，国家的财富成倍增加，不是向外扩展、掠夺土地，而是省却无用的费用，也就是要节用。由于贵族阶层为满足物质享受，横征暴敛，非法掠夺，对外攻城略地，使双方死伤无数，损失极大，正如墨子所言"今天下为政者，其所以寡人之道多。其使民劳，其藉敛厚，民财不足，冻饿死者不可胜数也"，"且大人惟毋兴师以攻邻国，久者终年，速者数月，男女久不相见，此所以寡人之道也。与居处不安，饮食不时，作疾病死者，有与侵就，攻城野战死者，不可胜数。"(《墨子·节用上》)墨子认为用财必须利民，如果王公大人不利民而"加用"，就是浪费，应"去无用之费"，尤其是反对战争和暴税。

　　墨子为了节用之法的有效实施，在衣、食、住等方面制定了一些消费标准："饮食之法，足以充虚继气，强股肱，耳目聪明，则止。不极五味之调、芳香之和，不致远国珍怪异物。"饮食只要充饥补气就行，不必吃些珍贵奇怪的食物。"制衣之法，冬服绀之衣轻且暖，夏服轻且清，则止。其为衣裘何？以为冬以御寒，夏以御暑。凡为衣裳之道，冬加温、夏加洁者善，鲜加者去之。"衣服只要冬天御寒，夏天祛暑就行了。"宫室之法，其旁可以御风寒，上可以防雪霜雨露，其中清洁，可以祭祀，宫墙足以为男女之别，则止。"房屋只要能抵御风寒，防御雪霜雨露，祭祀祖先、鬼神，分别男女就行了，不必豪华。

　　墨子不仅提倡节俭，而且要求统治者在灾荒之年主动减少自己的俸禄，带头艰苦朴素，和百姓一起渡过难关。"岁馑，则仕者大夫以下皆损禄五分之一。旱，则损五分之二。凶，则损五分之三。馈，则损五分之四。饥，则尽无禄，廪食而已矣。故凶饥存乎国，人君彻鼎五分之五，大夫彻县，士不入学，君朝之衣不革制，诸侯之客，四邻之使，雍食而不盛，涂不芸，马不食粟，婢妾不衣帛，此告不足之至也。"(《墨子·七患》)饥荒之年，官员俸禄缩减,食物减少,不做新衣,大夫不听音乐,读书人去种地,诸侯之客和邻国使者的饮食不丰盛,四马去掉两匹,道路不修,马不吃粮,妻妾不穿丝织品。

为了厉行节用,墨子还力主非乐。针对当时民有三患的实情,墨子认为应该首先满足百姓的生存需要,才可以考虑王公大人的音乐方面的精神需要,因为王公大人喜欢大钟鸣鼓琴瑟竽笙之声,制造乐器,将必厚敛乎万民,而且撞巨钟、击鸣鼓、弹琴瑟、吹竽笙,无助于"饥者不得食,寒者不得衣,劳者不得息",同时奏乐必使人"废丈夫耕稼树艺之时,废妇人纺绩织布之事",舞人还要"食必粱肉,衣必文绣",导致的结果是"与君子听之,废君子听治;与贱人听之,废贱人之从事",最后墨子得出结论:"乐之为物,将不可不禁而止也。"(《墨子·非乐上》)

(六)"兼容守拙"的为人原则

良好的心境是贤者素质中不可缺少的内容。为保持积极、乐观和平衡的心境,创造和谐愉快的人际环境,《墨子·亲士》中阐述了兼容无斗、守拙安心的为人处世原则。

《墨子》说:"是故江河之水,非一源之水也;千镒之裘,非一狐之白也。夫恶有同方取不,取同而已者乎?盖非兼王之道也。是故天地不昭昭,大水不潦潦,大火不燎燎,王德不尧尧。者乃千人之长也,其直如矢,其平如砥,不足以覆万物。是故溪陕者速涸,逝浅者速竭。"(《墨子·耕柱》)江河里的水不是一个源头的水,价值千金的皮衣也不是一只狐狸腋下的白皮能制成的。哪有同道的人不去用,却去用与自己私意相同的人呢?那样做就不是兼爱天下的君王的原则了。因此天地并不是永远光明,大水也不是永远清澈,大火并不是永远不灭,君王的德行并非高不可攀。如果管理千人的官吏为政刚直得像箭杆,板平得像磨刀石,那么就不能包容万物了。狭隘的小溪干涸快,水浅的川流枯竭快,坚硬贫瘠的土地不会长出五谷。

《墨子》举了很多例子来证明"太盛难守,善于守拙"的思想。"今有五锥,此其锐,锐者必先挫;有五刀,此其错,错者必先靡。是以甘井近竭,招木近伐,灵龟近灼,神蛇近暴。是故比干之殪,其抗也;孟贲之杀,其勇也;西施之沉,其美也;吴起之裂,其事也。故彼人者,寡不死其所长。"(《墨子·亲士》)《墨子》认为无论是锥、刀、井、木、龟、蛇的灭亡,还是比干、孟贲、西施的死亡都是由于他们的所长导致的。所以,贤者应该在自我发展时适度表现自己,有意识地加强自我保护,避免由于自己的优秀而遭到别人的打击、陷害。

要达到贤者的标准,修身非常重要。"志不强者智不达,言不信者行不果。据财不能以分人者,不足与友;守道不笃、遍物不博、辩是非不察者,不足与游。本不固者末必几,雄而不修者其后必惰。原浊者流不清,行不信者名必耗。名不徒生,而誉不自长,功成名遂,名誉不可虚假,反之身者也。"(《墨子·修身》)是说一个人如果没有坚强的意志,言而无信,守财贪私,大道不守,总归一句话,不加强自身修养,必然会带来"智不达"、"行不果"、"不足与友"的恶果。所以,功成名遂的关键还在于自身的修养这一根本点。而要加强修养,很显然,必须在强志、信言、分财、笃道等方面下功夫。

要强志。"君子进不败其志,退究其情,虽杂庸民,终无怨心,彼有自信者也。"(《墨子·亲士》)意志不坚定,自信心不强,自然会智力不达,力不从心。要言必信,行必果。言而无信,朝令夕改,则会失去民众的信赖,导致行政无力。有财者要"勉以分人",据财守私,不能分财与人的人,选拔到一定的岗位上,则会私心显现,贪利图贿,危害极大。作为贤者,首先应是一个心胸博大,爱人利人,坦荡无私的人。这样,行事谋政才能出以公心,为国为民,事业才能发达,国家才能兴盛。要笃道。即是要"遍物"而能"博",能够明辨是非,坚守理念,对君主要有忠心,对百姓要有爱心,对不肖之人、恶人要有狠心,"仁人之所以为事者,必兴天下之利,除天下之害"(《墨子·兼爱中》)。

《墨子》还指出,贤者的修养必须持之以恒,永不间断。君子之道,具体表现在四个方面,即"贫则见廉,富则见义,生则见爱,死则见哀"(《墨子·修身》),即贫困时要保持清廉,富有时要讲义气,乐于助人。对于人之生要表现出关爱之心,对于人之死要体现出哀痛之情。《墨子》提出,人生的修养是一辈子的事,只有一生坚持不懈地反复修养,才能于事业有益,于国家有益。反之,必将导致一事无成乃至乱政亡国的严重后果。

(七) 其他主张

1. 重言教,更重身教

"言则诲"是墨子勤于言教的明证。《墨子》书中有多处提到墨子谆谆以教的动人事迹。如他有一位老朋友劝他:"当今天下没有谁在行义,你偏偏独自一人去受苦行义,你不如停止了吧!"墨子反驳说:"现在天下没有人在行义,那么你就应该鼓励我呀,为什么阻止我呢?"当然,比较说来,墨子更重身教。他的身体力行,为后世的教育者树立了光辉的榜样。他在批评告子时说:"政者,口言之,身必行之。今子口言之,而身不行,是子之身乱也。"(《墨子·公孟》)墨子认为,有言论就得付诸行动,不付诸行动的言论叫"荡口",也就是白费口舌的意思。墨子终身不仕,无爵无禄,为了推行他的主张,遍行宋、卫、齐、楚、魏、越诸国。他把"义"看得贵于一切,为了行义,不畏艰难险阻,不怕牺牲生命。评论说:"墨者多以裘褐为衣,以跂蹻为服,日夜不休,以自苦为极……墨子真天下之好也,将求之不得也,虽枯槁不舍也,才士也夫!"(《庄子集解》)墨子的精神是崇高的,人格是伟大的,连反对他的人也不得不承认这一点。墨子要求别人做到的,自己首先做到。

2. 重环境,潜移默化

墨子见到染丝的情景,便慷慨地说:"染于苍则苍,染于黄则黄,所入者变,其色亦变。"非独染丝是这样,"国亦有染","士亦有染",因此"染不可不慎也"(《墨子·所染》)。墨子认为,人性本无善无恶,就如纯白的素丝,放到青色染缸里便成青色,放到黄色染缸里便成黄色,所不同的是,丝既染成,不可复白,人性虽已陷溺,尚可有本身之顿悟,师友之启迪,机缘之暗示,环境之刺激而使其复还如初。墨子重视环境,主要是人际环境,在《墨子·所染》中所举实例都是人对人的相互影响,特别是臣对君的影响。他对弟子进行教育,或褒之,或贬之,或诱之,或导之,都是为了创造一种成才的良好环境,从而促人奋进。墨子深知环境对人的习染熏陶作用,在《墨子·大取》中指出,一种环境对自己形成了某种影响,形成了个人的一种好行为;由个人的好行为累积感化,蔚为一种好的风气,对别人再进行习染,形成别人的好行为。这样循环往复,习染的洪流演化不已,社会风气就能得到净化,人的道德修养也不断提高。当然光靠环境还不够,"名不徒生,而誉不自长"(《墨子·修身》),个人还必须努力提高修养,不断检点自己,扬长避短,才能迅速成才。

3. 重实践,因人而异

《墨子》认为,不同类型的人才具有不同的智能结构,即使同一类型的人才,他们的智能结构也有各自的特征,在育人过程中应充分发挥"个体素质"的优势,以达到各修其业,各尽其能的理想效果。墨子在回答什么是为义的要务时说:"譬若筑墙然,能筑者筑,能实壤者实壤,能欣者欣,然后墙成也。为义犹是也,能谈辩者谈辩,能说书者说书,能从事者从事,然后义事成也。"(《墨子·耕柱》)这种分科以发展个性的教育方法是非常进步的。在《墨子·大取》中曾记述墨子教人,该深的就深,该浅的就浅,该增加的就增加,该减少的就减少。讲授内容的多少及理论的深浅,都得看教育的对象。"择务从事"、"因材施教",足见墨子教授方法之科学。

墨子一贯主张亲躬、实践,反对妄说空谈。"言足以复行者,常之;不足以举行者,勿常。不足以举行而常之,是荡口也。"(《墨子·耕柱》)墨子在确定辨别是非标准的"三表"法中,就非常强调实践的重要性,何谓"三表"?"有本之者,有原之者,有用之者。"本,指上古历史事实;原,指百姓耳目之实;用,则指实际应用。他对当时社会上的王公大人们,口讲仁义道德,而又不去付诸实施的行为是深恶痛绝的。墨子在自然科学上的重要发现及在制造技术上的卓越成绩,都证明他是一位实践大师。他教育出的学生都能奔赴各国,各显其能,各尽其才,也都具有很强的实践能力。这与墨子教育得法是分不开的。

第四章 先秦道家正的思想

先秦道家是中国思想史上一个极其重要的学派，它以老庄思想为基本内核，凝集着中华民族的深邃智慧，它是先哲们在长期的人生经历和社会实践中获得的对自然、社会及人类自身的认识和经验总结，反过来又指导着人们修身养性、为人处世、建功立业、安民治国。与儒家的精进有为不同，在修心、修身和治国方面，道家崇尚自然，强调虚静，主张无为，其要点在于以自然中存在的客观规律来确定社会、人生的法则。

一 先秦道家"修心"之正

道家认为心与人之本性有关联，而人之本性为自然，与此相关，人之本心亦是虚静；道家认为心为人之精神主宰，亦为人之精神状态与精神生活本身；道家认为心之修养即保守心之原本的清静灵虚。致虚守静是老、庄修养论之主旨。老子首倡致虚守静，庄子则将致虚守静具体化为"心斋"与"坐忘"；另一方面，庄子更将致虚守静提升到本体论的高度，而标举"齐物"。

（一）老子之"虚心"与"致虚"

1. "虚心"

老子哲学实际上带有强烈的社会政治论色彩，老子讲道、讲自然、讲无为，主要是从社会政治出发的。天道无为是理，而此一理须落实于君道无为之用上。从社会政治论出发，老子之论人，还是社会群体的人；从社会的治乱着眼，老子对人的主观精神亦采取压抑的态度。"不尚贤，使民不争；不贵难得之货，使民不为盗；不见可欲，使民心不乱。是以圣人之治，虚其心，实其腹，弱其志，强其骨，常使民无知无欲，使夫智者不敢为也。"（《老子》三章）"不尚"、"不贵"，为无为之自然；"虚心"、"实腹"、"弱志"、"强骨"，为有为之自然。老子倡导自然，就社会历史领域而言，是一种统治之术。

古汉语中，"民"与"人"有很大的不同。"民"着眼于总体，"人"着眼于个体；从统治者的角度看，是"民"；从人之为人的角度看，即是"人"。《说文解字》曰："民，众萌也。""萌，草芽也。"在统治者眼里，民如草，所以亦有"草民"之称。而所谓人，是从人与物之区别而言。《说文解字》曰："人，人地之性最贵者也。"老子之论人，主要是从"民"之角度来论人，主要是以统治者的眼光来论人，主要是从社会政治立论。人之有心、有志是人之所以为人之表现，而老子则主张虚其心、弱其志，使民无知无欲。无知无欲，人则不复为其人矣。所以，人在老子那里还是遭到贬抑的。

《文子》对于人之心志亦持这样一种态度。"故心者形之主也，神者心之宝也。形劳而不体则蹶，精用而不已则竭，是以圣人遵之不敢越也。"（《文子·九守·守虚》）"人有顺逆之气生于心，心治则气顺，心乱则气逆。心之治乱在于道，得道则心治，失道则心乱。心治即交让，心乱即交争。让则有德，争则生贼。"（《文子·符言》）"心之治乱在于道"，道自然而无为，所以，人亦当自然无为。不过，《文子》与老子亦有区别。老子讲人之自然无为，是从社会政治着眼，是作为一种政治手段而提出来的。《文子》论人之心则不包含政治色彩，而是认为个体之人本该如此。所以，虚心弱志，无知无欲，在老子之心论中只具有消极的意义;而强调心之合于道,在《文子》之心论中,则具有积极的意义。

"正汝形,一汝视,天和将至;摄汝知,正汝度,神将来舍。德将为汝容,道将为汝居。瞳兮,若新生之犊,而无求其故。形若枯木,心若死灰。真其实知,而不以曲故自持,恢恢无心可谋。明白四达,能无知乎?"(《文子·道原》)"古之为道者,理性情,治心术,养以和,持以适,乐道而忘贱,安德而忘贫。性有不欲,无欲而不得;心有不乐,无乐而不为。无益于性者,不以累德,不便于生者,不以滑和。不纵身肆意而制度,可以为天下仪。"(《文子·九守·守易》)"神者,智之渊也,神清则智明;智者,心之府也,智公则心平。"(《文子·九守·守清》)"正汝形,一汝视","养以和,持以适","益于性","便于生",其所突出者,正是个人,其着眼点亦不是社会之治乱,而是个体之生存状态。这与老子是很不相同的。

《文子》论心,突出心之和,心之适,《管子》论心,则突出心之中,心之正。"形不正者,德不来;中不精者,心不治。正形饰德,万物毕得。"(《管子·心术下》)"心安是国安也,心治是国治也。治也者,心也;安也者,心也。治心在于中,治言出于口,治事加于民,故功作而民从,则百姓治矣。"(《管子·心术下》)"心安则国安,心治则国治",《管子》论心,与老子同,亦是从社会之治乱着眼,而并非讨论人心之本身。值得注意的是,《管子》论心,还把心当成知觉之主宰。"心之在体,君之位也,九窍之有职,官之分也。耳目者,视听之官也,心而无与于视听之事,则官得守其分矣。夫心有欲者,物过而目不见,声至而耳不闻也。故曰:'上离其道,下失其事。'故曰:'心术者,无为而制窍者也。'"(《管子·心术上》)"人之道,虚;地之道,静。虚则不屈,静则不变,不变则无过。"(《管子·心术上》)"洁其宫,开其门。宫者,谓心也,心也者,智之舍也,故曰宫。洁之者,去好过也。门者,谓耳目也。耳目者,所以闻见也。"(《管子·心术上》)心为智之舍,为宫;耳目为视听之官,为门。欲之乱心,而使心不虚、不静、不洁,只有洁之、静之,只有洁其宫,才能开其门。

"去欲则宣,宣则静矣,静则精,精则独立矣,独则明,明则神矣。神者至贵也。故馆不辟除,则贵人不舍焉。故曰:'不洁则神不处。人皆欲知,而莫索其所以知。其所知,彼也;其所以知,此也。不修之此,焉能知彼?修之此,莫能虚矣。虚者,无藏也。'"(《管子·心术上》)其所知,是彼,是认识对象;其所以知,是此,是认识主体。只有对认识主体加以修持,才能准确认识对象。而认识主体之修持,则莫过于能"虚"。此处之所谓"虚",既有涤除物欲之心的含义,亦有排除固有之成见的含义。只有涤除物欲之心,只有排除固有之成见,才能正确认识事物之本真。

主张致虚以守静、养和以适中,此论后为《淮南子》所继承并发扬。《淮南子》曰:"夫心者,五藏之主也,所以制使四支,流行血气,驰骋于是非之境,而出入十百事之门户也。是故不得于心而有经天下之气,是犹无耳而欲调钟鼓,无目而欲喜文章也,亦必不胜其任矣。"(《淮南子·原道训》)"心者形之主也,而神者心之宝也。"(《淮南子·精神训》)心是身之主宰,所以应当重视养心。"夫圣人用心,杖性依神,相扶而得终始,是故其寐不梦,其觉无忧。"(《淮南子·俶真训》)"故心不忧乐,德之至也;通而不变,静之至也;嗜欲不载,虚之至也;无所好憎,平之至也;不与物淆,粹之至也。能此五者,则通于神明。通于神明者,得其内者也。"(《淮南子·原道训》)"衰世凑学,不知原心反本,直雕琢其性,矫拂其情,以与世交,故目虽欲之禁之以度;心虽乐之节之以礼;趋翔周旋,诎节卑拜;肉凝而不食,酒澄而不饮;外束其形,内总其德;钳阴阳之和,而迫性命之情；故终身为悲人。达至道者则不然，理情性，治心术；养以和，持以适；乐道而忘贱，安德而忘贫；性有不欲，无欲而得，心有不乐，无乐而不为；无益情者不以累德，而便性者不以滑和；故纵体肆意，而度制可以为天下仪。"（《淮南子·精神训》）"心常无欲，可谓恬矣。形常无事，可谓佚矣。游心于恬，舍形于佚，以俟天命；自乐于内，无急于外，虽天下之大，不足以易其一概。日月庚而无溉于志，故虽贱如贵，虽贫如富。"（《淮南子·诠言训》）

　　无欲、不欲，致虚、守静，心处恬淡、和适，可以说是道家对于心之基本态度。致虚守静、心处和适，并非为虚而虚，为适而适，而是其虚、其适本身即有价值。如此，则"其寐不梦，其觉无忧"；如此，则"乐道而忘贱，安德而忘贫"；如此，则"虽贱如贵，虽贫如富"。这是一种精神，一种精神状态，一种精神风貌，亦是一种令人向往、很值得追求的崇高的精神生活。中国古代诗文对此种景象多有描述："千山鸟飞绝，万径人踪灭。孤舟蓑笠翁，独钓寒江雪。"（柳宗元《江雪》）"野旷天低树，江清月近人。"（孟浩然《宿建德江》）"行到水穷处，坐看云起时。"（王维《终南别业》）"大漠孤烟直，长河落日圆。"（王维《使至塞上》）"纵横一川水，高下数家村。"（王安石《即事》）"疏影横斜水清浅，暗香浮动月黄昏。"（林逋《梅花诗》）此纯是景之描写，而此景之中却含有情，并且是深情。其中之深情即是心境之虚静、恬淡、和适。

　　2. 致虚

　　与儒家强调人之积极作为、强调人之主观努力不同，道家之修养论则强调人之消极无为。从社会之治乱着眼，老子以自然无为为本。为了能做到自然无为，老子提倡虚静。"致虚极，守静笃，万物并作，吾以观其复。夫物芸芸，各复归其根。归根曰静，是谓复命。复命曰常。知常曰明。不知常，妄作，凶。知常

容，容乃公，公乃王，王乃天，天乃道，道乃久，没身不殆。"（《老子》十六章）

高明曰："'虚'者无欲，'静'者无为，此乃道家最基本的修养。'极'与'笃'是指心灵修炼之最高状态，即所谓极度和顶点。"（《帛书老护校注》）韩非子曰："所以贵无为无思为虚者，谓其意无所制也。夫无术者，故以无为无思为虚也。夫故以无为无思为虚者，其意常不忘虚，是制于为虚也。虚者，谓其意无所制也。今制于为虚，是不虚也。虚者之无为也，不以无为为有常，不以无为为有常则虚，虚则德盛，德盛之谓上德。"（《韩非子·解老》）"致虚"而以虚为怀，亦即有意于为虚，有意于为虚，仍是有为，仍是不虚。苏辙曰："致虚不极，则'有'未亡也；守静不笃，则'动'未亡也。丘山虽去，而微尘未尽，未为'极'与'笃'也。盖致虚存虚，犹未离有；守静存静，犹陷于动；而况其他乎！不极不笃，而责虚静之用，难矣。虚极静笃，以观万物之变，然后不为变之所乱，知凡作之未有不复者也。"（《道德真经注·致虚守静章第十六》）"复"者，反还也。吴澄曰："物生，由静而动，故反还其初之静为复。""芸芸，生长而动之貌，凡植木春夏则生气自根而上达于枝叶，是曰动；秋冬则生气自上反还而下藏于根，是曰静。""常者，久而不变之谓。能知此者谓之明。昧者不知此，则不能守静而妄动，以害其生，故曰凶。……殆者盖危而将近于死也。死者气尽而终，盖有穷匮竟尽之意。没身不殆，终此身而生长可保也。"（《道德真经注》十五章）

致虚、守静，以观万物之变。物虽千变万化，而不离其根本。其根本即是静，故要知常守静。知常守静其实亦是自然无为。故曰："为学日益，为道日损，损之又损，以至于无为。"（《老子》四十八章）老子又曰："涤除玄览，能无疵乎！"（《老子》十章）"玄"者，深也，远也。"览"即鉴，帛书甲本作

"玄蓝",帛书乙本作"玄监","监"即古"鉴"字。高亨曰:"洗垢之谓涤,去尘之谓除。《说文》:'疵,病也。'人心中之欲如镜上之尘垢,亦即心之病也。故曰:'涤除玄鉴,能无疵乎!'意在去欲也。"(《老子正诂》)所谓涤除,亦是涤除人心之欲,亦即为了保持人心之虚静。

(二)庄子之"游心"与"心斋"、"坐忘"、"齐物"

1. 游心

老子思考问题的重点还是社会之治乱。从社会角度、从社会治乱的角度立论而观人,老子突出人之自然,从而强调"虚心"。庄子立论之出发点则是个体之人。庄子虽亦肯定人之自然,但庄子更推崇和强调人之自由。由于强调人之自由,所以庄子标榜"游心"。

庄子把心灵之自由自在称作"游"。庄子多次讲到"游",亦很推崇"游"。"逍遥游"之所谓"游",实际上不是别的,就是心游。

孔子见老聃,老聃新沐,方将被发而干,蛰然似非人。孔子便而待之。少焉见,曰:"丘也眩与?其信然与?向者先生形体掘若槁木,似遗物离人而立于独也。"老聃曰:"吾游心于物之初。"(《庄子·田子方》)心游即是心灵之自由。这种心灵之自由,根源于性之虚静与空灵,是人本身就有的。从这个意义而言,亦可以称之为"天游"。"胞有重阆,心有天游。室无空虚,则妇姑勃谿;心无天游,则六凿相攘。"(《庄子·外物》)"心无天游,则六凿相攘","六凿",即六孔;"六凿相攘",即六孔相扰攘。老子自谓其"游心于物之初","物之初",亦即所谓道,与道同游,岂不乐哉?故老子谓其得"至美至乐"也。"得至美而游乎至乐,谓之至人。"(《庄子·田子方》)至美者,美之至也;至乐者,乐之至也;至人者,亦即人之至也。"唯至人乃能游于世而不僻，顺人而不失己。"(《庄子·外物》)"且夫乘物以游心，托不得已以养中，至矣！"(《庄子·人间世》)"乘物以游心"，"物"者，身外之物也，既指身外之物事，亦包括对人生有重大影响之功、名、利、禄之类；"乘"者，凭也，假借也。"乘物"者，物为我役，物为我所用，如此，方才可以"游心"。否则，我为身外之物而奔忙，亦即我为物所役，则"六凿相攘"而"神生不定"。外物只是人得以心游之凭借或工具，心游才是最为宝贵和关键的，才是目的，当然不能为工具而牺牲目的。

"古之所谓得志者，非轩冕之谓也，谓其无以益其乐而已矣。今之所谓得志者，轩冕之谓也。轩冕在身，非性命也，物之傥来，寄者也。寄之，其来不可圉，其去不可止。故不为轩冕肆志，不为穷约趋俗，其乐彼与此同，故无忧而已矣。"(《庄子·缮性》)轩，车也，冕，冠也，统指人之荣华富贵。"轩冕"亦不过是物，而且是身外之物。作为身外之物，不过忽然而来、偶然而至而已矣，不过暂时寄托于我处而已矣。其来既不可回却，其去亦不可阻止。所以大可不必为轩冕而肆志，为穷约而趋俗。"嗟呼！我悲人之自丧者。"(《庄子·徐无鬼》)

我之为我，自有我在；物之为物，自当为我。我若为物而肆志，为物而趋俗，又何以得其自由？又何以得其至美至乐？

"故夫知效一官，行比一乡，德合一君，而征一国者，其自视也亦若此矣，而宋荣子犹然笑之。且举世而誉之而不加劝，举世而非之而不加沮，定乎内外之分，辩乎荣辱之境，斯已矣。彼其于世未数数然也。虽然犹有未树也。夫列子御风而行，泠然善也，旬有五日而后反。彼于致福者，未数数然也。此虽免乎行，犹有所待者也。若夫乘天地之正，而御六气之辩，以游无穷者，彼且恶乎待哉？故曰：至人无己，神人无功，圣人无名。"(《庄子·逍遥游》)

郭象注曰："天地者，万物之总名也。天地以万物为体，而万物以自然为正，自然者，不为而自然者也。故大鹏之能高，斥鷃之能下，椿木之能长，朝菌之能短，凡此皆自然之所能非为之所能也。不为而自能，所以为正也，故乘天地之正者，即是顺万物之性也；御六气之辩者，即是游变化之涂也；如斯以往，则何往而有穷哉！所遇斯乘，又将恶乎待哉！此乃至德之人玄同彼我者之逍遥也。苟有待焉，则虽列子之轻妙，犹不能以无风而行，故必待其所待，然后逍遥耳，而况大鹏乎！夫唯与物冥而循大变者，为能无待而常通，岂独自通而已哉！又顺有待者，使不失其所待，所待不失，则同于大通矣。故有待无待，昔所不能齐也；至于各安其性，天机自张，受而不知，则吾所不能殊也。夫无待犹不足以殊有待，况有待之巨细乎！"（《庄子注·逍遥游》）逍遥之前提是顺万物之自然，心游之基础为不以物欲充塞其心。

惠子谓庄子曰："吾有大树，人谓之樗。其大本臃肿而不中绳墨，其小枝卷曲而不中规矩。立之涂，匠者不顾。今子之言，大而无用，众所同去也。"庄子曰："子独不见狸狌乎？卑身而伏，以候敖者；东西跳梁，不避高下；中于机辟，死于罔罟。今夫斄牛，其大若垂天之云。此能为大矣，而不能执鼠。今子有大树，患其无用，何不树之于无何有之乡，广莫之野，彷徨乎无为其侧，逍遥乎寝卧其下。不夭斤斧，物无害者，无所可用，安所困苦哉！"（《庄子·逍遥游》）

惠子利欲熏心，机心充斥，谓樗"大而无用"；而庄子则以澄心观之，谓有其而正得逍遥。成玄英曰："无用之用，何所困苦哉！亦犹庄子之言，乖俗会道，可以摄卫，可以全真，既不枉于世途，讵肯困苦于生分也！"（《庄子疏·逍遥游》）

在庄子看来，人生最为关键的是把守自己生命之根本，以己役物而不是以物役己，也就是所谓"物物而不物于物"。（《庄子·山木》）如此，方谓之至人；如此，方为人之至；如此，方能"游心"。"人有能游,且得不游乎?人有不能游,且得游乎?夫流遁之志,决绝之行,噫!其非至知厚德之任与!"(《庄子·外物》)人若能游心而自适,哪能不悠游而自得呢?人若不能游心而自适,又哪能悠游而自得呢?人而不悠游以自得,又哪里有什么至乐可言呢?所以,庄子把心灵的自由看得比其他任何一切都重要。庄子宁肯居于贫贱而不肯贵为楚相,其原因亦盖出于此。

由性而心,是由天而向人之降落,亦是人之现实之肯定与落实。老子强调人性之自然、本然,故突出人心之虚静恬淡;庄子强调人性之自由、本真,故亦突出人心之自在与自由。自然、自在而自由,根自于道,由道而成性,由性而成人之心,成为人之精神,成为人之精神之本真,成为人之精神生活。此一精神生活,即是道家所推崇之精神生活。此一精神生活的基本内容,亦是自然、自在而自由。

2. 心斋、坐忘与齐物

老子提倡虚静。庄子进一步发扬了老子致虚守静的思想,而提出了"心斋"与"坐忘"。

关于"心斋",《庄子》书中曰:"回曰:'敢问心斋?'仲尼曰:'若一志,无听之以耳而听之以心,无听之以心而听之以气。听止于耳,心止于符。气也者,虚而待物者也。唯道集虚。虚者,心斋也。'"(《庄子·人间世》)"若一志",即专一你的志趣、志向;"无听之以耳而听之以心",即不要用你的耳朵去听,而要用你的心去听,亦即要全身心去听;然而心有好恶、利害的思量,听之时要去除这种种思量,成玄英曰:"心有知觉,犹起攀缘;气无情虑,虚柔任物。故去彼知觉,取此虚柔,遗之又遗,渐阶玄妙也乎!"(《庄子疏·人间世》)所以要"无听之以心而听之以气"。此处之所谓"气",就是虚,所以说,"气也者,虚而待物者也"。只有保持心的虚静空灵,才能接应容纳外物。因此,保守心的虚静空灵,就是所谓的"心斋"。郭象曰:"虚其心则至道集于怀也。"(《庄子注·人间世》)成玄英曰:"唯此真道,集在虚心。故如虚心者,心斋妙道也。"(《庄子疏·人间世》)

心斋之要义在于涤除物欲之心,只有涤除物欲之心,才能保守心之虚静空灵;只有保守心之虚静空灵,才能做到"游心",才能维持心之自由与自在。

"梓庆削木为鐻,鐻成,见者惊犹鬼神。鲁侯见而问焉,曰:'子何术以为焉?'对曰:'臣,工人,何术之有!虽然,有一焉:臣将为鐻,未尝敢以耗气也,必齐以静心。齐三日,而不敢怀庆赏爵禄;齐五日,不敢怀非誉巧拙;齐七日,辄然忘吾有四枝形体也。当是时也,无公朝。其巧专而外骨消,然后入山林,观天性形躯,至矣,然后成鐻,然后加手焉,不然则已。则以天合天,器之所以疑神者,其是与!"(《庄子·达生》)梓庆做鐻,之所以能巧夺天工,就在于他能做到"心斋",就在于他不以"庆赏爵禄"、"非誉巧拙"为怀,就在于他能够忘乎"小我"而与天地合为一体,就在于他能够"以天合天",亦即以我之自然之心应乎物之自然之性。林希逸曰:"以我之自然合其物之自然,故曰以天合天。"(《南华真经口义》卷二十)

"宋元君将画图,众史皆至,受揖而立,舐笔和墨,在外者半。有一史后至者,儃儃然不趋,受揖不立,因之舍。公使人视之,则解衣般礴裸。君曰:'可矣,是真画者也。'"(《庄子·田子方》)多数画师因奉命为国君画图,心里都非常紧张。他们各就各位,显得十分拘谨。只有一位画师与众不同,他来得最迟,显得十分安闲自在。见国君本来是要疾步而趋的,他却仍然慢慢吞吞;接受国君揖让之礼亦不急于就位。回到住所,更是赤身盘腿而坐。总之,这位画师很不拘于礼节。但由此宋元君却判定他是真正能画图的画师,原因正在于这位画师将非誉巧拙、功名利禄等外在因素统统置之度外，真正做到了"心斋"，做到了心境之虚静空明。

关于"坐忘"，《庄子·大宗师》有一段话对之作了具体的说明。颜回曰："回益矣。"仲尼曰："何谓也?"曰："回忘仁义矣。"曰："可矣，犹未也。"它日复见，曰："回益矣。"曰："何谓也?"曰："回忘礼乐矣。"曰："可矣，犹未也。"它日复见，曰："回益矣。"曰："何谓也?"曰："回坐忘矣。"仲尼蹴然曰："何谓坐忘?"颜回曰："堕枝体，黜聪明，离形去知，同于大通，此谓坐忘。"仲尼曰："同则无好也，化则无常也，而果其贤乎! 丘也请从而后也。"

这是对颜回心路历程的具体描述。这里突出者，正是一个"忘"字。"坐忘"之"坐"，是"堕枝体"、"离形"；"坐忘"之"忘"，是"黜聪明"、"去智"。

关于"坐"，庄子讲了很多。"南郭子綦隐几而坐"（《庄子·齐物论》）是"坐"；庄子教惠子"彷徨乎无为其侧，逍遥乎寝卧其下"，（《庄子·逍遥游》）是"坐"；南郭子綦谓其"今者吾丧我"（《庄子·齐物论》），亦是"坐"。"坐"所突出者，是对于形体之我之去除与消解。"吾丧我"，吾者，客观之我也，一般之我也；我者，主观之我也，特殊之我也。赵德曰："'吾''我'二字，学者多以为一义，殊不知就己而言则曰'吾'，因人而言则曰'我'，吾有知乎哉，就己而言也，有鄙夫问于我，因人之问而言也。"（《四书笺义》）"吾丧我"，即吾对于偏执之我之摒弃与消解。林希逸曰："吾即我也，不曰我丧我而曰'吾丧我'，言人身中才有一毫私心未化，则吾我之间亦有分别矣。'吾丧我'三字下得极好。洞山曰：'渠今不是我，我今正是渠。'便是此等关窍。"（《南华真经口义》卷二）"吾丧我"，除却、摒弃偏执之我，则与物玄同而"齐物"矣。陈启天曰："齐物须先忘我，不能忘我则不能齐物，即不能任物自然。

故本篇开宗明义,即以忘我为说。"(《庄子浅说》)

关于"忘",庄子讲得更多。"忘足,履之适也;忘要,带之适也;知忘是非,心之适也;不内变,不外从,事会之适也;始乎适而未尝不适者,忘适之适也。"(《庄子·达生》)有其忘,才能达其适,达适是以忘为其途的。"鱼相造乎水,人相造乎道。相造乎水者,穿池而养给;相造乎道者,无事而生定。故曰:鱼相忘乎江湖,人相忘乎道术。"(《庄子·大宗师》)"泉涸,鱼相与处于陆。相呴以湿,相濡以沫,不如相忘于江湖。"(《庄子·大宗师》)忘的前提是自给而自足,自足才能自由。庄子追求自由,自由即是逍遥。而逍遥则根于"无待"。"夫列子御风而行,泠然善也,旬有五日而后反。彼于致福者,未数数然也。此虽免乎行,犹有所待者也。若夫乘天地之正,而御六气之辩,以游无穷者,彼且恶乎待哉?"(《庄子·逍遥游》)王夫之曰:"无待者,不待物以立己,不待事以立功,不待实以立名,小大一致,休于天均,则无不逍遥矣。道者,嚮于消也,过而忘也。遥者,引而远也,不局于心知之灵也。故物论可齐,生主可养,形可忘而德充,世可入而害远,帝王可应而天下治,皆吻合于大宗以忘生死;无不可游也,无非游也。"(《庄子解·逍遥游》)所以,"无待"者,仍然是去,是忘。

通过"离"、"去"、"忘",而后才有所谓的"同于大通"。成玄英曰:"大通,犹大道也。道能通生万物,故谓道为大通也。"(《庄子疏·大宗师》)"同则无好","化则无常",无好、无常,万物不得撄其心,万事不得拂其性,故能保守虚静。《大宗师》所述女偊之得道历程,亦可看做对"坐忘"的具体说明。"吾犹守而告之,三日而后能外天下;已外天下矣,吾又守之,七日而后能外物;已外物矣,吾又守之,九日而后能外生;已外生矣,而后能朝彻;朝彻而后能见独,见独而后能无古今,无古今而后能入于不死不生。杀生者不死,生生者不生。其为物无不将也,无不迎也,无不毁也,无不成也。其名为撄宁。撄宁也者,撄而后成者也。"(《庄子·大宗师》)"外"也是去,也是忘。"外天下"、"外物"、"外生"之最后结果,是"朝彻"。"朝彻"是一种清静明亮、无羁无滞的精神状态。达到这一精神状态,即能"见独"。"独"者,道也。因道无以为对,故曰之独。既"见独"矣,则可以"撄宁"。"撄",为接、为触、为扰。"撄宁"也者,虽"撄"而犹能"宁"者也。虽与外物相交,犹能保守心性之清明宁静。《淮南子》曰:"静漠恬淡,所以养性;和愉虚无,所以养德也。外不滑内,则性得其宜;性不动和,则德安人位。养生以经世,抱德以终年,可谓能体道矣。若然者,血脉无郁滞,五藏无蔚气,祸福弗能挠滑,非誉弗能尘垢,故能致其极。"(《淮南子·俶真训》)道之性自然无为,人得道之性,其性亦清静。"人生而静,人之性也。"(《淮南子·原道训》)故"静漠恬淡,所以养性"。善养性,则谓能体道;能体道,则必善养性。体道与养性之间有一种互助关系,其要则在于虚静恬淡。"是故达于道者,反于清静;究于事者,终于无为。以恬养性,以漠处神,则入于天门。"(《淮南子·原道训》)

庄子一方面将老子之致虚具体化为"心斋"与"坐忘",另一方面又将致虚提升到本体论的高度,而倡导"齐物"。

在庄子看来,世间之一切,本无是非、大小之差别,因为有了"成心",即有了主观上的偏见,方才见出差别。"未成乎心而有是非,是今日适越而昔至也,是以无有为有。"(《庄子·齐物论》)今日适越,当然不能昔至。成玄英曰:"吴越路遥,必须积旬方达,今朝发途,昨日何由至哉?欲明是非彼我,生自妄心。言心必也未定,是非从何而有?故先分别而后是非,先造途而后至越。"(《庄子疏·齐物论》)所以一切是非,都根源于"成心",都根源于一己之偏见。

"道恶乎隐而有真伪?言恶乎隐而有是非?道恶乎往而不

163

存？言恶乎存而不可？道隐于小成，言隐于荣华。故有儒墨之是、非，以是其所非而非其所是。欲是其所非而非其所是，则莫若以明。物无非彼，物无非是。自彼则不见，自知则知之。故曰彼出于是，是亦因彼，彼是方生之说也。虽然，方生方死，方死方生；方可方不可，方不可方可；因是因非，因非因是。是以圣人不由而照之于天，亦因是也。是亦彼也，彼亦是也。彼亦一是非，此亦一是非，果且有彼是乎哉？果且无彼是乎哉？彼是莫得其偶，谓之道枢。道枢得其环中，以应无穷，是亦一无穷，彼亦一无穷也。故曰莫若以明。"(《庄子·齐物论》)

　　这一段话，集中体现了庄子齐物论的思想。道之有隐，隐于"小成"；言之有隐，隐于"荣华"。成玄英曰："小成者，谓仁义五德。小道而有所成得者，谓之小成也。世薄时浇，唯行仁义，不能行于大道，故言道隐于小成，而道不可废也。故老君云：'大道废，有仁义。'荣华者，谓浮辩之辞，华美之言也。只为滞于华辩，所以蔽隐至言。所以老君经云：'信言不美，美言不信。'"(《庄子疏·齐物论》)儒墨之是非，即在于各是其所是而非其所非。然而就物本身而言，本无所谓是与非。彼与此、是与非、生与死、可与不可，都是相比较、相对待而言的。有彼才有此，有是才有非，有生才有死，有可才有不可。所以，彼此、是非、生死、可不可，都只具有相对的性质，而不具有绝对的意义。从一方面看是此，从另一方面看则是彼；从一方面看是是，从另一方面看则是非。所以，此也可以说是彼，是也可以说是非。彼自有一是一非，此亦自有一是一非。若从天道之观点来看，其实则并无什么不同。"彼是莫得其偶，谓之道枢。"成玄英曰："偶，对也。枢，要也。体夫彼此俱空，是非两幻，凝神独见而无对于天下者，可谓会其玄极，得道枢要也。"(《庄子疏·齐物论》)

　　彼此俱无，无以为对，无可无不可，此即是所谓"齐物"，此亦道之枢要也。所以曰:"以道观之,物无贵贱;以物观之,自贵而相贱;以俗观之,贵贱不在己。以差观之,因其所大而大之,则万物莫不大;因其所小而小之,则万物莫不小。知天地之为稊米也,知豪末之为丘山也,则差数睹矣。以功观之,因其所有而有之,则万物莫不有;因其所无而无之,则万物莫不无。知东西之相反不可以相无,则功分定矣。以趣观之,因其所然而然之,则万物莫不然;因其所非而非之,则万物莫不非。"(《庄子·秋水》)以道观之,天下之物莫不玄同,故无贵贱;以物观之,每一物皆自以为贵,而以他物为贱,物皆自贵而相贱,而事物本身则原本并无贵贱。世间每一物,都有比其更贱的东西,因其所贵而贵之,则万物莫不贵;也都有比其更贵的东西,因其所贱而贱之,则万物莫不贱。同理,世间每一物,都有比其更小的东西,因其所大而大之,则万物莫不大;也都有比其更大的东西,因其所小而小之,则万物莫不小。"以功观之"、"以趣观之",亦是一样。所以对一切,都应当抱一种无可无不可的态度。

"莛与楹,厉与西施,恢诡谲怪,道通为一。其分也,成也;其成也,毁也。凡物无成与毁,复通为一。唯达者知通为一,为是不用而寓诸庸。庸也者,用也;用也者,通也;通也者,得也。适得而几矣。"(《庄子·齐物论》)莛,草茎。楹,屋柱。以物观之,莛与楹、厉与西施,有很大的区别;而以道观之,则道通为一,并无区分。"以指喻指之非指,不若以非指喻指之非指也;以马喻马之非马,不若以非马喻马之非马也。天地一指也,万物一马也。"(《庄子·齐物论》)以道观之,天下万物莫不同,天下之物皆归之于一。"自其异者视之,肝胆楚越也;自其同者视之,万物皆一也。"(《庄子·德充符》)一是事物之根本,而懂得这一根本的人是不多的。

万物如此,人生亦然。生与死,亦人之大事也。然自道观之:"人之生,气之聚也。聚之为生,散之为死。若死生为徒,吾又何患?故万物一也。是其所美者为神奇,其所恶者为臭腐。臭腐复化为神奇,神奇复化为臭腐。故曰:通天下一气耳。圣人故贵一。"(《庄子·知北游》)生死尚且如此,寿之与夭,又算得了什么。"天下莫大于秋豪之末,而大山为小;莫寿乎殇子,而彭祖为夭。天地与我并生,而万物与我为一。"(《庄子·齐物论》)郭象曰:"夫以形相对,则大山大于秋豪也。若各据其性分,物冥其极,则形大未为有余,形小不为不足。(苟各足)于其性,则秋豪不独小其小而大山不独大其大。若以性足为大,则天下之足未有过于秋豪也;若性足者非大,则虽大山亦可称小矣。"(《庄子注·齐物论》)成玄英曰:"夫物之生也,形气不同,有小有大,有夭有寿。若以性分言之,无不自足。是故以性足为大,天下莫大于豪末;无余为小,天下莫小于大山。大山为小,则天下无大;豪末为大,则天下无小。小大既尔,夭寿亦然。是以两仪虽大,各足之性乃均;万物虽多,自得之义为一。"(《庄子疏·齐物论》)

齐万物,齐生死,并非为齐而齐。齐与不齐,是人的一种观点与态度,物本身并不受这种观点与态度的影响。并非以道观物,物由此而就化归为一;以道观生死,生亦即是死,死亦即是生。齐物论,只是要高扬一种精神,一种豁达、舒放、淡泊、旷然的精神。

"古之人,其知有所至矣。恶乎至?有以为未始有物者,至矣,尽矣,不可以加矣。其次以为有物矣,而未始有封也。其次以为有封焉,而未始有是非也。是非之彰也,道之所以亏也。道之所以亏,爱之所以成。果且有成与亏乎哉?果且无成与亏乎哉?有成与亏,故昭氏之鼓琴也;无成与亏,故昭氏之不鼓琴也。"(《庄子·齐物论》)以庄子之论,人之知,亦可分为四种境界,一曰"有是非",二曰"有封",三曰"有物",四曰

"未始有物"。道无所不在，道者混冥弥漫而不可以复加。由道而观，"未始有物"；知"未始有物"，亦即知道，此为第一等境界。物由道而生，道无限，物亦无限。知物之无限，为第二等境界。物由道而生，作为群体，物无限；而作为个体，物则"有封"。封即域限。知"有封"，亦即只见树木，而不见森林，此为第三等境界。"有封"还只是个别的局限性，"有是非"则是全面的局限性，亦即所谓"以是其所非而非其所是"，亦即对立的双方各执一端而不及其余。知之"有是非"，为第四等境界。故，"是非之彰也，道之所以亏也"。成与亏为对，"有成与亏，故昭氏之鼓琴也；无成与亏，故昭氏之不鼓琴也"。成玄英曰："夫昭氏鼓琴，虽云巧妙，而鼓商则丧角，挥宫则失徵，未若置而不鼓，则五音自全。亦犹有成有亏，存情所以乖道；无成无亏，忘智所以合真者也。"(《庄子疏·齐物论》)

古之人，其知有所至。其至"以为未始有物"。"未始有物"，并非真无其物，而是不"以物观之"，而是"齐物"。"齐物"是人的观点、人的态度，亦是人的精神境界。林希逸曰："物论者，人物之论也，犹言'众论'也。齐者，一也，欲合众论而为一也。战国之世，学问不同，更相是非，故庄子以为，不若是非两忘，而归之自然，此其立名之意也。"(《南华真经口义》卷二) 齐物所要达到者，并非闭上眼睛而齐物，而是张扬一种挥洒自如的精神。

通过"致虚"与"齐物"，最后所达到的境界，即是"天地与我并生，而万物与我为一"(《庄子·齐物论》)，"独与天地精神往来"。(《庄子·天下》)"独与天地精神往来"，"独"者，独立而特行也，自主也，自由也。此种境界，既是精神高度自主的境界，亦是精神高度自由的境界。这正是庄子的人生追求，这正是庄子的人生境界。而达到此境界的方法，不是别的，正是去、是减、是忘。

二　先秦道家"修身"之正

理想人格是一个人或一种文化的人生追求与对理想的人格化，是指一个人或一种文化基于对其人生价值的深刻理解和把握而在思想行为上表现出的某种突出的品格。老庄道家的理想人格反映了他们既涉世又傲世的人生态度，体现他们向往超越的人生追求。

（一）老子之理想人格——"圣人"

在老子笔下的圣人"被褐怀玉"（《老子》七十章）。"方而不割，廉而不刿，直而不肆，光而不耀"（《老子》五十八章）、"大巧若拙，大辩若讷"（《老子》四十五章）、"是以圣人处无为之事，行不言之教"（《老子》二章）、"居善地、心善渊、与善仁、言善信、正善治、事善能、动善时"（《老子》八章）、"圣人自知不自见，自爱不自贵"（《老子》七十二章）、"圣人不积，既以为人己愈有，既以为人己愈多"（《老子》八十一章）、"圣人常善救人故无弃人，常善救物故无弃物"（《老子》二十七章）、"圣人无常心，以百姓心为心，善者吾善之，德善；信者，吾信之，不信者吾信之，德信"（《老子》四十九章）、"圣人不仁，以百姓为刍狗"（《老子》五章）、"圣人后其身而身先，外其身而身存"（《老子》七章）。总之，圣人以道为宗，以法自然为原则，给人以榜样和楷模的力量，具有以下特征：

1. 重生贵生，保身全身

道家认为，一切的身外之物（不管是名利权势或仁义道德）都是没有意义、没有价值的，唯一有意义、有价值的就是一个人的生命，也就是一个人的"身"。在一个人的一生中，再没有比生命和身体更重要的东西了。因此，如何"全身"以减少和避免生命过程中各种可能的伤害和危险,保持身心的和谐与健康就成为道家思想的出发点。①

"贵以身为天下,若可寄天下;爱以身为天下,若可托天下。"(《老子》十三章)这是说只有那些把自己的生命、身体看得比天下还重的人,才不会因名利权势和各种不尽的享乐而残害自己的生命,也不会因实施各种政教而弄得自己身心疲惫,这样的人才真正适合去管理国家。然而,普通人并不这样看问题,他们或者看重名利权势,不惜残生伤性去追求这些东西;或者沉溺于各种嗜欲享乐以求生生之厚。这些做法,都不符合道家教的"重生"原则。以身为至爱的人做天子,就可避免这些极端的行为给自己带来的残生伤性,也可给天下带来福祉。对于圣人而言,由于他富有天下,居于权势、财富之巅,则较之一般的人更容易"人为物役",舍本逐末。

在道家看来,位居天下的圣人的另一个不符合"重生"原则的行为就是心忧天下,为国为民而使自己"一体遍枯",儒家、墨家心目中的圣人尧、舜、禹、汤就是这样的人。庶民之中,孔子墨子栖栖遑遑,以拯救天下为己任,也弄得自己"孔席不暖,墨突不黔",这是以圣人为榜样的结果。这些人的行为让人钦佩,但在道家看来不可取。

可见,道家将个体生命的存在视为最重要的东西,高扬了感性生命存在的价值。落实到"君人南面之术",则有"身重于天下"、"贵以身为天下,则可以托天下;爱以身为天下,则可以寄天下"的主张。既反对悉天下以奉一身的穷奢极欲的害身、残生的行为,也反对为了治天下而弄得自己"一体遍枯"、身心疲惫的做法,认为这些都不符合"贵生"之道。

---

① 冯友兰:《中国哲学简史》,北京大学出版社1998年版,第58页。

2. 致虚守静，归根复命

在老子看来，万物的产生变化和发展，无论呈现出多么复杂多变的样态和差异，最终都会回复到其本有的虚静状态。虚静状态，才是常态，而动作纷纭状态只是变态，变态只是暂时的现象，常态才是永恒的本质。这就是《老子》第十六章所说的："万物并作，吾以观复。夫物芸芸，各复归其根。归根曰静，静曰复命。复命曰常。"这里的"复命"，即复归虚静之本性或本真状态。

对于圣人来说，首先要能持守静重，不轻不躁；虽然拥有豪华富丽的生活，却能超然物外，安居泰然，不纵欲而自轻其身。这就是《老子》第二十六章所说的："重为轻根，静为躁君。是以君子终日行，不离辎重。虽有荣观，燕处超然。"万物之本，必然重而静，重而静才有长久的生命力，万物之末，必处动而轻，故易凋落。持守重静，对于圣人来说，就像远行的人离不开辎重的给养一样，可见重静的作用是多么的大！如果丧失了重静这个辎重，连生命的保存都成了大问题，那就更加谈不上致远了。圣人果能持守静重以治身，则能清静无为以治国。治国、治身是同一个道理的两方面的应用，知清静以修身，则知无为以治国，后者是前者的延伸和扩大而已。

3. 少私寡欲，知足知止

老子似乎看到了一定程度的欲望满足对于人身存在的必要性，他并没有绝对否定人生的欲望，而只是主张"见素抱朴，少私寡欲"（《老子》十九章），认为过度的欲望追求不仅是对生命的伤害，而且对于在上的统治者来说，过多的欲求也是造成天下疲惫穷困的根源，所以他一再强调统治者要知足知止，"我无欲而民自朴"（《老子》五十七章），要求治国的"圣人"要"去甚，去奢，去泰"（《老子》二十九章）。

圣人少私寡欲，知足知止，被老子视作一种大德，这种大德就是"俭"。在《道德经》第六十七章说:"俭故能广。""俭"被视为"三宝"之一。王弼注曰:"节俭爱费,天下不匮,故能广。"陈鼓应认为"俭"与"啬"相通,意指少私寡欲之人,必定不肆为、不奢靡,在讲究节俭爱费的同时注意收藏培育其神形而不滥用、不放纵,可以充实自己的生命力。

4. 守柔善下,持后不争

老子根据道的自然无为的特性,引申出柔弱而不争的观念,并一再从人生和政治层面来阐述守柔的意义和价值。《老子》第四十章说:"弱者道之用";第六章也说:(道)"绵绵若存,用之不勤"。这就揭示了道的创生作用虽然表现出柔弱的特性,却能延绵不绝,具有无穷无尽的创造生机。"'道'在创生过程中所表现的柔弱情况,正是'无为'的一种描写。正由于'道'所表现的柔弱,使万物并不感到是强力被造的,而是自生自长的。"[①] 柔弱的作用,落实到人生和社会政治上,老子一再强调:"柔弱胜刚强。"(《老子》三十六章)"守柔曰强。"(《老子》五十二章)"含德之厚,比于赤子。……骨弱筋柔而握固。"(《老子》五十五章)"人之生也柔弱,其死也坚强。草木之生也柔脆,其死也枯槁。故坚强者死之徒,柔弱者生之徒。是以兵强则灭,木强则折。强大处下,柔弱处上。"(《老子》七十六章)这些都是在经验世界的事物和现象中得到验证的道理,老子把它上升为人生和社会的一般准则,申明柔弱是依据自然无为之道而具有的"德"。老子还认为,水最能体现柔弱之德。他认为世间再没有比水更柔弱的东西了,然攻坚取胜,没有能胜过它的。故《老子》第四十三章说:"天下之至柔,驰骋天下之至坚";第七十八章也说:"天下莫柔弱于水,而攻坚强者莫之能胜,以其无以易之。弱之胜强,柔之胜刚,天下莫不知,莫能行"。人的行

[①] 陈鼓应:《老子注译及评介》,中华书局2003年版,第40页。

为的自然倾向都是逞强好胜,但结果往往是给自己带来不幸和灾难,所以老子警告说:"强梁者不得其死。"(《老子》四十二章)"物壮则老。"(《道德经》五十五章)因老子特别强调守柔的意义,故《吕氏春秋》说:"老聃贵柔。"(《吕氏春秋·审分览·不二》)不过老子倡导的"柔"并非通常情况下人们所理解的软弱无力,而是有着一种韧性和力量,因而才能以柔克刚。

在道家的观念中,守柔者必善下,善下者必柔弱,而守柔、善下者最终都能成其强大、得其上位。《老子》第八章说:"上善若水。水善利万物而不争,处众人之所恶,故几于道。"这是以水的柔弱善下不争而润泽天下万物为喻,说明善下之为德。第二十八章说:"知其雄,守其雌,为天下溪。为天下溪,常德不离,复归于婴儿。知其白,守其辱,为天下谷。为天下谷,常德乃足,复归于朴。"这是以溪和谷、婴儿与朴为喻,说明守柔善下者能容纳万物,具有强大的生命力。第三十二章说:"道之在天下,犹川谷之于江海。"这是以江海为喻,说明最伟大的东西具有守柔善下的不争之德。第三十九章说:"贵以贱为本,高以下为基。是以侯王自称孤、寡、不穀。此非以贱为本耶?"这是以侯王的几个不祥的自我称谓,说明尊贵必以低贱为本。第四十一章说:"上德若谷。"这是以川谷为喻,说明低下守柔不争乃是上德。第六十八章说:"善用人者,为之下。是谓不争之德,是谓用人之才,是谓配天古之极。"说明不好强逞能才能用众人之才以成就大业。第六十一章说:"大国下流,天下之化,天下之交也,牝常以静胜牡,以静为下。"说明大国只有谦下包容,不自恃强大,持守雌静,才能赢得小国的信服和拥戴,从而成就自身的强大。从以上所述可以看出,老子从多个角度阐明善下的意义,最终都是落实在现实人生和社会政治上,期望圣人以守柔善下的原则来处理立身、治国乃至国与国的关系,避免逞强任能,争斗不已。

"持后"与"守柔"、"善下"是同一层次的范畴，都是道家提倡的不争之德的具体体现，守柔善下者必然持后，持后者必然守柔而善下，三者都指向同一个目标即不争。《老子》里有数处提到了"持后"不争在人生和社会生活中的意义。第七章说："是以圣人后其身而身先，外其身而身成。"第四十一章说："进道若退。"第六十七章中讲："不敢为天下先"为"三宝"之一，并说"不敢为天下先，故能成器长"。第六十六章说："是以圣人欲上民，必以言下之，欲先民，必以身后之。……是以天下乐推而不厌。以其不争，故天下莫能与之争。"第六十九章说："用兵有言：吾不敢为主，而为客；不敢进寸，而退尺。"在老子这里，"持后"不争是保身之道，为国治道，也是用兵之道，"持后"并非没有力量的被动退却，而是一种主动的有目的的退却，"持后"的最终目的是要达到"用前"。

　　总之，"守柔"、"善下"、"持后"三者是统一的不可分割的整体，互相蕴涵，互相引申，共同体现出"不争"的基本内涵。老子极力倡扬圣人要具备"守柔"、"善下"、"持后"的不争之德，要求管理者遏制他们的名利权势、物质享乐的极度膨胀，要去甚、去奢、去泰、要知足知止，应该说正是针对现实中人与人之间日趋严重的争斗之弊而发的，其目的是要抑制愈演愈烈的争夺之风，以保障处于社会底层的广大民众的基本的生存条件。

　　5. 功成事遂，不恃不宰

　　《老子》指出："大道泛兮，其可左右。万物恃之以生而不辞，功成而不有。衣养万物而不为主，可名于小；万物归焉而不为主，可名为大。以其终不自为大，故能成其大。"（《老子》三十四章）老子在这里所描述的是道的"自然"品格。大道广泛流行，无所不至，万物凭借它生长却从不推辞，成就了万物却从不占为己有。养育了万物而从不主宰它们，可以称它为"小"；

173

万物都以它为皈依却并无主宰的欲望。正由于它不自以为伟大，所以才能成就它的伟大。从道对万物的这种"不辞"、"不有"、"不为主"的精神中，我们看到的正是"道法自然"。"道"生长了万物，养育了万物，让万物各适其性，各得其所，却丝毫不以主宰者、控制者自居，也不自以为有功于万物。《老子》第五十一章还指出："道生之，德畜之，物形之，势成之。是以万物莫不尊道而贵德。道之尊，德之贵，夫莫之命而常自然。故道生之，德畜之；长之育之；亭之毒之；养之覆之。生而不有，为而不恃，长而不宰。是谓玄德。"这就是说，"道德"生养了万物，使万物成长成熟，使万物得到爱养调护，所以万物无不尊崇"道"而珍贵"德"。但是"道德"被珍贵，就在于它对万物"莫之命而常自然"，不横加干涉，让万物自然发展。这种"生而不有"、"为而不恃"、"长而不宰"的品格，是一种高深的大德。

老子的上述观点，实际上是强调天地万物都是在顺着自己的自然本性而生存和发展，其中并没有任何的主宰者来有意安排这一切。这就是说，"'道'的创造万物并不含有意识性，也不带有目的性，所以说：'生而不有，为而不恃，长而不宰'。'生''为''长'（生长、兴作、长养）都是说明'道'的不具占有意欲。在整个'道'的创造过程中，完全是自然的，各物的成长活动完全是自由的。"①

道的这种创生万物但丝毫不具有占有欲的品格，为人的行为提供了效法的榜样。老子认为，有道的圣人位居天下，对天下的百姓也应该没有丝毫的占有、主宰和控制的意欲，而让百姓自己去自由地生存，自由地发展。《老子》一再强调圣人的这种"玄德"。第二章说："是以圣人处无为之事，行不言之教。万物作

---

① 陈鼓应：《老子注译及评介》，中华书局2003年版，第264页。

而弗始,生而弗有,为而弗恃,功成而弗居。夫唯弗居,是以不去。"上古的圣人,体悟到天道的这种不辞劳瘁的造作,但并不把造作的成果据为己有的精神,便效法自然的法则,用来处理人事,于是"处无为之事,行不言之教"。按照南怀瑾的说法:"这是秉承天地生生不已,长养万物万类的精神,只有施出,而没有丝毫占为己有的倾向,更没有相对地要求回报。人们如能效法天地存心而做人处事,这才是最高道德的风范。如果认为我贡献的太多,别人所得的也太过便宜,而我收回的却太少了,这就是有辞于劳瘁,有怨天尤人的怨恨心理,即非效法天道自然的精神。"①《老子》第五章还进一步以"刍狗百姓"的譬喻来说明这种圣人之德:"天地不仁,以万物为刍狗;圣人不仁,以百姓为刍狗。"天地生万物,本是自然而生,自然而有,并非出于对万物的仁慈、仁爱之心。同样,天地之间的万物也会有凋零、死亡,这同样是自然而然的事,并非天地对万物有了嫌弃之意。天地既不以生出万物为好事,也不以促使万物消亡为坏事。其实,天地无心而平等地生发了万物,万物亦无法自主而还归了天地。所以说"天地不仁,以万物为刍狗"。"这是说天地并没有自己定一个仁爱万物的主观的天心而生万物。只是自然而生,自然而有,自然而归于还灭。假如从天地的立场,视万物与人类平等,都是自然的,偶然的暂时存在,终归还灭的'刍狗'而已。生而称'有',灭而称'无',平等齐观,何尝有分别,有偏爱呢?"② 圣人明白这个道理,他为天下百姓所做的一切,也都视为理所当然,自然而然,并不是要存心去仁爱百姓,更不需要百姓的回报或拥戴。他的所作所为,都是无心而为,自自然然。所以说"圣人不仁,以百姓为刍狗"。"在这里老子击破了主宰之

---

① 南怀瑾:《老子他说》,复旦大学出版社 1996 年版,第 72 页。
② 同上书,第 142 页。

说，更重要的是，他强调了天地间万物自然生长的状况，并以这种状况来说明理想的治者效法自然的规律（'人道'法'天道'的基本精神就在这里），也是任凭百姓自我发展。这种自由论，企求消解外在的强制性与干预性，而使人的个别性、特殊性以及差异性获得充分的发展。"①

（二）庄子之理想人格——"真人"

庄子笔下的神人"肌肤若冰雪，淖约若处子；不食五谷，吸风饮露，乘云气，御飞龙，而游乎四海之外，其神凝，使物不疵疠而年谷熟"。（《庄子·逍遥游》）真人"其状义而不朋，若不足而不承；与乎其觚而不坚也，张乎其虚而不华也；邴邴乎其似喜也，崔崔乎其不得已也，滀乎进我色也，与乎止我德也，广乎其似世也，謷乎其未可制也，连乎其似好闭也，悗乎忘其言也。故其好之也一，其弗好之也一。其一也一，其不一也一。其一与天为徒，其不一与人为徒，天与人不相胜也，是之谓真人"。（《庄子·大宗师》）"古之真人，知者不得说，美人不得滥，盗人不得劫，伏羲、黄帝不得友。死生亦大矣，而无变乎已，况爵禄乎！若然者，其神经乎大山而无介，入乎渊泉而不濡，处卑细而不惫，充满天地，既已与人，已愈有。"（《庄子·田子方》）圣人"不从事于务，不就利，不违害，不喜求，不缘道，无谓有谓，有谓无谓，而游乎尘垢之外"。（《庄子·齐物论》）"圣人之用心若镜，不将不迎，应而不藏，故能胜物而不伤。"（《庄子·应帝王》）

《庄子》书中理想人格的名号甚多，有"真人"、"至人"、"神人"、"圣人"、"德人"、"大人"、"天人"、"全人"等，其中表述得最为完整的是"真人"。庄子所说的真人，指存养本性

---

① 陈鼓应：《老子注译及评介》，中华书局2003年版，第83页。

而得道的人。在他看来，人有人的本性。这种本性，他称作淳朴，也叫做"常然"。这种"淳朴"或"常然"，即所谓"真性"，是与后天的道德伦理相对立的。庄子认为，后天加予人的仁义礼智等，是多余的。因此，他主张解除后天加予人的道德意识，回复人的淳朴本性。《庄子·大宗师》说："何谓真人？古之真人，不逆寡，不雄成，不谟士。若然者，过而弗悔，当而不自得也。若然者，登高不栗，入水不濡，入火不热。是知之能登假于道者也若此。古之真人，其寝不梦，其觉无忧，其食不甘，其息深深。真人之息以踵，众人之息以喉。屈服者，其嗌言若哇。其耆欲深者，其天机浅。古之真人，不知说生，不知恶死；其出不欣，其入不距；翛然而往，翛然而来而已矣。不忘其所始，不求其所终；受而喜之，忘而复之，是之谓不以心损道，不以人助天。是之谓真人。"又说："故其好之也一，其弗好之也一。其一也一，其不一也一。其一与天为徒，其不一与人为徒，天与人不相胜也，是之谓真人。"

庄子用"真"提示人们，在"礼相伪"的世界之外，还有一个质朴的、纯真的"存在"，这就是"真在"。这个"真在"才是"实在"的，因而才更是有意义的。在人性的范围之内，"真"即质之淳朴，亦即"真性"。"真性"为先天所固有，能保存真性者为"真人"。

《庄子》中的理想人格还有"至人"和"神人"。《庄子·天下篇》说："不离于真，谓之至人。"可见至人与真人实为同一品格的不同称谓。从字面的意思上看，"至"是至极，至人指思想道德等某方面达到最高境界的人。这里说的道德，不是儒家所说的道德伦理，而是指人的生理本然，亦即人的"淳朴"本性。在庄子看来，仁义等伦理并不是人的真性，反倒是因人为造作而生的。《庄子》中的"德人"、"大人"蕴涵着一种权位观念，"天人"、"全人"则关联着某种修养行为。在庄子思想中，

177

"至人"、"神人"、"德人"、"大人"、"天人"、"全人"、"真人"等,措辞有微妙的差别,所标志的人格品位或同或异,较之"圣人"都要高一些。而在郭象《庄子注》看来,这些概念乃是分指圣人品格的不同侧面,其名虽异,其实则同,都指"圣人"。

得道之人谓之"真人","真人"作为庄子所描述的最为形象和完整的理想人格,具有以下几个方面的特征:

第一,"古之真人,不逆寡,不雄成,不谟士。"不凌强欺弱,无争斗之心,不居功自傲,无荣耀之心。有了这种宠辱不惊的坦然心态,便能做到"过而弗悔,当而不自得",就能"登高不栗,入水不濡,入火不热"。这是因为他的智慧已经达到了与道一致的境界。

第二,"古之真人,其寝不梦,其觉无忧,其食不甘,其息深深。"吃不追求甜,呼吸也特别深沉。睡不做梦,醒不忧愁。不做梦,无忧虑,乃是一种平常心;饮食不讲究精美,既不是墨家的"苦节",也迥异于儒家的"食不厌精"主张;呼吸深沉,只有在虚静无欲的平和心态下才能做到:"真人之息以踵,众人之息以喉"。

第三,"古之真人,不知说生,不知恶死;其出不欣,其入不距;翛然而往,翛然而来而已矣。不忘其所始,不求其所终;受而喜之,忘而复之,是之谓不以心损道,不以人助天。是之谓真人。"不留恋生命,也不害怕死亡。生不感到高兴;死也不感到难过。飘然而来,飘然而去,无牵无挂。不忘记他自己的发源,也不追求什么样的归宿。无论何事,来了就欣然接受,过去了也不觉得有什么遗憾。他不用心智损害大道,不用人为去帮助天然。

第四,"古之真人,其状义而不朋,若不足而不承;与乎其觚而不坚也,张乎其虚而不华也;邴邴乎其似喜也,崔崔乎其不得已也,滀乎进我色也,与乎止我德也,广乎其似世也,謷乎其未可制也,连乎其似好闭也,悗乎忘其言也。"好像有所不足但无所承受,介然不群但又不固执,心胸开阔而不虚华,悠然自乐,一举一动好像不得已而为之,内心充实而面色可亲,德行宽厚而令人归依,精神辽阔犹如世界一般广大,高远超脱而不拘礼法,不动声色好像没有感觉,一向淡漠无心好像忘了说话。这是对真人的精神状态的描述。从表面上看,真人与常人并无区别,然而其精神所在却是与众不同:"狀义而不朋"、"不足而不承"、"觚而不坚"、"虚而不华"等;"进我色"、"止我德",则是其人格魅力的描写;一方面精神高远不拘礼法,另一方面又大智若拙,大辩若讷。

第五,"真人"并没有什么特别的喜欢与不喜欢。"其好之也……其不一也一。"他喜欢的一样看待,不喜欢的也一样看待。一样的,他一样看待;不一样的,也一样看待。一样看待是向天然看齐,不一样看待是向人为看齐,天然与人为并行不悖,这就叫"真人"。

总之,对"真人"的种种描述,归于一点:天人合一即真人:"天与人不相胜也,是之谓真人"。不相胜,就是不互相对立。天与人不对立,指的是人不与自然对立,不与本性对立,人顺应自然,和谐生活。庄子的"真人"是"独与天地精神往来,而不敖睨万物;不谴是非,以与世俗处"的得道者,同时也是"乘云气,骑日月,而游乎四海之内"的"圣人"。

真人之"真"表现在:

第一,真人能持守自己本性之真。他"不忘其所始,不求其所终。受而喜之,忘而复之",不忘自己生命之所始,尽其天年斯止,不求有什么特别的结果;此生为"天"之所授予,故"受而喜之",但不对生有特意的执著,"忘而复之",即复归于"天",也就是下文的"反其真",复归于自然大化;终其一生,本性充实，了无遗憾，对死之到来，毫无介怀，故曰"忘"。锺泰先生说："上言不忘，而此又曰忘者，何也？上不忘者德，此之忘者年也。前言不知悦生，而此又曰受而喜之，何也？悦生者，生死之幻形，受而喜之者，性命之全理也。"(《庄子发微》)"不忘"、"喜"，自有功夫所在，人之真性本于"天"，"不忘"之所在即在此"天"授之性；对此本性的看护、持守谓之"喜"，否则，"喜"自何出？故庄子说"乐通物"、"有亲"、"天时"、"利害不通"、"行名失己"、"亡身不真"之人，皆是"役人之役，适人之适，而不自适其适者也"。

第二，真人能体道之真。真人进而由自己的性体认此性之所出的"道"，"有真人而后有真知"，真知是什么呢？"知天之所为，知人之所为者，至矣！""天之所为"即道之开显，也即自然；"人之所为"即是功夫，"以其知之所知以养其知之所不知"，"知之所不知"即"道"，"知之能登假于道"，由此可知人是可以认识"道"的。"庸讵知吾所谓天之非人乎？所谓人之非天乎？""天"在"人"之中，"人"亦在"天"之中，"天与人不相胜也，是之谓真人。""天"在"人"中者，性也；"人"在"天"中者，由此性上推于天也。

第三，真人"与物有宜"。"与物有宜"即是"极物之真"。真人体性合道，故忘取舍、成亏、毁誉，没有自己的嗜欲，"其心志，其容寂，其颡頯。凄然似秋，煖然似春，喜怒通四时"，故能"与物有宜"。也即《德充符》篇所说的"使之和豫，通而不失于兑。使日夜无隙，而与物为春"。"与物有宜"物各得其宜，各得其宜而"莫知其极"，不知此"宜"是由于真人才能得。所以真人"用兵也，亡国而不失人心。利泽施乎万世，不为爱人。"《庚桑楚》篇亦谓："宇泰定者，发乎天光。发乎天光者，人见其人，物见其物。人有修者，乃今有恒。有恒者，人舍之，天助之。"心境安泰的人，便发出自然的光辉。发出自然光辉的人，人便自显其为人，物便自显其为物。人能自修，才能培养常德；有常德的人，人来依附，自然也佐助他。

真人综合了自然与人性，以道为体，解除了世俗的一切规范和观念的约束，达到了绝对自由。真人是与大道、天地精神相一致的人，他们是与天地之独立精神往来，不为物欲所虑，超然物外的人。他们自性完满又足以自性，外顺于道，内足于性，与天地并生，与万物为一，他们在与外部世界的关系中，实现了人我、物我的和谐一致，化解了人我、物我的对抗，从而在不被非我的一切力量压抑的意义上战胜并主宰外部世界，成为世界的主人，也同时成为自己的主人。这样的人是自由的。这样的人，才是真正地获得了至上幸福和快乐的人。

三 先秦道家"治国"之正

（一）老子之"无为而治"

学者一般认为，"无为"是指不勉强而为、不强作妄为的意思，在此意义之后，暗含着顺自然而为的意义，晋人王弼用"顺自然也"释之，可谓深得其旨。老子生逢乱世，最关心的就是社会和人生，"无为"思想应用到社会政治领域，就是"无为而治"。老子政治上的"无为"思想，在《老子》一书中多有表述，如："道常无为，而无不为。侯王若能守之，万物将自化。"（《老子》三十七章）"是以圣人处无为之事，行不言之教。万物作焉而不辞。生而不有，为而不恃，功成而弗居。"（《老子》二章）"为无为，事无事，味无味。"（《老子》六十三章）"天下神器，不可为也，为者败之，执者失之。"（《老子》三十九章）"是以圣人无为故无败，无执故无失。"（《老子》六十四章）"为无为，则无不治。"（《老子》三章）

"无为而治"作为一种系统的指导思想，有其基本的框架，具体包括：

1. 清静柔弱

"清静"在老子"无为而治"的政治思想中处于基础地位。他明确指出"清静为天下正"（《老子》四十五章），意指治理国家，持守清静，才会走上正轨。清静作为实行"无为而治"的前提，主要体现在对统治者的要求上。"重为轻根，静为躁君"（《老子》二十六章），"躁"指躁动，有行动于外而躁动不安的意义，统治者在生活中追逐声色货利，在为政中政令繁杂严苛、扰民滋事都是"躁"的表现。"法令滋彰盗贼多有"（《老子》五十七章），"民之难治以其上之有为，是以难治"（《老子》七十五章），统治者"有为"滋事必不能实现国泰民安。相反，在清静的状态下，"不欲以静，天下将自正"（《老子》三十七章），统治者能以清静之心克服贪欲，减少躁动繁杂的行政施为，天下自会达到治理的境地。所以老子对统治者告诫说："我好静而民自正。"（《老子》五十七章）统治者若能达到清静治国，也就实现了"无为而治"，因而后人经常将"清静"与"无为"相提并论，将老子的"无为而治"称作"清静无为之治"。

除了"清静"之外，"柔弱"也是"无为而治"的重要基础。首先，"弱者道之用"（《老子》四十章），柔弱是道的特性，在对柔与刚、弱与强的辩证理解上，老子得出"柔弱胜刚强"（《老子》三十六章）的结论，他曾以水为喻来说明："天下莫柔弱于水。而攻坚强者，莫之能胜。以其无以易之，弱之胜强，柔之胜刚。"（《老子》七十八章）以尚柔的思想为基础，老子深感"无为"要优于"有为"，"天下之至柔，驰骋天下之至坚。无有入无间，吾是以知无为之有益。"（《老子》四十三章）在老子看来，以柔弱之道治国，统治者居柔处弱，韬光养晦，必不会滋扰民生，纷扰政事，于内可得民心拥戴，于外可有得道多助，自可"无为而治"，国泰民安。

2. 无事、无欲

老子的"无事"是针对"有事"，即统治者的法令禁忌而言，"无欲"是针对"有欲"，即统治者在生活、为政中的贪欲而言。要实现"清静无为之治"，必然要求统治者取消繁苛的法令禁忌和各种贪欲，即必然要求统治者"无事"、"无欲"。为此，老子讲"我无为而民自化，我好静而民自正，我无事而民自富，我无欲而民自朴"（《老子》五十七章）。

就"无事"而言，老子把它同"无为"相联系，认为"无事"是治理天下的关键："以正治国，以奇用兵，以无事取天下。"（《老子》五十七章）并认为能否做到"无事"，直接影响到天下是否可以得到治理："取天下常以无事，及其有事，不足以取天下。"（《老子》四十八章）。老子讲"事无事"（《老子》六十三章），"圣人处无为之事"（《老子》二章），可以看出"无事"并非毫不做事，无所事事，而是意在告诫统治者减少繁政扰民的行政举措，顺应百姓的意志和愿望，让百姓自由自在地发展。

老子主张"无欲"是因老子看到贪欲是统治者的大敌，是造成社会罪恶和灾害的根源："祸莫大于不知足，咎莫大于欲得。"（《老子》四十六章），正是统治者的享乐和权力等欲望的极度肆虐才导致国政的衰败。因此老子极力呼吁统治者要少思寡欲，从而让老百姓"虚心"、"实腹"，以逐步达到社会的治理。此外，老子认为人类知识会诱发人们的竞争欲求之心，扰乱人们的心智，因而要"常使民无知无欲"（《老子》三章）。事实上，老子所反对的只是贪婪的欲望，并非对所有的欲望都否定，老子提倡要以百姓之欲为欲，以百姓之需为需，当然这还是在强调统治者不要伸张个人一私的欲望。老子说"圣人去甚、去奢、去泰"（《老子》二十九章），虽是对"圣人"而言，这也未尝不是对人君的期望。因为在老子看来，只有真正地无私无欲才能真

183

正地实行无为之治。

3. 因顺物性

因顺物性即指人在行为时要依循万物的自然本性。这种思想在《老子》中是明确的，"是以圣人……以辅万物之自然而不敢为。"（《老子》六十四章）"辅"明显指一种作为，"不敢为"即不加干预，属"无为"的基本含义。此句含义即是"行使顺应万物的自然属性的行为而实现无为"，与"因顺物性"的意义大体相当。老子这种顺应自然而无为的思想还有较多体现，比如："天地不仁，以万物为刍狗。圣人不仁，以百姓为刍狗"（《老子》五章），"天地"对祭神用过的草狗不施仁恩（"无为"），任其自生自灭。"圣人无常心，以百姓心为心"（《老子》四十九章），这些都充分体现了万物各有其性，必须按各自本性去对待的思想。

老子这种因顺物性而行为的思想有着十分积极的意义，孕育着按客观规律而行为的积极含义。这种倾向越到后来越明显，尤其是到了黄老之学那里，老子的这种萌芽似的思想已经完全成为按客观规律积极行事的意义了。

4. 反对用智，反对尚贤

知识和智慧本是人类文明的成果和推动社会继续前进的动力，但老子在当时的社会环境中，其视野只在注意人类文明的负面价值，他只看到新兴的知识分子在各国国君尚贤的旗号下，使用智识，成为诸侯争雄和猎取权力的工具，加剧了社会的混乱，于是他愤然提出了一个釜底抽薪的解决办法：反对用智，反对尚贤。他说"民之难治，以其智多。故以智治国，国之贼。不以智治国，国之福"（《老子》六十五章），在这里，他既反对民众的智多，更反对统治者的"以智治国"。老子的反智主张，源自于他对智识负面作用的深刻体察"智慧出，有大伪"（《老子》十八章），认为人的智慧诱发了人们虚伪的品行。"民多利器，国家滋昏；人多伎巧，奇物滋起；法令滋彰，盗贼多有。"(《老子》五十七章)利器、伎巧刺激人的欲望，纷扰国家；而制定繁苛的法令又会产生"盗贼多有"的混乱局面。有鉴于此，老子主张"以愚治国"，他讲"非以明民，将以愚之"(《老子》六十五章)，主张重返质朴无识的生活。贤者是智识的载体，其反对用智的必然逻辑即是反对用贤，他明确讲"不尚贤，使民不争"(《老子》三章)，认为在上位的人如果崇尚贤能，人们就可能为争名夺利而互相争斗，引起社会动荡。老子反用智、反尚贤的思想是他从特殊的视角深刻体察社会，并对文明异化深刻反思后而提出的。尽管偏激，但也显示出其"片面的深刻"，是老子"无为"思想中很有特色的部分。

5. 处弱不争，见微取胜

"柔弱"是老子"无为"政治思想的重要基础，反映到治国理政的具体策略上，即要人君善于处弱，从而具有不争之德。他说"圣人之道，为而不争"(《老子》八十一章)，又说"善为士者不武，善战者不怒，善胜敌者不与，善用人者为之下。是谓'不争之德'，是谓'用人之力'，是谓'配天'，古之极也"(《老子》六十八章)。认为具备不争之德，就可以尽善尽美。老子的"不争"并非彻底的不争，而是一种"争"的策略，是最好的"争"，他说"夫惟不争，天下莫能与之争"(《老子》二十二章)，"以其无争，故天下莫能与之争"(《老子》六十六章)，"夫惟不争，故无尤"(《老子》八章)。可以说，老子的"不争"思想是他深刻把握不争与争、先与后、上与下的矛盾关系而提出的经验总结，他说："是以圣人后其身而身先，外其身而身存。非以其无私邪！故能成其私"(《老子》七章)，"不敢为天下先，故能成器长"(《老子》六十七章)，又说"江海之所以能为百谷王者，以其善下之，故能为百谷王。是以圣人欲上民，必以言下之……"(《老子》六十六章)这些都体现出老子以不争的策略为手段，不争以争的思想，这同他"无为而无不为"的思想是吻合的。

老子从柔弱的思想出发又提出了"见微"的策略。老子看到"合抱之木，生于毫末。九层之台，起于累土。千里之行，始于足下"（《老子》六十四章），认为事物的发展总有一个由小而大、由弱而强的过程，故而主张"图难于其易，为大于其细，天下难事必作于易，天下大事必作于细"（《老子》六十三章），这种处理事情从简易处、细微处着手的办法与那种硬干蛮干的"有为"行为相比，无疑是一种"无为"。基于此，老子提出了进一步的行为原则："为之于未有，治之于未乱"（《老子》六十四章）这一原则无疑包含着凡事早作打算，防患于未然的思想。可见，"见微"是老子"无为"思想下的一种策略，他并非真的一无所为，而是主张在最合适的时机（"未有"、"未乱"之时）去作为，未雨绸缪，以最小的行为取得最大的效果，其真意在于以这种近似无所作为的方式实现"有为"的结果。

6. 不代大匠斫，功成身退

"不代大匠斫"是在老子总体上主张为政者（君、臣）当减少不必要作为的前提下，而提出的关于统治者在领导管理上的基本思想。老子说"夫代司杀者杀，是谓代大匠斫。夫代大匠斫者，希有不伤其手矣"（《老子》七十四章），说代替专管死刑的人去杀人，就像代替高明的木匠砍木头，很少有不砍伤手指的，意在说明国君应让百官各司其职，不应代替百官处理具体事务，君臣分工明确，君不扰臣，每个臣下都尽力于本职，国家政务就会正常运转，国君即以不扰臣的"无为"行为取得国家治理的"有为"结果。"审名察刑"、"君逸于上，臣劳于下"等一整套领导管理方法，逐渐成为管理学中的重要原则，对后世影响深远。

老子不仅认为统治者在位时要使君臣各居其位，各尽其责；

在其完成政治使命后,他又对统治者提出了"功成身退"的主张。老子明确对他们指出"功成而弗居"(《老子》二章),"功成而不有"(《老子》三十四章),"功成名遂身退"(《老子》九章),"为而不恃,功成而不处"(《老子》七十七章)。从表面上看,这反映了老子对统治者功业成就后"不争"之德的期望,但从本质上讲,老子讲究一切政治行为都应遵循"辅万物之自然而不敢为"的普遍原则,他把统治者政治施化的成功看做因顺人民自我本性、自然而然的结果。在整个政治施为过程中,百姓不觉上位者的存在,皆谓"我自然",在这个意义上,政治是百姓自己的事,政治取得了成功,统治者自然不应居功,因而,统治者的"功成身退"实为老子"无为"政治思想的逻辑必然。

(二)庄子之"无治为治"

庄子发展了老子的道常无为的观点,并将其绝对化。无为是道的基本属性,天地万物、社会人事都应循道而行,顺应自然,而不加人为。庄子与老子的无为的最大区别,在于老子的"无为"是"无不为"的手段、策略和方法,而庄子的无为,本身就是目的,就是人类意欲的理想状态。庄子把"无为"推向了"无治",即"无治为治",所以他的无为而治,实质上是一种"不治之治"。

《庄子·应帝王》以六则寓言系统地阐明了帝王治天下的问题,其中三则意在阐明理想治道,另三则则塑造了理想的治者形象。

庄子以寓言阐明的理想治道,主要有以下三方面:

1. 不以己意定法度

庄子借隐士肩吾与接舆的对话来表达他对"法治"之有为政治的批判。肩吾拜会隐士接舆。接舆说:"往日你的老师日中始用什么来教导你?"肩吾说:"他告诉我,做国君的一定要凭借自己的意志来推行法度，人们谁敢不听从呢？"接舆说："这是欺诳的做法，那样治理天下，就好像徒步下海开凿河道，让蚊虫背负大山一样。圣人治理天下，难道是治理社会外在的表象吗？他们顺应本性而后感化他人，听任人们之所能罢了。鸟儿尚且懂得通过高飞来躲避弓箭的伤害，老鼠尚且知道深藏在神坛之下的洞穴里来逃避熏烟凿地的祸患，而你竟然对这两种小动物本能地顺应环境的行为也不了解！"

这则寓言表明庄子反对统治者"以己出经式义度"来教化民众。他认为统治者以自己的意志制定法律制度，来治理天下，根本达不到治理的效果。因为这与人的自然本性是相悖的。鸟儿和老鼠尚且知道本能地躲避，人更不能听任其法度的所谓治理。这种治理方式有违自然，他形象地比喻为"涉海凿河"、"使蚊负山"。庄子认为"惟法为治"是致乱的根源，他说："治，乱之率也。"（《庄子·天地》）治国的结果，是乱人之性，造成人与人的仇恨与残杀；治人的结果，是乱天之经，破坏了天人之间的和谐；运用刑罚的结果，是乱天下。庄子认为，帝王为治，应依常道，一方面是顺应民性，以人民的意愿来制定法令和规范；另一方面他自己也应谨守此道，应当"自正而后行"，即自正而后行教化。

2. 顺物自然而无容私

庄子借无名人之口来说明这一为治之道。天根闲游于殷山的南面，来到蓼水河边，正巧遇上无名人而向他求教，曰："请问为天下。"无名人说："走开，你这个见识浅薄的人，怎么一张口就让人不愉快！我正打算跟造物者结成伴侣，厌烦时便乘坐那状如飞鸟的清虚之气，超脱于'六极'之外，而生活在什么也不存在的地方，处于旷达无垠的境地。你怎么能用治理天下的梦呓来撼动我的心思呢？"天根再次提问。无名人说："汝游心于淡，合气于漠，顺物自然而无容私焉，而天下治矣。"意思是说，你应处于保持本性、无所修饰的心境，交合形气于清静无为的方域，顺应事物的自然而没有半点个人的偏私，天下也就得到治理了。这里的"顺物自然而无容私"可以理解为统治者顺应人民的自然本性，不以个人一己的私欲、一家的私情、一姓的私利去强行统治人民。这是庄子无治为治的思想核心，在他看来，无治强于专制。可见，庄子反对的不是一般意义上的治，而是专制独断之治。

3. 化贷万物而民弗恃

庄子借阳子居与老聃的对话来阐述他的"明王之治"。阳子居拜见老聃，说："倘若现在有这样一个人，他办事迅疾敏捷、强干果决，对待事物洞察准确、了解透彻，学'道'专心勤奋从不厌怠。像这样的人，可以跟圣明之王相比而并列吗？"老聃说："这样的人在圣人看来，只不过就像聪明的小吏供职办事时为技能所拘束、劳苦身躯担惊受怕的情况。虎豹因为毛色美丽而招来众多猎人的围捕，猕猴因为跳跃敏捷、狗因为捕物迅猛而招致绳索的束缚。像这样的人，也可以拿来跟圣明之王相比而并列吗？"庄子借老聃之口否定了通常人们对明王的理解。

阳子居向老聃请教明王之治，老聃回答："明王之治，功盖天下而似不自己，化贷万物而民弗恃；有莫举名，使物自喜；立乎不测，而游于无有者也。"意思是，圣明之王治理天下，功绩遍及天下却又像什么也不曾出于自己的努力，教化施及万物而百姓却不觉得有所依赖；功德无量无以称颂赞美，使万事万物各居其所而欣然自得；立足于高深莫测的神妙之境，而生活在什么也不存在的世界里。庄子的这一主张，是对老子"为而不恃"、"功成弗居"思想的发展。这也是庄子理想的为政原则。庄子之无治之治，实是顺任民情，治于无形，不留功名之治。

《庄子·应帝王》描述的理想治者形象主要具有以下特征：

1. "一以己为马,一以己为牛"

庄子借蒲衣子之口说,虞舜比不上伏羲氏。虞舜他心怀仁义以笼络人心,获得了百姓的拥戴,不过他还是不曾超脱出人为的物我两分的困境。"泰氏,其卧徐徐,其觉于于,一以己为马,一以己为牛。其知情信,其德甚真,而未始入于非人。"意思是,伏羲氏睡卧时宽缓安适,觉醒时悠然自得;听任有的人把自己看做马,听任有的人把自己看做牛;他的才思实在真实无伪,他的德行确实纯真可信,而且从不曾涉入物我两分的困境。在这段话里,庄子批评舜不及伏羲的根本问题,在于他心怀仁义以笼络人心,不能摆脱外物的牵累。在这里,庄子把理想的治者描绘成一个安然自得,与物同体,德行纯真,名位无所挂于心,物我两忘的人。

2. 与道同体,顺任自然

庄子讲了一个名叫季咸的神巫见壶子的寓言。季咸知人之生死、祸福、寿夭,仿佛是神人。壶子的弟子列子见到他,内心折服,如醉如痴,回来后把见到的情况告诉老师壶子,并且说:"起先我总以为先生的道行最为高深,如今又有更为高深的巫术了。"壶子便请季咸为之看相。第二天,列子跟神巫季咸一道拜见壶子。季咸走出门来就对列子说:"你的老师活不过十来天了!我观察到他临死前的怪异形色,神情像遇水的灰烬一样。"列子进到屋里,泪水弄湿了衣襟,伤心地把季咸的话告诉给壶子。壶子说:"刚才我将如同地表那样寂然不动的心境显露给他看,茫茫然既没有震动也没有止息。这样恐怕只能看到我闭塞的生机。试试再跟他来看看。"

过了一天,列子又跟神巫季咸一道拜见壶子。季咸走出门来就对列子说:"幸运啊,你的老师遇上了我!征兆减轻了,完全有救了,我已经观察到闭塞的生机中神气微动的情况。"列子进到屋里,把季咸的话告诉给壶子。壶子说:"刚才我将天与地那样相对而又相应的心态显露给他看,名声和实利等一切杂念都排除在外,而生机从脚跟发至全身。他恐怕已看到了我的一线生机。试着再跟他一块儿来看看。"

又过了一天,列子又跟神巫季咸一道拜见壶子。季咸走出门来就对列子说:"你的老师心迹不定,神情恍惚,我不可能给他看相。等到心迹稳定,再来给他看相。"列子进到屋里,把季咸的话告诉给壶子。壶子说:"刚才我把阴阳二气均衡而又和谐的心态显露给他看。他恐怕看到了我内气持平、相应相称的生机。大鱼盘桓逗留的地方叫做深渊,静止的河水聚积的地方叫做深渊,流动的河水滞留的地方叫做深渊。渊有九种称呼,这里只提到了上面三种。试着再跟他一块儿来看看。"

又一天,列子又跟神巫季咸一道拜见壶子。季咸还未站定,就不能自持地跑了。壶子说:"追上他!"列子没能追上,回来告诉壶子,说:"已经没有踪影了,让他跑掉了,我没能赶上他。"壶子说:"起先我显露给他看的始终未脱离我的本原。我跟他随意应付,他弄不清我的究竟,于是我使自己变得非常颓废顺从,变得像水波逐流一样,所以他逃跑了。"

这之后,列子像从不曾拜师学道似的回到了自己的家里,三年不出门。他帮助妻子烧火做饭,喂猪就像伺候人一样。对于各种世事不分亲疏没有偏私,过去的雕琢和华饰已恢复到原本的质朴和纯真,像大地一样木然忘情地将形骸留在世上。虽然涉入世间的纷扰却能固守本真,并像这样终生不渝。

壶子就是庄子理想的治者形象,他虚己待物,无为而化,达到天人合一的最高境界。

3. 用心若镜,不将不迎

《庄子·应帝王》有一段对理想治者的描述:"无为名尸,无为谋府;无为事任,无为知主。体尽无穷,而游无朕;尽其所受乎天,而无见得,亦虚而已。至人之用心若镜,不将不迎,应而不藏，故能胜物而不伤。"意思是，不要成为名誉的承受者，不要成为出谋划策的智囊；不要成为世事的担当者，不要成为智慧的主宰。潜心地体验大道而且永不休止，自由自在地遨游在混沌一体、没有形迹的境界里；任其所能秉承自然，从不表露也从不自得，使心境清虚淡泊而无所求罢了。修养高尚的人用心就像一面镜子，只是客观地反映万物，对于外物是来者即照去者不留，不将就也不迎合，应和万物而不留痕迹，所以能够应对外物而又不因此使内心受牵累。

四个"无为"是治者用心若镜的四个原则，而"不伤"则是治者达到的理想境界。也就是说，只有做到四个无为，才能做到用心若镜，才能得到不伤的结果。

《庄子·应帝王》最后以混沌之死的寓言，阐述了无治而治的精神内涵。"南海之帝为儵，北海之帝为忽，中央之帝为混沌。儵与忽时相遇于混沌之地，混沌待之甚善。儵与忽谋报混沌之德，曰：'人皆有七窍以视听食息，此独无有，尝试凿之。'日凿一窍，七日而混沌死。"《庄子》虚拟了儵、忽和混沌的名字，寓意颇深，"儵"与"忽"是快疾、匆忙的意思，"混沌"指聚合不分的样子。"儵"、"忽"意指人为，"混沌"意指自然，因此，"儵"、"忽"寓意有为，而"混沌"寓意无为。这个寓言以日凿一窍的有为结果使混沌死亡来比喻繁杂的政举置民于死地，以此来反证统治者必须实行无治的道理。

第五章　先秦法家正的思想

"法家是战国时期兴起的一个学术派别。……该学派以力主'以法治国'的'法治'而得名。"① 《管子》、《商君书》、《韩非子》是研究先秦法家思想的重要资料。先秦法家正的思想主要表现为治国之正，即以法正国、以法正君、以法正官和以法正民。

一　以法正国

在先秦法家看来，法是治理国家不可缺少的工具。《管子》认为"法者，天下之至道也"。只有实行法治，国家才能安定、富强。法是君主安邦定国的重要手段，是否实行法治是国家治乱的关键。《管子·任法》说："法者，天下之至道也，圣君之实用也。"《管子·法法》说："明王在上，道法行于国。"《管子·明法解》说："法度行则国治，私意行则国乱。"《管子·权修》说："法者，将立朝廷者也。""法者，将用民力者也。""法者，将用民能者也。""法者，将用之死命者也。"《管子》将君主以法正国同工匠以规矩正方圆看成是同样的道理，"巧者能生规矩，不以废规矩而正方圆，圣人能生法，不能废法而

---

① 武树臣、李力：《法家思想与法家精神》，中国广播电视出版社1998年版，第1页。

治。"所以,"倍法而治,是废规矩而正方圆也"。

《商君书·弱民》中说:"背法而治,此任重道远而无马牛,济大川而无船楫也。"韩非也说:"治国之有法术赏罚,犹若陆行之有犀车良马,水行之有轻舟便楫,乘之者遂得其成。"(《韩非子·奸劫弑臣》)要想携重致远,就要使用"犀车良马"这种便利的工具;要想过大河、跨江海,就须有舟楫这种工具;要想治理好国家,就要有法这种工具。治国无法就像过江河无船、负重远行而无车马一样。舟车的效用在于助人载重、涉水,法的效用在于助君治理国家。商鞅在劝秦孝公推行法治时说:"效于古者,先德而治;效于今者,前刑而法。"(《商君书·开塞》)在古代,德有效于治;在今,则刑具有更明显的助治作用。

韩非鉴于"当今争于力",反对远于事功的礼治,也反对以暴治国,力倡"出其小害计其大利"的"法治",提出"仁暴者,皆亡国者也"。他说:"母不能以爱存家,君安能以爱持国?""明其法禁,察其谋计。法明则内无变乱之患,计得则外无死虏之祸。故存国者,非仁义也。仁者,慈惠而轻财者也;暴者,心毅而易诛者也。慈惠则不忍,轻财则好与。心毅则憎心见于下,易诛则妄杀加于人。不忍则罚多宥赦,好与则赏多无功。憎心见则下怨其上,妄诛则民将背叛。故仁人在位,下肆而轻犯禁法,偷幸而望于上;暴人在位,则法令妄而臣主乖,民怨而乱心生。故曰:仁暴者,皆亡国者也。"(《韩非子·八说》)韩非认为,以仁治国,讲慈惠而看轻财物。讲慈惠就会不忍,致使受罚者得到宥赦,结果导致违法的人增多;看轻财物就会好赏赐,致使无功而受赏赐,结果使依赖赏赐的人增多。以暴治国,则滥施淫威,乱罚乱杀,致使民怨,结果产生反抗和背叛。所以,以仁治国和以暴治国,皆不可取。

按照这个思路,法家进一步强调法治是当时唯一有效的治国之道,并希望国君认真推行法治,在治理国家的活动中"须臾"

不"忘乎法"(《商君书·慎法》)。在法家对法的论述中,法在治理国家中的作用主要表现在以下几个方面:

(一)定分止争

在法家理论中,法是圣人为定分止争而创设的。慎道曾经非常形象地描述过法定分止争的作用,"一兔走,百人逐之;非一兔足为百人分也,由未定。由未定,尧且屈力,而况众人乎?积兔满市,行者不顾;非不欲兔也,分已定矣。分已定,人虽鄙不争。故治天下及国,在乎定分而已矣。"(《吕氏春秋·慎势》引《慎子》)无"分"便有争,有"分"便不争。法正是这种定财物、名利之"分",从而止人之争的尺度。在人人追逐私利的社会里,法是维护社会秩序的十分重要的工具。

《商君书·定分》也有此喻:"一兔走,百人逐之,非以兔也。夫卖者满市,而盗不敢取,由名分已定也。故名分未定,尧、舜、禹、汤且皆如鹜焉而逐之,名分已定,贫盗不取。今法令不明,其名不定,天下之人得议之,其议,人异而无定……故夫名分定,势治之道也;名分不定,势乱之道也。"由于趋利乃人性使然,如果财产的名分未定,即使尧、舜、禹、汤这样的圣人也会趋之若鹜。所以,造成百人逐兔的社会无序状态的原因,就在于财产的名分未定。要使社会井然有序,必须确定名分。而法的作用就在于确定名分,立法才能明分,定分才能止争。

(二)禁奸止邪

在法家看来,社会上始终存在着危害社会、危害他人的恶势力或奸邪行为,禁奸止邪是国家的一项十分重要的任务。《管子·正世》说:"法治不行,则盗贼不胜,邪乱不止,强劫弱,众暴寡,此天下之所忧,万民之所患也。忧患不除,则民不安其居;民不安其居,则民望绝于上矣。"为了达到禁奸止邪的目的,就必须实行法治。法家认为,法的赏罚两手,具有禁奸止邪的作用。所谓"法禁不立,则奸邪繁。""禁淫止暴,莫如刑"(《管子·明法解》)。《商君书·算地》说:"刑者,所以禁邪也;而赏者,所以助禁也。"如果说定分止争的作用主要在于为人们设定行为准则,划分利益范围,建立统一的社会生活秩序,那么,禁奸止邪的作用主要在于,对越出社会生活常规的严重行为予以阻止和必要的制裁,以使社会恢复正常的秩序。

(三)生力生强

在法家看来,法的作用不只在于维护、回复,还在于创造。也就是说,法不仅可以把现存的社会关系固定下来,还可以为达到某种目标而人为地设定某种要求。法家认为,法可以帮助君王更多地占有民力,帮助诸侯国实现富强。《商君书·慎法》认为:"国之所以重,主之所以尊者,力也",而刑又具有生力的效用,"刑生力,力生强"(《商君书·去强》)。同时,法也是实行富国强兵政策的保证。法可"兴功",所谓"兴功",指的是君主"入令民以属农,出令民以继战。……入使民尽力,则草不荒;出使民致死,则胜敌。胜敌则草不荒,富强之功,可坐致也。"(《商君书·算地》)就是说,用重视耕战的法来发展经济、壮大军事力量,以达到富国强兵的目的。

(四)尊君制臣

实行法治,有助于维护君主的至德至尊。《管子·正世》说:"为人君者,莫贵于胜。所谓胜者,法立令行之谓胜。""凡君国之重器,莫重于令。令重则君尊,君尊则国安,令轻则君卑,君卑则国危。"君主立法行令,可以约束群臣百官,使群臣百官忠于职守,这样才能使君主居于至尊之位,更好地驱使群臣、控制百官。所以,《管子·正世》说:"法立令行,故群臣本法守职，百官有常。"有了法才可以使百官有所遵循，办事才有章程。如果不行法治则群臣各行其是，是非善恶就会失去衡量的标准。这样，君主也就无从任用和管理群臣百官，国家必然混乱不堪。只有实行法治才可以有效地制约权贵，强化君权。《管子·明法解》明确地指出："明主者，使下尽力而守法分。故群臣务君尊主而不敢顾其家。臣主之分明，上下之位审，故大臣各处其位不敢相贵。""废法而行私，则人主孤特而独立，人臣群党而成朋。如此则主弱而臣强，此之谓乱国。"就是说只有以法治国才能使臣守法安分，不敢以权谋私，从而树立君主的权威。

韩非认为君臣之间的矛盾是最不容忽视的矛盾。处理好君臣关系是维护君主的统治地位的最重要的一环。而使臣能服从君、不敢危害君的手段，除了术之外，法也是十分重要的。韩非把"弑其主，代其所"的大臣称为"虎"（《韩非子·扬权》），认为"服虎不以柙，禁奸不以法"，这是"贲育"、"尧舜"（《韩非子·守道》）也难以做到的。要防范虎对君的危害，必须设"法"。韩非谈法对制臣的作用道："主施其法，大虎将怯，主施其刑，大虎自宁。法刑苟信，虎化为人，复反其真。"（《韩非子·扬权》）

二 以法正君

在封建君主专制的社会里，君主的绝对权威地位是不可动摇的。动摇了君主的绝对权威，就等于动摇了封建国家政治稳定的基础。对此，中国封建社会的政治家、思想家们有着共同的认识，都主张树立君主的权威。《管子》也主张"尊君"，但是，《管子》的"尊君"并不是说君主可以凌驾于法令之上，拥有超越法令制度之上的绝对权威，而是认为，尽管法令为君主所设，律令为君主所颁，但法律一旦颁布，它就凌驾于全社会之上，具有绝对尊严，即使君主自己也必须接受法的制约。因此，《管子》的尊君，并不是主张君主可以任意用权，而是认为"以法治国，则举措而已"，"是故有法度之制者，不可巧以诈伪……使法择人，不自举也；使法量功，不自度也"（《管子·明法》），应当一切都有法可循。因此，这种"令尊于君"的"以法治国"，包含着对君权的限制在内。《管子·重令》篇说："凡君国之重器，莫重于令。令重则君尊，君尊则国安；令轻则君卑，君卑则国危。故安国在乎尊君，尊君在乎行令，行令在乎严罚。……故明君察于治民之本，本莫要于令。故曰：亏令者死，益令者死，不行令者死，留令者死，不从令者死。五者死而无赦，唯令是视。故曰：令重而下恐。"显然，这里虽然强调"令重则君尊"，但"尊君"的目的"在乎行令"，并不是将君主凌驾于法令之上。

《管子》认为，虽然"生法者君也"，法由君主制定，但明君"置法以自治，立仪以自正也"（《管子·法法》）。君主立法不仅仅是约束群臣百官和老百姓，也包括约束君主自己在内。所以《管子·任法》说："夫生法者，君也；守法者，臣也；法于法者，民也。君臣上下贵贱皆从法，此谓为大治。"《管子》一方面肯定法这种特殊的社会规范对全社会人有普遍的约束力，同时也指出君主并非完人，用法来"自治"、"自正"，"察所恶以自我为戒"（《管子·桓公问》），是使君主成为至德至善之人的重要手段。

不仅如此，《管子》指出，明君"不为君欲变其令"（《管子·法法》），"毋以私好恶害公正"（《管子·桓公问》）。也就是说，君主不能为某种私欲随意修改法令，使法令失去其公正性。法不仅具有至高无上的权威性，同时也具有一定的恒常性。所谓"法不可以无恒"（《管子·任法》）。既合时宜又切时效的法，不能朝令夕改，只有相对稳定，才能维护其尊严，真正起到规范作用。

此外，《管子》认为君主要带头守法，用自己的行为去影响臣下，起到遵法守法、执行法令的表率作用。因为群臣百姓总是以他们上司的行为为楷模，君主"言辞信，动作庄，衣冠正，则臣下肃。言辞慢，动作亏，衣冠惰，则臣下轻之"(《管子·形势解》)。因此，正人先正己，要群臣百姓守法，君主必须首先守法。如果"为人上者释法而行私"，那么就会"为人臣者援私以为公"(《管子·君臣上》)。"上不行，则民不从彼"(《管子·法法》)，民不服从，则国家必然大乱。

三　以法正官

在君主专制政体中，一国之君全面地掌握了官吏，也就掌握了整个国家的管理者阶层和被管理者阶层。《管子》曰："夫为国之本，得天之时而为经，得人之心而为纪。法令为维纲，吏为网罟，什伍以为行列，赏诛为文武。"(《管子·禁藏》)韩非说得更具体："摇木者——摇其叶则劳而不遍，左右拊其本而叶遍摇矣。临渊而摇木，鸟惊而高，鱼恐而下。善张网者引其纲，不一一摄万目而后得。则是劳而难，引其纲而鱼已囊矣。"(《韩非子·外储说右下》)官吏就是"民之本纲"，故"圣人治吏不治民"(《韩非子·外储说右下》)，"明主治吏不治民"(《韩非子·外储说右下》)。熊十力就此评价韩非说："详韩子所言，盖谓圣人守法，而选用大臣。大臣则奉法而督责群吏，使各率其民，而举其职，则治本立。故曰明主治吏不治民者，非不治民也，治亲民之吏，而民已治矣。是摇木拊本、张网引纲之说也。……韩子重治吏，至今无可易也。"①

---

① 熊十力：《韩非子评论》，台湾学生书局1984年版，第49页。

先秦法家非常重视对官吏的管理，把法作为治吏的有效工具。《管子·君臣上》说："是以为人君者……选贤论材而待之以法。"又说："上有五官以牧其民，则众不敢踰轨而行矣。下有五横以揆其官，则有司不敢离法而使矣。"《管子·七臣七主》说："法律政令者，吏民规矩绳墨也。"《管子·法禁》谓："君壹置其仪，则百官守其法；上明陈其制，则下皆会其度矣。"正因为此，法家对官吏一切与法律政令不相符，或有损于法律政令的行为都严惩不贷。《管子·重令》有曰："亏令者死，益令者死，不行令者死，留令者死，不从令者死。"官吏如不遵守国家法令，"罪死不赦，刑及三族"（《商君书·赏刑》）。广泛统一地实施法令，"百县之治一形，则从迁者不敢更其制，过而废者不能匿其举。过举不匿，则官无邪人"（《商君书·垦令》）。韩非把刑、赏看做君主的二柄，以此治官，有功则赏，有罪则罚。而"法平则吏无奸"（《商君书·靳令》）更是韩非和《商君书》的共识。《商君书》说："有敢剟定法令，损益一字以上，罪死不赦。"（《商君书·定分》）为上者只有严格执法，才能保证官吏廉洁奉公，如果触犯国家法令之后有途径逃避惩罚，官吏就会暗自窃喜，损公肥私之举将层出不穷。

法律在约束官吏的同时，对于清廉的官吏通过晋升官爵、提高俸禄给予奖励，因此爵禄是以法正官的另一方面。《管子·明法解》说："爵禄者，人主之所以使吏治官也。"《韩非子·六反》说："故官职者，能士之鼎俎也。任之以事，而愚智分矣。"所以法家诸子强调君主对待官爵俸禄一定要审慎，必待有功而后予之，如果随随便便赐官予爵于无功者，人们就会轻视加官晋爵，君主因此失去了治吏的一个有力手段。"官爵不审"带来的结果必然是"奸吏胜"。

以法正官是法家的原则。但怎样才能做到准确行使赏和罚，而不是奖无功、罚无辜，这是以法正官的关键所在。

法家首先提出循名责实。《管子·明法解》说:"故明主之听也,言者责之以其实,誉人者试之以其官。言而无实者诛,吏而乱官者诛。是故虚言不敢进,不肖者不敢受官。乱主则不然,听言而不督其实,故群臣以虚誉进其党;任官而不责其功,故愚污之吏在庭。"与《管子》相似,《商君书·慎法》有:"故贵之不待其有功,诛之不待其有罪也;此其势正使污吏有资而成其奸险,小人有资而施其巧诈。"韩非则说:"不以功伐决智行,不以参伍审罪过,而听左右近习之言,则无能之士在廷,而愚污之吏处官矣。"(《韩非子·孤愤》)"参伍",即参验形名,错综事务。与之相近的还有参验、参同,均为检验形、名是否相合的方法。法家诸子非常欣赏循名责实的治吏方法,韩非这样描述之:"循名实而定是非,因参验而审言辞。是以左右近习之臣,知诈伪之不可以得安也,必曰:'我不去奸私之行尽力竭智以事主,而乃以相与比周妄毁誉以求安,是犹负千钧之重,陷于不测之渊而求生也,必不几矣。'百官之吏,亦知为奸利之不可以得安也,必曰:'我不以清廉方正奉法,乃以贪污之心枉法以取私利,是犹上高陵之巅,堕峻溪之下而求生,必不几矣。'安危之道若此其明也,左右安能以虚言惑主,而百官安敢以贪渔下?是以臣得陈其忠而不弊,下得守其职而不怨。此管仲之所以治齐,而商君之所以强秦也。"(《韩非子·奸劫弑臣》)循名责实能有效控制官吏,使其兢兢业业为君主服务,没有二心。

其次,《管子》和《商君书》中都提到通过向民众宣传国家法令,使民众对官吏形成监督是一种积极且有效的治吏途径。《管子·明法解》说:"百姓知主之从事于法也,故吏之所使者,有法则民从之,无法则止。民以法与吏相距,下以法与上从事,故诈伪之人不得欺其主,嫉妒之人不得用其贼心,谗谀之人不得施其巧,千里之外不敢擅为非。"《商君书·定分》也说:"吏明知民知法令也,故吏不敢以非法遇民,民不敢犯法以干法官也。"

《管子》还主张通过上计课功决定赏罚。《管子·明法解》曰："任人而不言，故不肖者不困。故明主以法案其言而求其实，以官任其身而课其功。"《管子·君臣上》说："是故岁一言者，君也。时省者，相也。月稽者，官也。……相总要者，官谋士，量实义美，匡请所疑。而君发其明府之法瑞以稽之，立三阶之上，南面而受要。是以上有余日，而官胜其任，时令不淫，而百姓肃给，唯此上有法制，下有分职也。"国君一年发布一次政令，并以此考核百官。辅相按四时进行考核，官吏按月考核。《管子·小匡》中这样描述国君考核百官的情形："正月之朝，五属大夫复事于公，择其寡功者而谯之，曰：'列地分民者若一，何故独寡功？何以不及人？教训不善，政事其不治。一再则宥，三则不赦。'"考核之后，"有善者，赏之以列爵之尊，田地之厚，而民不慕也。有过者，罚之以废亡之辱，僇死之刑，而民不疾也"（《管子·君臣上》），"逾其官而离其群者，必使有害；不能其事而失其职者，必使有耻"（《管子·法禁》）。

上计课功是决定官吏赏罚的一个重要举措，而官吏间的互相监督则是考察官吏的另外一种重要方式。《商君书·禁使》说："或曰：人主执虚后以应，则物应稽验，稽验则奸得。臣以为不然。夫吏专制决事于千里之外，十二月而计书以定事，以一岁别计而主以一听见所疑焉，不可，蔽员不足。"这显然是针对上计课功治吏的反驳。《商君书》提出的治吏之策是建立在利益相异基础上的互相监督，"夫物至则目不得不见，言薄则耳不得不闻；故物至则变，言至则论。故治国之制，民不得避罪如目不能以所见遁心"（《商君书·禁使》）。

《商君书》主张造就一种使众人不能逃避罪罚的态势，而以官治官是做不到这一点的。因为官吏虽多，但其利益一致，不但不能减少营私舞弊，反而容易朋党相结以假公济私。故《商君书·禁使》曰:"吏虽众,同体一也。夫同体一者相不可。"如果能让官吏与官吏之间利益相异,这样他们彼此间就会互相监督,这是最有效的治官途径。因此,《商君书》中所说的至治之国的情形应该是夫妻之间、朋友彼此都不敢、不能包庇罪行,一般民众更不会相互隐瞒罪行。君主和官吏的利益不同,所以君主很自然地会督察属下官吏。官吏和官吏利益相同,让他们彼此监督就像让为君主养鸟的监督为君主养马的,显然不可能。但是假如马能开口说话,它一定能很好地监督饲养它的官吏,因为他们的利益是相反的。所以说:"利合而恶同者,父不能以问子,君不能以问臣。吏之与吏,利合而恶同也。夫事合而利异者,先王之所以为端也。"(《商君书·禁使》)而现在,"恃多官众吏,官立丞监。夫置丞立监者,且以禁人之为利也,而丞监亦欲为利,则何以相禁。故恃丞监而治者,仅存之治也。通数者不然也,别其势,难其道。故曰:其势难匿者,虽跖不为非焉"(《商君书·禁使》)。《商君书》否定了设置稽查官员丞监以治吏的做法。丞监也有利欲,怎么能禁止其他官吏为自己谋利呢?所以洞察治国道理的人不会这样做,他们通过"别其势,难其道"制造一种让像盗跖那样的恶人都不敢为非的态势,从而杜绝官吏营私舞弊。这种"势"就是以人性好利恶害为基础的官吏之间的互相监督:"周官之人知而讦之上者,自免于罪,无贵贱尸袭其官长之官爵田禄。"(《商君书·赏刑》)用被告者的官爵、田禄奖励告奸者,以此鼓励人们互相监督,使之蔚然成风,这样人人都在他人的监督之下生活,人人都小心谨慎,不敢有使奸之心,这就是《商君书》的禁奸之"势"。

这一做法深为韩非赞同。《韩非子·外储说左下》曰:"朋党相和,臣下得欲,则人主孤;群臣公举,下不相和,则人主明。"大臣、官吏之间和睦相处则君主就被孤立、蒙蔽,大臣的欲望就得到满足。相反,臣与臣之间彼此为仇,互相监督,则君主对其行为就一目了然。韩非对人性一向持不信任态度，不相信有自觉忠诚于君的大臣、官吏，他理想中的明主之国是"官不敢枉法，吏不敢为私利，货赂不行，是境内之事尽如衡石也"(《韩非子·八说》)。但这一理想的实现不是依靠严于律己、忠心为主的"清洁之吏"，而要依靠君主有"务必知之术"，使"其臣有奸者必知，知者必诛"(《韩非子·八说》)。有了知奸之术，君主就把握了主动，使有奸心的大臣、官吏要么不敢轻举妄动，要么一使奸即被发现，受到惩处。为此，他精心研究出多种"务必知之术"，如"贱德义贵，下必坐上，决诚以参，听无门户"(《韩非子·八说》)、"作斗以散朋党"、"渐更以离通比"、"下约以侵其上，相室约其廷臣，廷臣约其官属，兵士约其军吏，遣使约其行介，县令约其辟吏，郎中约其左右，后姬约其宫媛，此之谓条达之道"(《韩非子·八经》)。综观韩非知奸之术，会发现各种手段建立在一个基础上：使大臣之间、官吏之间不是彼此以诚相待、和睦相处，而是相互为仇以形成监督。

四 以法正民

以法正民，可以使平民百姓安分守己，竭诚为国效力。《管子·明法解》说："凡人主莫不欲其民之用也。使民用者必法立令行也。故治国使众莫如法，禁淫止暴莫如刑。"《管子·形势解》说："人主立其度量，陈其分职，明其法式，以莅其民，而不以言先之，则民循正。"法律规定老百姓应该怎样做，不应该怎样做，让他们"明必死之路，开必得之门"。"不为不可成"者，"不求不可得"者，"不处不可久"者，"不行不可复"者，进退行止，唯法是从(《管子·牧民》)。如此，则"万民敦悫，反本而俭力"(《管子·正世》)。相反，"凡国无法，则众不知所为；无度，则事不机"(《管子·版法解》)。总之，"法立，令行,则民之用者众矣;法不立,令不行,则民之用者寡矣。"(《管子·法法》)只有以法正民,才能有效地驱使民众为国效力,达到富国强兵的目的。

《商君书》认为以法正民的前提是让全体臣民知晓法律。首先,法律要公之于众,"古之明君,错法而民无邪,举事而材自练,赏行而兵强。此三者,治之本也,夫错法而民无邪者,法明而民利之也"(《商君书·错法》)。这里所说的错法,也就是明法。

其次,法律要简明易懂。要使法律条文本身明确易知,要做到即使是最愚钝的民众也能明白,"故圣人为法,必使之明白易知,名正,愚知遍能知之"(《商君书·定分》)。

再次,"以吏为师",加强对国家律令的传播和普及。《商君书·定分》说:"今先圣人为书传之后世,必师受之,乃知所谓之名。不师受之,而人以其心意议之,至死不能知其名与其意。故圣人必为法令置官也置吏也为天下师,所以定名分也。名分定,则大诈贞信,民皆愿愨而各自治也。"《商君书》认为,老师传授是文化承传的必要环节。如果没有老师传授,仅是自己在心中揣度,可能至死都不明白书中讲的道理。同样,法令制定以后也要设置相应的官吏向百姓讲解、传播,这样法令才能发挥定分止争的作用。又说:"为置法官,置主法之吏以为天下师,令万民无陷于险危。故圣人立天下而无刑死者,非不刑杀也,行法令明白易知,为置法官吏为之师以道之,知万民皆知所避就,避祸就福而皆以自治也。"这里明确提出了"以吏为师",并且指出其目的是通过官吏对国家律令的传播而减少社会犯罪。《商君书·定分》论述了"以吏为师"的具体操作过程:"为法令,置官吏,朴足以知法令之谓者,以为天下正,则奏天子。天子则各主法令之。皆降,受命发官,各主法令之。"首先由天子任命主法令之官,即国家的最高司法长官。主法令之官任命后,由他们任命下一级法官并向他们布置任务。各级法官要如实传达国家律令,擅自改动法令一字者,罪死不赦。老百姓对法令有不明白的地方可以问法官。法官不但要认真回答,而且要将所问和所答内容刻在竹简或木简上,注明时间,左片给所问之人,右片封印后官府密藏,以后有争议可拿出对质。《商君书·定分》还说,为了使各级法官及吏准确地把握国家法令,法令一到,他们要"学并问所谓"。其他官吏及百姓想知道法令内容的可以询问法官。

《商君书》除了希望通过使"天下吏民无不知法"而避免犯罪外,还主张使用严刑、重刑,以刑去刑,达到禁奸止暴的目的。其重刑思想主要包括以下内容:

一是刑多赏少。君主实行法治借助刑赏二柄,"夫刑者所以禁邪也,而赏者所以助禁也","赏者文也,刑者武也"。他认为运用刑赏二柄应"刑多赏少"、"先刑后赏"、"重罚轻赏"。《商君书·去强》说:"重罚轻赏,则上爱民,民死上;重赏轻罚,则上不爱民,民不死上。兴国行罚,民利且畏;行赏,民利且爱。"加重刑罚,减轻赏赐,就是君主爱护人民,人民就肯为君主死。加重赏赐,减轻刑罚,就是君主不爱护人民,人民就不肯为君主而死。《商君书·开塞》总结道:"治国,刑多而赏少。故王者刑九而赏一,削国赏九而刑一。"

二是轻罪重罚。法家与儒家强调刑罚中的观念相反,认为只有对轻罪实行重罚,才能达到威慑的作用,使民不敢以身试法。"刑罚,重其轻者,轻者不至,重者不来,此谓以刑去刑,刑去事成。"(《商君书·靳令》)轻罪重罚以达到"以刑去刑"的目的。《商君书·去强》说:"以刑去刑,国治;以刑改刑,国乱。故曰:行刑重轻,刑去事成,国强;重重而轻轻,刑至事生,国削。"也就是说,用刑罚来免除刑罚,国家就治;用刑罚来招致刑罚,国家就乱。

三是刑于将过。"刑加于罪所终，则奸不去；赏施于民所义，则过不止。刑不能去奸而赏不能止过者，必乱。故王者刑用于将过，则大邪不生；赏施于告奸，则细过不失。治民能使大邪不生、细过不失，则国治。国治必强。"(《商君书·开塞》)如果把刑罚施于犯罪以后，则不能制止犯罪现象的发生，如果用赏赐奖励那些人们认为符合道义的行为，人们就将永远犯有过错。因此，应该只要有犯罪苗头就要动用刑罚。《商君书》这种"刑用于将过"的法学思想，实质上开创了"意识犯罪"的先例，对秦及秦以后封建社会的法治产生了极其深远的影响。

韩非进一步发展了《商君书》的"重刑"思想，提出了轻刑伤民、重刑重民的观点。他基于人性好利恶害的认识，推导出重刑主义。"故治民者，刑胜，治之首也……故明主之治国也，明赏则民劝功，严刑则民亲法，劝功则公事不犯，亲法则奸无所萌。"(《韩非子·心度》)"夫严刑重罚者，民之所恶也，而国之所以治也；哀怜百姓，轻刑罚者，民之所喜，而国之所以危也。"(《韩非子·奸劫弑臣》)他认为，如果犯罪利大刑轻，人们出自好利的本性，权衡后会选择犯罪；反之，如果对轻罪处以重刑，人民不敢轻易以身试法，则重罪不至。所以，轻刑是伤民，重刑乃"非所以恶民，爱之本也"(《韩非子·心度》)。这就为严刑酷罚找到了理论依据。韩非明确反对"以暴治国"，然而他的重刑思想却必然走向暴政。事实上他的思想由秦始皇付诸实践，演化成为"罚治"和"刑治"的暴政，使百姓难以全身，终致揭竿而起推翻秦王朝。

第六章 秦汉时期正思想的演变

一 《吕氏春秋》正的观念

《吕氏春秋》又称《吕览》,分十二纪、八览、六论三部分,共 26 卷,160 篇,由秦相吕不韦召集门客集体编著而成。它包含着先秦时期的许多史料,融汇了战国诸子各派的学术思想,为安邦治国提出了一套完整的策略和理论,其中包含的正的思想,就很值得我们分析、概括和总结。

(一) 治国用术之正

公正、公道问题是我国古代思想家非常重视的问题。在《吕氏春秋》出现以前,先秦诸子大都论及。如墨子提出"不党父兄,不偏富贵,不嬖颜色",主张给人们以公正、公道的从政机会;商鞅和韩非提出"刑过不避大臣,赏善不遗匹夫","法不阿贵,绳不挠曲",强调社会赏罚要公平,一视同仁,等等。《吕氏春秋》在先秦诸子的公道理论基础上,对公正、公道原则作了进一步的阐发。

在《吕氏春秋·贵公》中,它总结了历史上安危治乱的经验。认为社会安治源于公道,危乱出于不公。"尝试观于上志,有得天下者众矣,其得之以公,其失之以偏。"即得失天下的原因在于能否秉持公正、公道原则。《吕氏春秋》认为,公道即天理,它有着客观根据,自然界中阴阳二气的和谐,风霜雨露的及时，并不单单是为了哪一类生物，它"不长一类、不私一物"，而是为了天地间的一切生灵。这也就是说，自然界中的一切生物，包括人在内都有平等的生存权利。因此，统治者在治理国家时就应该对所有的人一视同仁，秉公办事，无私无偏。"昔先圣王之治天下者，必先公。公则天下平矣。"秉持公道应坚持："不偏向，不私党，王道如此平坦宽广；不偏向，不歪斜，遵从先王的原则；不逞一己之好，遵从先王的正道；不逞一己之恶，遵从先王的正路。"（《吕氏春秋·贵公》）在《吕氏春秋》看来，公道就是不以自己的好恶为转移，不偏不私，一切遵从先王的准则。

"天下非一人之天下也，天下之天下也。"（《吕氏春秋·贵公》）两千载而下，此语犹掷地有声。它的贵公去私、以民为本的思想，体现了它治国用术之正。它认为，追求和维护天下百姓的利益，放弃个人的一己之利，不仅是君王最根本的政治职责，也是君王最高的道德操守。它说："天地大矣，生而弗子，成而弗有，万物皆被其泽、得其利，而莫知其所由始，此三皇、五帝之德也。"（《吕氏春秋·贵公》）又说："天无私覆也，地无私载也，日月无私烛也，四时无私行也，行其德而万物得遂长焉。"（《吕氏春秋·去私》）生长抚育万物而不据为己有，公而无私，乃天地之大德。《吕氏春秋》从天人一体、人法天地思想出发，认为公而无私也应是君王之大德。所谓"公"是指公正、公平、公义，其实质是天下百姓之利，"私"是指私心、私智，其实质是个人一己之利，两者是根本对立的，"私利而立公，贪戾而求王，舜弗能为。"（《吕氏春秋·贵公》）君王治天下必须"立公"、"去私"。"昔先王之治天下也，必先公，公则天下平矣。平得于公。尝试观于上志，有得天下者众矣，其得之以公，其失之必以偏。凡主之立也，生于公。"（《吕氏春秋·贵公》）"公平"、"公正"不仅是君王治平天下的道德准则，也是君王获得天下的前提，换言之，也是君王夺取和保有自己权位的基本条件。

（二）强国用兵之正

《吕氏春秋》一书很重视兵法。自《荡兵》以下至《爱士》八篇均从战略到战术、从政治到军事作了专篇阐论，而且相当精辟。

《墨子·非攻上》早就提出，要区分战争的"义与不义之别"，但其倾向是非攻，比较笼统地认为攻国杀人是"大为不义"，以致不加区分地反对进攻性战争。孟子则认为仁义之兵可兴，害民之国可攻。《荀子·议兵》的看法是"兵者，所以禁暴除害也"，主张以"仁义之兵行于天下"。《吕氏春秋》借用了《墨子》关于战争的正义与非正义的说法，吸取了孟荀关于仁义之战的思想，概括性地论述了战争的正义与非正义两种性质，主张积极地进行兴有道、伐无道的正义战争。

《吕氏春秋》写作的年代，正值秦国强大有并吞六国之势，所以极力反对"非攻"之说，大造"义兵"的舆论。《荡兵》首句便鲜明揭示"古圣王有义兵而无有偃兵"，就是说，它赞成仁义之师，而不主张废除军备。"义兵"以"诛暴君振苦民"为宗旨。《禁塞》篇云：假如这里有一个人，能使一个死人复活，那么天下人必定争先侍奉他了。"义兵"救活的不止一个人，谁能不为之高兴？所以"惟义兵为可兵"。只要是义兵，不管是攻伐还是防守，都应拥护和赞成；只要不是"义兵"，不管是进攻还是防守，都应当谴责。决不能以"兵凶"作为"偃兵"的借口，不分青红皂白、置生灵涂炭于不顾。一概反对兵备和战事，那无疑是纵容暴君和强徒。正义之师，除残去暴，顺乎人心，则无往而不胜。

在《怀宠》篇中，着重论述了战无不胜之道。不论哪个国家，如果其君多行不义，残害人民，则伐之有理。攻入该国之后，兵士应严守纪律，"不虐五谷，不掘坟墓，不伐树木，不烧积聚，不焚室屋，不取六畜。得民虏奉而题归之，以彰好恶。信与民期，以夺敌资"。并且发出号令："兵之来也，以救民之死。子之在上，无道倨傲，荒怠贪庚，虐众悠唯自用也，辟远圣制，警丑先王，排訾旧典，上不顺天，下不惠民，征敛无期，求索无厌，罪杀不辜，庆赏不当。若此者，天之所诛也，人之所雠也，不当为君。今兵之来也，将以诛不当为君者也，以除民之雠而顺天之道也。"（《吕氏春秋·怀宠》）这一号令旨在瓦解敌军斗志，争取敌国人心。征服敌国后，还要以德抚其民，敬其长老，增其俸禄，以其府库仓廪的财物粮食分给民众。因此，"义兵至，则邻国之民归之若流水，诛国之民望之若父母"。可以看出，出兵之正、用兵之"义"是"万事之纪"，是"三军一心"的凝合剂，是强大国家的关键。三军一心，秉义而战，有必死之心，无畏死之意，"虽有江河之险则凌之，虽有大山之塞则陷之"，如此，则敌兵丧胆，"精神尽矣，咸若狂魄……虽有险阻要塞，镭兵利械，心无敢据，意无敢处"（《吕氏春秋·论威》）。

（三）务本察今之正

推究事理，察物辩证是《吕氏春秋》中的一个重要内容。

世上事物有似是而非者，"疑似之迹，不可不察"，"亡国之主似智，亡国之臣似忠"（《吕氏春秋·疑似》）。亡国之主大都骄态自大，饰非拒谏，喜听阿谀之言，受蒙蔽而不辨忠奸。"易牙竖刁之见宠于齐桓公，太宰嚭听于吴王夫差，皆以不能明辨真度而导致国家衰亡。大奸似忠，大诈似信，鱼目混珠，斌肤乱玉，皆在疑似之间。"所以，"事多似倒而顺，似颠而倒。有知顺之为倒、倒之为顺者，则可与言化矣。至长反短，至短反长，天之道也。"（《吕氏春秋·似顺》）

因此，人要不为表面现象所迷惑，不为既成状态所拘泥，而要努力推知事情的缘由："国之存也，国之亡也；身之贤也，身之不肖也，亦皆有以（原因）。圣人不察存、亡、贤、不肖，而察其所以也。"（《吕氏春秋·审己》）它举了若干例子说明许多事情是不能简单类比、简单推知的。如草药有莘有藟，合在一起服用能够延年益寿，而单独服用就会致死人命；小方框与大方框相似，小马与大马相似，但小聪明跟大聪明就不可等同；刻舟求剑者就是犯了认死理的毛病。

作为国君必须察于几微，有预见性。国之治乱存亡的征象，不像"高山之与深溪"，"白圭之与黑漆"（《吕氏春秋·察微》）那样显而易见。"治乱存亡，其始若秋毫"，"如可知，如不可知；如可见，如不可见"（《吕氏春秋·察微》），但是必有征兆。夏桀、商纣当政时，贤臣良吏预知其将亡；白圭从"五尽"观察而知齐与中山之将灭。（《吕氏春秋·先识览》）欲先知，必观表，"先知必审征表……圣人上知千岁，下知千岁，非意之也，盖有自云也"。（《吕氏春秋·观表》）观表方能知化，知化在于先知，若不能先知，则与勿知同。"化未至，则不知；化已至，虽知之，与勿知一贯也"（《吕氏春秋·知化》）。化者，变化也，事物的发展变化有其规律在。知化，是对事物发展变化前景的预测和把握。处太平之世，也应居安思危，善于持胜。安危成败可以相互转化，正因为如此，有道之士，特别是为政治国者，应最大限度地明白宇宙万物的事理，顺应天地之道，因时而易俗，因事而变法。不应拘泥于先王的陈规旧制，也不应死守学派的成见畛域。既要看到今天，也要预知明天。

"故人主之性莫过乎所疑，而过于其所不疑；不过乎所不知，而过于其所以知。故虽不疑，虽已知，必察之以法，摇之以量，验之以数。若此，则是非无所失，而举措无所过矣。"（《吕氏春秋·谨听》）"法"、"量"、"数"便是客观尺度，以客观尺度检验事物,便可袪蒙蔽而见真诊。予智自雄,主观自是,必然要犯错误。直观感觉,往往不可靠,"耳目知巧固不足恃,惟修其数、行其理方可"(《吕氏春秋·任数》)。因此,为政治国、行事做人都要善于实事求是地推究事理,要有发展辩证的眼光,不可凭主观愿望背理行事,也不能盲目迷信经验和外物。强调要明辨真伪,重客观,忌主观。

(四)审势用贤之正

《吕氏春秋》认为"用贤"是实现霸王之业的工具和手段。如《吕氏春秋·知度》中写道,"绝江者托于船,致远者托于骥,霸王者托于贤",把"用贤"比喻成"绝江"、"致远"的船和骥,如果想要成就王霸之业,不"用贤",就像没有船和骥一样,是绝对不能达到目的的。在《吕氏春秋》的作者看来,历史上所有的圣明君主都是因为善于"用贤"而最终实现了自己的大业。如《吕氏春秋·赞能》中说:"舜得皋陶而舜受之,汤得伊尹而有夏民,文王得吕望而服殷商。"齐桓公和楚庄王,也是因为重用了管仲和孙叔敖而成就了霸业的。所以,"功无大乎进贤"。认为"用贤"是衡量君主好坏的尺度和标准。《吕氏春秋·谨听》中明确指出,"主贤世治,则贤者在上;主不肖世乱,则贤者在下",把"贤者"在国家政治生活中的地位高低作为衡量君主的"贤"或"不肖"的标准。只要能够让贤者"在上",就是好的君主,反之,就是"不肖"的君主。为了强调这个观点,《吕氏春秋》甚至提出了"人主虽不贤,犹若用贤,犹若听善,犹若为可者"(《吕氏春秋·正名》)的观点。就是说,哪怕是"不贤"的君主,只要他能够用贤听善,还是可以被拥戴的。认为"用贤"是国家安危的根本。对此,《吕氏春秋·期贤》这样写道:"凡国不徒安,名不徒显,必得贤士。"意思是说,国家不会无缘无故地安定,君主的名声不会无缘无故地显赫，它是靠拥有贤士才能实现的。就像卫国那样，因为有十个贤士，而能"按赵之兵"，使赵简子直到死都不敢对卫国用兵；就像魏文侯那样，因为礼用了段干木，也使秦国"不可加兵"，从而说明"用贤"对国家安定、建立功业的至关重要性。类似这样的看法，在其他篇目中也有表述，如《吕氏春秋·谨听》的"名不徒立，功不自成，国不虚存，必得贤者"。《吕氏春秋·分职》的"任贤者则恶之"，"国家之所以危"，以及《吕氏春秋·求人》的"得贤人，国无不安，名无不荣；失贤人，国无不危，名无不辱"等等，都是这样的言论。所有这些，不难看出《吕氏春秋》的作者对"用贤"重要性的认识是非常到位的。

为了达到"用贤"这个目的，《吕氏春秋》强调，用贤一要至公无私，因材而用。《吕氏春秋·贵公》中写道："昔圣王治天下，必先公。则天下平矣。"把君主事业的成败和能否至公无私联系起来，认为"得之以公，其失之必以偏，凡主之立，生于公"，并以齐桓公为例对此加以说明。说齐桓公"行公去恶，用管子而为五伯长"做了霸主，"行私阿所爱，用竖刀而虫出于户"，竟悲惨死去，直到尸体生蛆都没人管。《吕氏春秋》盛赞作为"昔圣王"的尧、舜，说"尧有子十人，不予其子而授舜；舜有子九人，不予其子而授禹"(《吕氏春秋·去私》)。同时，高度评价了管仲不举荐至交鲍叔牙为相，祁黄羊举荐仇家解狐为南阳令的做法，认为这才是因材而用的"至公"。

用贤二要督名审实，注重实际。《吕氏春秋·知度》中提到的"督名审实"，就是要求君主在使用"贤者"时要注重实际，做到名实相符。因为"凡乱者，刑（形）名不当也"(《吕氏春秋·正名》)，都是由于名实不符的缘故造成的。所以，君主必须"督名审实"，不然要想"国不乱，身不危"(《吕氏春秋·正名》)是很难办到的。在《吕氏春秋·审分》中对此又作了充分的阐述，说："夫名多不当其实，而事多不当其用，故人主不可以不审名分也，不审名分，是恶壅而愈塞也。"其结果是"夫说以智通，而实以过免；誉以高贤，而充以卑下；赞以洁白，而随以污德；任以公法，而处以贪枉；用以勇敢，而堙以罢怯"的现象出现。因此，要求君主要"按其实而审其名，以求其情；听其言而察其类，无使放悖"。只有这样，才能在使用"贤者"时不出现失误。

用贤三要不拘所短，博采众长。《吕氏春秋·用众》写道："物固莫不有长，莫不有短"，关键是要善于用其所长，就像"天下无粹白之狐，而有粹白之裘，取之众白也"一样，唯有把贤者的长处集中在一起，才能成就大事。因为就连神农、黄帝那样古代圣明的帝王都"犹有非"，更何谈其他的人呢？所以"以绳墨取木，则宫室不成"（《吕氏春秋·离俗》）。因此，作为圣明的君主，只有"择物而贵其一"、"权而用其长者"（《吕氏春秋·举难》），"假人之长，补己之短"（《吕氏春秋·用众》），才是君主立国立君的根本。三皇、五帝所以能"立大功名"皆源于此。否则，以"人之小过，亡人之大美"（《吕氏春秋·举难》），就不能充分发挥每一个"贤者"的长处，大业也是难以实现的。

用贤四要鼓励直言，虚心纳谏。作为君主应当时刻意识到"不知而自以为知，百祸之宗也，不深知贤者之所言，不祥莫大焉"（《吕氏春秋·谨听》）的危害，以及"不以直言，则过无道闻，而善无自至矣"（《吕氏春秋·壅塞》）的道理。强调"人主欲自知，则必直士"（《吕氏春秋·自知》），必须鼓励敢于讲真话的人，既"所以贵士"，就是"为其直言也"。因为他们的直言不光能使"枉者见矣"，有时甚至可抵千军万马。就像赵简子所说的那样："与吾得革车千乘也，不如闻行人烛过之一言。"正是烛过劝谏赵简子身先将士的直言，才使"战斗之士，赏不加厚，罚不加重"，"皆乐为其上死"。（《吕氏春秋·贵直》）当然，要听取直言，还必须要有像齐桓公那样有"可与言极言矣"的气度，能够听进去激烈刺耳的意见，唯有这样，才能"故可与为霸"。（《吕氏春秋·直谏》）

(五) 尊师重教之正

《吕氏春秋》特别强调尊师，要求学生"事师之犹事父"。认为"学"对"成身"、"天下治"有巨大作用，它能使人成为圣贤，能改造品质不好的人，且能"成其身而天下成，治其身而天下治"。（《吕氏春秋·先己》）"圣人生于疾学。不疾学而能为魁士名人者，未之尝有也"，"不知理义，生于不学"。（《吕氏春秋·劝学》）"故凡学，非能益也，达天性也，能全天之所生而勿败之，是谓善学"，"学也者，知之盛者也"，"成身莫大于学"，（《吕氏春秋·尊师》）"学贤问（智），三代之所以昌也"。（《吕氏春秋·谨听》）而"疾学在于尊师"。为此，它提倡尊师重教。

"神农师悉诸，黄帝师大挠，帝颛顼师伯夷父，帝喾师伯招，帝尧师子州支父，帝舜师许由，禹师大成赘，汤师小臣，文王、武王师吕望、周公旦，齐桓公师管夷吾，晋文公师咎犯、随会，秦穆公师百里奚、公孙枝，楚庄王师孙叔敖、沈尹巫，吴王阖闾师伍子胥、文之仪，越王句践师范蠡、大夫种。此十圣人六贤者，未有不尊师者也。今尊不至于帝，智不至于圣，而欲无尊师，奚由至哉？此五帝之所以绝，三代之所以灭。"（《吕氏春秋·尊师》）

可见，古代的圣贤没有不尊重老师的。现在的人，尊贵没有达到帝的地位，智慧没有达到圣人的水平，却要不尊重老师，怎么能达到帝、圣的境界呢？"遇师则不中，用心则不专，好之则不深，就业则不疾，辩论则不审，教人则不精；于师愠，怀于俗，羁神于世；矜势好尤，故湛于巧智，昏于小利，惑于嗜欲；

问事则前后相悖，以章则有异心，以简则有相反；离则不能合，合则弗能离，事至则不能受。"（《吕氏春秋·诬徒》）所以，不尊重老师，对老师怨恨、不忠实，辩论起来就分不清是非，就会沉迷于耍弄奸巧计谋，迷恋微小的利益，处理事情前后矛盾，做文章观点杂乱不一致，分散的东西不能综合起来，综合的东西不能分析，重大的事来临不能承受。

如何尊师？《吕氏春秋·尊师》中列举了一些具体做法："生则谨养，谨养之道，养心为贵；死则敬祭，敬祭之术，时节为务。此所以尊师也。治唐圃，疾灌浸，务种树；织葩屦，结置网，捆蒲苇；之田野，力耕耘，事五谷；如山林，入川泽，取鱼鳖，求鸟兽。此所以尊师也。视舆马，慎驾御，适衣服，务轻暖；临饮食，必蠲絜；善调和，务甘肥；必恭敬，和颜色，审辞令；疾趋翔，必严肃。此所以尊师也。"

《吕氏春秋》更明确地指出："为师之务，在于胜理，在于行义。"又说："义之大者，莫大于利人，利人莫于教。"教师也应当认识到，其自身之所以存在重要价值，在于其主要是开启心智，在于"胜理"，在于培养全面发展的有德行的"人"，即所谓"行义"。进一步讲，"行义"二字体现了为师者通过教育人、培养人而改造社会的神圣使命，具有"道德命令"的性质。它不是一种外在的强制，而是在对社会关系客观认识基础上的一种自觉担当，达不到"行义"的目的和要求的时候则常常会感到惭愧与不安。从这个意义上讲，为师者就是社会改造的引导者、先行者，所以《吕氏春秋》讲："故师之教也，不争轻重、尊卑、贫富，而争于道。"

《吕氏春秋》中提出一个重要的教育理念就是"反己以教"。"视徒如己，反己以教，则得教之情矣。所加于人，必可行于己，若此则师徒同体。人之情，爱同于己者，誉同于己者，助同于己者，学业之章明也，道术之大行也，从此生矣。"好老师对待学生就如同对待自己一样,要设身处地施行教育。老师要求学生做到的,先想想,自己若是学生,能否做到,不能勉强学生做力所不及之事。这样就能师生同心,情感和谐,使教育过程得以顺利完成。

二 贾谊论治国之正

贾谊(公元前200—前168年),河南洛阳人,西汉初期杰出的哲学家、思想家、政论家,著有《新书》58篇、疏7篇、赋5篇。从贾谊的创作中我们可以窥见其思想体系的丰富内涵,"观之上古,验之当世,参之人事,察盛衰之理,审权势之宜",涉及政治、经济、教育、伦理道德、哲学等各个领域。他的政论,气势恢弘,通识大体,切中时弊,深谙治乱之机。恰如刘向所赞:"贾谊言三代与秦治乱之意,其论甚美,通达国体,虽古之伊、管未能远过也。使时见用,功化必盛。"[①]

(一)《过秦论》仁义治国之正

秦始皇于公元前221年建立了我国历史上第一个统一的多民族的封建帝国,只因暴虐天下,很快便被陈胜、吴广领导的农民起义推翻,秦王朝只存在了短促的13年。贾谊著名的《过秦论》,即"言秦之过",全文分上中下三篇,述史井然,笔锋锐利,文采飞扬,批评秦朝过失,意在针砭当朝。《过秦论》是贾谊的代表作,也是西汉初政论散文的代表作,堪称"政论文之楷模"。

在《过秦论》中,贾谊旁征博引,从"仁义不施,而攻守之势异也"的秦亡教训出发,总结了"取与守不同术"的历史

---

① 班固:《汉书》,中州古籍出版社1991年版,第375页。

经验:"夫并兼者高诈力,安定者贵顺权,此言取与守不同术也。秦离战国而王天下,其道不易,其政不改,是其所以取之守之者无异也。""秦王怀贪鄙之心,行自奋之智,不信功臣,不亲士民;废王道而立私爱,禁文书而酷刑法,先诈力而后仁义,以暴虐为天下始。夫并兼者高诈力,安定者贵顺权,推此言之,取与守不同术也,秦离战国而王天下,其道不易,其政不改,是其所以取之也;孤独而有之,故其亡可立而待。"从这一表述中,可以看出,贾谊的重点落在这三句话上:"取与守不同术","其道不易","其政不改"。而从贾谊所列的秦之过来看,这三句话的核心是"其政不改"。如秦始皇"怀贪鄙之心,行自奋之智","秦二世立,天下莫不引领而观其政"。本来秦二世可以凭"新王之资",实行仁政,可是"二世不行此术,而重以无道;坏宗庙与民,更始作阿房之宫;繁刑严诛,吏治刻深;赏罚不当,赋敛无度"。不难看出,贾谊所谓的"秦之过",主要表现在政令、政策、施政方针方面,即"政"上。所以他下面接着说:"借使秦王论上世之事,并殷周之迹,以制御其政,后虽有淫骄之主,尤未有倾危之患也。"(《过秦论》)因此,贾谊更强调"政"的重要,暴政导致秦速亡。在贾谊看来,正是他们不仅繁法酷刑、横征暴敛使天下民不堪命,而且"秦王足已不问","二世因而不改",刚愎自用堵塞言路,使"倾身而听,重足而立,阖口不言"成为人们的习俗。接着贾谊又以先王广开言路,所以无论强弱盛衰都不至宗庙绝祀,指责秦在盛时堵塞言路,衰时众叛亲离。同时作者饱含感情地描述了子婴在天下已乱、国家危急时刻仍然处于智士不谋、谏士不言的孤立境地。所以陈胜、吴广"奋臂于大泽",导致秦王朝的覆灭。

因此,贾谊提出"仁义恩厚"和"权势法制"相结合的统治方法。他说:"仁义恩厚,此人主之芒刃也;权势法制,此人主之斤斧也。势已定,权已足矣,乃以仁义恩厚因而泽之,故德布而天下有慕志。"(《新书·制不定》)贾谊所说的"仁义恩厚"具体表现为"虚囹圄而免刑戮","约法省刑,以持其后";"发仓廪,散财币,以振孤独穷困之士;轻赋少事,以佐百姓之急"。(《过秦论》)这样,统治者才能使人民安居乐业。贾谊认为施仁义、行博爱才是治国之本,统治者应该用贤爱民、重本抑末、慎用刑罚才会天下大治。

"前事之不忘,后事之师也"是《过秦论》留给我们的一条至理名言。贾谊总结出历代政权灭亡的原因,都在于不能以仁义之道安抚民众,他认为,以民为本的思想应贯穿于为政的各个方面,因此他反复强调在政治上以民为本、"仁义之政"的重要性。统治者应该实行仁政,博施仁义。贾谊的《过秦论》以其正确的论点,被鲁迅称为"西汉鸿文,沾溉后人,其泽甚远"(《汉文学史纲要》)。

(二)《吊屈原赋》颂直行不阿之正

贾谊的《吊屈原赋》是今天所能看到的最早的悼念屈原的文学作品。这是一篇赋作,又名《吊屈原文》,是一篇感人的吊文,更是一篇优秀的汉赋。它不同于后来汉赋的堆砌辞藻、追求篇幅,而是投诸真情、精美恰切,情感深厚畅达,寄托了作者对屈原的哀思和景仰之情。赋文由引言、正文、讯辞三个部分组成。文中追怀古人,颂屈原"九死未悔"、正直不阿的斗争精神,也表现了作者郁郁不得志的心情和对黑暗现实的不满情绪。

《吊屈原赋》是贾谊为长沙王太傅,途经湘水时所作。在赋的引言中,作者用"俟罪长沙"表明自己与屈原一样都是被贬谪放逐之人,接着又用"遭世罔极兮,乃殒厥身"为屈原的不幸遭遇和悲惨结局鸣不平,使赋文一开篇就充满了愤懑的气氛。贾谊在才华横溢、青云有路、希望大展宏图之时,因触怒权贵而被谪放僻远的长沙,遭遇与屈原相似。因此,面临湘水,自然产生无限的缅怀追悼之情。文中作者既哀婉又感情激烈地尽情抒写自己的愤慨之情，表明政治黑暗正是造成屈原悲剧的真正原因。作者采用了《离骚》"香草美人"式的比兴手法，用一连串清丽易晓的比喻形象地勾画出贤愚易位、正邪颠倒的社会现状，愤激之情溢于言表，深得《离骚》之神韵。

"呜呼哀哉！逢时不祥。鸾凤伏窜兮，鸱枭翱翔。茸尊显兮，谗谀得志。贤圣逆曳兮，方正倒植。世谓随、夷为溷兮，谓跖、蹻为廉。莫邪为钝兮，铅刀为铦。吁嗟默默，生之无故兮；斡弃周鼎，宝康瓠兮。腾驾罢牛，骖蹇驴兮。骥垂两耳，服盐车兮。章甫荐履，渐不可久兮。嗟苦先生，独离此咎兮。"由动物的尊卑贵贱写到人的贤愚善恶，正反对举一连串黑白颠倒、好坏倒置、是非不分的不合理现象。作者尽情列举，反复咏叹，通过比喻，把屈原的高洁、正直、才能与奸佞小人的贪婪、卑鄙、庸碌相对比，又把屈原的遭受排挤、打击与奸佞小人的尊显得志相对比，突出了社会现实的黑暗与混乱，讴歌了屈原刚正不阿的正直品行。

正由于贤良遭忌，坏人得宠，屈原才"独离此咎"，遭到无妄之灾。然而，贾谊的禀性比屈原更刚烈，他虽然身处逆境，也曾受到老庄消极避世思想的影响，但他不甘埋没自己的才华，仍然向往着"相其君"的事业。在讯辞的二十六句中，作者进一步采用"香草美人"式的比兴手法，以凤鸟、神龙、骐骥等比喻贤士，以虾、蛭、蝼、蚁等比喻奸恶之辈，进而对屈原"弥融炫以隐处兮夫岂通心贵与蛙黾"的毫不苟合的斗争精神进行了高度的赞扬，同时对屈原洁身忠君，未能"远浊世而自藏"，也没有"历九州而相其君"，因而横遭祸患的结局深表惋惜。作者这样写，比《离骚》更愤激、更尖锐，最能表现出贾谊的个性，既写出了作者的鹏程之志，又曲折地反衬出作者对屈原的不幸命运的沉痛哀悼。这里的屈原，既是作者的偶像，又是作者的化身，作者把自己的命运和前途、抱负和理想都凝聚在对屈原的赞美和同情之中，故而《吊屈原赋》虽使人伤感、痛心，但却没有让人消沉、沮丧，相反催人精神亢奋，斗志昂扬。

三　董仲舒论"正心"与"正万民"

董仲舒（公元前179—前104年），广川（今河北省景县）人，是西汉最著名的儒家学者，有"汉代孔子"之称。董仲舒学识渊博，遍通五经，尤精于"春秋公羊学"。他以在学术上的高深造诣和"三年不窥园"的治学精神，赢得了当时读书人的尊敬并纷纷拜他为师，他则以第次相传的方式教授弟子。董仲舒的著作很多，但流传下来的很少，其中以《春秋繁露》和保存在《汉书·董仲舒传》中的《对贤良策》影响最大。

（一）正心、正己才能正万民

董仲舒认为，人君不正，则百姓无以为正。这个观点与传统儒家是一致的，但他对该观点的论述却与传统儒家不同。

儒家一贯认为，人君者乃一国之首善，其道德人格会对其他社会成员、对整个社会的道德风气产生重要影响，并通过上行下效、"君子之德风，小人之德草"式的道德感召模式，实现为民表率，以德化民的教化目的。如孔子说："政者，正也，子率以正，孰敢不正？"（《论语·颜渊》）孟子也说"君仁，莫不仁；君义，莫不义"（《孟子·离娄上》），荀子更是在《君道》篇中开宗明义便提出"有治人，无治法"。这些观点无非都是强调"为政以德"的重要作用，强调明君贤相们以道德人格的力量统率政治、由一人而及多人，达到众星拱北辰、一人正而天下正的社会治理效果。

董仲舒对《春秋》的第一句话"元年春，王正月"进行了特殊的解释,他认为,元乃天之始,天之端来自于元。天的运行表现为四时,而春则为四时之始,因此《春秋》特别重视"元"的概念,"元"不仅为万物之始,也是王道的最终根源:"《春秋》何贵乎元而言之,言本正也。道,王道也。王者人之始也。王正则元气和顺……"(《春秋繁露·王道》)因此,董仲舒从中得出必须要正王道、正人君的结论,他在给汉武帝的对策中说:"臣谨案《春秋》之文,求王道之端,得之于正。正次王,王次春。春者,天之所为也;正者,王之所为也。其意曰,上承天之所为,而下以正其所为,正王道之端云尔。"(《汉书·董仲舒传》)

根据这样的思路,董仲舒认为,人君正所以朝廷正,朝廷正所以百官正,百官正所以万民正,万民正所以四方正,四方正所以天下正,人君正则可使天下向善,而人君不正则可使天下习俗大坏。他说:"尔好谊,则民乡仁而俗善;尔好利,则民好邪而俗败。由是观之,天子大夫者,下民之所视效,远方之所四面而内望也。近者视而放之,远者望而效之,岂可以居贤人之位而为庶人行哉!"在《尧舜不擅移汤武不专杀第二十五》中说:且天之生民,非为王也,而天立王以为民也。故其德足以安乐民者,天予之;其恶足以贼害民者,天夺之。这里意思是,上天生百姓,不是为君王,可是上天立君王是为百姓的。因此,那些品行好,完全可使百姓安乐的人,上天就把百姓交给他们;那些品行坏,残害百姓的人,上天就会夺回百姓。

因此,在仁与义关系的处理上,董仲舒一反先秦以来通常所认为的"仁内、义外"的主张,而强调"仁在爱人,义在正我"。董仲舒在《春秋繁露·必仁且知》中说:"何谓仁?仁者,憯怛爱人,谨翕不争,好恶敦伦,无伤恶之心,无隐忌之志,无嫉妒之气,无感愁之欲,无险诐之事,无辟违之行。故其心舒,其志平,其气和,其欲节,其事易,其行道,故能平易和理而无争也,如此者,谓之仁。""义者,谓宜在我者。宜在我者,而后可以称义。故言义者,合我与宜以为一言。以此操之,义之为言我也。故曰:有为而得义者,谓之自得。有为而失义者,谓之自失。人好义者,谓之自好。人不好义者,谓之不自好。以此参之,义,我也,明矣!"(《春秋繁露·仁义法》)

于是,董仲舒便提出自己的仁义法则,即为仁行义的基本路径:"是故《春秋》为仁义法。仁之法,在爱人,不在爱我;义之法,在正我,不在正人。我不自正,虽能正人,弗予为义;人不被其爱,虽厚自爱,不予为仁。昔者,晋灵公杀膳宰以淑饮食,弹大夫以娱其意,非不厚自爱也,然而不得为淑人者,不爱人。质于爱民,以下至于鸟兽昆虫莫不爱。不爱,奚足谓仁?仁者,爱人之名也。以知明先,以仁厚远,远而愈贤,近而愈不肖者,爱也。故王者爱及四夷,霸者爱及诸侯,安者爱及封内,危者爱及旁侧,亡者爱及独身。独身者,虽立天子诸侯之位,一夫之人耳,无臣民之用矣。如此者,莫之亡而自亡也。"(《春秋繁露·仁义法》)董仲舒明确指出,一方面,为仁之法,在于爱他人,而不在于爱我自己;另一方面,行义之法,首要的应该是匡正我自己,而不应该对他人作严格、苛刻的要求。作为人君国主,如果我对自己还没有能够予以及时、准确的反省,即使能够对别人的过失作出纠正,也不应该被看做义之举;如果别人不能够蒙受自己的仁爱恩泽,即使对自己有深厚的惜爱,同样也不能视作仁的表现。

(二) 正万民关键在大兴教化

董仲舒对教化的社会作用极为重视,他提出"教,政之本也",圣王应"以教化为大务"、"任德而不任刑"的思想。"凡以教化不立而万民不正也。夫万民之从利也,如水之走下,不以教化堤防之,不能止也。是故教化立而奸邪皆止者,其堤防完也;教化废而奸邪并出,刑罚不能胜者,其堤防坏也。古之王者明于此,是故南面而治天下,莫不以教化为大务。"(《举贤良对策一》)教化是王道政治的根本保证,百姓听从君主,接受君主的教化,就好比草木随着四时荣枯一样。"为人主者,居至德之位,操生杀之势,以变化民。民之从主也,如草木之应四时也。"(《春秋繁露·威德所生》)

董仲舒从历史上正反两个方面的经验和教训,说明教化对国家的兴衰存亡起决定作用,实行教化与否将会产生两种截然不同的结果。"圣王之继乱世也,扫除其迹而悉去之,复修教化而崇起之。教化已明,习俗已成,子孙循之,行五六百岁,尚未败也。"教化修,习俗化,从而国运昌,立于不败之地。历史上殷继夏、周继殷都是如此。然而秦之继周却不然。周之末世,由于大为亡道,所以失了天下。而继周之秦"独不能改",反而"益甚之"、"重禁文学,不得挟书,弃捐礼谊而恶闻之,其心欲尽灭先王之道,而颛为自恣苟简之治",非以文德教训于下,结果秦"立为天子十四岁而国破亡矣"。(班固《汉书》)

他认为,自汉朝建立以后,秦朝的"遗毒余烈,至今未灭",如果想用法令来禁止,那是徒劳无益的。"法出而奸生,令下而诈起,如扬汤止沸,抱薪救火,愈甚亡益也。"他把这种状况比之不调的琴瑟,必解而更张才可弹奏,"故汉得天下以来,常欲善治而至今不可善治者,失之于当更化而不更化"。"今临政而愿治七十余岁矣,不如退而更化。更化则可善治,善治则灾害日去,福禄日来。"所以,董仲舒对汉武帝说:"今陛下贵为天子,富有四海,居得致之位,操可致之势,又有能致之资,行高而恩厚,知明而意美,爱民而好士,可谓谊主矣,然而天地未应而美祥莫至者,何也?凡以教化不立而万民不正也。"董仲舒为此提出"更化"的主张,将"废德教而任刑罚"更化为"任德教而不任刑"。在他看来,人君为政,无非德教与刑罚。两者同样重要,但二者又非并列平行关系,而有厚简、主从、本末、多少、先后之分。具体说是"厚其德而简其刑"、"刑者德之辅"、"大德而小刑","教,政之本也;狱,政之末也"。(《春秋繁露》)

董仲舒教化理论可分为天道教化、人性教化和王道教化三个不同的思想向度。

董仲舒视"天"为"百神之君","王者之所最尊"(《春秋繁露·郊义》),人的作为最终要受到"天"的管束。因为"天"会感知人的作为,因此会以天意示意,以天意干预人事,以灾异谴告来赏善罚恶,"所闻曰:天下和平,则灾害不生。今灾害生,见天下未和平也。天下所未和平者,天子之教化不政也。"(《春秋繁露·郊语》)天下和平,上天就不会降灾于民;天下不太平,那是统治者教化的不力,是上天对他的谴告。天道教化还是"天意之仁"的具体体现:

"灾者,天之谴也;异者,天之威也。谴之而不知,乃畏之以威。诗云:'畏天之威',殆此谓也。凡灾异之本,尽生于国家之失,国家之失乃始萌芽,而天出灾害以谴告之;谴告之而不知变,乃见怪异以惊骇之;惊骇之尚不知畏恐,其殃咎乃至。以此见天意之仁而不欲陷人也。"(《春秋繁露·必仁且智》)

正是因为天与人同类,天人相符,因而天与人具有一种感应的关系,社会人事和政治的好坏会影响天道的运行,天通过祥瑞和灾异来表达它对现实社会政治的评判,以教化天下。这也是"天人感应"的主要意义。

在人性教化方面,董仲舒主要提出了他的"教化成性"说。他反复强调"教化成性",并把它作为君王治国安民的"大本"之一。董仲舒指出:"性者,天质之朴也;善者,王教之化也。无其质,则王教不能化;无其王教,则质朴不能善。质而不以善性,其名不正,故不受也。"(《春秋繁露·实性》)人性是人的自然资质,"性之名非生也?如其生之自然之资谓之性。性者,质也。"(《春秋繁露·深察名号》)人性是质朴的,是由天决定的,而人的善良则是君王教化成性的结果。人性是君王教化的基础,如果没有君王的教化,人性无法向善。这是因为人性包括仁与贪,即性与情两部分,"人之诚,有贪有仁。仁贪之气,两在于身。身之名,取诸天。天两有阴阳之施,身亦两有贪仁之性。天有阴阳禁,身有情欲栣,与天道一也。"(《春秋繁露·深察名号》)天有阴阳,人性也相应地包含性与情两种成分,即性属阳,是仁的、善的;情属阴,是贪的、恶的。而善的成分并非善德,它必须通过教化,才能继续发展成为人的善德,即所谓"性非教化不成"。可见,董仲舒认为,人性中兼有善恶的因子,教化的作用就是发展人性,使人成为善人。

董仲舒在《贤良对策》中说:"王者欲有所为,宜求其端于天。天道之大者在阴阳。阳为德,阴为刑;刑主杀而德主生。是故阳常居大夏,而以生育养长为事;阴常居大冬,而积于空虚不用之处。以此见天之任德不任刑也。……王者承天意以从事,故任德教而不任刑。刑者不可任以治世,犹阴之不可以成岁也。为政而刑,不顺于天,故先王莫之肯为也。"在这里,董仲舒认为君主治理天下应上法于天,为政也应以"德化"为主。他要求"以教化为大务"。还要求汉武帝去"法天而立道,亦薄爱而亡私,布德施仁以厚之,设谊立礼以导之",以礼义仁德来节制对人民的压迫剥削,以维护和巩固中央集权的封建阶级专政,对人民施"仁政"。

四 司马迁与《史记》之正

司马迁(公元前145—约前87年),字子长,西汉夏阳(今陕西韩城)人。所著《史记》是我国第一部纪传体通史,记录

227

了我国上自黄帝，下迄汉武帝太初年间3000多年的历史。其中包括政治、经济、军事、教育、民族、民俗，以及天文、地理、医学、科技等内容，完成了对汉武帝以前历史的一次大总结，是中国古代一部不朽的历史文学巨著。它的内容极其丰富，思想异常深邃，这些无不显示出司马迁卓越的史识和秉笔直书的史家人格。正如他家乡韩城司马迁祠大殿的柱子上一副对联对他的评价：刚直不阿留得正气凌霄汉，幽而发愤著成信史照尘寰。这副对联真实、准确地概括了司马迁伟大而曲折的一生，他的《史记》和一身正气是留给后人的巨大财富。

（一）以"正"书史，以史正人

司马迁志趣高洁，为人正直，敢于说真话。李陵之祸对于正当壮年而意气风发的汉武帝近臣司马迁来说无疑是一场惨痛的个人灾难，但对于作为历史学家和思想家的太史公来说，这场飞来的横祸更是一场炼狱之行。此后，如凤凰涅槃般，司马迁的思想更深邃、眼光更敏锐、感情更执著了，他坚持真理，爱憎分明；坚持实录，忠于史实。最能体现这点的是他对当代史的秉笔直书。

司马迁在《史记》中无情地批判了种种违反人道的残酷行为，矛头指向了统治阶级中各式各样的人物。他揭露那些与皇族有瓜葛，骄横专断、仗势欺人的权贵，如记武安侯田蚡"以王太后故，亲幸"、"以肺腑为京师相"，权倾朝廷，骄横淫逸，"治宅甲诸第，田园极膏腴，而市买郡县器物相属于道，前堂罗钟鼓，立曲旃；后房妇女以百数。诸侯奉金玉狗马玩好，不可胜数"；他讥刺那些俯首帖耳、献媚取宠、阿谀逢迎之徒，如写叔孙通"面谈以得亲宠"和"大直若诎，道固委蛇"的处世哲学，刻画公孙弘的城府深沉和狡猾多诈："常与公卿约议，至上前，皆倍其约，以顺上意"。他还贬斥那些轻视民力的人，如指出蒙恬有功而被赐死，是由于轻视民力而招致的恶果："夫秦之初灭诸侯，天下之心未定，痍伤者未瘳，而恬为名将，不以此时强谏，振百姓之急，养老存孤，务修众庶之和，而阿意兴功，此其兄弟遇诛，不亦宜乎？何乃罪地脉哉？"（《史记·蒙恬列传》）司马迁对各色统治者大加鞭挞，充分地体现了他那勇敢的批判精神。

而尤为可贵的是，司马迁对当朝皇帝亦不留情面。《今上本纪》记汉武帝，据卫宏《汉旧仪注》和《三国志·王萧传》说因触犯了汉武帝，被"削而投之"，因此不传。事实上，撇开《今上本纪》不说，在其他纪传中，谴责汉武帝的文字亦俯拾即是：《汲郑列传》借汲黯之口指责汉武帝"内多欲而外施仁义，奈何欲效唐虞之治乎？"《大宛列传》、《西南夷列传》指出汉武帝遣使通西域和西南夷，其经济上是想猎取奇物和特产，在政治上则是为了宣扬"威德"。《历书》揭露汉武帝制历是想效黄帝而企图长生不老。《封禅书》对汉武帝封禅、祭祀、敬鬼神等迷信活动给予了辛辣的讽刺。《平准书》则重点揭露汉武帝的种种所谓兴功、兴利之事，指出其连年用兵，使人民蒙受了巨大的灾难："兵连而不解，天下苦其劳，而干戈日滋，行者斋，后者送，中外骚扰而相奉。"该书还通过"作者数万人"、"兴十余万人"、"卒二十余万人"、"死者数十万"、"费凡百余巨万"、"费亦各巨万十数"、"其费以亿计，不可胜数"等一连串触目惊心的数字来对汉王朝穷兵黩武进行声讨，并对其所推行的如铸五铢钱、盐铁专卖、算缗和告缗之法等经济政策，也给予猛烈的抨击，指出这不过是"与民争利"而已。在《酷吏列传》中，司马迁通过对贪赃枉法、"以恶为治"的酷吏如周阳由、张汤、王温舒、杜周之流的揭露和批判来抨击汉武帝，揭露其治下刑罚苛重的黑暗，他甚至通过汉武帝对酷吏的态度，如"上悦"、"上以为能"、"天子闻之以为能"、"天子以为尽力无私"等，来表现其对这位汉家天子"严如斧械"的诛心之笔。

在《史记》中,司马迁对那些仁爱百姓、体恤士卒的将相赞誉有加。《循吏列传》对汉兴以前的循吏如孙叔敖、子产、公仪休、石奢、李离等的勤政爱民、"奉法循理"和"坚真廉正"的事实予以歌颂。在司马穰苴、吴起、田单、李广等人的列传中,司马迁赞扬了那些爱护士卒的将领,如写吴起"与士卒最下者同衣食;卧不设席,行不骑乘,亲裹赢粮,与士卒分劳苦;卒有病疽者,起为之吮之。"(《史记·吴起列传》)写李广"得赏赐辄分其麾下,饮食与士共之"。"广之将兵,乏绝之处,见水,士卒不尽饮,广不近水;士卒不尽食,广不尝食,宽缓不苛,士以此乐为用。"(《史记·李将军列传》)而对那些不爱护士卒,甚至虐待部下的将领,他毫不留情地予以鞭挞,如《骠骑将军列传》记霍去病"其从军,天子为遣太官赍数十乘。既还,重车舍弃梁肉,而士有饥者。其在塞外,卒乏粮,或不能自振,而骠骑尚穿域蹋鞠。"对不同将领的一褒一贬,司马迁爱憎之立场泾渭分明。

司马迁在对统治者进行揭露和批判的同时,对广大的劳动人民却给予深切的同情和热情的歌颂。《陈涉世家》用了相当的篇幅,对中国第一次农民起义进行了具体的记述,对首揭义旗的陈涉给予极高的评价:"陈涉虽已死,其所置遣侯王将相,竟亡秦,由涉首事也。"甚至把他与汤武革命和《春秋》相提并论:"桀纣失其道而汤武作;周失其道而春秋作;秦失其政而陈涉发迹,诸侯作难,风起云蒸,卒亡秦族。"(《史记·太史公自序》)继陈涉而起的项羽和刘邦,虽然他们的出身和后来的成败各不相同,但他们同样是秦末农民起义的领袖。司马迁对刘邦固然不少贬词,然对他广揽人才,量能授职,从谏纳言,特别是对他卓越的军事才能和政治手腕给予了具体而真实的叙述,肯定了他的历史功绩,甚至对功败垂成、自刎乌江的项羽也作出公正的评价,认为他"非有尺寸，乘势起陇亩之中，三年，遂将王诸侯灭秦……位虽不终，近古以来未尝有也"(《史记·项羽本纪》)，足以此与号称"大圣"的舜相媲美，而对他不畏强暴、勇往直前，终于推翻嬴秦和"力拔山兮气盖世"的英雄气概更是尽情赞扬。

在《史记》中，他还大力渲染和称道那些见义勇为、急人之急而不图名利的人，鲁仲连不慕富贵，不为势利，为解邯郸之围，竟不顾个人安危，这种品格大为司马迁称赞。晏子尽忠尽义，在崔杼杀了庄公之后，他不避刀斧，伏尸而哭，成礼而后去。太史公叹曰："假令晏子而在，余虽为之执鞭，所忻慕也。"(《史记·管晏列传》)除为这些具有侠肝义胆的贤达忠臣立传之外，司马迁破例为那些游侠之人显身扬名。他认为："今游侠，其行虽不轨于正义，然其言必信，其行必果，已诺必诚，不爱其躯，赴士之困。既已存亡死生矣，而不矜其能，羞伐其德，盖亦有足多者焉。"(《史记·游侠列传》)游侠以刀剑代替法律，快意恩仇，有"犯禁"之嫌，不合"正义"。然而他们讲求信义，义之所在，赴死不辞，不伐功德，只图扶救弱者。这种品格正是太史公所醉心的。

苏轼在《留侯论》中所说的："古之所谓豪杰之士，必有过人之节。人情有所不能忍者，匹夫见辱，拔剑而起，挺身而斗，此不足为勇也。天下有大勇者，卒然临之而不惊，无故加之而不怒，此其所挟持者甚大，而其志甚远也。"司马迁正是这样的"豪杰之士"和"大勇者"。

(二) 倡导"音正而行正"之正人说

在司马迁看来，礼仪音乐教人克制自己，先王制礼作乐的目的在于"教训人民，平于好恶之理，故去恶归善，不为口舌耳目之欲，令反归人之正道也"(《史记·正义》)。制礼作乐除了满足人的欲望之外，更重要的是节制人的不合理奢求，引导、规范人的思想、行为，使之避免为争夺而泯灭人的善良本性。礼乐教育引导人性向着美好的方向发展，从而避免大乱的局面出现，实现天下之大治。

司马迁倡导治世之道在于礼、乐、刑并举，而其中最重要的是以礼乐教化为主，刑罚为辅。司马迁指出礼与法的作用不同，礼禁于未然之前，法施于已然之后。当天下处于礼崩乐坏，王道废弛之时，须用严刑峻法来惩恶治乱，奠定新的社会秩序；当天下太平，处于大治之时，就应当给人民施以礼乐教化，防止其产生变乱之心。如果在治世仍一味重刑典而轻礼乐，对人民施以酷法，就会导致国家的灭亡。他列举前代兴亡之事以证之："纣剖比干，囚箕子，为炮烙，刑杀无辜，时臣下凛然，莫毕其命。然而周师至，而令不行乎下，不能用其民。是岂令不严，刑不峻哉？其所以统治者非道故也。"（《礼书第一》）严刑峻法只能惩一时，却不能用一世。在司马迁看来，大治之道，仍在礼乐教化："乐至则无怨，礼到则不争。揖让而治天下者，礼乐之谓也。"（《乐书第二》）明君圣主治世就应该"礼以导其志，乐以和其声，政以一其行，刑以防其奸。礼、乐、刑、政，其极一也，所以同民心而出治道也"（《乐书第二》）。唐尧虞舜、文武周公能"刑一人而天下服"，"刑罚省而威行如流"，别无他故，"由其道故也"，（《礼书第一》）正是由于他们统治之道在于以"礼节民心，乐和民声，政以行之，刑以防之"，如此则"礼乐刑政四达而不悖，则王道备矣"。（《乐书第二》）

《礼书》和《乐书》是循天地之序而成的。"乐者，天地之和也，礼者，天地之序也。"《礼书正义》解释"礼"说："天地位，日月明，四时序，阴阳和，风雨节，群品滋茂，万物宰制，君臣朝廷尊卑贵贱有序，咸谓之礼。"《乐书正义》解释"乐"说："天有日月星辰，地有山陵河海，岁有万物成熟，国有圣贤宫观周域官僚,人有言语衣服体貌端修,咸谓之乐。"

礼是人类行为的最高准则,所以司马迁在《礼书》中说:"治辨之极也,强固之极也,威行之极也,功名之总也。"礼是人制定的,"礼由人起","凡礼始乎脱,成乎文,终乎税"。礼制成后,其作用不仅仅局限于人,它有三本:"上事天,下事地,尊先祖而隆君师"。礼完备之后,天地万物之序便成,即"天地以合,日月以明,四时以序,星辰以行,江河以流,万物以昌,好恶以节,喜怒以当。以为下则顺,以为上则明"。

关于乐的由来,司马迁认为:"凡音之起,由人心生也。人心之动,物使之然也。感于物而动,故形于声;声相应,故生变,变成方,谓之音;比音而乐之,及干戚羽旄,谓之乐也。乐者,音之所由生也,其本在人心感于物也。"(《乐书》)乐是人心为外界事物感触而生,若外界美好,则其心欢乐,社会的治乱,政治的好坏无不与乐相关联。这是所谓的"治世之音安以乐,其正和;乱世之音怨以怒,其正乖;亡国之音哀以思,其民困。声音之道,与正通矣"(《乐书》)。

正因为乐与正通,所以先王制乐的目的,就是教导老百姓分清善恶,击浊扬清,反归人之正道,以通晓人伦之理。所以司马迁在《乐书》中说:"乐者,通于伦理者也。……唯君子为能知乐。""夫上古明王举乐者,非以娱心自乐,快意恣欲,将欲为治也。正教者皆始于音,音正而行正。"举乐的目的超越了单纯的怡心自乐性,是有教化人心作用的乐,是能提高人们品德的乐,是合乎社会公德、能净化社会风气的正乐。

五 《盐铁论》中正的思想

汉昭帝始元六年(公元前 81 年),下诏将各郡国推举的贤良、文学人士聚集京城,调查民间疾苦。这次聚会上,贤良、文学人士们提出，盐铁官府垄断专营和"平准均输"等经济政策是造成百姓疾苦的主要原因，所以请求废除盐、铁和酒的官府专营，并取消均输官。均输和平准是汉武帝时期（公元前140—前87年）利用行政手段干预市场和调剂物价的两种措施，这些措施是在桑弘羊做大司农时，亲自主持执行的政策，所以，此时官拜御史大夫的桑弘羊当然反对，结果双方展开了一场激烈的辩论。《盐铁论》是根据著名的"盐铁会议"记录撰写的重要史书，共10卷，60篇，是研究西汉中期历史的重要史料。作者是西汉的桓宽，字次公，汝南（今河南上蔡西南）人。

（一）桑弘羊为国家计之正

桑弘羊（公元前152—前80年），西汉洛阳（今河南洛阳东）人。

汉武帝时，由于大事兴作，巨款开支，弄得"财赂衰耗而不赡"，不仅使汉初七十年间的积蓄为之一空，"府库并虚"，而且广大农民由于繁重的赋税徭役和豪强、豪商的盘剥，日趋穷困，加上连年天灾，纷纷破产流亡。这种民穷财尽的困难局面如果继续发展下去，不仅使垂成的功业隳于一旦，还有可能使日趋尖锐的阶级矛盾更加激化，危及西汉封建统治。

这时桑弘羊历任大司农、搜粟都尉、御史大夫等重要职务，加强了国家对重要经济部门的干涉和控制，主持实行了盐、铁、酒官营和均输、平准、算缗告缗、统一铸币等经济政策。这些措施由于注重实际效益，都在不同程度上取得了成功，为汉武帝加强中央集权提供了有力的财政支援。

桑弘羊从边防和内政的实际需要出发，强调"兴盐、铁，设酒榷，置均输，蓄货长财"（《本议》）的极端重要性，充分肯定"追利乘羡"、长财求富对于国家治理的必要性。如在《力耕》篇中，桑弘羊等大夫、御史指出："王者塞天财，禁关市，执准守时,以轻重御民。""圣人因天时,智者因地财,上士取诸人,中士劳其形……故乃商贾之富,或累万金,追利乘羡之所致也。"认为只有"蓄货长财"才能保障国家安全和基本民生。"故均输之物,府库之财,非所以贾万民而专奉兵师之用,亦所以赈困乏而备水旱之灾也"。既然大夫、御史把"蓄货长财"当做治国之本,那就必然主张采取一切必要的手段来增加国家的财富。他们论证说:"今山泽之财,均输之藏,所以御轻重而役诸侯也。汝、汉之金,纤微之贡,所以诱外国而钓胡、羌之宝也。夫中国一端之缦,得匈奴累金之物,而损敌国之用……是则外国之物内流,而利不外泄也。异物内流则国用饶,利不外泄则民用给。"(《力耕》)如此,国治民安就有了基本的保障。

桑弘羊认为国家的财富应当由国家统一管理、统一调节,否则将可能导致豪民作祟、社会混乱。所以,他们坚决主张盐铁官营,反对罢盐铁之议。

"家人有宝器,尚函匣而藏之,况人主之山海乎?""山海有禁而民不倾,贵贱有平而民不疑。县官设衡立准,人从所欲,虽使五尺童子适市,莫之能欺。今罢去之,则豪民擅其用而专其利。决市闾巷,高下口吻,贵贱无常,端坐而民豪,是以养强抑弱而藏于跖也。强养弱抑,则齐民消;若众秽之盛而害五谷。"(《禁耕》)

"民大富,则不可以禄使也;大强,则不可以罚威也。非散聚均利者不齐。故人主积其食,守其用,制其有余,调其不足,禁溢羡,厄利,然后百姓可以家给人足也。"(《错币》)"令意总一盐、铁,非独为利入也,将以建本抑末,离朋党,禁淫侈,绝并兼之路也。"(《复古》)

这就是说,国家必须通过对财富的统一管理、统一调节,既承担保障民生的功能,同时又承担调节贫富、维持社会安定的功能。

在桑弘羊主管全国财政的时期，汉武帝采纳他的建议，实行了均输和平准。所谓均输，就是调剂物资运输。据《史记·平准书·集解》：均输，"谓诸当所输于官者，皆令输其土地所饶，平其所在时价。官更于他处卖之，输者既便，而官有利"。这就是说，各郡国把应当缴纳的贡赋都按照当地市价，缴纳当地出产的土特产，由各地均输官组织运输工具（其中一部分是由政府工官所制的运输工具），根据物资供需情况，或是运往京师，或是运往缺乏该项物资的地区出售。过去各地缴纳贡赋都是自备车辆或是雇商人的车辆运往京师，往往运费高于所运物资的价格；而且由于各种物资都集中京师，供过于求，而有的地方缺乏该项物资，却是供不应求，商人乘机牟取暴利。设置均输以后，既减少了人民远道贡赋的负担，以免商人从中渔利；又可使朝廷得以控制运输和贸易，从而增加了财政收入。后来又令远方各郡县"以其物贵时商贾所转贩者"作为贡赋，由官府就地出卖，既免运输之劳，又可调剂当地物价。

所谓平准，就是平抑物价。过去商人经常抬高物价，特别是元鼎二年（公元前115年）开始试行均输以后，由于政府各部门以及各地均输官争购物资，富商大贾更是乘机抬高物价，引起物价暴涨，影响政府的财政和人民的生活。元封元年（公元前110年），为了平抑物价，桑弘羊建议"置平准于京师，都受天下委输，召工官治车诸器，皆仰给大农。大农之诸官，尽笼天下之货物，贵则卖之，贱则买之。如此，富商大贾无所牟大利，则反本而万物不得腾踊，故抑天下物，名曰平准。天子以为然，许之"。这就是说，在京师设立平抑物价的机构，它所需要的各类物资和车辆等器物，都由大农供应。由大农所属诸官把全国各地输纳的货物集中起来，作为资金，物价上涨时卖出，物价下跌时买入，使富商大贾无法牟取暴利，以稳定物价。

据《汉书·食货志》记载：实行均输、平准之后，朝廷仓库储存的粟帛有了大幅度的增加,"山东漕益岁六百万石。一岁之中,太仓、甘泉仓满,边(郡)余谷,诸均输帛五百万匹。""汉连出兵三岁,诛羌、灭两粤……费皆仰给大农。大农以均输调盐铁助赋,故能赡之。"

实行均输、平准等改革的结果,不仅打击了汉初以来豪商大贾和地方割据势力(诸侯王、豪强地主)"擅山海之利"、垄断国家经济命脉、囤积居奇、投机倒把的活动,同时也开辟了财源,解决了当时的财政困难,为西汉朝廷增加了巨额的财政收入,也从而使对匈奴的战争和对边疆的经营能够继续进行下去。既有利于国计民生,又加强了皇权统治。

(二)贤良、文学之士为万民计之正

治国的宗旨和根本是什么?《盐铁论》首篇《本议》记述贤良、文学之士的主张说:"治人之道,防淫佚之原,广道德之端,抑末利而开仁义,毋示以利,然后教化可兴,而风俗可移也。"贤良、文学之士以利为末,以德为本,并以此作为其基本的出发点,进而来思考和应对"问民间所疾苦"的难题。他们认为:"导民以德,则民归厚;示民以利,则民俗薄。俗薄则背义而趋利,趋利则百姓交于道而接于市。"① 在《力耕》篇中,贤良、文学之士进一步阐发说:"夫上古至治,民朴而贵本,安愉而寡求。""故理民之道,在于节用而尚本,分土井田而已"。在《地广》篇中,贤良、文学还征引杨朱"为仁不富、为富不仁"的说法,断言"苟先利而后义,取夺不厌"。从中不难看出,贤良、文学之士更多地继承了儒家的学说,主张礼治而反对法治。

文学说:"师旷之调五音,不失宫商。圣王之治世,不离仁

---

① 王利器:《盐铁论校注》,中华书局1992年版。

义。故有改制之名,无变道之实。上自黄帝,下及三王,莫不明德教,谨庠序,崇仁义,立教化。此百世不易之道也。"(《遵道》)无疑,重视礼义对于经济治理的积极作用,这是应当肯定的。尤其值得称道的是,贤良、文学之士在推崇治理者以德施在于治理治理者。诚如贤良所言:"夫欲影正者端其表,欲下廉者先之身。故贪鄙在率不在下,教训在政不在民。"(《疾贪》)但是,在他们看来,礼义是经济治理的根本方式和唯一有效的手段:"礼所以防淫,乐所以移风,礼兴乐正则刑罚中。故堤防成而民无水菑,礼义立而民无乱患。故礼义坏,堤防决,所以治者,未之有也。"(《论诽》)他们攻评说:"昔者,商鞅相秦,后礼让,先贪鄙,尚首功,务进取,无德序于民,而严刑罚于国,俗日坏而民滋怨。"(《国病》)又说:"法能刑人而不能使人廉,能杀人而不能使人仁……故世不患无法,而患无必行之法也。"(《申韩》)由此,他们得到的结论是"治国谨其礼,危国谨其法",(《论诽》)从而把道德与法律、礼治与法治全然对立起来了。但是,在人类进入文明时代以来,法律作为社会文明的成果在社会治理、经济治理中发挥着不可或缺的作用。因此,贤良、文学之士在一定程度上也承认法治的特有功能:"民之仰法,犹鱼之仰水。""古令者教也,所以导民人;法者刑罚也,所以禁强暴也。二者治乱之具,存亡之效也,在上所任"。(《诏圣》)

在富民与富国的争论中,贤良、文学之士认为"民人藏于家,诸侯藏于国,天子藏于海内。故民人以垣墙为藏闭,天子以四海为匣匮……是以王者不畜聚,下藏于民,远浮利务民之义;礼义立,则民化上",他们主张"国富而教之以礼,则行道有让,而工商不相豫,人怀敦朴以相接,而莫相利"。(《禁耕》)他们征引说:"古者,事业不二,利禄不兼,然诸业不相远,而贫富不相悬也。"(《贫富》)贤良、文学之士的基本观点可以概括为四点:其一,藏富于民则国必富;其二,富而有教,则不相利、不相争；其三，贫富源于无教，源于争斗，源于兼利；其四，上取有量，自养有度，上下交让，天下太平。贤良、文学之士的主张强调了富民对于富国的重要性和礼义（伦理道德）对于调节利益关系的积极作用，以及要求统治者"上取有量、自养有度"的合理性。

第七章　魏晋南北朝正思想的发展

一　嵇康"越名教而任自然"之正

嵇康，字叔夜，谯郡铚人，生于魏文帝黄初五年（公元224年），卒于魏元帝景元四年（公元263年）。入洛时二十岁左右，他："有奇才，远迈不群。身长七尺八寸，美词气，有风仪，而土木形骸，不自藻饰，人以为龙章凤姿，天质自然。恬静寡欲，含垢匿瑕，宽简有大量。学不师受，博览无不该通，长好老庄……常修养性服食之事，弹琴咏诗，自足于怀。"（《晋书·嵇康传》）

嵇康容貌秀伟，学识广博，精辩论，善琴酒，可谓一代风流名士，但这决不是他为后世敬仰的主要原因。真正为人称道的是他高洁的品行、凛然的气节和不屈的精神。山涛赞誉嵇康的为人"岩岩若孤松之独立"，正是对他绝异俗流的品格而言的。

嵇康认为要想建立一种完善的理想人格，要想保性全真，唯有"越名教而任自然"。"夫称君子者，心无措乎是非，而行不违乎道者也。何以言之？夫气静神虚者，心不存乎矜尚；体亮心达者，情不系乎所欲。矜尚不存乎心，故能越名教而任自然；情不系于所欲，故能审贵贱而通物情。物情顺通，故大无违；越名任心，故是非无措也。"（《释私论》）

越名教就是超越名教，嵇康所谓名教是指以儒家思想为理论基础所确立起来的一套名节、名分、德目，并以此施行教化。教化的目的原在于砥砺道德，敦厚人伦。嵇康超越名教的原因是什么呢？东汉以名教治天下，士人欲侧身仕途，则必获得某种德目名称，于是德名便与内在的道德性相分离而获得独立的价值，遂有窃名盗誉之风。嵇康深疾时人多有凭借仁义的虚名，驰骛于荣利之途的颓风滥俗。名教失去了内在的道德性的基础，也就失去了存在的合理性，所以嵇康才要"越名教而任自然"。嵇康越名教却不废道德，他只是要从外在的名教形式返回内在本真性情，为道德寻根，为伦理开掘人性的源头活水。人的道德践履不是服从于僵死的名教形式，更不是以功利私欲为鹄的。非但如此，嵇康还追寻到一个更深刻的维度。在他看来，即使心有善念，如果不是率性而发，而是有所筹划营虑，那么这种善念就会因为"有措"而成为"恶"。"任心而行"就是"由仁义行"，有措则是"行仁义"。"忽然任心，而心与善遇"，"任心"作为主观性原则，就是任从一念真心。以本真之心为道德践履的出发点，于不自觉中臻于"至善"，道德践履成为人的"自然之情"的内在需要。这样，真成为善的基础，人超越了物欲私利成为自由的人，达到"绝美"的人生境界。

"自然"才是人的真性。而获得自然的东西不必通过六经，要保全自己的本性，并不需要用规范、礼法，"六经以抑引为主，人性依从欲为欢……从欲则得自然。"人生来都有食色之欲，满足了欲望就自得其乐。人的本性是服从自己的意愿，而六经所表达的礼法却要强行规范自己的意愿，所以，礼法是违反自然的东西，如果不是为了名利，人们是不会喜欢学习礼法的。于是从欲为真，抑引为伪，因此仁义不能"养真"，廉让不是出自自然。人喜欢随心所欲，而不喜欢受礼法的管教，这是必然之理，所以，"不学未必为长夜，六经未必为太阳"（《难自然好学论》）。

在嵇康看来，"越名教"就能达自然。《释私论》中"越名任心"是嵇康追求的最高人生境界。"越名"即决然抛弃名教，坚决不与名教调和；"任心"即毫不犹豫地听从真性情、真生命的指引，奔向自由的人生。《世说新语》中记载了嵇康"越名任心"的行为。据说，钟会去拜访嵇康，恰好嵇康正在院子里和向秀一块儿打铁。钟会到了，嵇康毫不理睬。钟会只得走，嵇康才问他："何所闻而来？何所见而去？"钟会答："闻所闻而来，见所见而去。"钟会是当时的贵公子、名士，照礼，嵇康应作应酬，但他打铁兴趣正浓，或许也不想应酬钟会，就"从欲"而不理世俗礼法，对钟会不加理会。这些随性任意的行为，《世说新语》中有很多的记载，许多名士就凭性、随欲，不管别人的讥笑。于是有"箕踞啸歌，酣放自若"，"每一相思，千里命驾"（《简傲》）的行为。

但超越名教并不等于完全放弃礼教。他认为名教应该建立在自然之上，儒家的仁义礼教不应成为一种外在束缚，而应顺应人性的自然发展，修成一种内化的自然美德。因此"越名教"不是不要名教，而是要倡导一种比现存礼教更完美、更伟大、更纯粹的仁义道德。事实上，他是把儒家的强调伦理道德的"善"与道家的强调自然本性的"真"熔铸在一起，形成一种发自内心的自然生成的道德伦理。他心目中的至人形象正是"真"与"善"的完美结合：

"有宏达先生者，恢廓其度，寂寥疏阔；方而不制，廉而不割；超世独步，怀玉被揭；行不苟合，任不期达。常以为忠信笃敬，直道而行之，可以居九夷，游八蛮，浮沧海，战河源，甲兵不足忌，猛兽不为患。是以机心不存，泊然纯素，从容纵肆，遗忘好恶，以天道为一指，不识品物之细故也。"（《卜疑集》）

宏达先生既"方而不制，廉而不割"，不失纯真本性，以一颗无是无非之心去齐同世间的纷飞离乱，始终保持泊然纯真的超然心态，又常以忠信笃敬作为自己直道而行的准则，既能"言忠信，言笃敬，虽蛮貊之邦行矣"（《论语·卫灵公》），又能"陆行不遇兕虎，入军不被甲兵"（《老子》五十章），体现出儒道融合的倾向。他又说："君子既有其质，又睹其鉴；贵夫亮达，希而存之；恶夫矜吝，弃而远之。所措一非，而内愧于神；所隐一闭，而外渐其行。言无苟伟，而行非苟隐；不以爱之而苟善，不以恶之而苟非；心无所矜而情无所系，体清神正而是非允当；忠感明天子，而信笃乎万民；寄胸怀于八荒，垂坦荡以永日。斯非贤人君子高行之美异者乎！"（《释私论》）

嵇康是一个"性烈才俊"，生活在一个虚伪奸诈、黑暗残暴的社会里，不与奸佞同流，敢于直面而不逃避，在世俗中执著地追寻，建造精神家园，不惜以生命作代价，体现了中国古代真正知识分子的刚直不阿。嵇康又是一个真诚善良、追求道德美行的自觉与自律的仁者，这是儒道思想共同影响的必然结果。其伦理观特别强调"不期而信"，"怀忠抱义，不知其所以然"，也反映出道教伦理观对他的深刻影响。

二 阮籍"达生任性"之正

阮籍（公元210—263年），字嗣宗，陈留尉氏人（今河南尉氏县）。阮籍"容貌瑰杰，志气宏放，傲然独得，任性不羁，而喜怒不形于色。或闭户视书，累月不出；或登临山水，经日忘归。博览群籍，尤好老庄。嗜酒能啸，善弹琴。"（《晋书·阮籍传》）

阮籍同嵇康一样，并不热衷于仅仅做一个现实社会的批判者和反对者，当对名教的热情在他们生命中冷却时，二人的济世情怀又转向了一种新的形态：既然礼乐不足以救末俗，且使天下相率以伪，则应以"自然"启迪人心，使人摆脱世俗虚饰而回归性情之本真。

阮籍眼中的自然，有着和谐的状态和稳定的秩序。这种自然观在《通易论》中得到了更加详细的阐发。阮籍认为《易》是圣人根据自然之道和天地万物之情而制作的:"《易》之为书也,本天地,因阴阳,推盛衰,出自幽微,以致明著。"又说:"《易》之为书也,覆焘天地之道,囊括万物之情。"

因此,从《易》中,人们就可以了解天道和自然的本真状态,并以此作为人生和社会的根据。这里,阮籍强调的是自然的秩序和它的和谐状态。"《易》顺天地、序万物,方圆有正体,四时有常位,事业有所丽,鸟兽有所萃,故万物莫不一也。"(《通易论》)

自然是由天地万物组成的,具有一定的结构和秩序,每一事物都有自己独有的形态,并且都在自然界的时空序列中占据着自己的位置。天圆地方、四季转换以及鸟兽的类聚,都展现出一幅自然、自足、和谐的状态。对于自然界的这种状态,阮籍还有更加详细的说明:

"乾坤成体而刚柔有位,故木老于未,水生于申,而坤在西南;火老于戌,木生于亥,而乾在西北;刚柔之际也,故谓之父母。阳承震动,发而相承,专制遂行,万物以兴,故谓之长男……乾圆坤方,女柔男刚,健柔时推,而祸福是将,循化知生,从变见亡,故吉凶成败,不可乱也。"(《通易论》)

阮籍在这里,显然是发挥了《周易·说卦传》里的说法——以八卦分别象征天、地、水、火、山、泽、风、雷八种最重要的自然现象,并与八方、四时相配,从而构建了一幅宇宙图景。

在思想上崇尚自然,实际是针对统治者虚伪名教之治的批判。阮籍在《达庄论》中说:"天地生于自然,万物生于天地。自然者无外,故天地名焉,天地者有内,故万物生焉。"在《通老论》中又说:"道者,法自然而为化;侯王能守之,万物将自化。《易》谓之太极,《春秋》谓之元,《老子》谓之道。"阮籍

244

认为天地万物都生于自然,并没有某种精神力量主宰的存在。他还说:"人生天地之中,体自然之形,身者,阴阳之精气也;性者,五行之正性也;情者,游魂之变欲也;神者,天地之所以驰也。"他主张崇尚自然,反对任何外在精神的束缚。在《大人先生传》中所表达出来的对君主专制的虚伪、残酷性的鞭挞可谓深刻:"明者不以智胜,暗者不以愚败,弱者不以迫畏,强者不以力尽。盖无君而庶物定,无臣而万物理","君立而虐兴,臣设而贼生。坐制礼法,束缚下民,欺愚诳拙,藏智自神。强者接眠而凌暴,弱者憔悴而事人。假廉而成贪,内险而外仁"。

尽管阮籍没有像嵇康那样写了许多直接攻击司马氏的政论,却用"任性"、"痴"、"玄远"、"酣醉"来掩盖其不拘"礼法",以表现对名教的反对和对现实政治的蔑视、反抗。诸如《晋书》本传所载"杀父乃可,至杀母乎"、"礼岂为我设邪"、居丧饮酒食肉,等等。这些违反礼教的行为、言论自然会遭礼法之士的强烈反对。事实上阮籍并非不孝,也并非真正破坏礼教,鲁迅先生的意见无疑是正确的,他们的生活作风和生活态度是时代政治迫害下的产物。他们表面的嗜酒、痴狂、企仙、慕道、求隐,是为了避祸、发泄、自怜和解脱,同时也是一种反抗,是对现实政治的荒诞批判,故而他们的放荡中寓庄严,酣饮中有血泪,是在生命的现实价值与超现实价值之间的痛苦抉择。

三 诸葛亮修己、为人、利天下之正

诸葛亮(公元181—234年),字孔明,琅邪郡阳都县(今山东沂南)人。早年丧父,避战乱离开老家,隐居在襄阳城外隆中的茅庐中。他一面"躬耕陇亩",一面刻苦读书,广泛汲取各方面的知识。同时,关心时事,广交朋友,不仅为后来运筹帷幄打下了深厚基础,也使他声名鹊起,博得人们的好评,获得了

"卧龙"的称号。

此间有廉吏风,漫道贪泉轻试口;

其人真名世者,都从淡泊早盟心。

这副楹联,见于湖北沙市武侯祠,是对诸葛亮修己自律、为政清廉的高度赞扬。

自刘备三顾茅庐之后,诸葛亮扶助刘备转战南北,屡建奇功,建立了蜀汉政权,与魏、吴鼎足三分。刘备病死,诸葛亮"受任于败军之际,奉命于危难之间",蜀国军政大计,事必躬亲。6次北伐曹魏,他都亲率大军,直接与魏军作战。战场失利,他勇于自责。马谡失守街亭,他上疏后主刘禅,"请自贬三等"。以后,他更加兢兢业业,废寝忘食,尽心操劳。他"夙兴夜寐,罚二十以上,汗亲揽焉;所啖食不至四升"。这使他积劳成疾,心衰力竭,才五十四岁,就在五丈原军中与世长辞。他用自己的生命,实践了"鞠躬尽瘁,死而后已"的诺言。杜甫"出师未捷身先死,长使英雄泪满襟"的诗句,就是赞颂他这种崇高品格的。

诸葛亮一生位高权重,却始终自奉约,两袖清风,不为自身和家庭谋取私利。他"淡泊明志",情怀高洁。在给后主的奏章中,他自报财产的状况说:"成都有桑八百株,薄田十五顷,子衣食,自有余饶。至于臣在外任,别无调度,随身衣服,悉仰于官,不别治生,以长尺寸。若死之日,不使内有余帛,外有盈财,以负陛下。"这道奏章表明,他的全部财产只是薄田十五顷,桑树八百株,家庭靠耕桑自食,在他有生之年,他家的财产不会长一尺一寸,耕桑的家风定会继续。他死以后,史书记载,他家里确实是"内无余帛,外无盈财"。

诸葛亮辅佐刘备建立蜀国,执掌军政大权数年,始终严于律己,一身清廉,赢得了后人千年赞誉,流芳百世,成为古今景仰的贤哲。

(一) 七擒孟获，以德化民之正

　　诸葛亮七擒孟获之说，最早见于《三国志·蜀志·诸葛亮传》注引《汉晋春秋》："亮至南中，所在战捷。闻孟获素为夷汉所服，乃募生致之。既得，使观于蜀军营阵之间，问曰：此军何如？获对曰：向者不知虚实，故败。今蒙赐观看营阵，即定易胜耳。亮笑，纵使更战，七纵七擒，而亮犹遣获。获止不去，曰：公，天威也，南人不复反矣！送至滇池，南中平。"

　　东汉末年，魏、蜀、吴三分天下。诸葛亮受昭烈帝刘备托孤遗诏，立志北伐，以重兴汉室。就在这时，蜀南方之南蛮又来犯蜀，诸葛亮当即点兵南征。到了南蛮之地，双方首战诸葛亮就大获全胜，擒住了南蛮的首领孟获。但孟获却不服气，说什么胜败乃兵家常事。孔明得知一笑，下令放了孟获。放走孟获后，孔明找来他的副将，故意说孟获将此次叛乱的罪名都推到了他的头上。副将听了十分生气，大声喊冤，于是孔明将他也放了回去。副将回营后，心里一直愤愤不平。一天，他将孟获请入自己帐内，将孟获捆绑后送至汉营。孔明用计两次擒获了孟获，孟获却还是不服，诸葛亮便又放了他。这次，汉营大将们都有些想不通。他们认为大家远涉而来，这么轻易地放走敌人简直是像开玩笑一样。孔明却自有道理：只有以德服人才能真的让人心服；以力服人将必有后患。孟获再次回到营中，他的弟弟孟优给他献了个计谋。半夜时分，孟优带人来到汉营诈降，孔明一眼就识破了他，于是下令赏了大量的美酒给南蛮之兵，使孟优带来的人喝得酩酊大醉。这时孟获按计划前来劫营，却不料自投罗网，被再次擒获。这回孟获却仍是不甘心，孔明便第三次放虎归山。孟获回到大营，立即着手整顿军队，待机而发。一天，忽有探子来报：孔明正独自在阵前察看地形。孟获听后大喜，立即带了人赶去捉拿诸葛亮。不料这次他又中了诸葛亮的圈套，第四次成了瓮中之鳌。孔明知他这次肯定还是不会服气，再次放了他。孟获带兵回到营中。他营中一员大将杨峰，因跟随孟获亦数次被擒数次被放，心里十分感激诸葛亮。为了报恩，他与夫人一起将孟获灌醉后押到汉营。孟获五次被擒仍是不服，大呼是内贼陷害。孔明便第五次放了他，命他再来战。这次，孟获回去后不敢大意，他去投奔了木鹿大王。这木鹿大王之营极为偏僻，孔明带兵前往，一路历尽艰险，加上蛮兵使用了野兽入战，使汉兵败下阵来。这之后汉兵又碰上了几处毒泉，使情况变得更为不妙。幸亏不久孔明得到伏波将军及孟获兄长孟节指点，他们才安全回到大营。回营后，孔明造了大于真兽几倍的假兽。当他们再次与木鹿大王交战时，木鹿的人马见了假兽十分害怕不战自退。这次孟获心里虽仍有不服，但再没理由开口了，孔明看出他的心思，仍旧放了他。孟获被释后又去投奔了乌戈国，这乌戈国国王兀突骨拥有一支英勇善战的藤甲兵，所装备的藤甲刀枪不入。孔明对此却早有准备，他用火攻将乌戈国兵士皆烧死于山谷中。孟获第七次被擒，孔明故意要再放了他。孟获忙跪下起誓：以后将决不再谋反。孔明见他已心悦诚服，觉得可以任用，于是便委派他掌管南蛮之地，孟获等听后不禁深受感动。从此孔明便不再为南蛮担心而专心对付魏国去了。

费尽周折，好不容易擒住，却又轻易放回，众将都不理解，问曰："何故放之？"诸葛亮笑曰："吾三番擒之而不杀，诚欲服其心，不欲灭其类也。"在诸葛亮的感召之下，孟获被七擒七纵，且阵阵必出新招，把"用兵之道，攻心为上"诠释得尽善尽美，终使这一南人领袖心悦诚服，"同兄弟妻子宗党人等，皆匍匐跪于帐下，肉袒谢罪曰：丞相天威，南人不复反矣"。

东汉建安十二年（公元207年），在《隆中对》中，诸葛亮就制定了有名的"西和诸戎，南抚夷越"的民族政策。蜀汉建兴三年（公元225年），南征时，又根据"和抚"政策，颁布了

"攻心为上，攻城为下；心战为上，兵战为下"的方针。"南中平，皆即其渠帅而用之。""不留兵，不运粮。"(《诸葛亮集·文集·南征教》)争取了一大批少数民族头领和大姓为蜀汉政权效力。同时，还把一些先进的农业耕作技术传授给少数民族，使之"渐去山林，徙居平地，建城邑，务农桑"。(《三国志·诸葛亮传》)使南中地区经济发展，社会进步，出现"纲纪初定，夷汉初安"的局面。

与其他汉族统治者推行的"德以柔中国，刑以威四夷"的歧视政策完全不同，诸葛亮对西南夷少数民族采取的是"和抚"的进步政策，从而处于一种兄弟平等、和睦相处、友好交往的关系之中。对改变南中地区少数民族落后的风俗习惯和生产方式、方法起了积极推动作用。因之，诸葛亮病卒后，"百姓巷祭，戎夷野祀"。(《诸葛亮集·遗事》)从诸葛亮南征至今约一千八百年，世代流传，为百姓所崇拜。甚至连诸葛亮未曾到过的地方，也附会出了不少诸葛亮的遗迹，为诸葛亮立祠享祭，呼之为"慈父"。这些事例深刻地反映了诸葛亮进步的民族政策深深博得南中少数民族的理解、信任和拥护。

(二) 六出祁山，以德治军之正

诸葛亮在汉中八年北伐曹魏，共有六次与曹魏对垒与征战，泛称"六出祁山"，依次是公元228年4月出兵祁山，取南安、天水、安定三郡，而马谡失街亭；228年12月出兵大散关攻陈仓；229年正月攻取武都、阴平二郡，安抚氐羌；230年7月击退魏将司马懿等三路来敌；231年出兵祁山，6月在上邽大破魏军；后因军粮不济，撤兵途中射杀张郃；234年2月出兵驻守五丈原，与司马懿相持对阵半年，病卒于军中，遗命归葬沔水南定军山。

在历次作战中，诸葛亮始终治军以德，对将士们提出明确的道德要求。如《将苑·谨侯》一文就集中表述了这方面的内容。诸葛亮认为师出以律，失律则凶，律有十五，其中明白地提出要"勇"、"廉"、"平"、"忍"、"宽"、"信"、"敬"、"明"、"仁"、"忠"等有关道德方面的要求。《将苑·将材》一文中要求将帅要具备"仁"、"义"、"礼"、"智"、"信"的才能。《便宜十六策·阴察第十六》一文中说阴察之政要有五德："禁暴止兵"、"赏贤罚罪"、"安仁和众"、"保大定功"、"丰挠拒谗"。

诸葛亮以德治军，首先表现在重信方面。诸葛亮认为，"信，重然诺也"（《将苑·谨侯》），也就是说，"信"就是要做到言必信，行必果，言出必行。不诚者失信，如果不知道守信用，那么作战一定会失败；如果有法令而不能够执行，那么即使有百万之众，也是毫无用处。反之，如果用信义来鼓励将士，将士没有不拼命效力的。因此，诸葛亮强调治军要以信为本，"夫统武行师，以大信为本"（《谕参佐停更》）。以信为本，就赏罚而言，诸葛亮认为要"赏罚有信"，因为用赏罚来判定功过，士卒就会知道守信用；就将帅而言，诸葛亮认为所谓信将，即"进有厚赏，退有严刑，赏不逾时，刑不择贵"。（《将苑·将材》）

诸葛亮以德治军，还表现在求平方面。所谓求平，就是能够公平、公正地对待任何人，以平等视人。诸葛亮在《杂言》中喻平于秤，他说："吾心如秤，不能为人作轻重。"表明了其求平务实的态度。诸葛亮在《前出师表》里对求平也有所论述："宫中府中俱为一体，陟罚臧否，不宜异同。若有作奸犯科及为忠善者，宜付有司论其刑赏，以昭陛下平明之理，不宜偏私，使内外异法也。"法律面前必须人人平等，不因身份地位的贵贱高下而曲法徇情。

诸葛亮求平，首先表现在处理问题就事论事，不搞牵连。如李严父子的事例。李严一心追求私利，而且屡教不改，受到了诸葛亮的惩罚。但诸葛亮不搞封建社会常见的株连法，只对李严追究了个人责任，并不罪及全家。李严被罢黜后，他的儿子李丰仍然留在丞相府为官，继续受到信任和重用。诸葛亮曾去信给李丰说："吾与君父子戮力以奖汉室，此神明所闻，非但人知之也。表都护典汉中，委君于东关者，不与人议也。谓至心感动，终始可保，何图中乖乎！……愿宽慰都护，勤追前阙。今虽解任，形业失故，奴婢宾客百数十人，君以中郎参军居府，方之气类，犹为上家。若都护思负一意，君与公琰推心从事者，否可复通，逝可复还也。详思斯戒，明吾用心。"车骑将军刘琰，在汉中前线与魏延不和，常常出言不逊。诸葛亮责备了他。刘琰立即认错，说其喝醉酒，犯下过错，而诸葛亮仁慈地对其施恩，不把他送到司法官员那里去治罪，保全了他的性命，他一定约束自己的言行，改正过错，为国效力。于是，诸葛亮宽宥了刘琰，官位如故。晋代史学家习凿齿评论说诸葛亮"怀乐生之心，流矜恕之德，法行于不可不用，刑加乎自犯之罪"。

诸葛亮求平，其次表现在他对于自己的亲属和家人也能够一视同仁。诸葛亮起初没有儿子，将他哥哥诸葛瑾的次子诸葛乔过继给自己，作为儿子。但诸葛亮不搞特殊化，安排诸葛乔与其他将领的子弟一起在山谷中运送军需物资。诸葛亮在给其兄诸葛瑾的书信中说道："乔本当还成都，今诸将子弟皆得传运思惟，宜同荣辱。今使乔督五六百兵，与诸子弟传于谷中。"这种工作相当艰苦，要顶风冒雨，跋涉于崇山峻岭之中。由此可见，诸葛亮对大家是一视同仁，毫不特殊的。此外，诸葛亮知道诸葛恪不适合在要职工作，主动提出将其掉换，也体现出诸葛亮治军求平的原则。诸葛亮在《与陆逊书》这样说道："家兄年老，而恪性疏，今使典主粮谷，粮谷军之要最。仆虽在远，窃用不安。足下特为启至尊转之。"

诸葛亮以德治军，还表现在他严于律己，虚心坦诚。诸葛亮身为蜀国丞相，位高权重，但他并不因此而自视高人一等，而是表现出谦虚、诚恳的品质。在《与群下教》里诸葛亮对徐元直、董和进忠言不辞辛劳大加赞赏，"然人心苦不能尽，惟徐元直处兹不惑，又董幼宰参署七年，事有不至，至于十反，来相启告。苟能幕元直之十一，幼宰之殷勤，有忠于国，则亮可少过矣。"在《又与群下教》中诸葛亮也明言他对崔州平、徐庶、董和、伟度四人直率的言论是不存疑虑的。更有甚者，诸葛亮明言自己才疏学浅，"任重才轻，故多阙漏"，是董和七年来的忠君为国，"事有不至，至于十反"，使他少犯过错。对于战斗失利，诸葛亮也是主动承担责任，"大军在祁山箕谷，皆多于贼，而不能破贼为贼所破者，则此病不在兵少也，在一人耳。"并鼓励将士对自己不对的地方大胆提出意见，经常监督他，"自今已后，诸有忠虑于国，但勤攻吾之阙"，那么"则事可定，贼可死，功可跷足而待矣"。由于诸葛亮擅治军，会治军，西蜀政权得以偏安一隅，在诸葛亮的有生之年没有被吴、魏灭掉。

诸葛亮以他的忠、信、仁、义被后人奉为楷模。张栻曾说："侯之言曰：'汉、贼不两立，王业不偏安'；又曰：'臣鞠躬尽力，死而后已，至于成败利钝，非臣之明所能逆睹'。嗟乎！诵味斯言，则侯之心可见矣。虽不幸功业未究，中途而殒，然其扶皇极，正人心，挽回先主仁义之风，垂之万世，与日月同其光明，可也。"（《诸葛孔明全集》卷十七）诸葛亮一生鞠躬尽瘁，将蜀国治理得有条有理，出现了"人怀自厉，道不拾遗，强不侵弱，风化肃然"的大好局面。唐代诗人李白曾赞叹："鱼水三顾合，风云四海生。武侯立岷蜀，壮志吞咸京。"

四　颜之推平生经验之为人必正

颜之推（公元 531—约 590 年以后），字介，祖籍琅邪临沂

(今山东临沂),后迁江苏江宁。少时受儒学熏陶,学习《周官》、《左氏春秋》等世传儒家论著,这为他在整个学术思想上的儒家代表地位奠定了基础。但南北朝时期的常年战乱和政权分裂格局,导致某一学说不能在政治和思想上的一统天下。儒家文化在玄学、佛学的冲击下失去独尊地位,各派学说的相互冲突与融合则对颜之推的思想形成和发展影响巨大。颜之推是"南北两朝最通博、最有思想的学者"[①]。

(一)凡人苟欲立世,心必正,身必正

颜之推认为对生命的正确态度应该是"不可不惜,不可苟惜"。不可不惜是:"涉险畏之途,干祸难之事,贪欲以伤生,谗慝而致死,此君子之所惜哉。"不可苟惜是:"行诚孝而见贼,履仁义而得罪,丧身以全家,泯躯而济国,君子不咎也。"(《颜氏家训·养生》)在这里他鲜明地表述了两种人生观:作为一个人,切不可贪欲而伤生,苟且而偷生,谗慝而致死。但又"不可苟惜"生命,履行"诚孝"、"仁义"而"泯躯济国"的行为,应该是义无反顾的。颜氏这些富含哲理的"以德养生"思想,至今仍然光彩照人,很值得借鉴。

颜之推指出:"古之学者为人,行道以利世也;今之学者为己,修身以求进也。"(《勉学》)"行道"、"修身"都是儒家思想的反映。接着,他又指出:"吾观礼经,圣人之教。""圣贤之书,教人诚孝,慎言检迹,立身扬名。"(《勉学》)要求人们按照儒家的仁义道德来规范自己的行为。

在颜之推看来,君子立身处世,贵在有益于人。所以应该在某个具体职位上尽自己的责任,不能光是高谈空论,弹琴练字,不作实际贡献,枉费俸禄官位。他对当时一些文士华而不实、不

[①] 范文澜:《中国通史》第2册,人民出版社1994年版,第665页。

堪应世经务的情形进行了揭露：

"吾见世中文学之士，品藻古今，若指诸掌，及有试用，多无所堪。居承平之世，不知有丧乱之祸；处庙堂之下，不知有战陈之急；保俸禄之资，不知有耕稼之苦；肆吏民之上，不知有劳役之勤，故难可以应世经务也。晋朝南渡，优借士族；故江南冠带，有才干者，擢为令仆已下尚书郎中书舍人已上，典掌机要。其余文义之士，多迂诞浮华，不涉世务；纤微过失，又惜行捶楚，所以处于清高，盖护其短也。至于台阁令史，主书监帅，诸王签省，并晓习吏用，济办时须，纵有小人之态，皆可鞭杖肃督，故多见委使，盖用其长也。人每不自量，举世怨梁武帝父子爱小人而疏士大夫，此亦眼不能见其睫耳。"（《勉学》）

他揭露和批判士族的腐朽没落，主张入世涉务。"梁朝全盛之时，贵游子弟，多无学术，至于谚云：'上车不落则著作，体中何如则秘书。'"（《勉学》）这些人"明经求第，则顾人答策，三九公燕，则假手赋诗"。迂诞浮华，不涉世务，完全过着寄生的生活。颜之推力图纠正士族的弊端。他认为"人生在世，会当有业，农民则计量耕稼，商贾则讨论货贿，工巧则致精器用，伎艺则沉思法术，武夫则惯习弓马，文士则讲议经书"（《勉学》）。"费人君禄位"之"士君子"，应该"有益于物"，立志成为"国之用才"。

颜之推倡导严谨求实、经世致用的学习风尚，他对当时社会上泛滥的一些不良学风进行了一系列的揭露和批判。《勉学》篇云：

"人见邻里亲戚有佳快者，使子弟慕而学之，不知使学古人，何其蔽也哉？世人但知跨马被甲，长槊强弓，便云我能为将；不知明乎天道，辩乎地利，比量逆顺，鉴达兴亡之妙也。但知承上接下，积财聚谷，便云我能为相；不知敬鬼事神，移风易俗，调节阴阳，荐举贤圣之至也。但知私财不入，公事夙办，便云我能治民;不知诚己刑物,执辔如组,反风灭火,化鸱为凤之术也。但知抱令守律,早刑晚舍,便云我能平狱;不知同辕观罪,分剑追财,假言而奸露,不问而情得之察也。爰及农商工贾,厮役奴隶,钓鱼屠肉,饭牛牧羊,皆有先达,可为师表,博学求之,无不利于事也。"

颜之推在这里批评了世人只知学近、不知学古的浅陋无知,以及只知其一、不知其二的片面认识。在他看来,各行各业都必须具备综合性的知识、能力和品质,表面上的模仿并不等于实质性的胜任,所以人们应该广泛学习。他因此结合自己的亲身经历,对一些儒士不涉群书、孤陋寡闻、自以为是以至贻笑大方的不良学风进行了揭露和批判。

针对当时士大夫的情状,颜之推还提出了一些具体的立身修行内容。"今有施则奢,俭则吝,如能施而不奢,俭而不吝,可矣。"表明了他对"奢"与"俭"的态度,要求士大夫不吝不奢:"借人典籍,皆需爱护。先有缺坏,就为补治,此亦士大夫百行之一也。""欲不可纵,志不可满。"意即不可放纵欲望,不可志得意满。此外,他还提出了士族子弟既要"慎言检迹",修身养性,又要躬俭节用,乐善好施。

(二)人之大责在教子,教子必以正

颜之推非常重视家庭教育,他总结自己一生有关立身、处世、为学的经验并撰写为文,这就是被后人誉为"古今家训,以此为祖"的家教典范——《颜氏家训》。他告诫子弟要"务先王之道,绍家世之业"(《颜氏家训·勉学》)。所谓"先王之道",就是儒家倡导的、尧舜周孔一脉相承的修身、齐家、治国、平天下之道,"家世之业"则是颜之推家族赖以安身立命的儒学事业。

颜之推早年丧父母,跟随其兄生活。兄长对他只爱不教,致使他走了一段坎坷之路，所以在《颜氏家训》的《教子》篇中，颜之推特别强调对子女光有爱是不够的，一定要从严教育。他说："吾见世间，无教而有爱，每不能然。"父母教子要严格，使子女改正错误缺点，如同医生治病。父母"又宜思勤督训"，"父子之严，不可以狎；骨肉之爱，不可以简。简则慈孝不接，狎则怠慢生焉"。父母在子女面前要庄重，"父母威严而有慈，则子女畏慎而生孝矣"，否则就容易积小疾为大患，一旦出了灾祸便悔之晚矣。颜之推在《教子》篇中还列举了许多因溺爱孩子导致教子失败的事例，用以说明教育子女要宽严结合的正确性。如他举了梁元帝时的一个例子："有一学士，聪敏有才，为父所宠，失于教义：一言之是，遍于行路，终年誉之；一行之非，藏文饰，冀其自，年登婚宦，暴慢日滋，竟以言语不择，为周逖抽肠衅鼓云。"

颜之推指出，父母对待子女，如能既有威严而又慈爱，子女对待父母自会尊敬孝顺。反之，如果父母只知爱而不知教，对子女的饮食行为任其所欲，听其所为，为此行之日久，他会认为这是理所当然。等到骄纵成性，再想改变，即使怎么打骂，也只能增加他的怨恨，而不会树立父母的威严，这样长大之后必成败子。

颜之推生于乱世，长于戎马，闻见许多人临难失节而倍感惋惜，强调在家庭教育中培养子女远大志向，注重道德情操的养成教育。只有树立远大志向，才能经得起磨难，成就大器，即"在志尚者，遂能磨砺，以就素业；无履立者，自兹堕慢，便为凡人"。（《颜氏家训》）作为父母，要注重对孩子的立志教育，要教育孩子从小树立远大崇高的理想。孔子有"三军不可夺帅也，匹夫不可夺志也"之说，认为"士志于道，而耻恶衣恶食者，未足与议也"。颜之推继承儒家重立志的优良传统，在战乱的年代，提出立志即"行尧舜之道，继承家业；不依附权贵，不屈节求官"。当时,齐朝一士大夫教子学习鲜卑语和弹奏琵琶,向外族统治者争取荣宠,以混得一官半职。他认为如此教育子弟有损人格尊严,实为可鄙,教育子孙切勿效之。

在孩子的成长过程中,颜之推认为环境对人的影响很大。儿童的习惯,多半是受了左右近习之人的影响而形成。他说:"人在少年,神情未定,所与类狎,熏渍陶染,言笑举动,无心于学,潜移暗化,自然似之……是以与善人居,如入芝兰之室,久而自芳也;与恶人居,如入鲍鱼之肆,久而自臭也。"[①] 也就是说,人在年少的时候,心神还没有定,与关系较好的人在一起,熏陶渐染,潜移默化,其言笑举止,虽然无心学习,却自然相像,何况是有意学习的那些较为明显的操行艺能呢?所以说与品行端正的人在一起,久而久之,自己也耳濡目染,形成良好的品德和行为习惯;反之,自己也染上恶习,甚至走上邪路。这就是"必慎交友"的道理。因此,家长必须净化家庭环境,树立良好的榜样。孩子们行为习惯的养成,主要来自对周围人行为的模仿。孩子年龄越小,模仿性、可塑性就越大。父母是孩子最早接触、最为亲近和最可信赖的人,孩子往往把父母的言行作为自己行为的准则,不加批判地接受。

因此,颜之推十分重视榜样的作用,认为"身教"比"言传"更重要。"夫风化者,自上而下行于下者也,自先而施于后者也。"对子女进行道德教育应该以"风化"的方式进行。所以"风化"就是通过长辈(特别是与儿童长期相处的人)道德行为的示范,让儿童受到潜移默化的影响,从而形成所要求的德行的教育过程。也可以通过阅读记载前人道德范例书籍的途径来进行道德教育。颜之推认为,这种范例可以是圣人君子,也可以是卑

---

① 顾树森:《中国古代教育家语录类编·补编》,上海教育出版社1983年版,第35页。

贱者中间有德行者。他说:"农工商贾,厮役奴隶,钓鱼屠肉,贩牛牧羊,皆有先达,可为师表,博学求之,无不利于事也。"这比一向唯以圣贤为楷模的传统儒家思想大大前进了一步。

父母以身作则是家庭教育能否取得预期效果的关键。其身正,不令而行;其身不正,虽令不从。尤其是早期教育,父母及亲近的人对孩子的影响更为深远。颜之推认为:"夫同言而信,信其所亲;同命而行,行其所服。禁童子之暴谑,则师友之诫,不如傅婢之指挥;止凡人之斗阋,则尧、舜之道,不如寡妻之诲谕。"也就是说,一般人往往对自己所亲近或佩服的人更信任,并愿意照其指示而行动,青少年尤为如此。颜之推把这种成人的示范作用称为"风化"。他说:"夫风化者,自上而行于下者也,自先而施于后者也。"可见,"风化"乃是一种自然而然的仿效,不需要家长强制,其效果如何,完全取决于长辈自身。所以,"父不慈则子不孝,兄不友则弟不恭"。

所以,强调教育孩子,首先要使其成为一个堂堂正正、具有高尚节操、可以临危而被委以重任的人,然后才能成为一个有知识、有技术的人。这一点在当今的家庭教育中尤其应该引起重视。毋庸置疑,在家中娇生惯养、自私自利的孩子,步入社会后则很难做到谦和有礼、乐与人处,长期自以为是、唯我独尊的人,在一己之利与社会道义相冲突时,也很难会做到舍小利而取大义。因此,家庭教育只有从大处着眼,从小处着手,才能使孩子成为德才兼备,有益于国家与社会的人。

第八章 隋唐时期正思想的丰富

一 唐太宗纳正谏而为正

在唐太宗统治的贞观年间,出现了被封建史家所溢美的太平盛世——"贞观之治",唐太宗也因此成为封建帝王的楷模。"贞观之治"的形成,固然主要是由于政治、经济、文化上的各项措施的得宜,而作为封建地主阶级杰出政治家的唐太宗,能够知人善任,从谏如流也是很重要的因素。

唐太宗用人,重才也重德。他的所谓德,就是忠。在他看来,忠,并不是对皇帝一言一行的阿谀逢迎,而是敢于直言正谏,忠于唐王朝的巩固和根本利益。唐太宗用人大体可分为两个阶段,在唐王朝建立之前,偏于重才,唐王朝建立之后就德才并重特别强调要重德。他多次引秦二世用赵高、隋炀帝用虞世基以致亡国的例子为鉴戒,把用人提到关系国家存亡的高度。曾对侍臣们说:"君臣本同治乱,共安危,若主纳忠谏,臣进直言,斯故君臣合契,古来所重,若君自贤,臣不匡正,欲不危亡,不可得也。君失其国,臣亦不能独全其家。"(《贞观政要·卷第三》)这里不但强调君臣利益的一致,而且特别强调了忠臣直言以匡君的作用。贞观六年(公元632年)十二月,太宗对魏徵说:"为官择人,不可造次,用一君子,则君子皆至,用一小人,则小人竞进矣。"魏徵回答说:"然。天下未定,则专用其才,不考其行,丧乱既平,则非才行兼备不可用也。"(《资治通鉴·卷一百九十四》）唐太宗一方面褒扬古代忠臣如龙逄、比干、诸葛亮、高颖等，另一方面还宣扬当代忠臣如魏徵、王硅等，让大臣、官员们效法。据史书记载，唐太宗对魏徵十分宠重，"不可一日离左右"。魏徵一生为太宗所谏"前后二百余事"，无不切中太宗之意。有时和太宗争论得面红耳赤，魏徵也不让步。一次太宗退朝后余怒未息，对长孙皇后说："会当杀此田舍翁！"皇后问是谁，太宗说，魏徵每每在朝廷上侮辱我。皇后说："我听说主明臣直，现在魏徵忠直，正因为陛下英明的缘故。"太宗听了大悦。封建帝王"金口玉言"，独掌生杀之权，而太宗能忍辱听逆耳之言，魏徵呢，也敢冒死进谏，有人说古代最有名的勇士孟贲、夏育都不能超过他。这样"君臣相得"，在封建社会确实少有。太宗曾说："人言魏徵举动疏慢，我但见妩媚耳。"也就是说，人家都说魏徵举止粗鲁，我看这正是他妩媚可爱的地方啊！

"开直言之路"及"为官择人"方面的重贤任能观是唐太宗为政之策的重要组成部分，他曾对王硅说："自古人君莫不欲社稷永安，然而不得者，只为不闻已过，或闻而不能改故也。""今朕有所失，卿能直言，朕复闻过能改，何虑社稷之不安乎？"（《贞观政要·任贤》）又说："朕开直言之路，以利国也，而比来上封事者多讦人细事，自今复有为是者，朕当已谗人罪之。"（《资治通鉴·唐纪十》）在唐太宗看来，凡是"明主思短而益善，暗主护短而永愚"。历史教训证明，"君暗臣谀，危亡不远"。（《贞观政要·求谏》）一个国君若想知道政教得失，必须"求镜自照"，"以铜为镜，可以正衣冠；以古为镜，可以知兴替；以人为镜，可以明得失，朕常保此三镜，以防己过"。为了引导官员能畅所欲言和发表意见，唐太宗制定一系列开明的政策和措施，鼓励臣下敢于直言。如贞观四年（公元630年），他曾下令修洛阳乾元殿，遭到给事中张玄素的反对，只好承认自己考虑不周，下令停建。由于采取重赏的办法鼓励臣下直言，所以不仅大臣敢谏,而且小官也敢谏。

唐太宗重视纳谏,也就时时注意培养谏诤的风气,积极求谏或导谏。唐太宗经常讲"唯惧不终",希望臣下"谏诤",并采取各种方式进行诱导。如经常组织大臣讨论朝事,广泛征求意见,择善而从。在贞观之前,他面定勋臣长孙无忌等人的爵邑时,就征求群臣有什么意见,说:"朕叙卿等勋赏或未当,宜各自言。"太宗每见人奏事,深恐奏事者惶恐而不敢谏,所以辞色温和,导之使谏,冀闻规谏,知政教得失。但是,常常达不到目的,不知为什么?贞观七年(公元633年),他就问魏徵说:群臣上书可采,及召对多失次,为什么?魏徵说:百司奏事,常数日思之,及至上前,三分不能道一,况且谏者拂意触忌,非陛下借之辞色,岂敢尽其情哉!太宗由是接见群臣,辞色愈加温和,反复向侍臣们说:"所谏纵不合朕心,朕亦不以为忤。"

太宗鼓励群臣犯颜直谏,面折廷争。太宗常对群臣说:"朕开直言之路,以利国也。"又说:"人臣之对帝王,多承意顺旨,甘言取容,朕今欲闻己过,卿等皆可直言。"贞观二年(公元628年),隋通事舍人郑仁基之女年十六七,容色姝丽,当时莫有能及者。文德皇后访求得之,请备嫔御,太宗拟聘为充华,诏书已出,策使未发。魏徵谏曰:"郑氏之女,久已许人,陛下取之不疑,无所顾问,播之四海,岂为民父母之道乎?"太宗闻之大惊,即手诏答之,深自克责,遂停策使,令女还旧夫。当时,人莫不称叹。听直谏,知不对,即行改正。一向受人称叹,可谓得人之心。

二 魏徵"进思尽忠,退思补过"之正

魏徵(公元580—643年),字玄成,巨鹿曲成(今河北普县)人,是杰出的政治家和历史学家。他少年孤贫,但有大志,

曾在太子李建成手下做事。"玄武门之变"后被唐太宗重用,以"居安思危,节奢以俭",直言进谏名垂青史。

魏徵在中国历史上以犯颜直谏而著称。他提出的许多执政思想,通过唐太宗得到了成功的实践,为实现唐代"贞观之治"起到了极大的指导作用,一直为后人所称颂。《谏太宗十思疏》是魏徵直谏唐太宗的最著名奏章,也是集中反映他执政思想的重要历史文献。在《谏太宗十思疏》中,魏徵劝谏唐太宗:身为执政者,必须严于律己、励精图治。"诚能见可欲,则思知足以自戒;将有作,则思知止以安人;念高危,则思谦冲而自牧;惧满溢,则思江海下百川;乐盘游,则思三驱以为度;忧懈怠,则思慎始而敬终;虑壅蔽,则思虚心以纳下;惧谗邪,则思正身以黜恶;恩所加,则思无因喜而谬赏;罚所及,则思无以怒而滥刑。总此十思,宏兹九德。"

魏徵刚正不阿,敢于直言,即使龙颜大怒,他也"神色不移"。由于这样,连唐太宗都怕他三分。有一次,魏徵看到皇帝车驾已备,似要外出游玩,可是不知何故忽然停下不去了,魏徵见到唐太宗便问:"人言陛下欲幸南山,外皆严装已毕,而竟不行,何也?"太宗笑着说:"初实有此心,畏卿嗔,故中辍耳。"(《资治通鉴》卷一九三,贞观二年条)还有一次,太宗正玩一只雀鹰,望见魏徵走来,怕被批评,便慌忙将雀鹰揣在怀中。魏徵奏事好久不停,等魏徵走后,太宗往怀里一摸,那只心爱的雀鹰已闷死了。

贞观十三年(公元639年),魏徵上了一篇《十渐不克终疏》,以十个方面指出太宗的过失,尖锐地批评太宗。太宗看了此疏之后,口服心服,表示愿意改过。

魏徵曾前后陈谏二百余事,指出太宗的错误,提出自己的主张,大多被太宗采纳。贞观中后期,唐太宗见国家的形势越来越好,对初期的困境日渐淡忘,励精图治的锐气也渐渐削减,奢侈之心却不断滋长，耗资巨大大建飞山宫。魏徵上奏说："隋炀帝恃其富强，穷奢极欲，使百姓穷困，以至身死人手，社稷为虚。天下难得而易失，若奢靡铺张，殃咎必至。"使唐太宗猛然醒悟。

魏徵一生为官正直，一是能够公正用人。他认为用人要"简能而任之，择善而从之。""天下之事，有善有恶，任善人则国安，用恶人则国乱。公卿之内情有爱憎，憎者唯见其恶，爱者唯见其善。爱憎之间，所宜详慎。若爱而知其恶，憎而知其善，却邪勿疑，任贤勿贰，可以兴矣"他劝谏唐太宗要让"智者尽其谋，勇者尽其力，仁者播其惠，信者效其忠。"二是公正纳言。魏徵提出："虑壅蔽，则思虚心以纳下"，"兼听则明，偏听则暗"。唐太宗非常欣赏这句话，他和宰相们商量国家大事时，都要请谏官们参加，让他们随时提出意见，为了鼓励谏官敢于指出皇帝的过错，他有时还破格奖赏进谏的官员。三是公正赏罚。魏徵指出："恩所加，则思无因喜而谬赏；罚所及，则思无以怒而滥刑。"

魏徵赤心为国，一生清廉。他身为大臣，始终身居陋室。唐太宗几次要给他盖府第，都被他坚决拒绝。贞观十五年（公元641年），操劳过度的魏徵一病不起。唐太宗派人探视，回禀说魏徵家连个待客的正厅都没有。于是李世民下令，赶工为他临时修了个客厅。魏徵弥留之际，李世民亲临探视，问他还有什么要求。魏徵只说了一句话："嫠不恤纬，而忧宗周之亡。"意思是他个人什么要求都没有，只担心国家的兴衰。

同时代人王硅曾经评价说，魏徵这个人的特点在于他"耻君不为尧、舜，以谏诤为己任"，太宗认为确实是这样，当时满朝大臣也认同他的评价。魏徵的正直敢言，与当时朝中一批同心殉国的大臣正好相得益彰。正是因为有了魏徵诸人的得力辅弼，唐初的政治才呈现出异常的清平明朗，二十年间，"风俗素朴，衣无锦绣，公私富给"。

魏徵看到该说的就说，从不畏惧。他的胆识和卓见，为"贞观之治"作出了不可磨灭的贡献。魏徵病逝时，太宗亲临痛哭，并罢朝举哀五日，后来太宗临朝时流着泪对群臣说："今魏徵殂逝，朕遂亡一镜矣！"（《贞观政要·卷二》）

三　韩愈的"谏迎佛骨"之正

韩愈（公元 768—824 年），字退之，河内河阳（今河南孟州）人，自谓郡望昌黎，世称韩昌黎。历任兵部、吏部侍郎，有"韩侍郎"之称。谥号"文"，故后世又称之为"韩文公"。

深沉的忧患意识和强烈的社会责任感是中国历代封建士大夫在儒家文化熏染下积累起来的最宝贵的精神财富，韩愈是这一宝贵财富传承过程中的重要人物。他的思想蕴涵在他丰富的著作里，体现在他一生的政绩中。勇上《论佛骨表》一事便是他这种宝贵精神品格的集中体现。

唐代国力强盛，意识形态领域也相当活跃。统治者奉行儒、释、道三教并重的政策，而实际上，佛教和道教更加繁荣昌盛，而儒教则显得暗淡无光。尤其是到中唐，佛教的势力更大。代宗、德宗、宪宗连续几帝都笃信佛教，这就使整个社会出现一种狂热的宗教情绪。一方面，据《释氏通鉴》载：唐代的寺院大约有四万所，僧尼有二十六万五千余人。这些人中有许多是为逃避社会责任才出家的。这么多僧尼不从事生产活动，不织而衣，不耕而食，过着寄生生活，而且居住的是宏伟豪华之建筑，占有大量土地，对当时已经凋零的社会经济产生了严重的影响。另一方面，佛教只求个人正果，不问国家政治，更不讲伦理纲常，这对于当时本来就非常混乱的思想界起到推波助澜的作用。傅奕曰："礼本于事亲，终于奉上，此则忠孝之理著，臣子之行成。而佛逾城出家，逃背其父，以匹夫而抗天子，以继体而悖所亲。"这种状况,对于拯救人心、富国强民、维护大一统的中央集权制局面极其不利。而这两方面的危害都会对社会机体产生严重的摧残,对国计民生产生严重的不良后果。据《资治通鉴》卷二四〇载:元和十三年(公元818年),唐宪宗接受功德使进言:"凤翔法门寺塔有佛指骨。相传三十年一开。开则岁丰人安,来年应开。请迎之。十二月庚戌朔,上遣中使帅僧众迎之。(元和十四年,819年)正月……中使迎佛骨至京师,上留禁中三日,乃历送诸寺。王公士民瞻奉舍施,惟恐弗及。有竭产充施者,有燃香臂顶供养者。"可见这次迎佛骨的举动之大,时间之长,社会影响面之广。

从举动来看,这是由皇帝亲自派人,是当时朝廷压倒一切之事,规格当然最高。从十二月初一到来年正月丁亥(初八)开塔迎出佛骨,历时一个多月。如此盛大举动,可以想象,当时是百业废弛,唯佛是迷,有的家庭因此而破裂,其社会后果是很严重的。

韩愈正是在这种世衰文弊、佛道猖獗的时候,秉承正统的儒家之道,高举复兴儒学的旗帜,立志整顿朝纲,清除弊政,振兴儒学,一生以拯救道统为己任,力主对佛老之道"人其人,火其书,庐其居,明先王之道以道之"。因此,当宪宗下诏迎佛骨时,韩愈以"欲为圣明除法弊事"的赤诚之心,冒着生命危险,毅然上表,直陈迎佛骨的直接危害和严重后果,希望从皇帝做起,攘弃佛教,从而重振昔日唐帝国的强盛。这种不遗余力地"排异端,攘斥佛老"的根本动机,一方面固然是韩愈"为忠宁自谋"、"非圣人之志不敢存"(《答李翊书》)、"扶持正教,开明人心"的完善的儒家精神,但更主要的还是韩愈看到了佛教对唐朝社会的巨大危害性。他在《送灵师》中说:"佛法入中国,尔来六百年。齐民逃赋役,高士著幽禅。官吏不之制,纷纷听其然。耕桑日失隶,朝署时遗贤。"可见他的斥佛主要是从佛教对社会秩序和国计民生的功利出发,从佛教对社会政治的负面影响来考虑的,黄叔燦在《唐诗笺注》中指出:"乃知退之辟佛,只是为朝廷大局,正本塞流,维持风教,惟恐陷溺者多。"正是看到了韩愈斥佛的根本动机。

《论佛骨表》云:"今闻陛下令群僧迎佛骨于凤翔,御楼以观,异入大内,令诸寺递迎供养。臣虽至愚,必知陛下不惑于佛,作此崇奉以祈福祥也,直以年丰人乐,徇人之心,为京都士庶设诡异之观、戏玩之具耳。安有圣明若此而肯信此等事哉?……"韩愈执笔临纸之初,未必不谙君臣之礼,未必不欲为宪宗回护并以委婉含蓄之辞出之,但是行文之间,盛气之下,强健辛辣乃至"乖剌"不轨的言辞不由汩汩然来至笔下。

韩愈在最后进一步指斥迎佛骨之非时,说佛"不言先王之法言",与中国语言不通;"不穿先王之法服",与中国服饰不同;"不知君臣之义,父子之情",韩愈分析了佛教传入前后,事佛与否对国运兴衰的影响。他历数佛教传入前历代皇帝,认为不但他们在位时间长,寿命也长,而且"天下太平,百姓安乐寿考";而佛教传入后,"乱亡相继,运祚不长"。尤其梁武帝三次舍身事佛,最终却"饿死台城,国亦寻灭"。因此,他得出结论,事佛不能得福,反而得祸,对佛教"安得而不斥之?"这在当时是纲常名教上的大问题,也是一般士大夫持以反对佛法的最集中的理由。纲常名教是封建王朝赖以维护统治秩序的利器,宪宗迎佛骨而乱纲常,岂不等于自寻灭亡!义正词严,痛快淋漓,却使宪宗毫无回转余地。"群臣不言其非,御史不举其失",又几乎将朝中人一网打尽。他以祸祟自任,显示出与佛法势不两立、灭此朝食的坚决态度,豪气如斗,声色如见,语气激昂。韩愈之所以有如此胆识和气魄,是因为他继承了儒家道统中主体人格精神的精髓。

韩愈的排佛论是儒学复兴的关节点,起到了承上启下、继往开来的作用。据清朝纪昀编撰的《阅微草堂笔记》卷十八记载："抑尝闻五台山僧明至之言曰：辟佛之说，宋儒深，昌黎浅，宋儒精而昌黎粗。然而披缁之徒畏昌黎而不畏宋儒，衔昌黎而不衔宋儒。盖昌黎所辟，檀施供养之佛也，为愚夫愚妇言之也。天下士大夫少而愚夫愚妇者多，使昌黎之说胜，则香积无烟，祇园无地，虽有大善知识，能率恒河沙数楞腹露宿而说法哉！如此用兵者，先断粮道，不攻自溃矣。故畏昌黎甚，衔昌黎亦甚。"

从韩愈《论佛骨表》一事，可以看出中国封建士大夫之深沉的忧患意识和强烈的社会责任感，可以看出士人主体人格的高度张扬。正是这一点，为韩愈赢得了极高的名誉，受到后人的景仰。宋代理学家石介说："孔子为圣人之至，韩吏部为贤人之至。不知更几千万亿年复有孔子，不知更几千百年复有吏部。孔子之易、春秋，圣人以来未有也。吏部原道、原人、原毁、佛骨表，自诸子以来未有也。呜呼，至矣。"清代蔡世远在《古文雅正》中说韩愈"为有唐盖代人物，而配享孔庙不替也"。苏轼也称韩愈"匹夫而为百世师，一言而为天下法"，清代的蔡世远在《古文雅正》（卷八）中说得更明确："无《原道》一篇，不见韩公学问；无《佛骨》一篇，不见韩公气节。……公之气节屡挫不折如此，所以为有唐盖代人物，而配享孔庙不替也。"一言以蔽之，韩愈的《论佛骨表》为他带来极高的声望，受到后世的广泛好评，对后世产生十分深远的影响。总之，韩愈上《论佛骨表》一事表现了封建社会中一位正直的知识分子勇于任事，敢于直面惨淡的人生而向不利于国计民生却又有强大势力的社会潮流奋勇抗击、坚决战斗的可贵精神。

四 李翱的"去情、复性"之正

李翱（公元772—841年），字习之，陇西成纪（今甘肃秦安西北）人，是唐代与韩愈齐名的思想家。李翱自小受到良好的儒家教育，幼勤于儒学，"博雅好古，为文尚气质"（《旧唐书·李翱传》卷一六零）。年轻时得文人梁肃的赏识和举荐，颇有名气。中年与大文豪韩愈相投，谈文论道，排佛倡儒，使之成为唐代古文运动的积极倡导者与追随者。他的以"复性说"为核心的哲学思想与韩愈的"道统"思想共相左右，成为宋代程朱理学的萌芽。

李翱撷取禅宗人人皆有佛性的心性论，主张"性善情恶"。认为人性本是善，人人皆可为圣人。之所以有恶人存在，是因为人的情欲是恶的，蛊惑了人本善的天性。即"人之所以为圣人者，性也；人之所以惑性者，情也"。但同时他又认为性情并不是完全对立的，而是相互依存、相互作用、密不可分的。他说："性与情不相无也。虽然，无性则情无所生矣。是情由性生，情不自情，因性而情。性不自性，又情以明。"（《复性书上》）那么本善的性和邪恶的情是如何统一于一身呢？

李翱认为人性虽然皆善，但情则因凡圣而不同。

"性者，天之命也，圣人得之而不惑者也。情者，性之动也，百姓溺之而不能知其本者也。圣人者岂无情邪？圣人者寂然不动，不往而到，不言而神，不耀而光，制作参乎天地，变化合乎阴阳。虽有情也，未尝有情也。然则百姓者岂无情邪？百姓之性与圣人之性弗差也。虽然情之所昏，交相攻伐，未始有穷。故虽终身而不自睹其性焉。"（《复性书上》）

也就是说：性是天赋予人的聪明才智的道德品质，情是后天环境引起的"嗜欲好恶"。这种天赋人性在圣人身上始终能保持性的本然，在百姓身上，则因他们终身沉溺于情而始终不觉其本性。人性是圣人之性，恶情则是"无所因而生的"。即"人之性犹圣人之性，嗜欲爱憎之心何因而生也？曰：情者，妄也，邪也。邪与妄则无所因矣"（《复性书上》）。因此，李翱主张要去情复性。

首先,要做到"弗思弗虑,情则不生"。思虑由心之动而发,是对外物产生回应的第一步。人受外物所诱,心动而生思虑,由思虑而生喜、怒、哀、惧、爱、恶、欲之情。所以断绝一切思虑,情感就不会产生。这个没有任何思虑的阶段叫"正思";也就是"斋戒其心"。"斋戒"原指祭祀前的沐浴更衣、整洁身心,这里指清除思虑,使心由动恢复到静的状态。他引用了《周易·系辞传》中的"天下何思何虑"、《周易·乾卦文言》"闲邪存其诚"和《诗经》"思无邪"来说明"无思无虑"是儒家经典所提倡的。

其次,李翱认为,静作为动的对立面,不可能永远保持静止,它必然走向其反面,产生运动。斋戒其心,无思无虑,只不过达到了与动相对的静,"犹未离于静焉。有静必有动,有动必有静,动静不息,是乃情也。易曰:吉凶悔吝,生于动者也。焉能复其性耶?"因此由"知心无思"的层次要更进一步,进入到"知本无有思,动静皆离"。也就是由作为动的对立面的静,上升到超越动静之对待的绝对的静。这种绝对静止的状态,李翱描述为"寂然不动"。由斋戒其心的不思不虑进到体悟性中本来没有思虑,思虑是情应外物而生,是邪妄,是虚而不实的东西,邪思自然熄灭。于是复归天命之本性,心寂然不动。这种至静的境界,李翱名之为"至诚"。"圣人,至诚而已矣。"诚是圣人之性所达到的境界,其一举一动无不合于至善。达到了至诚的境界,就具备了所有圣人的德行,则"妄情灭息,本性清明,周流六虚",复性成圣。

在这种本无有思、动静皆离、寂然不动的至诚境界,圣人并非完全断绝与外部世界的联系,对外界事物的变化一无所知。李翱从《中庸》引进了"明"的概念。"明"是指对事物或道理的彻底认识。《中庸》有言:"诚则明,明则诚。"李翱认为他所说的复性方法就是《中庸》的"诚则明"。他对之加以发挥："诚而不息则虚，虚而不息则明，明而不息则照天地而无遗。"照天地无遗，当然就无所不知。李翱特别强调，在"诚"的境界上，外物的声音形体作用于人的感官，人虽能睹能闻，但心仍保持寂然不动，不应于物。"视听昭昭而不起于见闻者，斯可矣。无不知也，无弗为也，其心寂然，光照天地，是诚之明也。"外物的变化皆洞悉无遗，而泰然安定，不为之所扰，不因此动心。这就是"诚"至静又至灵的神秘境界。他认为这也就是《周易·系辞传》所说的："易无思也，无为也，寂然不动，感而遂通天下之故。"

基于无思无为、动静双离的修养宗旨，李翱又把《大学》的修身、齐家、治国、平天下与他所讲的"复性"结合起来，复性则可以达到至诚，至诚则明辨天下的一切事物，从而"知至故意诚，意诚故心正，心正故身修，身修而家齐，家齐而国理，国理而天下平。"复性的目的不是像佛教徒那样"外天下国家"，而是治天下，走由内圣而外王的道路。由此人极立，则可以"参天地者也"，与天地并立为三，参与天地之化育万物，实现儒家最高的人生理想，儒家心性修养的任务至此方告完成。

第九章 宋代正思想的完善

一 司马光刚直廉洁之正

司马光（公元1019—1086年），字君实，号迂叟，陕州夏县（今山西夏县）涑水乡人，故人称其"涑水先生"，北宋时期著名政治家、史学家、散文家。司马光远祖"皆以气节闻于乡里"，其父司马池曾任职中央，出守地方，以"清廉仁厚闻于天下"。司马光从小就生长在良好的家庭环境中，这对他一生的从政生涯影响很大。

宋仁宗宝元初年，年仅二十岁的司马光考中进士甲科，可谓功名早成。然而，他却不以此自满自傲，而是豪迈地提出："贤者居世，会当履义蹈仁，以德自显，区区外名何足传邪。"这一席话体现出青年司马光不图虚名，立志以仁德建功立业，成圣称贤。此后，他也一直朝这个方向努力。

司马光历来朴素节俭，不喜欢奢侈浮华的东西。考中进士后，皇上赏赐喜宴，在宴席上只有他一人不戴红花，同伴们对他说："这是圣上赏赐的，不能违背君命。"这时他才插上一枝花。这件事，到了司马光晚年，被他写进家训来教育他的儿子司马康要注意节俭。

司马光在朝为官，忠直敢言，击奸崇贤，颇得清正之声，而且能体察民情，同情百姓疾苦，主张"怀民以仁"。他认为：只有"利百姓"，才能"安国家"。所以，在他担任地方小吏时，除勤勤恳恳地完成本职工作外，还经常深入民间，踏踏实实地为百姓办好事、办实事。调至中央部门后，司马光依旧关心民情，经常为民请命。这一切，赢得了人民的爱戴。"天下以为真宰相，田夫野老，皆号为司马相公，妇人孺子亦知其为君实也"。

司马光基于"怀民以仁"的指导思想和"以德为先"的用人标准，自己率先做出榜样，始终勤政廉政，两袖清风，绝不为自己及亲友谋取任何私利。随着职位的升迁和权力的增大，司马光的同学、同僚、亲戚、下属中也有不少人想通过他捞些个人好处，但是都被他一一拒绝。为避免此类人"拉关系"、"走后门"，他干脆在自己的客厅内贴了一张告示。其中写道：凡来者若发现我本人有什么过失，想给予批评和规劝，请用信件交给我的书童转我，我一定仔细阅读，认真反思，坚决改正；若为升官、发财、谋肥缺，或打算减轻罪名、处罚，请一律将状子交到衙门，我可以和朝廷及中书省众官员公议后告知；若属一般来访，请在晤谈中休提以上事宜。司马光不但从来不收任何人送给他的礼物、礼金，而且连皇上的赏赐也不收。有一次，宋仁宗赐给他许多金银珠宝、丝绸绢帛，他却力辞再三，并诚恳地表示："国家近来多事之秋，民穷国困，中外窘迫"，应将这些钱用到济民上。当却之不恭时，他只好谢恩领取，但第二天便将珠宝全部上交自己所在的谏院，作为"公使钱"（办公费），将那些金银周济了一些贫穷的亲戚朋友。据《宋史》载，司马光任官40年，只是在洛阳有薄田三顷。他的夫人去世时，无以为葬，只得卖田以充置棺椁。这就是人们一直传诵的司马光"典地葬妻"的故事。

司马光秉性刚直，在从政活动中亦能坚持原则，积极贯彻执行有利于国家的决策方略。而在举荐贤人、斥责奸人的斗争中，他也敢触犯龙颜，宁死直谋，当廷与皇上争执，置个人安危于不顾。

仁宗得病之初，皇位继承人还没确定下来。因为怕提起继位的事会触犯正在病中的皇上的忌讳，群臣都缄口不言。司马光此前在并州任通判时就三次上奏提及此事，这次又当面跟仁宗说起。仁宗没有批评他，但还是迟迟不下诏书。司马光沉不住气，又一次上书说："我从前上呈给您的建议，马上应实行，现在寂无声息，不见动静，这一定是有小人说陛下正当壮年，何必马上做这种不吉利的事。那些小人都没远见，只想在匆忙的时候，拥立一个和他们关系好的王子当继承人，像'定策国老'、'门生天子'这样大权旁落的灾祸，真是说都说不完。"仁宗看后大为感动，不久就立英宗为皇子。

英宗并非仁宗的亲生儿子，只是宗室而已。司马光料到他继位后，一定会追封他的亲生父母。后来英宗果然让大臣们讨论应该给他的生父什么样的礼遇，但谁也不敢发言。

司马光一人奋笔上书说："为人后嗣的就是儿子，不应当顾忌私亲。濮王应按照成例，称为皇伯。"这一意见与当权大臣的意见不同。御史台的六个人据理力争，都被罢官。司马光为他们求情，没有得到恩准，于是请求和他们一起被贬官。

司马光在他的从政生涯中，一直坚持这种原则，被称为"社稷之臣"。宋神宗也感慨地说："像司马光这样的人，如果常在我的左右，我就可以不犯错误了。"

司马光治学勤苦，一生大部分精力都奉敕编撰《资治通鉴》[共费时十九年，自宋英宗治平三年（公元1066年）至宋神宗元丰七年，1084年]。他在《进资治通鉴表》中说："日力不足，继之以夜"，"精力尽于此书"。

《资治通鉴》是我国最大的一部编年史，全书共二百九十四卷，通贯古今，上起战国初期韩、赵、魏三家分晋（公元前403年），下迄五代（后梁、后唐、后晋、后汉、后周）末年赵匡胤（宋太祖）灭后周以前（公元959年），凡一千三百六十二年。

作者把这一千三百六十二年的史实，依时代先后，以年月为经，以史实为纬，顺序记写；对于重大的历史事件的前因后果，与各方面的关联都交代得清清楚楚，使读者对史实的发展能够一目了然。

《资治通鉴》取材极为广泛，除了历代"纪传体"断代史（所谓"正史"）之外，还采用了大量的"杂史"、文集、笔记等有关著作，考订史实，舍弃"符瑞"等神怪材料，删繁就简、取精用宏，先由通儒（多闻博识的学者，即今之史学家）（司马光的助手）刘攽、刘恕、范祖禹等分段撰写，再经司马光删削润色总其成，所以全书读来如出一人手笔，很少有自相矛盾之处，文字也简洁流畅，富有文学色彩。

《资治通鉴》的编写，为我国提供了一部非常有价值的历史资料，它是继《史记》之后的我国又一历史巨著；然而就其编写目的而言，正如题名一样："鉴于往事，资以治道"，是为使后代统治者吸取前代盛衰兴亡的经验教训，所以它着重于政治、军事，而缺少社会经济变动的记载。

宋元祐元年（公元1086年）初，司马光已卧床不起了，他自知已不久于人世，乃手书一纸付吕公著，说："吾以身付医，以家事付愚子，唯国事未有所托，今以属公。"司马光重病垂危时，还是那么念念不忘国家天下之事。九月，司马光病情迅速恶化，不久即与世长辞，归葬其老家陕州夏县。从此，一代廉士便静静地长眠在涑水乡一块高大的"忠清粹德"墓碑之后。

二　王安石"熙宁变法"之正

王安石（公元1021—1086年），字介甫，晚号半山，封荆国公，世人又称王荆公，抚州临川（今为抚州东乡县上池里洋村）人，北宋杰出的政治家、思想家、文学家。王安石少好读书，记忆力强，受到较好的教育。庆历二年（公元1042年）登杨镇榜进士第四名，先后任淮南判官、鄞县知县、舒州通判、常州知州、提点江东刑狱等地方官吏。熙宁二年（公元1069年）提为参知政事，从熙宁三年（公元1070年）起，两度出任宰相，推行新法，主张改革。

　　王安石多年的地方官经历，使他认识到宋代封建统治所面临的危局是"内则不能无以社稷为忧，外则不能无惧于夷狄"。因此，王安石在嘉祐三年（公元1058年）上宋仁宗赵祯的万言书中，就表达了他自己立志改革的意图。他提出了"法先王之意"和"改易更革"的主张。要求对宋初以来的法度进行全盘改革，扭转积贫积弱的局势。以历史上晋武帝司马炎、唐玄宗等人只图"逸豫"，不求改革，终于覆灭的事实为例，王安石对改革抱有士大夫群中少见的紧迫感，大声疾呼："以古准今，则天下安危治乱尚可以有为，有为之时莫急于今日"，要求立即实现对法度的变革；不然，汉亡于黄巾，唐亡于黄巢的历史必将重演，宋王朝也必将走上覆灭的道路。封建士大夫也把治国太平的厚望寄托于王安石，期待他能早日登台执政。熙宁初，王安石以翰林学士侍从之臣的身份，同年轻的宋神宗议论治国之道，深得宋神宗赏识。熙宁二年（公元1069年），王安石出任参知政事，王安石即对神宗讲："变风俗、立法度，正方今之所急也"。次年升任宰相，开始大力推行改革。

　　"变风俗、立法度"的主要目的是富国强兵，这样，王安石就把改革之志和国家的富强紧紧地联系在一起了，明确提出理财是宰相要抓的头等大事。阐释了政事和理财的关系，指出"政事所以理财，理财乃所谓义也"。更重要的是，王安石在执政前就认为，只有在发展生产的基础上，才能解决好国家财政问题："因天下之力以生天下之财，取天下之财以供天下之费"。执政以后，王安石继续发展了他的这一思想，曾经指出："今所以未举事者，凡以财不足故，故臣以理财为方今先急"，而"理财以农事为急，农以去其疾苦、抑兼并、便趣农为急"。在这次改革中，王安石把发展生产作为当务之急而摆在头等重要的位置上。王安石认为，要发展生产，首先是"去（劳动者）疾苦、抑兼并、便趣农"，把劳动者的积极性调动起来，使那些游手好闲者也回到生产第一线，收成好坏决定于人而不决定于天。要达到这一目的，国家政权需制定相应的方针政策，在全国范围内进行从上到下的改革。王安石虽然强调了国家政权在改革中的领导作用，但他并不赞成国家过多地干预社会生产和经济生活，反对搞过多的专利征榷，提出和坚持"榷法不宜太多"的主张和做法。在王安石上述思想的指导下，变法派制定和实施了诸如农田水利、青苗、免役、均输、市易、免行钱、矿税抽分制等一系列新法，从农业到手工业、商业，从乡村到城市，展开了广泛的社会改革。与此同时，以王安石为首的变法派改革军事制度，以提高军队的素质和战斗力，强化对广大农村的控制；为培养更多的社会需要的人才，对科举、学校教育制度也进行了改革，王安石亲自撰写《周礼义》、《书义》、《诗义》，即所谓的《三经新义》，为学校教育改革提供了新教材。

良好的愿望和动机，并没有产生良好的结果，王安石的变法以失败告终。但作为政治改革家的王安石所具备的以天下兴亡为己任的强烈使命感却昭然后世。"夫所谓儒者，用于君则忧君之忧，食于民则患民之患，在下不用则修身而已"。这也就是孟子所谓"穷则独善其身，达则兼善天下"之意。王安石的使命感在实践中演变为深沉的忧患意识。他在《上皇帝万言书》和《本朝百年无事札子》中指出了朝廷累世因循末俗的种种弊病，表现了他忧国忧民的意识。其要点可概括为五"忧"：第一，忧法度不立，理财无方。第二，忧人才乏少，朝廷用人取士无方。第三，忧民之疾苦。第四，忧兵疲将弱。第五，以上下因循守旧、苟且偷安为忧。总之,"顾内则不能无以社稷为忧,外则不能无惧于夷狄,天下之财力日以穷困,而风俗日以衰坏,四方有志之士,谔谔然常恐天下之久不安"。

这种强烈的忧患意识正是王安石投身改革的思想基础,他推行的改革就是针对上述担忧而进行的。王安石的忧患意识贯穿于他的一生并强烈地表现在改革过程的始终。范仲淹所言"居庙堂之高则忧其民;处江湖之远则忧其君。是进亦忧,退亦忧"正是两度为相、两度罢相的王安石心境的真实写照。王安石不像一般儒家士大夫那样信奉不在其位不谋其政的处世哲学。他的诗句"尧桀是非犹入梦,因知余习未全忘",吐露了他即使退居山林仍不忘关心朝廷的心声。更难能可贵的是,此时他还在金陵继续修撰《字说》,想通过《字说》和《三经新义》帮助宋神宗统一改革思想。王安石真正做到了进退皆忧。

三 周敦颐"以诚为本"之正

周敦颐,字茂叔,原名实,生于宋真宗天禧元年(公元1017年),死于宋神宗熙宁六年(公元1073年)。因建濂溪书堂于庐山之麓,后人称其为濂溪先生。其主要著作有《太极图说》和《通书》等。作为北宋伟大的思想家、教育家和宋明"理学"的开创者,周敦颐不仅开一代之思潮,而且开一代之学风,被后人尊称为周子。

在周敦颐所生活的时代,北宋对内面临着自安史之乱后延续的藩镇割据、社会失序、人心失衡的日益严重的政治文化危机;对外面临着来自辽和西夏的军事威胁,并在军事斗争中屡遭惨败。国家如何自强自立、长治久安、抵御外辱成为当务之急。面对时代提出的必须予以回答的问题,儒释道三教的理论已经不能解决了。作为三教合流的关节点,周敦颐"以诚为本"的理论是对北宋时代问题的回答。

"诚"是周敦颐理论的中心概念和最高范畴。在他看来,"诚"首先是宇宙存在的根据,是宇宙的本体。在《太极图说》里,他以天道立诚,设定了一个宇宙化生的模式:(无极)太极——阴阳——五行——万物。认为人与万物同样都是阴阳二气交感所化生出来的,而其源都是太极。在他这个宇宙化生的模式里,与其说是在探讨宇宙的根源,不如说是在探讨着为诚找一个本体的依据。在《通书》中,他说:"'大哉乾元,万物资始',诚之源也。'乾道变化,各正性命',诚斯立焉。"(《通书·诚上》)他引用周易的原文,认为在宇宙开始的时候,诚就开始了,当万物生成的时候,诚就确立了。也就是说"诚"贯穿事物发展过程的始终。他从宇宙本体的角度立诚,对人之所以为人的根据进行了探讨,为诚找到一个本体依据。由此我们可看到,周敦颐把《中庸》的天道立诚的思想进一步发挥,他以更明确和更直接的方式把天道和人道用诚连接起来。而且,与《中庸》比较起来,周敦颐表现出了更强的人本精神,从宇宙生成的角度把诚作为人与天同的本性赋予了人。他以"乾道变化,各正性命"的易学思想把人之诚提升到了与天道同一的高度。从宇宙化生谈起,认为诚是一种本质的属性,与天道变化的原则和万物各自的属性一样,是自宇宙之始就已经确立的,自然存于天地和人心。就像孟子所说的善端一样,诚也是人心中本然所固有的东西,而人要做到的就是发明本心,致心中之诚。这一点对以后的理学和心学产生了深远的影响。

"诚"作为人生的最高境界和做人的最高准则,落实到具体的人的身上,由于其各自的修养程度不同,便出现了贤、圣、神三个层次。"性焉安焉之谓圣,复焉执焉之谓贤,发微不可见,充周不可穷之谓神。"(《通书》第三章)于是"圣希贤,贤希圣,士希贤"(《通书》第十章)。"士"是指讲学修立的人,能有意识地使自己的行为符合社会的伦理道德规范。周子认为，这已经难能可贵了，但其道德修养层次还较低，还要向"贤"的目标努力。"贤"指才德出众的人。这种人达到了较高层次的道德修养，但还不够，还必须向"圣"的目标努力。"圣"是指大而化的人。这种人所有的道德标准都能与其天然之性"诚"上下贯通，他不仅对自身的人性有了深刻全面的了解与把握，而且对自然和社会观察入微，并加以把握和体现。他的行为与自然规律的"道"合一，也就是"与天地合其德，日月合其明，四时合其序，鬼神合其吉凶"（《太极图说》），达到了这一层次，就是达到了人类道德的本质层次，才能"不勉而中，不思而得，从容中道"。

遵循"诚"的圣人究竟是什么样的人呢？周敦颐认为，就是达到"中、正、仁、义"之人。在周敦颐看来，"中、正、仁、义"是圣人行动的最高准则，是圣人之所以为圣人的标准。"圣人定之以中正仁义，而立静，立人极焉。""中正仁义"是圣人之道，信守"中正仁义"就尊贵，实行它们就有利，扩展它们就可以配天地。"圣人之道，仁义中正而已矣。守之贵，行之利，廓之配天地。"（《通书·道》）在这四种品行中，"中"是最高的道德标准："惟中也者，和也，中节也，天下之达道也，圣人之事也。"（《通书·师》）因此，"圣人立教，俾人自易其恶，自至其中而止矣。""中"即中和之意，人们行事应该"允执厥中"，无过无不及。"仁"是对孔子"仁者爱人"的思想的继承与发展，他把"仁"的范围扩展到万物，要求人以仁爱之心对待民众与万物。"爱曰仁"。"天以阳生万物，以阴成万物。生，仁也。成，义也。故圣人在上，以仁育万物，以义正万民。"（《太极图说》）可见，"仁"一是指爱人之心，二是指生物之道。在"圣人之道"和"五常"中，"义"是仅次于"仁"的范畴。周敦颐说："立人之道，曰仁与义。"（《太极图说》）

又说:"以阴成万物……成,义也。"周敦颐要求以"义"端"正万民",是万民的行为符合社会的正确规范。可见,"义"一是指"立人之道",二是指"成"万物之功能。"正"就是端正、不偏、中正无邪。"动而正,曰道。用而和,曰德。匪仁、匪义、匪礼、匪智、匪信,悉邪矣。"(《通书·诚几德》)周敦颐强调"正",实际上是要求人们的思想言行真正符合仁义礼智信。

"天下之众,本在一人"(《通书·顺化》),"治天下有本,身之谓也;治天下有则,家之谓也;本必端,端本,诚心而已矣"。"治天下观于家,治家观于身而已矣。身端,心诚之谓也。诚心,复其本善之动而已矣。"(《家人睽复无妄》)周敦颐强调统治者通过诚意、正心、修身,就能达到齐家、治国、平天下。

四　程颢、程颐"闲邪存诚"之正

程颢(公元1032—1085年),字伯淳,世称明道先生。程颐(公元1033—1107年),字正叔,世称伊川先生。两人是亲兄弟,为河南洛阳人,师承周敦颐。二程为宋代四大学派之一的洛学的开山祖师和宋明理学的奠基人。二程著作甚丰,后人辑有《二程全书》。

在二程的思想体系中,"理"或"天理"论述极多,内涵极广,蕴义极深。程颢曾明确地道出:"吾学虽有所受,天理二字却是自家体贴出来。"(《河南程氏外书》卷十二)"理"、"天理"是二程共同发明创造的,故确立了二程理学奠基者的地位。

"理"是社会人伦的最高原则和行动准则,人人都生活在理的规范之中,都应当依照理的规定而行事。二程说:"父子君臣,天下之定理,无所逃于天地之间。""为君尽君道,为臣尽臣道,过此则无理。"(《河南程氏遗书》卷五)又说:"夫有物必有则,父止于慈,子止于孝,君止于仁,臣止于敬,万物庶事莫不各有其所,得其所则安,失其所则悖。圣人所以能使天下顺治,非能为物作则也,唯止之各于其所而已。"(《周易程氏传》卷四)父子、君臣等社会人伦之道,都是理所规定的,人们必须依理而行,不可逃脱、离开,离开了理,就无人伦道德可言。

决定社会历史发展的是天理,而天理就体现在圣人之道中。天理流行,社会就清明进步;人欲横流,社会就昏乱倒退。二程所理解的圣人之道,又集中体现在《尚书·大禹谟》说的"十六字真传",即"人心惟危,道心惟微,惟精惟一,允执厥中"。二程对此解释说:"人心,私欲也;道心,正心也。危,言不安;微,言精微。惟其如此,所以要精一。惟精惟一者,专要精一之也。精一之,始能允执厥中。中是极至处。"又说:"人心,私欲也,危而不安;道心,天理也,微而难得。惟其如是,所以贵于精一也。精之一之,然后能执其中。中者,极至之谓也。"(《河南程氏粹言》卷二)

二程认为,人心就是私欲,人有私欲就会为所欲为,所以危险不安。因此要唤起道心,窒灭人心,才能杜绝人欲,使天理彰明。程颐说:"周公殁,圣人之道不行;孟轲死,圣人之学不传。道不行,百姓无善治;学不传,千载无真儒。无善治,士犹得以明夫善治之道,以淑诸人,以传诸后;无真儒,天下贸贸焉莫知所之,人欲肆而天理灭矣。先生(指程颢)生千四百年之后,得不传之学于遗经,志将以斯道觉斯民。"(《程氏文集》卷一)

为了防止未萌之欲,二程提出一套"闲邪存诚"的修养、为正之道。诚是诚实,立足于存诚,保持老老实实的态度,心口如一,言行如一。反对想的一套,说的一套,做的又是另一套的不老实态度。"闲"是防止的意思。二程认为保持诚实的态度,就能够防止邪恶念头的产生。《中庸》说:"诚者天之道,思诚者人之道。"诚是天道之本然，也是人与生俱来的本性。能否保持这种本性，关键是能否排除物欲的蒙蔽。"闲邪"和"存诚"是一个问题的两面，是对立统一的。程颐有个形象的比喻：就像人家有房舍，不修起围墙，就不能防御盗贼的侵害。等到盗贼来了再去驱赶就被动了。盗贼从东边来，往东边赶；从西边来，又往西边赶。赶走了一个，又来第二个、第三个，就赶不胜赶了。防盗最好的办法是筑围墙，防止邪恶的念头也像防盗一样，防止思想上的盗贼也要筑"围墙"，"敬"就是防止思想上的"盗贼"的"围墙"，以敬防邪则诚自存。

敬是一种道德修养形式。"涵养须用敬"。何为敬？"主一者谓之敬，一者谓之诚，主则有意在。"（《程氏遗书》卷二十四）何谓"主一"？"主一则既不之东，又不之西，如此则是中；既不之此，又不之彼，如此则是内，存此则自然天理明。"（《程氏遗书》卷十五）可见，"主一"是"中"、是"内"，内持中正，不偏不倚，没有任何成见。何谓"一"？"如何一者，无他，只是整齐严肃，则心便一，一则自是无非僻之奸，此意但涵养久之，则天理自明。"（《程氏遗书》卷十五）敬就是立志于诚心，严肃对待一切。

"敬只是涵养一事，必有事焉，须当集义。只知用敬，不知集义，却是都无事也。"又说"敬只是持己之道，义便知有是有非。顺理而行，是为义也。若只守一个敬，不知集义，却是都无事也。且如欲为孝，不成只守着一个孝字？须是知所以为孝之道，所以奉侍当如何，温清当如何，然后能尽孝道也。"（《程氏遗书》卷十八）敬是一种修养形式，有形式还要有内容，所以必须见诸行动。以义行事，顺理行事，在一切言行动作中都要保持敬的态度，做到敬则无私心。

敬和诚既有联系，又有区别。程颐说："敬是闲邪之道。闲邪存其诚，虽是两事，然亦只是一事。闲邪则诚自存矣。天下有一个善,一个恶,去恶即是善。譬如门,不出便入,岂出入外更别有一事也?"(《程氏遗书》卷十八)敬是去恶,诚是存善,恶去善自存,反之,善存则恶自去。敬则诚,反之诚则要求以敬持之。敬是动机,诚是效果;敬是手段,诚是目的。做到诚敬,则万恶自消,万善俱存。一切道德都要通过诚敬来获得和坚持。"学者须先识仁,仁者,浑然与物同体,义礼智信皆仁也。识得此理,以诚敬存之而已。不须防检,不须穷索。若心懈则有防,心苟不懈,何防之有?理有未得,故须穷索,存久自明,安待穷索?"(《程氏遗书》卷二)做到敬则心不懈,邪念不生,自不用防。理有未得是由于心未诚既久,天理自明,何须穷索?一切道德要妙尽在诚敬二字中。老老实实,专心一致去履行道德义务就是诚。一个人如有诚心,不持偏见,就能如实反映外物,也能自觉地、正确地履行道德义务。"自其外者学之,而得于内者谓之明,自其内者得之,而兼于外者谓之诚。诚与明一也。"(《程氏遗书》卷二十五)通过学习外物之理而达到心诚叫做明,明就是明天理;出自内心至诚而能正确如实地反映外物之理叫做诚。诚则明,明则诚,达到诚明,天理自存。

所以,二程说:"正其心,养其性而已。中正而诚,则圣矣。君子之学,必先明诸心,知所养,然后力行以求至。所谓有自明而诚也。故学必尽其心。尽其心,知其性,知其性,反而诚之,圣人也。"(《文集》卷八)意即通过"尽心"、"知性"、"反而诚之"等道德修养就可成为"圣人"。

五 朱熹的"正心诚意"观

朱熹(公元 1130—1200 年),字元晦,又字仲晦,号晦庵,徽州婺源(今江西婺源)人。他是南宋著名的思想家、教育家,宋明理学四大学派闽学的奠基人和宋明理学的集大成者。其著述甚丰，后人将其著述辑为《朱文公文集》一百卷、《朱子语类》一百四十卷。他以孔孟之道的正统自居，综合北宋以来的各家学说，兼收佛道思想，创立了系统的、完整的理论体系。

宋承五代，建立其政权于极其穷困凋敝的基础上，不仅前代的混乱未能补救，且因外患内忧，国之败象益深。朱熹认为，为政之务首在安全国家。因而，他力陈治务方面应奉行"闭关绝约，任贤使能，立纪纲，厉风俗"的策略。朱熹认识到，历来祸乱的根源，皆来自人心的不正，特别是人君的心术不正。因此，他一针见血地提出治本之道在感人心以正人心，并进一步认为切身修行，格物致知，正心诚意，是皇上的为政之本、治国之本。

朱熹继承和发展了程颐关于"治道有自身而言，有就事而言"的思想。这里所指的事是对治而言的，即具体的政务和政策。程颐曾解释治道与法治的关系为"修身齐家以至平天下者，治之道也。建立纲纪，分正百职，顺天揆事，创制立度，以尽天下之务，治之法也。法者，道之用也"（《河南程氏粹言》）。朱熹非常重视程颐在《大学》一书所提出的这一治道与法治的理论。他说："某于《大学》用功甚多，温公作《通鉴》言：'臣平生精力，尽在此事。'某于《大学》亦然。"（《朱子语类》卷十四）

朱熹为《大学》分章、作注、补传及自创新意达七十多处，及《朱子语类》涉及《大学》处达五卷之多，可以看出，《大学》对朱熹思想的重要性。更重要的是，朱熹通过《大学》将其理学思想延伸至政治领域，提出为政之本的主张。他认为，为政之任务首在安定国家。如他所言："为政如无大利害，不必议更张……故子产引《郑书》曰'安定国家，必大焉先。'"（《朱子语类》卷一〇八）求安定以解除人民受动乱之苦，是朱熹基于中国历史经验及其所处时代提出的深切要求。

朱熹认识到历来社会政治祸乱的根源,在于人心的不正。在君主专制的人治时代,君主的心术和举措攸关天下的安危祸福。因此,集权专制时代的政治优势,皆源于帝王之心的正与不正。因此,他力主治道之本,在于正君心,他说:"正心以正朝廷,正朝廷以正百官,正百官以正万民,正万民以正四方。"(《朱文公文集》卷六十七)正心就是明明德,是使物欲蒙蔽的清明德行重新清明起来,以彰明自身的德行。在朱熹看来,君能彰明自己的德行,即能正君心,则能正朝廷,正百官,层层影响,便可望正万民。在为保护中央集权的君主专制,而上演了"黄袍加身"与"杯酒释兵权"等悲剧的大宋,一介书生朱熹竟敢提出君主"正心以正朝廷"的治本主张,提出由格物致知以诚信正意而实践修身,进而使家齐、国治、天下平这一由内而外,由己及人、及国的为政程序,不能不视之为朱熹关怀人间、关心政治的时代责任感。

朱熹对君主的起源作了"君权天命"及"天理君权"的解释。朱熹在《大学章句序》中表达了他对君主起源、使命及治国纲领的看法。

在君权的来源问题上,我国上古《诗》、《书》中提出过君权天命说,儒家将这种神性义的天发展成德性义的天。到朱熹时,这种德性义的天则变成了"理"或"天理"。由此,君权天命说变成了天理君权说。他说:天付给统治人世的"道理",这个道理用得正确与否,影响着人世间的治乱安危。这个道理虽然人人固有,但有待于人主动领会,自由实践。圣人先得人心之固有,以先知先觉出来的"道理",觉醒后知后觉者。他又解释道:天爱民,便为民立君师,抚养民,教导民,希望人人皆能巡理而遂性遂生。这样一来,主导人间明"天理"的民之君,及民之师就成为人中之精英,并率性修道,成就天下之治。他还认为能完成该使命的,也即能扶持住伦理纲常的明君,这样的明君才能与尧舜媲美,也才能实现天理"宠绥四方"的爱民目的。这就是朱熹所谓的"天理君权"说。概而言之就是君主代表天理,君权促天理行于人间的权力。

朱熹设立的这个"天理君权"说,或者说他设立的代表天理的君和施行天理的权力,目的在于让君主负起君师之责,由诚意正心实践修身,进而达到治国、平天下的目的。

朱熹提出以《大学》的三纲八目为治国纲领。"三纲"即明明德,亲民,止于至善。"明明德",是指彰显人人本有,自身所具的光明正大的品德。"亲民",即新民,使人人都能去除污染而自新,做到弃旧图新、去恶从善。"止于至善",即达到至善之境界,具体讲是为人君至于仁,为人臣至于敬,为人子至于孝,为人父至于慈,与国人交往至于信。

八目为:格物、致知、诚意、正心、修身、齐家、治国、平天下。

朱熹以三纲为立志,以三纲之中"明明德"为纲中之纲,即以君主的正心为治国的本源。同时,他又以八目之间的修身为本,修身就是诚意己心,反省自己。他试图通过澄清端正君主的内心,使君主达到人格完整的境界,以身教引导下效,来成就政治。朱熹相信,先正君心,再循洁矩之道,自然达到治天下的目的。如朱熹所言:"盖洁,度也。矩,所以为方也。以己之心,度人之心;知人之恶者不异乎己,则不敢以己之恶者施于人。使吾之身一处乎此,则上下四方,物我之际,各得其分,不相侵越而各就其中。"(《大学或问》卷三)"能洁矩,则为民之父母而得众得国矣!不能洁矩,则为天下戮,而失众失国矣。"(《大学或问》卷三)

朱熹以"格物致知"、"即物穷理"为君主的正心诚意之方。"格物"、"即物"是指研究认识各种事物的道理,"致知"、"穷理"是扩大自己的认识,穷究一切道理,以求达到认识的极致境界。"格物致知，即物穷理"的命题是朱熹提出来的学者为学之方，也是君主"正心诚意"之方。其中包含着"致知在格物"的思想。

"致知在格物"，是指以自身本来具有的知觉心去即物穷理。如朱熹所言"人心之灵，莫不有知"，天下事物也"莫不有理"，在朱熹看来，任何事物都有自己的规律；"大学之教"，就是要在天下事物规律的基础之上，作进一步的探究，以求取更深入的认识。但朱熹主张的知识，并非天下一切事物的物理之知，而主要是指关于伦常的知识。如朱熹所言："帝王之学，必先格物致知，以极夫事物之变，使义理所存，纤悉必照，则自然意诚心正，而可以应天下之务。"（《朱熹传》）所以，他提出"道问学"的命题。认为，要遵德行，要掌握"正心诚意"的为政之道，就必须从读书博学开始。但是，朱熹的"格"、"致"、"即"、"穷"方法，最主要的是，要使人心固有"性"、"理"和客观的"理"贯通，所以其最基本而有效的求理方法，还是"涵养心性"的功夫。在朱熹看来，知致了，意可能还有不诚，意诚了，心可能还会不正，为了对治人的气禀物欲，功夫必须相应地一重又一重，《大学》之八条目，节节有功夫，只有这样不断地"提掇而谨之"（《朱子语类》卷十六）推"善"以至于"至善"，才可能真正除去旧染之污而复其本体之明。若是功夫上稍有松懈，有"一毫少不谨惧，则已堕于意欲之私矣"（《朱子语类》卷十六）。故朱熹说："此一个心，须每日提撕，令常惺觉。顷刻放宽，便随物流转，无复收拾。"（《朱子语类》卷十六）所以，朱熹不仅屡次在封事、奏札中申述诚意正心治本之道，如他在淳熙十五年（公元1188年）的上封事中，力言"大本"、"急务"，认为"大本者，陛下之心；急务则辅翼太子，选任大臣，振举纪纲，变化风俗。爱养民力，修明军政，六者足也。"他还说："一心正则六事无不正，一有人心私欲以介乎其间,则虽欲惫精竭力以求正夫六事者,亦将徒为文具,而愈至于不可为。"(《朱文公文集》卷十一)同年六月,朱熹拟奏事延和殿时,有人劝诫他,诚意正心为上所厌,朱熹则说:"生平所学,只此四字,岂可违己且欺君。"(《行状年谱》)

六　爱国将士忠义报国之正

(一) 辛弃疾忧国、爱民之正

辛弃疾(公元1140—1207年),字幼安,号稼轩,历城(今山东济南)人。他是我国南宋时期一位杰出的爱国志士,文武兼长的政治家和军事谋略家,也是我国词坛上颇负盛名的作家之一。幼承儒家教育,全盘接受"修、齐、治、平"之道,把抗金救国与自己的人生追求结合起来,确立了以"平戎万里"、"整顿乾坤"为己任的人生志向。

辛弃疾生当宋金对峙、南北分裂的南宋中叶。在他出生前十三年,北宋遭遇了最惨痛的"靖康之难",中原地区划归金国版图。对于金人入侵所造成的民族分裂和社会动乱,辛弃疾耳闻目睹,义愤填膺,痛入骨髓。"遥岑远目,献愁供恨"(《水龙吟·登建康赏心亭》),"我来吊古,上危楼赢得,闲愁千斛。虎踞龙蟠何处是?只有兴亡满目!"(《念奴娇·登建康赏心亭,呈史留守致道》)倾诉的全是作者的忧患之情和裂国之痛。

孝宗乾道五年(公元1169年),辛弃疾初任建康通判,曾以《满江红·建康史帅致道席上赋》为题填词明志:"鹏翼垂空,笑人世,苍然无物。又还向,九重深处,玉阶山立。袖里珍奇光五色,他年要补天西北。且归来,谈笑护长江,波澄碧。"他以超凡脱俗、凌空飞翔的大鹏自喻,并与时任建康留守的史致道共勉,发誓要像神话中的女娲用五色石补天那样收复失地,统一中原,可谓心高志壮,英伟磊落。淳熙八年(公元1181年),

辛弃疾罢官，闲居上饶带湖，虽然英雄失意，报国之志受到重挫，但伐金复国统一中原的信念和抱负始终没有改变。淳熙十一年（公元1184年），辛弃疾为寓居信州的原吏部尚书韩元吉祝寿，作词《水龙吟·甲辰岁寿韩南涧尚书》，有句"平戎万里，功名本是，真儒事"，强调"平戎万里"、"伐金救国"才是真正有学问的人的事业，再次表达了他以天下为己任的壮志。淳熙十五年（公元1188年），好友陈亮专程从浙江永康来到上饶会晤辛弃疾。陈亮是南宋有名的抗金主战派，曾上《中兴五论》给高宗，又连续三次上书孝宗，力陈抗金救国的必要性，提出推进中兴事业的一系列战略建议。辛弃疾视陈亮为知己，赶在陈亮抵饶之前作词《破阵子·为陈同甫赋壮词以寄之》，将自己平生抱负和盘托出：

"醉里挑灯看剑，梦回吹角连营。八百里分麾下炙，五十弦翻塞外声。沙场秋点兵。马作的卢飞快，弓如霹雳弦惊。了却君王天下事，赢得生前身后名。可怜白发生。"

酒醉了仍不忘"挑灯看剑"，睡梦中又回到当年与金兵厮杀的战场，梦醒时为自己壮志未酬身先衰而悲愤叹息，并明确地把"了却君王天下事"与自己的"生前身后名"紧紧联系在一起，说明伐金救国，收复失地，实现南北统一的人生志向已深深地渗透到辛弃疾的神经、骨髓和血液之中。

无论在血气方刚的青壮年阶段，还是饱经风霜的迟暮之年；无论在朝为官，还是落职闲居；无论是醉是醒，辛弃疾无不以抗金救国为人生首要目标。悠悠万事，唯此为大。尽管黑暗懦弱的南宋朝廷，压抑他的英雄壮志，使他抗金复国的政治理想一再落空，只能把满腔忠愤，寄之于词。但作为一位正直、爱国、务实的封建官员，筹划恢复，矢志整顿山河这一神圣、正义的人生志向，一以贯之地牵引着辛弃疾一生的进取追求。

对因金兵入侵而生灵涂炭、流离失所的广大民众，辛弃疾也寄予无限的同情。他多次上书最高统治者，主张朝廷宜"宽民力"，"可以息民者息之，可以予民者予之"（《九议》其九），"欲望陛下申饬州县，以惠养元元为意。"（《论盗贼札子》）他重视为治下民众办实事。据《宋史·辛弃疾传》记载，辛弃疾担任隆兴府知府兼江西安抚使那年（公元1180年），江西全省闹饥荒，皇帝诏令他负责赈济灾民，辛弃疾"令尽出公家官钱、银器，于是连檣而至，其直自减，民赖以济。时信守谢源明乞米救助，幕属不从，弃疾曰：'均为赤子，皆王民也。'即以米舟十之三予信。"他在落职闲居上饶带湖期间，有机会直接接触农村生活，更加了解农民的辛苦，更真切地体会农民的喜怒哀乐。对农民的欢乐，辛弃疾也抑制不住自己的喜悦，这种感情，在《浣溪沙·父老争言雨水匀》一词中有生动的描写："父老争言雨水匀，眉头不似去年颦，殷勤谢却甑中尘。"面对风调雨顺、丰收在望的年景，农民父老喜不自胜，眉头也舒展开了，愁容也为之一扫，而这一切是透过词人的眼帘展现出来的，这就曲折地反映出词人和农民心息相通，以百姓之乐为乐的情怀。辛弃疾还有一些词作描写他同农民的亲密交往。如《水调歌头》一词中有句："竹树前溪风月，鸡酒东家父老。一笑偶相逢。"在《满江红》一词中写道："被野翁相挟入东园，枇杷熟。"无论"鸡酒相逢"，还是"被野翁相挟入东园"去吃枇杷，都可以看出他与农民亲密相处，彼此建立起了深厚的感情。

（二）陆游的爱国情操

陆游（公元1125—1210年），字务观，号放翁，越州山阴（今浙江绍兴）人。陆游所处的时代，南宋王朝不但积弱积贫，而且一直处于屈辱投降的气氛里，这对"平生铁石心，忘家思报国"的陆游来说，其遭遇和痛苦可以想见。陆游的爱国思想和人格力量亦由此激发。

陆游一生，一心报国，景慕前贤。考试被黜，陆游在云门山夜读兵书，想到的是："平生万里心，执戈王前驱。"(《夜读兵书》)家居时逢大风雨，想到的不是自身，而是如何为国出力："僵卧孤村不自哀，尚思为国戍轮台。夜阑卧听风吹雨，铁马冰河入梦来。"(《十一月四日风雨大作》)陆游诗歌的一贯态度是反对投降，痛斥权贵。这是统一祖国、一心报国的壮志无法实现的必然结果。《关山月》借守边战士之口，揭示将军临边而不战，战士欲战而不能，遗民忍死望恢复的情实，痛斥主和派的错误政策，矛盾竟指向下"和戎诏"的最高统治者。陆游斥责"有党排宗泽"、"无人用岳飞"的"公卿"、"帷幄"(《夜读揽辔录》)，指出"诸公可叹善谋身，误国当时岂一秦?"(《追感往事》)认为主和派早已结党营私，置国家统一于不顾。不仅如此，陆游借《读夏书》抨击这批不顾国家、不顾百姓、只顾自己享受的社会蛀虫："巨浸稽天日沸腾，九州人死若丘陵。一朝财得居平土，峻宇雕墙已遽兴。"作为主战派中坚，陆游对主和派始终没有屈服过，这类诗歌一直写到生命的结束。

　　陆游作为伟大的爱国主义者，难能可贵的是，他深知光凭口诛笔伐赶不走侵略者，于是投笔从戎、刻苦习武，同时还努力学习军事谋略，"上马击狂胡，下马草军书"，他渴望着成为一名英勇的战士，走上抗敌的最前线。陆游不同于当时一般的知识分子，他没有时间空谈心性，也没有心思玩弄辞赋，而是时时刻刻做着抗金的准备工作，因此他发出"切勿轻书生，上马能击贼"的豪语。在四十六岁至五十四岁这段时间内，陆游仗剑离乡，亲临川郏前线，以求实现杀敌报国的夙愿。这是他一生中的高潮时期，许多佳作名篇，都写于这一时期，或多多少少与这一时期相关联。为了纪念这一时期，他甚至把自己的全部诗作命名为《剑南诗稿》。从这里我们可以看出，陆游是一个诗人也是一个战士。

陆游终其一生，都渴望着能打退外族侵略，收复祖国的大好河山，建一番扭转乾坤的功业。虽然他没有实现理想，但他把自己的志向写进诗中，成为滋养后人的精神遗产。"黄金错刀白玉装，夜穿窗扉出光芒。丈夫五十功未立，提刀独立顾八荒。京华结交尽奇士，意气相期共生死。千年史册耻无名，一片丹心报天子。尔来从军天汉滨，南山晓雪玉嶙峋。呜呼！楚虽三户能亡秦，岂有堂堂中国空无人。"（《金错刀行》）这首诗以诗言志，活脱脱勾勒出一幅侠气横生的热血男儿像。

梁启超先生在清末内忧外患之时自然想到了陆游，作诗赞扬他的男子汉尚武精神道："诗界千年靡靡风，兵魂销尽国魂空。集中什九从军乐，亘古男儿一放翁。中国诗家无不言从军苦者，惟放翁慕为国殇，至老不衰。"梁启超先生这首诗，道破了陆游的独到之处：在国家民族的危急存亡之秋，他没有空谈爱国，更没有苟且偷生，而是义无反顾、责无旁贷地投身于这一场轰轰烈烈的英雄事业之中，这一种舍我其谁的慷慨激昂，也正是我们中华民族绵延不绝的源泉所在。

（三）岳飞的"精忠报国"

岳飞（公元1103—1142年），字鹏举，相州汤阴（今河南安阳市汤阴县）人，南宋爱国军事家、抗金英雄。

岳飞生活在北宋覆灭、南宋初建，金人入侵中原大地，国家、民族处于生死存亡之秋。岳飞亲眼看到家乡人民遭受金军践踏，流离失所，陷于水深火热的境地。自幼受到其父岳和"汝为时用，其殉国死义乎"的爱国教育，从军时其母又在背部刺上"精忠报国"四个大字，深入肌肤，激励岳飞以身许国。

"忠义报国"，这是岳飞的誓言，也是岳飞的耿耿忠心。建炎三年（公元1129年）秋，金军突破长江防线，建康（今南京）失守。岳飞面对将帅叛逃、士卒溃散、百姓惶惶呼救的混乱局面，始终坚持拯救国家于危亡之中的信念毫不动摇，"精忠报国"的一腔热血矢志不渝。

> 我辈荷国厚恩，当以忠义报国，立功名，书竹帛，死且不朽。若降而为虏，溃而为盗，偷生苟活，身死名灭，岂计之得耶！建康，江左形胜之地，使胡虏盗据，何以立国？（《建炎以来系年要录》卷一三六）

岳飞二十岁从军，每战必身先士卒，亲冒矢石，义无反顾。如1126年6月，岳飞所在部队团练，因岳飞作战勇敢，便叫他领百余骑去作武装侦探，途中突遇金兵袭击。有的骑兵畏怯规避，而岳飞勇猛异常，单骑冲入敌阵，往来反复冲杀，劈死敌骑兵数人，金兵四散逃奔。同年12月，岳飞随刘浩向澶渊进军至滑州（今河南滑县），金兵突然到来，岳飞策马举刀向前迎敌。金军中一勇将舞刀直奔岳飞，双方拼命厮杀。岳飞猛力挥刀，敌将的刀刃被砍进一寸多深，拔刀又一猛击，将敌将杀死。部众一齐拥上，金兵大败。1127年9月，岳飞所部与金兵大队人马相遇，兵力悬殊。岳飞激励士卒，率先奋战，受伤十余处，打败金军。这几次战役说的是岳飞从军不久，还是一名下级军官，自应冲锋在前。当岳飞积功升任京湖宣抚使，成为指挥官后，也并不像张俊、刘光世等大将那样拥兵自重，常在几百里处遥控指挥，而是每战必自为旗头，挥动手中旗帜，在阵前指挥战斗，有时还亲率士兵冲锋陷阵。1140年7月10日郾城大战时，岳飞的主力部队由张宪率领在颍昌一带活动，而岳飞的司令部则驻扎在郾城。金兵侦知这一情况，想突袭岳飞的大本营，便集中兵力向郾城压来。当时，有的部将劝岳飞稍避其锋，岳飞说："这正是大家报国立功之时。"便跨上战马，带着四十个骑兵冲出迎敌，砍死敌人一员上将。一场恶战，人为血人，马为血马，岳飞负伤多处，终于打败了金兵。所以宋高宗也说："用将须择孤寒流忠勇，久经艰难，亲冒矢石者。"岳飞素无一介之助，致位通显，是英勇战斗的结果，而英勇战斗的基础，则是以国家、民族利益为重和矢志抗金的爱国主义力量所促成的。

绍兴七年（公元1137年），岳飞升为太尉。他屡次建议高宗兴师北伐，一举收复中原，但都为高宗所拒绝。绍兴九年（公元1119年），高宗和秦桧与金议和，南宋向金称臣纳贡。这使岳飞不胜愤怒，上表要求"解罢兵务，退处林泉"，以示抗议。次年，金人撕毁和约，再次大举南侵。岳飞奉命出兵反击。相继收复郑州、洛阳等地，在郾城大破金军精锐铁骑兵"铁浮图"和"拐子马"，乘胜进占朱先镇，距开封仅四十五里。金兵被迫退守开封，士气沮丧，发出"撼山易，撼岳家军难"的哀叹，不敢出战。

在朱先镇，岳飞招兵买马，联络河北义军，积极准备渡过黄河收复失地，直捣黄龙府。他激动地对诸将说："直捣黄龙府，与诸君痛饮耳！"这时高宗和秦桧却一心求和，连发十二道金牌班师诏，命令岳飞退兵。岳飞抑制不住内心的悲愤，仰天长叹："十年之功，毁于一旦！所得州郡，一朝全休！社稷江山，难以中兴！乾坤世界，无由再复！"他壮志难酬，只好挥泪班师。

岳飞以抗击金人、收复故土为最高目标。因此，凡是符合抗金利益的，他都积极支持；凡是违背抗金利益的，即使是皇帝、权相，他都坚决反对，义无反顾。如1127年赵构即位之初，岳飞还是一个下级军官，越职进言，希望赵构"亲率六军北渡，则将士作气，中原可复"。结果因触犯阶级法而被免职。特别是1137年以后，岳飞坚决反对宋高宗、秦桧向金乞降求和政策，接二连三向高宗上奏章反对和议。

1138年9月，岳飞上奏说："不可与和。国事隙深，何日可忘！臣乞整兵，复三京陵寝；事毕，然后谋河朔，复取旧疆，臣之愿也。"1139年,南宋与金第一次订立和约,赵构、秦桧大肆渲染。岳飞进了一道《谢表》,对和约予以全盘否定。"臣幸遇明时,获观盛事。身居将阃,功无补于涓埃。口诵诒书,面有惭于军旅。尚作聪明而过虑,徒怀犹豫以致疑。谓无事而请和者谋,恐卑词而益币者进。"对卖国求荣的投降活动以合法斗争的形式,尽情加以揭露和鞭挞。接着旗帜鲜明地阐述自己的观点:"臣愿定谋于全胜,期收地于两河,唾手燕云,终欲复仇而报国;誓心天地,当令稽颡以称藩。"

岳飞戎马一生,最终却带着光复疆土的宏愿和无力回天的遗憾含冤而去。但他那坚决反抗民族压迫的爱国主义精神和坚贞不屈的民族气节,为中华民族树立了优秀的典范,为后人留下了宝贵的精神财富。

(四)文天祥的"浩然之气"

人生自古谁无死,留取丹心照汗青。

这脍炙人口传诵千古的诗句,为南宋时期民族英雄文天祥所作。文天祥在被敌人所俘后,逼其去诱降所部,路过零丁洋时,他抚今思昔,感慨万千,写下了著名的《过零丁洋》诗篇。全诗记述了他胸怀壮志、革新治国的历程;抒发了他为国家遭受外来侵略、山河破碎而焦虑的情感,以及面对敌人的软硬兼施伎俩,视死如归,坚贞不屈的昭昭爱国之心。

文天祥(公元1236—1283年),字履善,又字宋瑞,号文山,江西吉州吉水人,南宋大臣、文学家。

文天祥自幼饱读经书,沿着"学而优则仕"的道路,一举成名,考中状元,可谓少年得志。当时南宋王朝已极端腐败,北方的蒙古族军队已经占据中原。1259年,蒙古军队进攻南宋,南宋军队一败涂地,国都临安受到威胁。面对灭顶之灾,朝廷不知所措,一些大臣悄悄准备南逃。危难时刻,文天祥挺身而出,上书皇帝，要求进行军政改革，严惩投降派。但是南宋朝廷没有接受他的主张，他自己也反遭诬陷被削去了官职。1274年，蒙古军队攻到国都临安城下，皇帝面临着被俘的危险，急忙诏示各地起兵"勤王"。于是，文天祥变卖家产，捐献家资充当军费，招募起了一支万余人的义军，抗击入侵者。文天祥是文科状元，对于行军打仗一窍不通，更不用说在敌强我弱的情况下指挥没有训练的义军了。他的朋友以及幕僚都认为，以万余名没有训练的士兵去迎敌，等于赶羔羊喂老虎，是白白送死。文天祥却严肃地说：我不懂指挥，士兵也没有经过训练，可是国家有难，拼着一死起来抵抗敌人，希望天下人都这样。只要大家一起干，国家就会有希望。1276年，蒙古军队到达离临安不足三十里的地方，宋朝廷官员纷纷南逃。在民族危机最严重的时刻，文天祥被拜为右丞相兼枢密使，成为主战派的代表，举起了宁死不屈、拼死抗敌的大旗。

文天祥所具有的信念和气节，根源于以理学为内核的民族文化，是两宋理学孕育与培养的结果。宋儒强调天理人心的一致性，注重气节，重视品德，这些都在文天祥的身上得到鲜明的体现。文天祥是儒学精义的光辉实践者，他从小即受儒家文化的熏陶和教化，深知"学即人，人即学，其学全副是仁义，其人全副是正气"之理，他一生的笃行践履，正是对儒学思想的崇尚与奉献，体现了他知行一致、德业统一、灵肉相融的伟大人格风范。

"天地有正气，杂然赋流形。下则为河岳，上则为日星。于人曰浩然，沛乎塞苍冥。皇路当清夷，含和吐明庭。时穷节乃见，一一垂丹青。在齐太史简，在晋董狐笔。在秦张良椎，在汉苏武节。为严将军头，为嵇侍中血。为张睢阳齿，为颜常山舌。或为辽东帽，清操厉冰雪。或为出师表，鬼神泣壮烈。或为渡江楫，慷慨吞胡羯。或为击贼笏，逆竖头破裂。是气所磅礴，凛烈万古存。当其贯日月,生死安足论!"

　　这是文天祥被元军俘后在狱中所作《正气歌》。文天祥在这首诗中指出,越是在历史处于重大转折和变动时刻,越是元气磅礴发展、正气充满天地间之时;历史上的仁人志士之所以能在国家民族危急时刻表现出一种为正义事业而奋斗、而牺牲的坚强意志和大无畏精神,是因为他们身上秉承着浩然之气。

　　文天祥就是这样一种越是在"时穷"之时越表现出浩然之气的豪杰、英雄。1282年12月,历尽百般磨难的文天祥,为了国家民族,视死如归,面向南方,在燕京柴市,从容就义。临刑前,他留下《绝笔自赞》云:"孔曰成仁,孟曰取义,惟其义尽,所以仁至。读圣贤书,所学何事?而今而后,庶几无愧。"一代忠臣文天祥,其耿耿丹心,浩然之气,确实感天地,泣鬼神,他的一生也正完全履行了自己所写下的诗句:"时穷节乃见,一一垂丹青"。

第十章　元明清时期正思想的补益

一　许衡的"王道德治"之正君心

许衡（公元 1209—1281 年），字仲平，号鲁斋，河内（今河南沁阳）人，元代初期著名的理学家、教育家、政治家和天文学家。他崇信程朱理学，是元代儒学的主要传承者，一生醉心于教育事业，多次辞官，专心致志地传道授业；他还主持完成了历法改造，在《统天历》的基础上编定了《授时历》。许衡对程朱理学的造诣很深，被人誉为"继往圣，开来学，功不在文公（朱熹）下"。

纵观许衡的历史观所折射出来的理学色彩有其很突出的一面，就是以是否实行"王道德治"作为治乱盛衰的历史标准。

王道和德治是儒学古老的命题，早在孔子时就提出"为政以德"的政治构想，主张以道德标准作为政治统治的指导方针。从德治的要求出发，孔孟提倡推行"王道"，以德治国，以仁义治理天下。与王道相反，先秦法家提出了"霸道"的政治模式，即凭借威势、利用权术、刑法来达到统治的目的。许衡继承了朱熹的王道德治学说，在宋代史学总结"德政"治国、"礼义"兴邦等历史经验的基础上，进一步以王道德治为标准考察历史的盛衰治乱，更为系统地阐述了王道德治对于治世兴邦的实质意义和重要作用。

许衡从历史考察的角度誉"王"毁"霸"，强调王道德治为治世之坦途，霸道是乱世的祸端。他曾纵论春秋五霸相争的历史，极言王道式微、霸道横行之弊端，然后总结说："世之诋霸者，犹以尚功利为言，殊不知霸者之所为，横斜曲直莫非祸端。先儒谓王道之外无坦途，举皆荆棘；仁义之外无功利，举皆祸殃。"（《子玉请复曹卫》）

只有王道德治才是达到盛世的唯一坦途，除此之外，"举皆荆棘"、"举皆祸殃"。由此可以看出，他誉"王"毁"霸"、以王道为治世标准的态度是非常明确的。他还认为，霸道这种政治模式的问题不仅仅是追求功利，而是存在于国家政治的方方面面，触处皆成祸端，因此单从功利角度去批评霸道是远远不够的。他一面深责霸道，另一面将王道德治抬高到至理至善的地位，他说："唯仁者宜在高位，为政必以德，仁者心之德，谓此理得之于心也。"（《语录下》）"诚敬之德是以感人，不用偿赐人而人自然相劝为善，亦不用嗔怒人而人自然畏惧不敢为恶。"（《中庸直解》）王道德治从感化入手，自可人心咸服，无往不胜了。许衡的这些思想成为元代史学从王道德治出发总结历史盛衰经验的基调。

王道德治的核心是"仁政"。许衡借用《易大传》的内容，提出了"元"即"仁"的观点。《周易·乾卦·文言》在解释卦辞"元亨利贞"四字时曰："元者，善之长也。亨者，嘉之会也。利者，义之和也。贞者，事之干也。君子体仁足以长人，嘉会足以合礼，利物足以合义，贞固足以干事。君子行此四德者，故曰：乾，元亨利贞。"这段文字的主要意思是说，"元亨利贞"代表着"仁礼义正"四德，君子能行四德便可大吉。许衡巧妙地抓住了"元"与"仁"相配并称的关节点，用以阐述行"仁政"便得治世的思想。他认为：

"仁为四德之长，元者善之长。前人训元为广大，直是有理。心胸不广大，安能爱敬？安能教思无穷、容保民无疆？仁与元俱包四德，而俱列并称，所谓合之不浑，离之不散"。"元者四德之长，故兼亨、利、贞，仁者五常之长，故兼义、礼、智、信。"(《语录上》)

许衡煞费苦心地寻绎经典、反反复复强调"仁"与"元"的密切关系，绝非一般的解经说义，而是意在暗喻：元朝仁政，是早在圣贤经典中就有了定数的。当然，许衡没有停留于引经据典的说教，他又从历史总结的角度，多方阐明了为君治国推行"仁政"的重要。他说："孔子道：'一家仁，一国仁。'如尧帝、舜帝行仁，天下皆行仁；桀王、纣王不行仁德，政事暴虐，待教天下行仁，百姓每怎生行得仁？"(《大学要略》)不仅五帝三代时如此，秦汉的历史亦然，"秦楚残暴，故天下叛之；汉政宽仁，故天下归之"。(《时务五事》)许衡从历史盛衰的正反结果立论，提倡以"仁政"为治国之本，这对于元朝稳定统治秩序、推动多民族统一国家向前发展，是具有重要意义的。因此苏天爵说："昔我世祖皇帝既定天下，淳崇文化……而文正(许衡)之有功于圣世，盖有所不可及焉。"(《伊洛渊源录序》)

如何才能更好地实行王道德治呢？许衡运用理学的心性学说，在社会历史领域里，阐明了一系列正君心、求民心的思想。他继承了朱熹在社会政治和历史领域的心性学说，认为三代帝王心术正，天理流行，故成王道盛世，后世帝王先要正君心，方能治天下。因此，他强调人君担天下重任，要正身心，不可贪图享乐，务必勤勉谨慎，"盖天以至难任之，非予之可安之地而娱之也。尧舜以来，圣帝明王莫不兢兢业业，小心畏慎，日中不暇，未明求衣，诚知天之所畀，至难之任"。(《时务五事》)

君王不仅要勤勉，还要"小心畏慎"。畏慎的理由一方面是因为天下大事乃"至难之任"，须小心对付；另一方面当然是要小心自己的言行，因为"一句言语有差失足以败坏了事，人君一身行得好时,便可以安定其国"。(《大学直解》)人君的身心言行关系到国家的成败,关系到天下风气的好坏。那么,人君如何在复杂的环境下坚持"正心","正心"的基本内容又是什么呢?仍在戎马倥偬、四方未定的元朝初年,许衡就从历史观察的角度,为忽必烈提出了"正君心"的基本内容和治国方略。其曰:

> 古今立国规模虽各不同,然其大要在得天下心。得天下心无他,爱与公而已。爱则民心顺,公则民心服,既顺且服,于为治也何有。然开创之始,重臣挟功而难制,有以害吾公,小民杂属而未一,有以梗我爱,于此为计其亦难矣。自非英睿之君,贤良之佐,未易处也。势虽难制,众虽未一,必求其所以一。前虑却顾,因时顺理予之、夺之、进之、退之,内主甚坚,日夏月摩,周还曲折,必吾之爱、吾之公达于天下而后已。至是则纪纲法度施行有地,天下虽大可不劳而理也。(《时务五事》)

许衡的治国方略简要明确,说到底就是以爱心和所应具有的基本内容。所谓"爱",便是爱民,"为人上的爱养那百姓,每当如那慈母保爱小儿一般"(《语录上》)。许衡还把"爱"和"仁"联系在一起,他说:"仁者性之至而爱之理也,爱者情之发而仁之用也。"(《语录上》)这么说,爱就是仁,就是仁爱之心。

"爱"归于仁,那么"公"是什么呢?许衡说:"公者,人之所以为仁之道也……仁者,人之心所固有,而私或蔽之以陷于不仁。故仁者必克己,克己而公,公则仁。"(《语录上》)根据他的说法,"公"就是要克己之私欲以行仁,因此"公"也即仁。许衡将爱心和公心都归结于仁,这就正如他所说过的,"为人君止于仁，天地之心仁而已矣"(《语录上》)。爱心、公心归于仁，说明"正君心"的目的是要人君行仁政。这样，许衡在社会历史领域的"正君心"思想就和他所主张的以王道德治为治乱盛衰标准的思想达成一致，从而形成合乎逻辑发展的完整体系：人君有爱心和公心，便能施行仁政，仁政得以实施，自可臻于盛世。应该看到，许衡这些历史思想的阐发，不仅是对宋儒理学思想的继承和发展，而且是元初政治形势的迫切需要，因此他在论述"正君心"的基本内容后，特别分析了开国之初，"重臣挟功而难制"、"小民杂属而未一"等困难环境，强调人君在恶劣环境中修身"正心"需"内主甚坚"，要有"日夏月摩，周还曲折，必吾之爱、吾之公达于天下而后已"的毅力。由此看来，他对于开国之君和守成之君的"正心"环境和要求是有不同设定的。

许衡提出以爱心、公心得天下心，而天下心即民心。因此，他在讨论"正君心"的时候，常常把能否"得民心"看做是否"正君心"的标准。"必知古者《大学》之道，以修身为本，凡一言也，一动也，举可以为天下法；一赏也，一罚也，举可以合天下公，则亿兆之心将不求而自得，又岂有失望不平之累哉？奈何此道不明，为人君者不喜闻过，为人臣者不敢尽言，合二者之心，以求天下之心，则其难得亦固宜。"(《时务五事》)

他把民心得失作为君心正否的标准，君心正则民心不求自得；君心不正则民心欲求亦难。他还用历史事实来证明这种联系的必然性，比如秦失民心，是由于始皇残暴，"秦之苦天下久矣"。汉得民心，尤其文帝时更是人心翕然，为什么呢？他分析道：

（文帝）专以养民为务。其忧也，不以己之忧为忧，而以天下之忧为忧；其乐也，不以己之乐为乐，而以天下之乐为乐。今年下诏劝农桑也，恐民生之不遂；明年下诏减租税也，虑民用之或乏。恳爱如此，宜其民心得而和气应也。(《时务五事》)

许衡在这里想着重说明汉文帝能得民心，是由于君心正，他以天下之忧为忧，以天下之乐为乐，关爱民生民用，所以宜其得民心也。总的来说，许衡历史思想中的心性说将"得民心"和"正君心"联系起来，使"得民心"这一儒家政治理论的理想目标有了更为具体的实施内容。另外，将民心得失作为"正君心"的检验标准，也是从心性学说的角度对统治者进一步提出了重民的要求，这是它具有积极意义之处。

二　于谦之清正廉洁

于谦（公元1398—1457年），字廷益，号节庵，浙江钱塘（今杭州）人，是我国明代杰出的政治家、军事家和诗人，也是一位永远令人景仰的民族英雄。历任御史，山西、河南、江西等地巡抚。他"出能驰骋疆场，入能运筹帷幄"，英宗正统十三年（公元1448年），入京为兵部左侍郎。第二年景帝即位，升兵部尚书，加少保。景泰八年（公元1457年），英宗复辟，他被诬陷致死，后归葬于杭州西湖西面的三台山麓。于谦一生清正廉洁，为人所景仰、效法。

于谦出身于仕宦之家，饱读经史，参加科举考试，中进士后步入仕途。他从小深受儒家修身律己、不欺暗室的熏陶和父母"不妄与一事，不妄取一钱"的教育，明义利之辨，立身行事，确立以义为利的准则。身居高位，上不行贿，下不受赂，不妄取一草、一木、一钱、一物，两袖清风，一身正气。于谦在《无题》的明志诗中说：

> 名节重泰山，利欲轻鸿毛。所以古志士，终身甘缊袍。胡椒八百斛，千载遗腥臊。一钱付江水，死后有馀襃。苟图身富贵，朘剥民脂膏。国法纵未及，公论安所逃！作诗寄深意，感慨心切切。

诗中他引用了正反两个典故，批判贪渎之可耻，表彰清廉之可敬。他认为凡是贪图钱财的人，都会"千载遗腥臊"。因此，他一直恪守不图钱财的原则，生活俭朴，清心寡欲，即使身居高官也不放纵自己。他三十岁时，被朝廷任命为兵部右侍郎兼河南、山西都御史。这在当时是正三品官，可谓位高权重。可他上任时，坐的是普通的骡车，既无锣鼓旗仗，又无卫兵仪从，一改当时高官上任时那种前呼后拥，鸣锣开道，威势煊赫的官场习气。

当时，官场腐败，贿赂横行。尤其是英宗继位后，太监王振把持朝政，大搞收受贿赂勾当。于谦不随波逐流，不向王振之流屈服。他一身正气，每次进京，"独不持土物贿赂"。有些人怕他遭殃，劝他说：你虽然不献金宝，攀求权贵，也应该带一些线香、蘑菇、绢帕等地方土特产，便中送点儿人情。于谦笑着举起两袖，风趣地说："我入朝怎么没带东西呢？不是有两袖清风吗？"他还为此作了一首《入京》诗："绢帕蘑菇及线香，本资民用反为殃。清风两袖朝天去，免得闾阎话短长。"

于谦明义利之辨，清正廉洁，"日夜分国忧，不问家产"，"所居仅蔽风雨"，常被"错认野人家"。正如他在一首诗中所写的那样，"小小绳床足不伸，多年蚊帐半生尘。官资已投朝中贵，况味还同物外人。"北京保卫战胜利以后，景泰帝见他生活俭朴，要给他加薪，他坚决不受说："我全家大小只有五六个人，原来的俸禄已经用不完，为什么还要增加呢？况且眼前边地和京城用粮很多，国家面临经济困难，我一个人如果拿这么多俸禄，那是问心有愧的。"景泰帝见于谦住宅简陋，要赐给他西华门外一所华丽的住宅时，他又辞谢说："国家多难，臣子何敢自安。"（《明史·于谦传》）他还引用汉朝霍去病"匈奴未灭，何以为家"的话加以推辞说："去病竖子，尚知此意，臣独何人，而敢自安。"景泰帝不允，于谦无法推辞，只好将皇帝历年赏赐他的盔甲、袍带、玺书之类藏在这所华丽府第的正室里，自己仍住原处，每年入府瞻视而已。后来，于谦遭到诬陷被害抄家时，人们发现，作为一朝宰相的家里，除了已旧的绳床、蚊帐和书籍等日用物品，竟然再没有什么值钱的东西。其道德节操真正如其《石灰吟》诗所言："千锤万凿出深山，烈火焚烧若等闲。粉身碎骨全不怕，惟留清白在人间。"

  于谦一生光明磊落，从不结私党，不拉帮派，不阿权贵，唯以天下为己任。其好友石亨等枉法妄议，他毫不留情地予以弹劾斥责；其同僚陈循、王文等营私舞弊，他毫不顾及地规劝讥讽；王振弄权误国，他毫不犹豫地怒斥；当"土木之变"发生后，英宗被俘，人心惶惶之际，他毅然提出"社稷为重，君为轻"的口号，主张立新君景泰帝以绝也先之望；景泰帝有扰民行为、拒不遣使迎归明英宗国家不利时，他则以大义进谏。当国家面临危机时，他亲自披甲上阵，激励战士保国杀敌，使明室转危为安，立下不世功勋。于谦时时、事事、处处以国家利益为重，故《明史》本传评价说：

    声绩表著，卓然负经世之才。及时遴艰虞，缮兵固围。景帝既推心置腹，谦亦忧国忘家。身系安危，志存宗社厥功伟矣。……忠心义烈，与日月争光。

三 张居正身正法正改革不移

张居正（公元1525—1582年），字叔大，号太岳，湖广江陵（今湖北荆沙市荆州区）人。嘉靖二十六年（公元1547年）进士，隆庆元年（公元1567年）进入内阁，任礼部尚书兼武英殿大学士。神宗即位，任内阁首辅，前后当政十年。张居正雷厉风行，痛惩贪墨，使吏治状况明显改善，进而推动了政治、经济、军事等领域的改革，使明王朝一时出现了"中兴"的局面。

张居正的一生经历了嘉靖、隆庆、万历三朝，正是明朝统治的中后期，各种社会矛盾日益激化。经济上，以皇帝为首的皇室、官僚、地主通过乞请、"投献"等方式，大肆兼并土地，逃避赋役。明王朝征税的土地从明初的八百五十万顷，到宣德以后只剩下四百二十余万顷。农民的赋役负担却有增无减。政治上，皇帝昏庸腐朽，嘉靖皇帝专事斋醮，二十年不理朝政。朝臣争权夺利，互相倾轧，吏治腐败，"官以贿计，罪以贿免，箠毂之下，贿赂公行，郡县之间，诛求无忌"。"今人谓朝觐年为京官收租之年，故外官至期盛辇金帛以奉京官，上下相率而为利。"（《海瑞集》上编）军事上，武备废弛，蒙古军队几次南犯，直逼京郊，大肆杀掠而去。阶级矛盾日益尖锐，农民起义不断发生。到万历时，明王朝已是国势衰颓，危机四伏。到了"积习沉痼已久，非痛惩之下能挽也"（《张文忠公全集》书牍九）的地步。面对这种情况，张居正曾忧心忡忡地说：朱明王朝的统治大厦虽然"将圮未圮，其外窿然，丹青赭垩，未易其旧，而中则蠹矣！"（《张文忠公全集》书牍九）待其出任内阁首辅以后，他利用手中的权力，发展了嘉靖、隆庆以来的改革活动，大刀阔斧地进行了一系列的改革。

他首先整顿吏治，使明朝政治有了很大起色，行政效率大大提高。各级官吏对中央发布的政令，不敢敷衍塞责，任意拖延。"虽万里外，朝下而夕奉行"。"朝野肃然称治"，从此"一切不敢饰非，政体为肃"。(《明史·张居正传》) 中央政府的控制力量大大增强，也保证了张居正各项改革措施的贯彻执行。

其次，他采取清丈土地，均平赋役。他根据桑弘羊"民不益赋而天下用饶"的原则，对不堪重赋的农民，实行"养税源"的政策。他认为"民为邦本，本固邦宁"。提出"不加赋而上足用"(《张文忠公全集》) 的方针。主张惩贪以足民，理逋负以足国用。为了达到这一目的，他请皇帝总计内外用度，罢一边无益之费、无功之赏，并设法增加国家田赋收入。经过一番整顿，扭转了嘉靖、隆庆时期政府财政的年年亏空，使太仓所储足支九年，明王朝经济出现了暂时的繁荣。

最后，加强边防建设。明朝建国以后，不断受到北方蒙古骚扰。为了对付蒙古的威胁，朱元璋在沿边要塞，封王建国，置都司卫所，严为守备。明成祖朱棣五次亲征。明中叶以后，由于政治腐败，边防失修，边患频繁。正统十四年（公元1449年）的"土木之变"，英宗被俘。成化初年，蒙古势力进入河套地区，蒙古骑兵动辄深入明朝内地。嘉靖二十九年（公元1550年）又发生"庚戌之变"，俺答长驱直入，直抵北京城下。此时正在北京的张居正目睹了这一切，他深深地感到"衰宋之祸殆将不远"。张居正入阁后，大力整顿边防。他认为"当今之事，其可虑者莫重于边防"。为了改变被动挨打的局面，他选用得力将领到北边练兵备战，重修边防要塞。调抗倭名将戚继光、谭纶主持蓟镇防务，增筑居庸关至山海关的空心敌台，任用李成梁防守辽东。另外，清查军士缺额，撤销监军太监，给将帅以实权，改"卒惰而玩，将令不行"的局面。

张居正的改革取得了显著的成效，增强了明王朝的统治力量，扫除积弊，澄清吏治，扭转了国家财政的困难，出现了"海内殷阜，纪纲法度，莫不修明"的繁荣局面。张居正改革之所以能够取得如此的成绩，特别值得称道的是"民为邦本"的改革指导思想的确立和积极务实的工作作风。

张居正从儒家思想中继承了适应于封建社会晚期的"民本"思想。他主张，为国立政，首要在于"安民"，只有民安才能国治。而安民之道，在察其疾苦。他认为，民安十分重要，"安民可与行义，而危民易于为非"，并强调"加惠邦本"，因为"天之立君，以为民也；天授君以礼乐征伐之权，亦以为民也"。"人君布德修政，以结民心为本。"（《明史纪事本末》卷六十一）于是形成了他的"固邦本"的思想，只有"百姓安乐，家给人足"，"则邦本深固，自可无虞"。（《张文忠公全集》书牍五）这恰与《尚书》中"民为邦本，本固邦宁"的思想是一脉相承的，与孔子的"政之所急者，莫大乎使民富且寿"，孟子的"民为贵，社稷次之，君为轻"，"得天下有道，得其民，斯得天下矣"也有内在的承传关系。

在隆庆二年（公元 1568 年），张居正就提出"省议论，振纪纲，重诏令，核名实，固邦本，饬武备"的六项改革主张。极力倡导"扫无用之虚词，求躬行之实效"，要求"一切章奏，勿从简切。是非可否，明白直陈。勿得彼此推委，徒托空言"，并以考成法考核官吏政绩，综核名实，严明赏罚。彻底改变"主钱谷者，不对出纳之数，司刑名者，未谙律例之文"的名实不符的状况，破除"是非淆于唇吻，用舍决于爱憎，政多纷更"的官场恶习。在仅仅十几年的改革中，他使明朝统治出现了明显的转机，我们不能不敬佩他的勇气和才干。他被人们称为"宰相之杰"也是当之无愧的。

在廉政方面，张居正对自己要求也比较严格。他认为，"宰相者，天子所重也。身不重，则言不行。"如果自己不能廉洁奉公，惩贪只能是"以肉驱蝇，负薪救火"，不可能取得成效。隆庆六年（公元1572年），他就上书请求免去赐宴馆臣的惯例，称："一宴之资，动至数百金，省此一事，亦未必非节财之道。"湖广巡抚要为他在家乡建"三诏亭"以显皇恩，他劝阻说："当此岁饥民贫之时，计一金可活一人，千金当活千人矣。何为举百家之产，千人之命为官使往来游憩之所乎？"坚决要求停工。因此，张居正在处理政务时秉公而行，严禁亲故子弟干预时政。而向他献媚行贿者总是不乏其徒，有的希图进用，有的感于知遇之恩，尽管用心各异，张居正总是严词拒绝。他批评搜刮民膏以行贿图进者是"舍大道而由曲径，弃道谊而用货贿"，并严正警告，如果再犯，必将依法惩处；对那些感恩图报者，则教育道："荐贤本以为国，非欲市德于人也"，真正的报答应该是"殚忠竭力以报国家"（《张文忠公全集》书牍十二），而不在世俗的财货交际。

在张居正执政的十年里，他节俭勤政，这无疑起到了率先垂范的作用。

四　戚继光抗倭与郑成功驱荷之正

（一）戚继光"未敢忘危负岁华"

南倭北虏，是明朝的两大边患。"南倭"是指长期侵扰东南沿海一带的日本海盗，"北虏"是指与明中央政府敌对的北方蒙古族。"两患"的性质全然不同，但都极大地影响了明朝的内政外交。嘉靖末年至万历初年，"南倭"与"北虏"之祸相继解除，都要归功于一位杰出的军事家——戚继光。

戚继光（公元1528—1587年），明代抗倭名将，民族英雄，杰出军事家。字元敬，号南塘，晚号孟诸，山东蓬莱人（一说祖籍安徽定远，生于山东济宁）。出生将门，自小立志疆场，保国卫民，曾挥笔写下"封侯非我意，但愿海波平"的名句。十七岁袭父职任登州卫指挥佥事。二十五岁被提升为署都指挥佥事，负责山东全省沿海防御倭寇，取得了令人瞩目的成绩，堪称一代爱国名将。

嘉靖三十二年（公元1553年）六月，戚继光被提升为署都指挥佥事，统管登州、文登、即墨三营二十五所，担负着整个山东海防的建设和防务任务，当时海防防务的主要对象就是倭寇。从此，开始了他抗倭斗争的军旅生涯。

倭寇犯华之害从元末开始。长期以来，这些日本海寇，主要是日本浪人、武人（日本封建诸侯的士兵）、海盗商人和破产流氓农民，结成武装团伙，不断侵扰我国沿海地区，杀人放火、奸淫妇女、抢劫财物、掠夺人口（当奴隶使用、贩卖）。戚继光时代，倭寇之患日益加剧，严重地威胁着沿海居民的生产和生活。戚继光于山东受任之后，不负使命，加紧修建海防工事，整顿军纪，加强海上防倭训练，仅用了两年时间，空前巩固了山东海防。戚继光在山东海防防楼工程建设上所取得的政绩，受到了朝廷的赞誉和器重。这些政绩不仅取决于他出色的"良将"才华，更重要、更关键的是取决于他那忠于国家、恪尽职守的"良将"武德。正如他在就任后的第二年三月巡视海防工事时所赋诗言："遥知百国微茫外，未敢忘危负岁华。"从诗句中可见戚继光时时不忘来自海外的威胁，不敢忘记祖国的安危和自己的卫国保民使命而虚度年华。

嘉靖三十四年（公元1555年），戚继光被调到倭患严重的浙江任都司佥书，不久升参将，镇守宁波、绍兴、台州三府。嘉靖三十五年（公元1556年）九月，倭寇八百余人侵入龙山所，他率军迎击，接敌没几回合，明军怯战，纷纷溃退。危急时刻，戚继光纵身跃上一块高石，连发三箭，将三个倭寇头目射倒。倭寇见状，仓皇撤逃。

310

戚继光深知一人纵有万般本领，也敌不过众多强敌，整肃军纪、加强装备、提高战斗力才是制胜的关键。嘉靖三十八年（公元1559年），戚继光从浙江义乌群山之中招募勇敢的农民和彪悍的矿夫共三千余人，采用营、官、哨、队四级编制的方法编成新型军队。队是基本战斗单位，队员按年龄、体格分别配备不同的兵器，作战时，全队队员各用其所长，配合作战，攻守兼备，进退灵活。这种战斗队形能分能合，人称"鸳鸯阵"。戚继光十分重视训练他的军队，提高杀敌本领。因而他言传身教，严格要求，经常带头苦练，终于训练出了一支纪律严明，武艺高强，锐不可当的军队。这支被称为"戚家军"的队伍，屡战屡胜，使得倭寇闻风丧胆。

嘉靖四十年（公元1561年），倭寇大举侵犯台州，戚继光率领所部九战九捷，取得举世闻名的台州大捷。倭寇们心惊胆战，给戚继光取了个名字叫"戚老虎"。次年夏，率戚家军南下福建，荡平倭寇在横屿、牛田、林墩的三大巢穴。嘉靖四十二年（公元1563年），与福建总兵俞大猷、广东总兵刘显等人取得平海卫大捷。次年，升总兵官，镇守福建全省及浙江金华、温州两府，又相继大败倭寇二万人于仙游城下、同安王仓坪和漳浦县蔡丕岭。戚继光"用寡击众，一呼而辄解重围；以正为奇，三战而收全捷"。从此，戚家军威震中国海疆，倭寇望风而逃，危害已久的倭患终被荡平。

隆庆二年（公元1568年）五月，戚继光被任命为都督同知，总理蓟州、昌平、保定三镇军务，领兵镇守北部边关。他到任后，根据蒙古骑兵的作战特点，创建了以火绳枪炮为主的步兵营、骑兵营、车营和辎重营，并使各营成为能在统一指挥下进行协同作战的合成军。同时，在旧长城的基础上加高加厚原有的边墙，在重要地段修筑重城重墙，并在长城沿线创建了空心敌台，从而真正建起一道牢不可破的坚固防线。他在北方御边的十六年,"边备修饬,蓟门安然"。

戚继光在四十多年的戎马生涯中,"一年三百六十日,多是横戈马上行",或在东南沿海扫灭倭寇,廓清海疆;或在北方练兵御边,使蓟门安然,堪称一代爱国名将。他智勇兼备,多谋善断,练兵有方,指挥戚家军"飚发电举,屡摧大寇",甚至还出现过歼敌上千人,而戚家军却无一人阵亡的罕例,被誉为我国"古来少有的一位常胜将军"。

(二) 郑成功驱荷之正

郑成功(公元1624—1662年)是我国明末清初著名的民族英雄,生于日本平户(今长崎县松浦郡),本名森,字大木,明崇祯三年(公元1630年)回到原籍福建南安县。清顺治二年(公元1645年),二十一岁的郑成功在福州受到隆武帝朱聿键的召见,颇多赏识,被认为本家,赐他国姓(朱),改名成功,因此中外尊称之为"国姓爷"。清顺治十年(公元1653年),南明永历帝(朱由榔)又封他为"延平郡王"。

荷兰殖民者自明天启四年(公元1624年)侵入台湾以后,"土番受红夷欺凌,每欲反噬"(《闽海纪要》卷二),高山族人民和汉族人民多次武装反抗荷兰殖民者。南明永历六年(公元1652年)郑芝龙旧部郭怀一领导的反荷起义被荷兰殖民者残酷镇压,屠杀群众八千余人。正如马克思所指出的:"荷兰(十七世纪资本主义的标本国家)的殖民地经营历史'展示了一幅背信弃义,贿赂,虐杀,和卑劣的画图',那是少有其敌的。""他们足迹所至,随即发生荒废与人口消灭的现象。"[①]出于强烈的爱国心和民族责任感,郑成功对于荷兰殖民者的暴行极为愤慨,对台湾人民的苦难深为关注。

---

① 马克思:《资本论》第一卷。

曾自南明永历九年（公元1655年）起，郑成功就"传示各港澳并东西夷国州府，不准到台湾通商，由是禁绝两年，船只不通，货物涌贵，夷多病疫"（《从征实录》）。荷兰新任侵台长官弗里德里克·揆一在南明永历十一年（公元1657年）曾派代表要求郑成功恢复通商，表示意"输"，郑成功收复台湾工作未准备好，曾暂答应通商要求，由厦门派一些商船到台湾去。他在南明永历十四年（公元1660年）拟派"前提督黄廷、户官郑泰督率援剿前镇，仁武镇往平台湾"（《从征实录》），后来又有"吊（调）仁武镇康彦出征"台湾的记载。

南明永历十五年（公元1661年）三月，郑成功使其儿子郑经带领一部分军队留守厦门，自己亲率两万五千名将士，分乘几百艘战船，浩浩荡荡从金门出发。他们冒着风浪，越过台湾海峡，在澎湖休整几天，准备直取台湾。这时候，有些将士听说西洋人的大炮厉害，有点儿害怕。郑成功把自己乘坐的战船排在前面，鼓励将士说："荷兰人的红毛火炮没什么可怕，你们只要跟着我的船前进就是。"

荷兰侵略军听说郑军要进攻台湾，十分惊慌。他们把军队集中在台湾（今台湾东平地区）和赤嵌（今台南地区）两座城堡，还在港口沉了好多破船，想阻挡郑成功的船队登岸。

郑成功叫熟知台湾地形的何延斌领航，利用海水涨潮的时机，驶进了鹿耳门，登上台湾岛。台湾人民听到郑军来到，成群结队推着小车，提水端茶，迎接亲人。躲在城堡里的荷兰侵略军头目气色败坏地派了一百多个兵士冲来，郑成功一声号令，把敌军紧紧围住，杀了一个敌将，敌兵也溃散了。

侵略军又调动一艘最大的军舰赫克托号，张牙舞爪地开了过来，阻止郑军的船只继续登岸。郑成功沉着镇定，指挥他的六十艘战船把赫克托号围住。郑军的战船小，行动灵活。郑成功号令一下，六十多只战船一齐发炮，把赫克托号打中起了火。大火熊熊燃烧，把海面照得通红。赫克托号渐渐沉没下去，还有三艘荷兰船一看形势不妙，吓得掉头就逃。

荷兰侵略军遭到惨败，龟缩在两座城里不敢应战。他们一面偷偷派人到巴达维亚（今爪哇）去搬救兵，一面派使者到郑军大营求和，说只要郑军肯退出台湾，他们宁愿献上十万两白银慰劳。

郑成功扬起眉毛，威严地说："台湾本来是我国的领土，我们收回这地方，是理所当然的事，你们如果赖着不走，就把你们赶出去！"

郑成功喝退荷兰使者，派兵猛攻赤嵌。赤嵌的敌军还想顽抗，一时攻不下来。有个当地人给郑军出个主意说，赤嵌城的水都是从城外高地流下来的，只要切断水源，敌人就不战自乱。郑成功照这个办法做了，不出三天，赤嵌的荷兰人果然乖乖地投降。

盘踞台湾城的侵略军企图顽抗，等待救兵。郑成功决定采取长期围困的办法逼他们投降。经过近十个月的围攻，向荷兰侵略军主要据点台湾城发起进攻。荷兰侵略军走投无路，只好扯起白旗投降。南明永历十六年（公元1662年）二月一日，荷兰驻台总督在投降书上签字，宣告了早期殖民主义者侵略中国的彻底破产。

郑成功在收复台湾后写了《复台》诗："开辟荆榛逐荷夷，十年始克复先基；田横尚有三千客，茹苦间关不忍离。"诗作高度概括了收复台湾的艰难历程，无限深情地抒发了自己与将士们同甘共苦、生死相依的血肉深情。

郑成功收复台湾的英雄业绩和爱国主义精神，是中国各族人民爱国主义传统的重要部分，也是珍贵的历史遗产。郑成功虽然在台湾只有一年多的时间，但他收复台湾、建设台湾的功绩，堪称"统一祖国"的第一个民族英雄。

五　黄宗羲愤斥君主制以正天下

黄宗羲（公元1610—1695年），字太冲，号南雷，学者称梨洲先生，浙江余姚人。他的父亲黄尊素为万历进士，天启中为御史，是东林党人，因弹劾魏忠贤而被削职归籍，不久又下狱，受酷刑而死。十九岁的黄宗羲乃进京诉冤，并在公堂之上出锥击伤主谋，追杀凶手，明思宗叹称其为"忠臣孤子"。

黄宗羲多才博学，于经史百家及天文、算术、乐律以及释、道无不研究。尤其在史学上成就很大。清政府撰修《明史》，"史局大议必咨之"（《清史稿》480卷）。而在哲学和政治思想方面，更是一位最先从"民主"的立场来抨击君主专制制度者，堪称中国思想启蒙第一人。他通过《明夷待访录》一书，抨击"家天下"的专制君主制度，向世人传递了光芒四射的"民主"精神，这在当时君主专制的社会环境下是极其难能可贵的！

《原君》是《明夷待访录》的首篇。黄宗羲在开篇就阐述人类设立君主的本来目的，他说设立君主的本来目的是为了"使天下受其利"、"使天下释其害"，也就是说，产生君主，是要君主负担起抑私利、兴公利的责任。对于君主，他的义务是首要的，权力是从属于义务之后为履行其义务服务的。君主只是天下的公仆而已，"古者以天下为主，君为客，凡君之毕世而经营者，为天下也"。然而，后来的君主却"以为天下利害之权益出于我，我以天下之利尽归于己，以天下之害尽归于人"，并且更"使天下之人不敢自私，不敢自利，以我之大私，为天下之大公"，"视天下为莫大之产业，传之子孙，受享无穷"。对君主"家天下"的行为从根本上否定了其合法性，并且明确地指出天下之所以不太平，人民之所以苦难不已，皆是君主"家天下"的结果："今也以君为主，天下为客，凡天下之无地而得安宁者,为君也!"(《原君》)非常鲜明地把君主专制制度指为一切罪恶之根本。

黄宗羲在《明夷待访录》中第一次提出了"为天下之大害者,君而已矣"(《原君》)的"君为民害"论,并在托古的形式下设想未来社会的蓝图,提出了"天下为主,君为客"(《原君》)的"民主君客"论以及"天下之治乱,不在一姓之兴亡,而在万民之忧乐"(《原臣》)的"万民忧乐"论,并提出了"君与臣,共曳木之人"(《原臣》)的君臣平等原则和"人各得自私,各得自利"(《原君》)的人权平等原则,主张用"天下之(公)法"取代君主"一家之(私)法"(《原法》),主张由宰相和"政事堂"掌管行政权(《原相》)、由"学校"掌握舆论导向(《学校》),这些重要思想主张,比较系统地揭示了黄宗羲政治思想的朴素民主主义倾向。

黄宗羲的"君为民害"论,从理论上对君主专制制度进行了明确而深刻的批判,比起孟子的"民贵君轻"论来更富有批判性和战斗性,深刻地揭露了专制君主的残暴和贪婪;他指责君主在争夺天下时,"屠毒天下之肝脑,离散天下之子女,以博我一人之产业,曾不惨然!曰'我固为子孙创业也。'其既得之也,敲剥天下之骨髓,离散天下之子女,以奉我一人之淫乐,视为当然,曰'此我产业之花息也'"。(《原君》)

"天下为主,君为客"的"民主君客"论中,"天下",指的就是天下万民。其中有三层含义:一是"天下"是人民共有的,而非君王一家一姓所私有;二是天下大事应由人民当家做主,而非由君王一人垄断;三是君与民的关系是完全平等的,君由民推选出来为天下兴利除害,因而应该"以千百倍之勤劳而己又不享其利",应该大公无私、尽心尽力地为民服务。显然,这已经是地道的"民主"思想而非"君主"思想了。

而黄宗羲的"万民忧乐"论,则既是对儒家传统爱民、为民的民本思想的继承,也蕴涵着天下是人民的天下,而非君主一家私产的"民有"观念。衡量国家治乱兴衰的标准也就"不在一姓之兴亡,而在万民之忧乐"。一国的治与乱要看人民是否幸福,而并不在于由谁来做君主,而在于是否以万民的切身利益为目的,否定了专制君主将万民幸福系于一姓的谎言。

黄宗羲认为,后世君主与天下万民实际上已经处于对立地位,因而为臣出仕者必须抱定"为天下"、"为万民"的宗旨,以此作为自己行为的准则。

> 故我之出而仕也,为天下,非为君也;为万民,非为一姓也。吾以天下万民起见,非其道,即君以形声强我,未之敢从也,况于无形无声乎!非其道,即立身于其朝,未之敢许也,况于杀其身乎!(《原臣》)

为臣者必须认识到"君臣之名,从天下而有之者",君臣关系是为了治理天下而结成的。为臣之职是为了协助君主治理天下,如果"吾无天下之责",则"吾在君为路人"。因此,君臣之间是一种合作共事关系。这种关系应该是完全平等的,而不是主仆关系,也不可以"父子"相比拟。"是官者,分身之君也"(《置相》),君与臣的差别只是为天下服务的分工不同而已,君与臣的关系应当犹如共同抬大木者,"前者唱'邪'(yā),后者唱'许'(hu)"(《原臣》),齐心协力,共事天下。为臣者只有清楚地认识到这一点,其行为才能不出偏差,才能符合"为天下,非为君"的要求。

黄宗羲看到,在现实生活中,"世之为臣者昧于此义,以谓臣为君而设者也",深受错误的君臣观念束缚,因此,"规规焉以君臣之义无逃于天地之间,至桀、纣之暴,犹谓汤武不当诛之"。(《原臣》)在君主事实上已成为天下之大害的情况下仍谨守所谓"君臣之义","于兆人万姓之中独私其一人一姓",一切以君主为转移,而置天下百姓于度外,成为助桀为虐的帮凶。黄宗羲认为,这种表现完全是"宦官宫妾之心"、"私匿者之事",是与"为天下,非为君"的要求相违背的。为臣者应该以此为鉴,努力为天下百姓办事,不做君主的"仆妾",不做"规规小儒",不以君主的好恶为转移而曲意逢迎,置天下万民的利益于不顾,即使受到压力也绝不屈从。为臣者应该对天下万民负责而不是对君主个人负责。只有这样,才符合为臣之道。黄宗羲的这一主张,否定了以君为臣纲为核心的封建伦理体系,否定了为臣者绝对服从君主的所谓君臣之义,是其民主主义思想因素的体现。

黄宗羲这种抨击封建专制制度,以"民有、民主、民治"为中心的民本思想,在清末至近代的民主革命运动中曾经起了极其重要的思想启蒙作用。近代著名思想家梁启超评价说:黄宗羲"最有影响于近代者,则《明夷待访录》也。……梁启超、谭嗣同辈倡民权共和之说,则将其书节抄,印数万本,秘密散布,于晚清思想之骤变,极有力焉"①。

六 王夫之以"人欲之各得"求天下之至正

王夫之(公元1619—1692年),字而农,号薑斋,别号一壶道人,衡阳(今属湖南)人。晚年隐居在湖南的石船山麓,故后人称他为船山先生。是明清之际杰出的哲学家、思想家,与顾炎武、黄宗羲同称明清三大学者。

王夫之是我国明清之际的伟大启蒙思想家。他在当时政治风云变幻莫测、宋明理学流弊严重禁锢的历史条件下,以"六经责我开生面"的恢弘气魄,独立思想,勇发新论,留下了许多

---

① 梁启超:《清代学术概论》,复旦大学出版社1985年版,第14—15页。

具有思想解放特色的不朽篇章，系统地表达了他在政治、哲学、史学等各个领域的真知灼见，而且在伦理思想方面，对封建传统的观念也作出了一些重大的突破。在人性理论、理欲之争方面，提出了一系列发人深省的独到见解，对我国古代伦理道德学说的发展和深化，作出了不可磨灭的理论贡献。

宋明以来的理学家，都把"天理"和"人欲"对立起来、主张"存天理，灭人欲"，"天理"和"人欲"不可并立，犹如水火不容。王夫之针对这种割裂，提出了"人欲之各得，即天理之大同"（《读四书大全说》卷四）的主张，将天理与人欲统一起来，坚持天理即人欲的思想。其理欲观更具有进步性和更多的合理成分，为社会尊重人们的自然的欲望，沿着健康合理的方向发展起到了积极作用。

王夫之认为"理、欲"都是人性。他认为耳目口鼻与声色臭味都是由气聚合而成的，二者相互接触时所必然发生的异同攻取作用便产生了人欲，因而这种声色臭味之欲便是人所共有的本性。他说："气质者，气成质而质还生气也。气成质，则气凝滞而局于形，取资于物以滋其质；质生气，则同异攻取各从其类。故耳目口鼻之气与声色臭味相取，亦自然而不可违，此有形则始然，非太和氤氲之气，健顺五常所固有也。"（《张子正蒙注》卷三）仁义礼智之理与声色臭味之欲都是人性，"理"和"欲"共存于人性之中，不依人的"上智"或"下愚"而"废"、"灭"，是人类生存所必须共同遵循的自然法则。

王夫之肯定了人欲的合理性，认为它是人的生命存在的自然生理基础，即人类的自然生理物质需要，把人欲置于应有的客观地位。而且，对"欲"作了进一步的分析。他认为："盖凡声色、货利、权利、事功之可欲而我欲之者，皆谓之欲。"（《读四书大全说》卷六）充分肯定了自然欲望在人类社会中所占的重要地位，认为其是人类社会发展的基础。"饮食、男女，人之大欲,共焉者也。而朴者多得之于饮食,佻者多得之于男女。欲得其情,不容不殊。古之人因情以用才,因才以起功。岂可强哉!岂可强哉!"由于人类的自然需要在人类社会中占有这种不容忽视的地位,这就需要治理天下者应充分重视人们的自然要求,应循此规律治理社会,而不是逆此而行。故在充分肯定人欲有其合理性的基础上,王夫之批判了将人欲与天理割裂为二的思想观点。认为:"圣人有欲,其欲即天之理。天无欲,其理即人之欲。学者有理、有欲。理尽则合人之欲;欲推即合天之理。于此可见,人欲之各得,即天理之大同。天理之大同,无人欲之或异。治民有道,此道也。"(《读四书大全说》卷四)

在天理与人欲的关系上,王夫之从两个方面论述了"天理"和"人欲"的统一性。一方面,"天理"和"人欲"是相互依存的。理不离欲,理寓于欲。他认为从自然生理需求入手来探究理性是为人性之道。由欲及理是从感性到理性、从自然机制到絜矩规范,基于从个体的感性生命欲求和人类的存在的自然权利而强调理不离欲、理存于欲。"有欲斯有理"(《周易外传》卷二),"礼虽纯为天理之节文,而必寓于人欲以见","终不离欲而别有理"(《读四书大全说》卷八),"私欲之中,天理所寓"(《读四书大全说》卷二十六)。共同的必食必衣之理存在于各自所食所衣之欲中。

理的完满因循则自然契通于欲,而欲的合理满足即本然符合于理。因而理欲相依存而转化,"互待为功","天理充周,原不与人欲相为对垒"。(《读四书大全说》卷六)王夫之从理寓于欲观念出发,力斥那种人欲净尽而天理流行的理欲对立观的虚妄背戾,力辟那种"薄于欲"、"拒人欲"的扼杀人性的荒谬说教。另外,以欲从理,以理导欲。王夫之指出,"行天理于人欲之内,而欲皆从理"(《读四书大全说》卷六)天理人欲各有相宜,必须通过絜矩手段来谐调两者关系,定度管理而恰到好处。为克服尽于理而压其欲的窒碍和推其欲而防于理的扞格,需要做到"尽己"而能律己,"推己"而能及人。因而应着眼于自我与他人、个体与社会的关系的动态协调,"人欲之各得,即天理之大同","人欲之大公,即天理之至正"。(《读四书大全说》卷四)他要求"人欲中择天理,天理中辨人欲",(《读四书大全说》卷九)不但要划清兽欲与人欲的界限所在,而且对个人欲望从私到公、从异到同都要加以引导和制约。重要的不在于欲的"可不可"之辨,而在于以理导欲的化导之用,即以伦理道德规范来指导欲的合理满足。

这里,王夫之所强调的人欲,又不是只顾一己之私人欲,而是整个社会大众的自然欲望皆得到合理满足意义下的人欲。王夫之认为:"天理充周,原不与人欲相对垒。"(《读四书大全说》卷六)"随处见人欲,即随处见天理。"(《读四书大全说》卷八)所以,王夫之所说的人欲是万物各得其所意义下的人欲,是整个社会大众的自然欲望皆得到合理满足意义下的人欲,唯这个人欲才是"人欲之大公",才是"天理之至正",才是王夫之充分肯定的人欲。只有在这个人们的自然欲望都得以满足的基础之上,再导之以道,才可实现儒家理想的王道社会。

使人乐有其身,而后吾之身安,使人乐有其家,而后吾之家固,使人乐用其情,而后其情向我也不浅,进而导之以道则王,即此而用之则霸,虽无道犹足以霸,而况于以道而王者乎?(《读四书大全说》卷三)

第十一章　近现代正思想的变迁

近代中国，处于社会剧烈动荡，国内与国际的矛盾与斗争异常复杂尖锐的历史时期。一方面，清王朝的统治在经历了"康乾盛世"之后，至道光年间已经呈现出了腐朽堕落、摇摇欲坠的趋势，国内的阶级矛盾和民族矛盾日趋尖锐；另一方面，西方列强在经历了资产阶级革命和工业革命之后，国力得到显著增强，他们对中国富庶广袤的土地垂涎不已，加紧了向中国扩张侵略的步伐，先后发动了两次鸦片战争。国内与国际的双重压力，使得古老的中国面临着前所未有的危机与挑战。

西方列强带来了坚船利炮和鸦片毒品，对中国进行了经济、政治、文化等方面的掠夺侵略，但同时也在客观上传播了西方的科学、民主、创新等精神。正是这些精神与中华优秀传统文化的交汇融合，冲破了禁锢人民思想的封建枷锁，激发了大批爱国政治家、知识分子和其他各界有识之士变革图强、抵御外侮、重振华夏的强烈意识。其中，以魏源、龚自珍等为代表的启蒙思想家，以曾国藩、张之洞等为代表的洋务派，以康有为、梁启超、严复等为代表的维新派，以孙中山和毛泽东等为代表的伟大革命家，都在中华民族的伟大复兴事业中付出了巨大的努力，作出了杰出的贡献。特别是他们在各自的奋斗历程中丰富和发展了中华传统伦理正范畴，表现出了正义、刚正、正直等优秀品质，谱写了一曲曲正气之歌，彰显了近代以来先进的中国人在不屈不挠反抗帝国主义、封建主义和官僚资本主义的革命斗争中,在促进古老的中国实现新生的进程中所付出的巨大代价和获得的伟大胜利。限于人物数量众多和章节篇幅有限,本章仅选取其中几位代表人物,对其正的思想和言行进行介绍,以此勾勒出正的思想在中国近代的变迁与发展。

一 龚自珍正的观念与社会改良

龚自珍(公元 1792—1841 年),号定盦,浙江仁和(今杭州)人。他是中国近代史上著名的启蒙思想家、诗人、爱国主义者,是近代维新运动的先驱。作为思想先驱,龚自珍非常关注当时社会的现实问题。他以忧国忧民之心和直言谠论之笔,写下了大量针砭时弊的文章,对清王朝腐朽的封建统治进行了尖锐的批判和揭露,体现了"先天下之忧而忧"的强烈使命感,起到了警醒和启蒙时人、启迪后世的重要作用。

龚自珍正的观念主要体现在对封建专制制度的深刻批判以及要求变革方面,而这也是其思想的核心。在这个问题上充分表现了龚自珍的正气、正义,以及他对正的不断追求。

对当时黑暗腐朽的社会现实进行批判、抨击和揭露,是龚自珍文章的主要特点。他在文章中深刻揭示了清王朝表面稳定的统治下暗藏的深重危机和濒临崩溃边缘的趋势。龚自珍极力要求对改革封建专制制度,限制封建君主的权力,并改变君臣关系,以此促使统治者自正其德、为官者常修其身,最终将治国方略导向正途。龚自珍在《尊隐》中写道:"日之将夕,悲风骤至,人思灯烛,惨惨目光,吸饮暮气,与暮为邻。"这里,他以隐喻的手法指出了清王朝即将遭到倾覆的命运。除此之外,龚自珍更是对封建官僚制度和科举选材制度进行了深入的剖析和猛烈的抨击,对封建专制制度进行了无情的批判与鞭挞,《明良论》就是此类文章的典型代表。

《明良论》作于1814年，龚自珍时年二十三岁。此时正是他由副榜贡生考中武英殿校录的第三年，踌躇满志之情与针砭时弊之意在这篇文章中已经显露无遗。龚自珍在《明良论》中对封建统治下的选材制度和管理制度进行了批判，并进一步揭示了封建统治制度中的君王独裁对于治理国家的严重危害。龚自珍在《明良论二》中写道："士皆知有耻，则国家永无耻矣；士不知耻，为国之大耻。历览近代之士，自其敷奏之日，始进之年，而耻已存者寡矣！官益久，则气愈偷；望愈崇，则谄愈固；地益近，则媚亦益工。至身为三公，为六卿，非不崇高也，而其于古者大臣巍然师傅自处之风，匪但目未睹，耳未闻，梦寐亦未之及。臣节之盛，扫地尽矣。非由他，由于无以作朝廷之气故也。"这段话已经将晚清官场上腐朽堕落、奢侈荒淫的靡靡官风和各级官僚谄媚帝王、只求自保的无耻嘴脸彻底无余地揭露出来。进而，在《明良论三》中龚自珍又将矛头直指当时的用人制度。他指出："今之士进身之日，或年二十至四十不等，依中计之，以三十为断。翰林至荣之选也，然自庶吉士至尚书，大抵须三十年或三十五年，至大学士又十年而弱。非翰林出身，例不得至大学士。而凡满洲、汉人之仕宦者，大抵由其始宦之日，凡三十五年而至一品，极速亦三十年。贤智者终不得越，而愚不肖者亦得以驯而到。此今日用人论资格之大略也。"这里，龚自珍生动形象而又详细地描述了官场里的所谓"用人之道"对于贤智者的不公正。龚自珍又继续写道："夫自三十进身，以至于为宰辅，为一品大臣，其齿固已老矣，精神固已惫矣，虽有耆寿之德，老成之典型，亦足以示新进；然而因阅历而审顾，因审顾而退葸，因退葸而尸玩，仕久而恋其籍，年高而顾其子孙，倮然终日，不肯自请去。霍有故而去矣，而英奇未尽之才，亦卒不得起而相代。此办事者所以日不足之根源也。"这就与前述相承接,指出了封建官僚制度禁锢了贤良智者的聪明才智,浪费了人才的宝贵年华,对人才的身心都进行了摧残和戕害,使得整个官场都处在无才可用,一片死气沉沉的状况中。龚自珍借此彻底揭露了统治阶级在用人制度上的极大弊端。不仅如此,龚自珍还阐明了清王朝封建专制制度下吏治黑暗和官僚制度败坏的根本原因。他指出,封建君主处在了整个国家权力架构的最顶端,形成了集权制度。这就导致了君主的权力过重,缺乏有效的制衡,从而使各级大臣常常有名无实。他们在面对君主的时候,只能"朝见长跪,夕见长跪",唯唯诺诺,无所作为。这种局面严重压抑了大臣参政议政的积极性和创造性,无疑是对人才选拔任用的沉重打击,也就难怪出现"办事者所以日不足"的局面了。

  对此,龚自珍大声疾呼要求进行社会改良,改革封建官僚制度和选人用人制度,打破当时官场上死水一潭的局面。在改革封建官吏制度方面,他在《古史钩沉论四》里提出了宾宾说,比较深入地探讨了君王与宾之间的关系,充分体现了要求对封建专制制度进行变革的思想。龚自珍指出:"王者,正朔用三代,乐备六代,礼备四代,书体载籍备百代,夫是以宾宾。宾也者,三代共尊之而不遗也。"所谓宾宾,是指君王要像对待宾客一样来对待大臣,尊重大臣,大臣应该是君王的客人。同时,君臣之间要互相以礼相待,共同商讨国家大事。这里,龚自珍提出了对君王在治国方面的要求,即君王要在道德上端正自身,要以礼仪来对待大臣。从而体现出君主以德治理天下,为臣民做榜样。在要求改革选人用人制度方面,龚自珍强烈要求打破选人看资历、用人凭年限的传统,变革长期以来八股取士的做法。他大声疾呼:"九州生气恃风雷,万马齐喑究可哀。我劝天公重抖擞,不拘一格降人才!"以此来极力呼吁优秀人才的出现。

二 康有为、梁启超正的观念与维新变法

康有为(公元 1858—1927 年),广东南海人;梁启超(公元 1873—1929 年),广东新会人。他们都是中国近代史上著名的资产阶级启蒙思想家、改革家和教育家。作为资产阶级改良派的杰出代表,康有为与梁启超在中国近代史上无疑占有极其重要的地位。他们所领导的"百日维新"尽管持续的时间很短,没有彻底动摇清王朝的专制统治地位,但在启蒙社会各阶层、宣传资产阶级思想方面却起到了无可估量的重要作用。在维新变法的进程中,特别体现了康有为、梁启超对于"正"的执著追求和坚决维护,以及他们为此付出的巨大努力。

(一)《大同书》与康有为的维新求正思想

康有为的思想兼容并包,融合了中国传统文化与西方资产阶级思想。一方面,康有为自幼随伯父读经,后又在朱次琦门下学习"经国济世"之学,可以说他接受的是正统的儒家济世救民教育,这也为康有为后来的思想体系建立奠定了传统文化思想基础。另一方面,康有为在 1882 年赴京参加乡试途经上海时,购买了数量众多的西学译著,这又使他对西方的思想文化有了较为深入详细的了解。1891 年,康有为在广州创办了万木草堂,开始招收学生进行讲学,为他的政治改革作理论上的宣传和人才的储备工作。1895 年的"公车上书"使康有为第一次登上了政治舞台,受到了全国的瞩目。此后,通过创办报刊、组织学会、开办学堂、上书皇帝、联络各方面人士等一系列活动,大力宣传了维新思想,也获得了光绪皇帝的赏识与信任。1898 年 6 月 11 日,光绪皇帝接受了康有为等人的建议,宣布实施变法。由于触动了大官僚、大地主阶级的根本利益,维新变法在历经一百零三

天后失败了，康有为被迫流亡海外。

康有为的思想体系非常丰富，著述颇多，其中尤以《大同书》为杰出代表。康有为在《大同书》中具体阐述了他的建立"大同"社会的构想，积极倡导维新变法以求建立最符合正义公平、平等自由和人道主义理念的"大同"世界。以此为目的，康有为在《大同书》中提出了比较全面的设想与主张，为"大同"社会设定了各方面的内容，充分渗透了资产阶级的民主精神。

《大同书》包括甲、乙、丙、丁、戊、己、庚、辛、壬、癸共十部。内里充满了悲天悯人、仁慈博爱之情与自由平等、人道主义之意，构建了一个无差别、无界限的大同社会。其中，"仁"的观念贯穿整部《大同书》。康有为将《大同书》甲部"序言"的标题命名为"人有不忍之心"，正是这个意思。所谓"仁"，就是爱人，也就是强调人道主义精神，将人视作宇宙间最为珍贵的"天地之精英"。康有为在《大同书》中描述了人在社会中所遭受的种种苦难痛楚，并指出了原因："然一览生哀，总诸苦之根源，皆因九界而已。"这九界就是：国界、级界、种界、形界、家界、业界、乱界、类界、苦界。康有为认为，"吾救苦之道，即在破除九界而已"。这就是说，康有为将维新变革、破除社会的种种界限看做实现"大同"社会理想境界的途径。也就是要消除人在社会中所遭受的等级、种族等方面的压迫，实现全体人追求美好生活的远景目标。

康有为的《大同书》对封建专制制度进行了无情的批判与揭露，针对当时的社会性质提出了建立"大同"社会的构想，具有鲜明的资产阶级民主特点，反映了当时中国社会亟待发展进步的要求，其意义之重大是不言而喻的。康有为选择了走维新变法的道路以寻求公正的实现，即促使社会的性质发生变化，破除种种使人遭受苦难的樊篱，实现"大同"社会的完美构想，从而使人人都能沐浴在公平、正义、平等、仁义、博爱的阳光之下。

(二)《新民说》与梁启超的变革求正思想

梁启超的思想与康有为相比,既有对老师的承继发展,更有其创新独到之处。作为同样要求实行变法以达成社会变革的维新派代表人物,梁启超在"戊戌变法"失败以后避居日本,继续着传播西学、鼓吹维新改良的使命。在此期间,他先后创办了《清议报》和《新民丛报》。《新民说》就是由在《新民丛报》上发表的单篇文章所组成的汇编,其中大部分的篇章都写于梁启超思想的最进步时期,体现了他超越康有为的思想,要求兴变革以求正的理念。

《新民说》写于1902年至1906年,充分展现了梁启超在"戊戌变法"之后他的个人追求、思想境界、知识体系、学术风范等方面的变化。这个时期的梁启超已经从过去长期接受的康有为思想的樊篱中冲破出来,在更多地接触了西方近代资产阶级文化思想后,逐步形成了《新民说》中的思想体系。《新民说》的诞生,对于当时"黑云压城"的国内政治形势来说,无异于是春雷一声响,震碎了顽固派精心制造的文化专制氛围,使处在恐怖高压之下的广大进步知识青年看到了新的希望。

《新民说》的主旨是塑造近代社会的理想人格。提出这样的主旨是源于梁启超在维新变法运动之后对社会变革的途径方法产生了新的认识。梁启超认为,"戊戌变法"的失败,首先是由于触动了上层封建官僚阶级和地主阶级的利益,以慈禧太后为首的顽固派进行了疯狂反扑,从而导致了变法的失败。但这也与人民大众长期处于封建专制统治之下,奴性太重,毫无民主自由观念与基本的参与反封建斗争的素质和意识有极大关系。必须对国民的素质进行改造,造就一代新民,实现推翻专制体制、促使国家民主富强的目的。因此,梁启超将"论新民为近日中国第一急务"列为了《新民说》的开篇题目,强调培养新民是必须解决的当务之急。

梁启超在《新民说》中所体现的理念,既有与康有为一脉相承的地方,也有其更加新颖的思想。一方面,尽管"戊戌变法"的失败已经说明了改良主义在中国行不通,但梁启超并没有彻底放弃改良主义的主张,他仍然觉得君主立宪有实现的可能。另一方面,梁启超已经改变了过去反对革命的偏颇态度,表现出了一定程度的认同,将革命对封建专制制度的冲击破坏看做社会变革的一种必要手段,可以与君主立宪结合起来。这就可以看出,梁启超的变革思想较之康有为的思想更进一步,对治国的途径进行了发展,将立宪与革命这两种方式结合了起来。在此,"正"已经不仅仅是指为国家民族的发展富强寻求正途,为正义平等自由民主而奋斗,还包括了培养国民形成符合近代社会要求的理想人格,以达到诚意正心、修身以正的目的。

三 谭嗣同正的思想与以血醒民的正义之举

谭嗣同(公元1865—1898年),字复生,湖南浏阳人。在维新派的杰出代表之中,谭嗣同无疑是最为活跃激进的一位。他与康有为、梁启超一样,自幼便接受了传统儒学启蒙教育。后来他曾多次在国内各地游历,既耳闻目睹了国家的积贫积弱、备受侵略的处境和广大下层人民所遭受的苦难,又结交了不少积极倡导救亡图存的维新志士。在这个过程中,谭嗣同的思想不断成熟,他刻苦努力地学习西方近代的科学文化知识和政治理论学说,积极投身于维新变法运动。正是由于谭嗣同在维新变法运动中的杰出贡献,获得了来自各界的高度评价。梁启超在为谭嗣同的著作《仁学》所作的序中,将谭嗣同评价为"中国为国流血第一烈士",实非过誉。

谭嗣同的思想较康、梁二人则更为激进。在他看来，当时社会矛盾不可调和的状况已经决定了中国"唯变法可以救之"。也就是说，要使中国彻底破除封建专制制度、君主独裁及封建制度下腐朽的伦理观念，必须进行社会的全方位变革，并且这种变革必然是建立在暴力革命的基础之上。谭嗣同的这种思想在他的重要著作《仁学》中得到了系统的阐述。谭嗣同在《仁学》中将中国古代传统儒学中的"仁"的概念进行了继承与改造，除了论述自古以来"仁"在不同时期的含义之外，更根据维新变法的需要，将平等、自由、人道、博爱的元素与"仁"结合起来，形成了仁的新的思想内涵。

谭嗣同以"仁学"作为武器，在思想上和行动上对封建制度进行了猛烈的攻击。他对于"正"的观念，正是体现在此方面。即以正气之心维护公平正义，促进社会的改良变革。与康有为、梁启超相比，谭嗣同的思想已经在一定程度上超越了改良主义的范畴，具备资产阶级民主革命的特点。

谭嗣同用实际行动实践了他对于正义的追求。作为维新派的代表人物，他在"百日维新"中遭到了出卖，结果与其他五人共同被捕遇害，史称"戊戌六君子"。在被捕之前，曾有友人劝其东渡日本避难，但谭嗣同决心牺牲己身以唤醒人民大众。他说："各国变法，无不从流血而成，今日中国未闻有因变法而流血者，此国之所以不昌也。有之，请自嗣同始！"这番发聋振聩的话语表明了谭嗣同的心声。他以自己的鲜血去唤醒还处于封建专制制度统治下的民众，用生命在中国近代史上写下了为国为民、正气凛然的光辉一笔。

四　严复正的观念与思想启蒙

严复（公元 1854—1921 年），字又陵，福建侯官人。在中国近代的启蒙思想史上,严复无疑占有极其重要的地位。作为率先向国内引进和介绍西方政治、文化思想的启蒙思想家,曾到英国留学的严复先后翻译了多部西方社会政治学论著,其中尤其以《天演论》(原名《进化与伦理》,英国生物学家赫胥黎著)最为著名,影响最为深远。严复的努力得到了康有为、梁启超等人的交口赞誉与高度评价。其对进化论在中国的介绍与传播,领时代风气之先,影响了整整一代要求进步的中国知识分子,起到了在思想上启蒙的重要作用,对近代中国的历史性变革产生了直接的推动作用。

严复关于正的思想建立在他的自由主义思想的基础之上,主要反映在建立维护个人自由的政治法制制度和功利主义的伦理观两个方面。

从建立维护个人自由的政治法制制度的角度来说,严复认为中国传统思想在维护个人自由方面要远远落后于西方文明。具体来说,西方文明将自由视为每个人天然的权利,而中国传统观念主要强调个人的修身养性和家庭的伦理纲常,要求个人既要修身正己,不断提高自身的道德修养,以成为君子圣人;又要在家庭内部摆正自己的位置,做好分内之事。由此可以看出,中国的传统观念往往重视个人对宗法规范的遵守执行,而对个人自由方面强调较少。就当时历史状况和社会发展而言,如果仅仅强调个人对宗法规范的遵守执行就会容易忽视人的独立性和自由化,从而影响到建立维护个人自由的政治和法制制度。因此,严复一直在强调个人自由与法治建设之间的关系,积极倡导建立起维护个人自由的政治和法制制度。

从功利主义的伦理观角度来说,严复继承了近代西方学者边沁、穆勒等人所提倡的功利主义,并以此为基础建立自己的伦理观。其中,他从视快乐为善的原则出发,对人生的苦乐善恶问题进行了探讨,将快乐区分为"众乐"(社会利益)与"自乐"

(个人利益),并将"众乐"看做最大的善。但同时严复也承认在"众乐"与"自乐"之间存在着一致性,人追求个人利益也是一种正当行为。因此,严复强调功效原则,将伦理上的善看做最大也是最长久的利益。正是基于此种观点,严复并不赞同儒家传统的义利观,而是更强调抛弃空谈注重效率。由此看来,严复思想中所体现出的"正"与传统伦理观相比已经出现了差别。他主张依靠建立制度和追求功效来实现维护个人的自由与公众、个体的利益,这就不仅仅局限于依靠修身、齐家、治国之正来维持和协调人与人、人与社会之间的关系,而是要通过建立政治和法制制度,以及追求功效,来实现国家与国民、社会与个人之间的利益协调和自由、公平、正义。

正是由于对"正"的理念进行了新的解读,严复才会在实践当中积极倡导"西学"的传播和对封建旧文化的批判。这在当时起到了解放思想、启蒙大众的重要作用。严复又先后翻译了穆勒的《论自由》、孟德斯鸠的《法意》、斯宾塞的《群学肄言》等西方资产阶级社会政治学说著作。严复正是以他在思想理论上的贡献,成为中国近代史上著名的启蒙思想家和翻译家。

五 孙中山正的思想与"天下为公"的主张

孙中山(公元1866—1925年),广东香山人。他是伟大的爱国主义者,中国民主革命事业的先驱和奠基人。作为近代中国涌现出的伟人之一,孙中山将毕生的精力奉献给了中华民族的独立解放与民主富强事业。他为此付出了巨大的努力,作出了卓越的贡献,可谓"鞠躬尽瘁,死而后已",因而被誉为"国父"。在孙中山"天下为公"的主张中,"正"的思想更是得到了充分的展现,闪耀出夺目的光彩。

近代以来,古老的中国备受西方列强的侵略掠夺,华夏文明长期处于被欺凌的命运之中，整个近代史写满了"屈辱"二字。这种状况就决定了，作为中华传统伦理之一的"正"的思想，将会在精神层面主要表现为强烈的爱国主义、民族主义和挽救国家民族危亡的远大志向，在实践层面主要表现为反封建、反侵略的革命行动。孙中山无论是在精神上还是实践上，都忠实地践行了"正"的思想。特别是他积极倡导的"天下为公"思想，将爱国主义与救国行动融为一体，集公平、正义、仁爱、团结、统一、民主等内容于一身，成为指导反封建、反侵略的民主革命的重要思想。

作为长期接受西方教育的孙中山，他对中华传统伦理"正"的理解，已经与传统观念有所区别。与康有为、梁启超等人相比，孙中山更加敏锐地把握了时代发展的潮流与趋势，对救国的道路认识得更清楚。也正因为如此，孙中山才自觉地走上了革命的道路，负担起拯救国家、重振华夏的历史重任。因此，他的见解更具进步性、时代性和革命性的特点。孙中山将传统的修身、齐家、治国之正进行了发展，倡导"天下为公"思想，强调要依靠资产阶级民主革命激发国人的爱国主义、民族主义和民主精神，增强国民的民族认同感和爱国、救国的责任感、使命感。为此，孙中山曾多次号召"凡国家社会之事，即我分内事"、"凡有益于国家的社会之事，即牺牲一己之利益，为之而不惜"。如此豪迈的语言内涵深刻，意义深远，充分体现了孙中山强烈的爱国主义精神和维护国家民族统一、实现中华民主富强的美好愿望。

孙中山用毕生精力实践了他对于"正"的理解。他的关于发扬传统道德文化的思想，以爱国主义、民族主义和民主精神赋予了"正"更多进步性和时代性特点，极大地丰富了"正"的内涵，使作为中华传统伦理之一的"正"，在新的历史时期起到了促进中华民族团结统一、共同奋进的基石作用。他所领导的资产阶级民主革命运动，又在实践上起到了挽救国家民族危亡、维护国家统一、振兴中华的巨大作用。对于当时的中国来说，无疑还有着唤醒国民、激发民族精神和革命热情的重要作用。对于今人来说，同样能够从孙中山的"天下为公"思想中去体会"正"的历史性与时代性。

六 毛泽东正的思想与干部队伍建设理论

作为中国共产党和中华人民共和国的缔造者，作为中国近现代涌现出的伟人之一，毛泽东为中国革命和建设事业作出了卓越的贡献。

作为中国共产党的领导核心，毛泽东在长期的革命斗争事业中逐步建立、发展和完善了中国共产党的干部队伍建设理论，着重探讨了如何建立一支政治过硬、素质优良、能够全心全意为人民服务的党员干部队伍。为此，毛泽东提出了很多重要的极具独创性和理论深度的思想，集中反映了他对干部队伍建设的认识。这一方面体现了毛泽东对于党的组织建设工作的高度重视，将之视为党的建设理论的重要组成部分；另一方面也体现了毛泽东对中国的历史发展规律和中华传统伦理的充分认识。

饱读史书的毛泽东深知，国家能否长治久安、强盛兴隆，能否保持政令通达、廉洁高效，在很大程度上取决于官员队伍的整体素质，中国历史的发展规律已经很明显地体现出了这个特点。而对官员队伍的约束首先要依靠中华传统理论道德中的"正"，要使各级官员做到正人先正己，能够率先垂范，为人民群众做出表率。同时，还要使各级官员在工作中能够认真贯彻"正"的内涵，即在其位而谋其政，能够做到秉承公道正派、平等正义、清正廉洁、务实高效的工作理念，扎实为党和国家、为人民大众服好务。因此，毛泽东十分注意党员干部队伍的建设问题，将干部队伍的建设问题与国家的存亡兴衰紧密地联系在一起,对此给予了高度重视。

其一,将提升干部队伍的素质与为人民服务紧密结合。中华人民共和国的国体是人民民主专政,各级干部与广大人民群众在根本利益上是完全一致的,这在性质上与中国历史上的各个封建王朝完全不同。因此,毛泽东首先将"全心全意为人民服务"确立为党员干部队伍乃至全党的宗旨,以此作为对各级官员在思想上和行为上的约束。早在1944年,毛泽东就明确提出"我们一切工作干部,无论职位高低,都是人民的勤务员,我们所做的一切都是为人民服务"。新中国成立后,"为人民服务"又被写入宪法之中,成为国家根本大法的重要组成部分。这就从法理上对国家机关及其工作人员进行了进一步的规范,使国家权力的行使不会脱离法律的框架。

其二,注重培养干部队伍的政治素质和业务素质。毛泽东明确定义了干部的性质,即为人民服务的公仆、勤务员,是国家的一名普通劳动者。这就要求干部队伍整体的政治素质和业务素质必须要高,必须能以实事求是的工作作风密切联系群众。因为人民群众才是历史的创造者,广大的党员干部必须紧紧依靠群众,只有这样才能保证国家的兴旺发达和政权的长治久安。而要想与群众保持血浓于水的亲密关系,唯有不断地提高干部队伍的政治素质和业务素质,达到"又红又专",即政治上过硬、业务上精通的标准。

其三,以廉政建设保证干部队伍的清正廉洁。中国历史的发展规律表明,凡是盛世王朝通常都拥有一支清正廉洁的官员队伍。但由于封建专制制度的性质,其廉洁的局面都不会维持太长的时间,反映出了封建社会王朝兴衰的历史周期率。毛泽东深知,要想跳出这种历史周期率,必须保持干部队伍的长期清正廉洁,从而保证他们在行使权力治理国家中将"为人民服务"的理念铭记于心，时时为人民群众服好务，真正履行好人民公仆的职责。因此，毛泽东提出了干部队伍要经常接受教育和群众监督，并要建立起严格的惩治腐败的制度从严治理腐化堕落行为。不仅如此，以毛泽东为代表的老一辈无产阶级革命家，更是在实际生活中以身作则、身体力行、率先垂范，通过自己的亲身实践为广大的党员干部做出了表率，为使干部队伍长期保持清正廉洁、公而忘私的党风和务实高效、甘为公仆的工作作风起到了无可替代的榜样作用。

从毛泽东有关干部队伍建设的理论中可以看出，毛泽东有关"正"的思想与传统伦理上的"正"相比，既有继承更有创新。他的思想已经跳出了封建专制制度对"正"的理念所形成的桎梏，既保留中华传统伦理中"正"的基本含义，又结合中国革命和建设事业的发展实际进行了改造与创新。毛泽东强调了使干部队伍既要在个人素质上实现政治素质和业务素质的双重过硬，又要使干部队伍在履行职责使命，为党、国家和人民群众服务的工作中，能够做到清正廉洁，正确行使人民赋予的权力。

第十二章 "正"思想的现代价值

一 儒家"正己正人"的德治传统与以德治国方略

中国传统德治思想的主体内容,主要包含在中国传统儒家的伦理思想体系之中,它长期成为我国古代社会的统治思想和政治哲学,并构成我国传统的治国理论基础,其中包含着许多优秀的、积极的思想内容。这些内容对于我党以德治国方略的实施具有重要的借鉴和启示意义。

(一)"正己正人"的德治传统的基本精神

中国传统德治思想以儒家政治哲学为核心内容,贯穿于中国封建社会的整个历史阶段。从先秦时期到清朝末年,儒家主要代表人物孔子、孟子、荀子、董仲舒、贾谊、张载、程颐、程颢、朱熹等,都对中国传统德治思想作了比较明确而详细的论述,且不断系统化、理论化。中国传统德治思想把国家统治、社会管理理解为"正己"和"正人"两大原则,要求国家的君主和所有官吏,首先要进行自我修养,陶冶性情,成为仁德贤明的君主或清正廉洁的官吏;然后再用已修之身去管理国家、社会和人民,实现"齐家、治国、平天下"的政治目的。其基本精神包括以下几个方面:

1. 天人合德的治国理论基础

天人关系问题是中国传统哲学的基本问题。在中国传统哲学中,"天"这一范畴具有上帝之天、命运之天、自然之天、道德本体之天等多种含义,实际上即客体范畴;"人"这一范畴则是指与天相对应的社会生活和道德实践的主体——人类自身。中国古代哲学家处理天人关系的基本思想是"天人合一"。孟子说:"尽其心者,知其性也。知其性,则知天矣。"(《孟子·尽心上》)意思是只要向人的内心世界用功探索,人就可以认识自己的本性,并进而把握天的本质,进入"上下与天地同流",达到"夫大人者,与天地合其德,与日月合其明,与四时合其序,与鬼神合其吉凶"[1]的境界。西汉董仲舒提出"天人感应"说,认为天与人具有相同的结构,天与人"同类",故而天与人可以相互感应。他说:"天人相与之际,甚可畏也。"[2] 宋明时期的张载、王夫之先后提出了"天人一气"说。张载在建立"气一元论"的本体论学说的基础上,第一次明确地提出"天人合一"的命题。他说:"天人之本无二","天人不须强分"[3]。王夫之继承发展了张载的天人合一观,强调天道与人道的一致性。他说:"道一也,在天则为天道,在人则为人道。人道不违天,然强求同于天之虚静,则必不可得,而终归于无道。"[4] 朱熹提出"天人一理"说。他认为理是宇宙万物的本原。"宇宙之间,一理而已。"人作为万物中之一物,自然是理的体现者,故而天人一理。在中国传统哲学那里,天被赋予绝对性、至上性、本原性,是一切人类生活的最终根据,社会生活的一切道德原则和规范,都是从天人合一论中演绎出来的。中国传统哲学强调天人合一论的实质,就是要论证天道与人道的同一性,即天人合德。而天为德之本,整个伦理道德都是建立在天人合德的基础上的。从

---

[1] 金景芳等:《周易全解》,吉林大学出版社1989年版,第31页。
[2] 《汉书·董仲舒传第二十六》,中华书局1997年版,第642页。
[3] 王夫之:《张子正蒙注·乾称》,中华书局1975年版,第316页。
[4] 王夫之:《张子正蒙注·诚明》,中华书局1975年版,第96页。

而为人道设定本体论根据，寻找人类社会道德的价值本原，即人道本于天道，人性本于天性，人德本于天德。并由此为中国历代皇朝统治奠定坚实的正统地位。天以天下予天子，天子统治人民乃是替天行道，替天教化。天道自然，以德为本，皇帝治理国家也是以德治国，以德教化。

2. 推己及人的治国思维方法

推己及人是中国传统德治思想的一个重要的思维方法。在中国传统德治思想家们看来，既然天人合德，那么，认识天地万物的规律和社会道德的本质，就不必向外寻求，而只需进行内省。道德规范并非外在的规定，而是人的内在本性的反映，人人都只要尽心知性，把自己本身所固有的道德本性扩充推广，就能够实现自我道德修养和社会的道德建设。孔子把这种推己及人的内省思维方法概括为"忠恕之道"。所谓忠，是指与他人交往时要竭尽全力去完成自己的职责。所谓恕，就是在自己完成本职之后，还要推己及人，设身处地为他人着想，从内心的仁爱去关心他人，理解他人，与人为善，凡是自己所不愿意做的、厌恶的事情，也不要强加于他人。孔子说："其恕乎！己所不欲，勿施于人。"（《论语·颜渊》）"我不欲人之加诸我也，吾亦欲无加诸人"（《论语·公冶长》）。孟子则提出："老吾老，以及人之老；幼吾幼，以及人之幼。"（《孟子·梁惠王上》）荀子将这种推己及人的内省思维方法称为"兼术"，认为掌握这种修身之术，就可以端身成人。王守仁则将之概括为"致良知"的道德修养论。他说："良知之外，别无知矣。故致良知是学问大头脑，是圣人教人第一义。"[①] 中国传统德治思想这种推己及人的内省思维方法，一方面强调人的道德修养是发现、觉悟、保存自己至善的道

[①] 邓艾民：《传习录注疏·答欧阳崇一》，法严出版社2000年版，第224页。

德本性；另一方面强调人的道德实践则是扩充自己的道德本性，把自己固有的德行施加于他人，给他人和社会都带来利益。这种思维推理的前提是，承认人类共同的利益和需要，并有满足这种共同利益和需要的共同权利。所谓"人同此心，心同此理"，即无非强调天理本于人情，人情包含天理。这种德治思想的必然结论就是：人人都应该将心比心，以心换心，才能上顺天德，下应人情，共同建立和谐的社会秩序。

3. 乐群贵和的治国价值取向

中国传统德治思想从天人合德的理论出发，强调社会整体的本位观念；个人作为社会整体的一部分必须融于整体之中，整体的利益绝对高于个人的利益，个人必须绝对服从整体，从而形成乐群贵和的基本治国价值取向。荀子强调人与人和谐共处对于群体生活的重要性。他说："人生不能无群，群而无分则争，争则乱，乱则离，离则弱，弱则不能胜物。"（《荀子·王制》）孔子提出人与人的关系要"和为贵"。他说："礼之用，和为贵。先王之道斯为美，小大由之。有所不行：知和而和，不以礼节之，亦不可行也。"（《论语·学而》）由于中华民族在贵和观念上的认同，使得中国人十分注意和谐局面的实现和保持，做事不走极端，着力维护集体利益，求大同，存小异，成为人们的普遍思维原则。中国传统德治思想还强调"严己宽人"、"敬老爱幼"、"助人为乐"、"扶危济困"、"舍己救人"等道德要求，以调节人与人之间的关系。乐群贵和的治国价值取向，对于协调人际关系，维护社会秩序，巩固国家政权，都具有重要作用。

4. "正己正人"的治国实践方式

在治国实践方式上，中国传统德治思想强调"正己"、"正人"两大原则，一方面，大力提倡个人在道德实践中要身体力行，实现自己的人格完美；另一方面，在实现个人人格完美的同时实现社会的道德完美。孔子首先提出统治者要"修德"、"正身"、"修己",要"为政以德",身体力行,一身正气。他说:"政者,正也。子帅以正,孰敢不正?"(《论语·颜渊》)"其身正,不令而行;其身不正,虽令不从。"(《论语·子路》)孟子在孔子"德政"思想的基础上,进一步提出了"以不忍之心,行不忍人之政"(《孟子·告子上》)的"仁政"思想。他还继承了孔子的"正身"、"修己"等思想,提出了"修身"、"养性"的概念。他说:"存其心,养其性,所以事天也。夭寿不贰,修身以俟之,所以立命也。"(《孟子·尽心上》)孟子还提出"天下之本在国,国之本在家,家之本在身"(《孟子·离娄上》)和"君子之守,修其身而天下平"(《孟子·尽心上》)的思想。荀子则提出治国的关键在"修身"。他说:"请问为国。曰:闻修身,未尝闻为国也。君者仪也,民者景也,仪正而景正。"(《荀子·君道》)孔子、孟子、荀子的这些思想,在《礼记·大学》中得到了高度概括,其主要内容就是:"大学之道,在明明德,在亲民,在止于至善……古之欲明明德于天下者,先治其国。欲治其国者,先齐其家。欲齐其家者,先修其身。欲修其身者,先正其心。欲正其心者,先诚其意。欲诚其意者,先致其知。致知在格物。物格而后知至,知至而后意诚,意诚而后心正,心正而后身修,身修而后家齐,家齐而后国治,国治而后天下平。自天子以至于庶人,壹是皆以修身为本。"这段话被后世的思想家们称为"三纲"、"八目"。"三纲"即"明明德"、"亲民"、"止于至善",这是指统治者以德配天、以德治国的最高目标和纲领;而"八目"即"格物"、"致知"、"诚意"、"正心"、"修身"、"齐家"、"治国"、"平天下",是指统治者实现以德治国、以德教化的方式和手段。其中"八目"的前四项内容主要是"修身",后三项内容则包含了国家统治和社会管理的主要领域及其统治和管理方式,由此构成"修、齐、治、平"的道德实践模式。其中"修"是指"正己","齐、治、平"是指"正人"。"修、齐、治、平"充分体现了中国传统德治思想正己正人的治国实践方式。

5. 德主刑辅的治国政治方略

中国传统治国政治方略提出过德法兼用、德主刑辅的理论。孔子在继承和发展西周"明德慎罚"思想的基础上,首先提出"德政"的思想。他认为统治者"为政以德","道之以政,齐之以刑,民免而无耻;道之以德,齐之以礼,有耻且格。"(《论语·为政》)他同时也提出"宽以济严,猛以济宽,是以政和"的主张,主张为政者也要严刑,宽猛相济,一张一弛。孟子虽然强调"仁政",主张"省刑罚,薄税敛",反对"暴政"。同时他也主张德法相济,内外兼施。他说:"徒善不足以为政,徒法不能以自行。"(《孟子·离娄上》)荀子把"礼"和"刑"视为治理国家的基本手段,提出"隆礼"而"重法",主张只有"礼"、"法"结合,德法并施,才能达到"天下为一"的目的。他说:"治之经,礼与刑,君子以修百姓宁;明德慎罚,国家既治四海平。"(《荀子·成相》)董仲舒则用阴阳学说阐释"德主刑辅"思想。他提出"天道之大者在阴阳。阳为德,阴为刑;刑主杀而德主生"。[①] 因此,要"大德而小刑"(《春秋繁露·阳尊阴卑》)。虽然从孔子、孟子、荀子到董仲舒,他们都主张礼、法兼用,但他们都认为礼和德是第一位的,是治理国家的根本,而法和刑是第二位的,只是治理国家的辅助手段,即德法兼用、德主刑辅是中国传统的基本治国政治方略。

(二) 以德治国方略是对传统德治思想的发展和超越

江泽民同志和党中央提出的以德治国方略与中国传统德治思

[①] 《汉书·董仲舒传第二十六》,中华书局1997年版,第638页。

想既有联系，又有根本区别，具体体现在四个方面：

1. 以德治国方略与德治传统都强调思想道德对于治理国家的作用

以德治国概念与中华民族的德治传统显然有继承关系。中国古代的许多思想家在治理国家的问题上主张"礼治"或"德治"，"礼治"与"德治"具有同一的实质内涵。周朝已经形成了一整套"礼治"政治管理思想和制度。自春秋时代的孔子开始，儒家学派几乎无一例外地主张"礼治"和"德治"。孔子曾明确提出了"为政以德"的主张。子曰："为政以德，譬若北辰，居其所而众星共之。"孔子还指出："道之以政，齐之以刑，民免而无耻；道之以德，齐之以礼，有耻且格。"这一认识基本上正确反映了德治不同于法治的特点，阐明了"为政以德"的独特作用。这种政治思想几乎为历代统治者所采用，在运用中不断发展完善。"礼治"和"德治"对于维护奴隶社会、封建社会的统治秩序，特别是对于促进封建制度的完善、推动社会的发展起了相当重要的作用。历代统治者显然也在不同程度上强调"法治"，但更偏重于"礼治"和"德治"。我们党所提出的以德治国，注重思想道德对于治理国家的作用，很显然是对古代治国思想的继承。儒家和历代统治者按照"礼治"和"德治"的要求，一般都注重以"礼"和"德"施教于民，认为人按照"礼"的要求规范了言行，做到了知礼节，便达到了最高道德境界。孔子讲的"克己复礼为仁"，是儒家普遍倡导的修身标准。某些思想家和明智的统治者还极力主张"爱民"和"施德于民"，告诫执政者记住"得民心者得天下，失民心者失天下"、"水能载舟，亦能覆舟"的哲理，确立居安思危的忧患意识，以此来调整统治阶级内部以及与被统治阶级的关系。对于古代的"德治"思想，我们党运用历史唯物主义的观点和方法，肯定了它的积极的历史作用和可借鉴之处，形成以德治国思想，并将其作为治国方略。

2. 以德治国方略与德治传统的差别在于"德"的属性和内容有根本不同

我们党看到传统德治的局限性，对于"德"所赋予的含义有根本区别，以德治国的"德"，是指社会主义、共产主义之德，是工人阶级和广大劳动人民的思想道德；而传统德治所讲的"德"，是奴隶社会和封建社会的思想道德，是奴隶主阶级、封建地主阶级的思想道德。社会主义、共产主义的道德讲个人利益与集体利益的统一，讲民族的利益乃至全人类的利益至上，讲集体主义和大公无私；而奴隶社会、封建社会的道德讲奴忠于主、民忠于君，维护奴隶主阶级、地主阶级的利益，维护等级制度。"三从四德"、"三纲五常"一类的纲常名教，都建立于维护封建社会的统治秩序基础之上。古代统治者虽然有时也讲为公、为天下，但这个"公"和"天下"实质是指统治阶级的地位和利益。以德治国与传统德治在"德"的含义上的区别，就在于它有不同的属性和根本不同的内容。

3. 以德治国方略与德治传统的差别在于治国的主体和客体的矛盾性质不同

社会主义条件下的执政者和社会公共事务的管理者，虽然居于治国主体的地位，但他们的职权是代表人民群众的。人民群众虽为治国的客体，但他们通过种种渠道和方式参与治国，实质上又是国家的主人，拥有管理国家的权利。社会主义社会的国家管理体制，实质是人民群众自己管理自己的特定方式。由于主体和客体在根本利益上的一致性，治国主体与客体之间的矛盾，在总体上属于人民内部矛盾，不具有对抗性质。这种矛盾可以通过政策调整、思想政治工作、发展经济等一系列方法不断得到解决。古代社会德治的治国主体即国家的管理者，代表剥削阶级的利益，治国的客体虽然也包括一般剥削者个人，但治国的基本对象是没有任何政治地位的劳动阶级。传统德治的"德"，所反映的是剥削阶级的利益和对劳动阶级利益的剥夺。因此，古代德治的主体即层层的统治者与作为客体的劳动阶级的矛盾是根本利益对立基础上的矛盾。"德治"在于使劳动阶级服从或甘心忍受剥削阶级的统治和压迫，因而不可能使矛盾的对抗性消失。某些明智的统治者虽然运用政策对利益关系作某些调整，却不可能根本改变剥削与被剥削、压迫与被压迫的关系。

4. 以德治国方略与德治传统的差别在于二者具有根本不同的特征

社会主义社会确立了人民群众当家做主的制度，而古代奴隶社会、封建社会所建立的是少数人专多数人政的专制制度。运用社会主义、共产主义道德治国，必然具有民主的特征，并且不断扩大人民民主。古代德治所运用的是奴隶主阶级或地主阶级的道德，而这种道德与最高统治者的家法有密切联系，往往是由家法演化而来的。任何一个朝代的统治，都是宗法传统所维系的家天下统治，所谓的"礼"与"德"，也都是带有宗教烙印的由宗法传统所维系的"礼"与"德"。奴隶社会、封建社会的统治制度都带有家长制特征，是扩大了的家长制度。最高统治者"天子"或皇帝，就是一个至高无上的大家长。因此，古代德治一般都明显表现出人治的特征，是披上了"礼"和"德"外衣的人治。社会主义、共产主义思想道德与奴隶主阶级、封建地主阶级的思想道德迥然不同。

因此，社会主义条件下的以德治国方略与古代德治在本质属性上也就完全不同。忽视思想道德对于治国的作用，不仅不符合以往历史发展的实际，更不合乎人民群众当家做主的社会主义社会发展的要求。那种担心以德治国会导致人治的模糊认识，在于对今天的以德治国方略和古代德治的关系缺乏辩证的分析。

(三) 中国传统德治思想对以德治国方略的启示

中国传统德治思想既包含着许多优秀的积极的思想内容，又包含着一些过时的消极的精神垃圾。在加强和改进新形势下的执政党建设特别是推进以德治国方略的实践中，我们必须对它采取批判继承的态度，为提高党的领导方式和执政方式特别是以德治国的实践提供借鉴和启示。

1. 以德治国的核心是加强党员领导干部的道德修养

我国传统的德治要求统治者做到"立身惟正"，勤政廉洁，从而达到"其身正，不令而行"的治国理想境界。我党的以德治国方略与历史上的"人治"或"贤人政治"有着本质的区别。但这并不是说以德治国可以离开"人"的社会实践活动而存在。实际上，治理国家的任务是要"人"来承担、来完成的。我们现时代所倡导的以德治国实质上包含两方面的含义，一方面，承担治理国家任务的各级党员领导干部必须有良好的道德品质；另一方面，必须在运用法律手段治理国家的前提下，运用道德的手段治理国家。毋庸讳言，现在有些领导干部严重存在"为官无德"的问题，缺乏起码的伦理规范，滥用职权，为非作歹，以权谋私，利欲熏心，各种官场恶劣行径和腐败现象令人发指。虽然出现各种腐败问题的领导干部只是少数人，但如果让这种完全背离了党的宗旨和"三个代表"重要思想要求的腐败现象蔓延，其影响和后果是极其严重的，不仅严重地影响和损害了党和政府的威信，动摇了人民的社会主义信念，还滋生了一系列其他社会问题，甚至有可能直接威胁到社会的稳定发展和国家的长治久安，影响到执政党的兴衰成败和生死存亡。因此，在实施以德治国方略时，必须以以德治政、加强党员领导干部的道德修养为核心，加强道德建设，加大惩治腐败的力度。组织部门在对领导干部的提升、任免、考核和业绩评定中,要坚持"德才兼备"的标准,把领导干部所具有的"德"和"才"看做同等重要的指标。

2. 以德治国的重点是加强社会主义道德教育

我国传统的德治,十分重视道德教化,重视培养和提高人们的基本道德素养。这对现时代以德治国仍然具有重要意义。按照历史唯物主义的观点,人民群众是历史的创造者。现时代以德治国的基础是人民大众,实施以德治国方略的目的和归宿是为了满足广大人民群众根本利益的实现。只有广大人民群众的坚决拥护、积极支持和自觉参与,以德治国才有坚实的基础和力量的源泉;也只有当全体社会成员的道德水平普遍提高,都能自觉地遵守社会主义道德,才能彻底消灭人们的不良行为和社会丑恶现象,实现国家长治久安的目的。当前,我国正在开放的条件下建立和发展社会主义市场经济,由于历史和现实的原因,一些领域道德失范,是非、善恶、美丑、荣辱界限混淆,各种社会不良行为和社会丑恶现象沉渣泛起,社会主义的道德规范和要求没有成为全社会每一个成员的自觉意识。因此,现时代以德治国的重点是加强公民的社会主义道德教育,提升广大人民群众的道德水准,并使之转化为道德自律。而加强公民的社会主义道德教育,就是要在马克思列宁主义、毛泽东思想、邓小平理论和"三个代表"重要思想的指导下,在继承中华民族优良的道德传统和中国革命道德传统的基础上,始终不渝地开展以为人民服务为核心、以集体主义为原则的社会主义道德教育,在全社会倡导爱国主义、集体主义、社会主义思想和艰苦创业精神,加强社会公德、职业道德、家庭美德教育,引导人们树立建设中国特色社会主义的共同理想和正确的世界观、人生观、价值观,在全社会倡导和发扬爱祖国、爱人民、爱劳动、爱科学、爱社会主义的基本道德规范,倡导和发扬文明礼貌、助人为乐、爱护公物、保护环境、遵纪守法、爱岗敬业、诚实守信、办事公道、服务群众、奉献社会、尊老爱幼、男女平等、夫妻和睦、勤俭持家、邻里团结的基本道德要求,正确处理社会主义市场经济发展过程中的义与利、竞争与协作、公平与效率的关系,不断提高全民族的思想道德水平。加强道德教育,各级领导干部应率先垂范,广大党员应充分发挥先锋模范作用和示范带动作用,推进以德治国方略的实施。

3. 以德治国必须与依法治国紧密结合

我国传统的德治,把国家治理的根本寄托在统治者的道德修养和个人素质上,强调"德者治天下",要求国家的君主和所有官吏,都必须是一个道德高尚的人,并且在道德上要身体力行,以自己的模范行动来影响广大的老百姓。但其重大的缺陷是忽视运用制度和法律治理国家,更缺乏民主政治的观念。虽然也提出德法兼用、德主刑辅的思想,而在实施过程中却始终没有跳出"人治"或"贤人政治"的泥坑。而我党的以德治国方略是完全新型的社会主义的德治,是在继承和发扬中华民族五千年的优良道德传统和新时代中国共产党的革命道德、思想政治工作以及精神文明建设的优良传统的基础上,在肯定社会主义的前提下,把以德治国和依法治国看得同等重要、以德治国与依法治国紧密结合起来的德治。依法治国和以德治国是建设社会主义法治国家相辅相成的两个重要方面,二者统一于社会主义法治国家的总的内涵之中。

二 "正己率民"的官德思想与党员领导干部的思想道德建设

传统文化中的官德思想与党员领导干部的思想道德建设有密切联系。加强党员领导干部的道德建设,建设高素质的党员干部队伍,既离不开传统,又离不开现实;既要思索继承,又要考虑发展。

(一)"正己率民"的官德思想

在中华民族的历史上,夏朝的建立使得以公职活动为特征的官吏群正式产生,到周朝建立了三公、六卿、五官等一整套官吏系统。秦汉时期按中央行政机关"九卿"设官员,到隋、唐、宋、元、明、清各朝,中央行政机关按吏、户、礼、兵、刑、工六种设官,地方按省、府、县三级行政设官。随着官吏队伍的形成和官吏体制的建立,中华民族传统文化中的官德思想日趋完善。其中儒家文化中"正己率民"的官德思想,一直居于统治地位。

1. 重视官德,以德配天

皇帝的统治权是天赐给的,但上天"降年有永有不永"。"皇天无亲,唯德是辅"[1]。"有德者昌,饰诈者亡"[2]。"君若以德绥诸侯,谁敢不服?君若以力……虽众,无所用之!"(《左传·僖公四年》) 作为官吏从政,"政者,正也。子帅以正,孰敢不正?"(《论语·颜渊》) "其身正,不令而行;其身不正,虽令不从。"(《论语·子路》)

2. 忠君爱国的"官德"准则

朕即国家,"溥天之下,莫非王土;率土之滨,莫非王臣。"(《诗经·小雅·北山》) 因此,"臣事君以忠"(《论语·八佾》)。"君为臣纲,父为子纲,夫为妻纲",其中,"身以心为本,国以君为主"(《春秋繁露·通国身》),"君纲"是核心。"君有过则谏,反复之而不听,则去"(《孟子·万章上》)。"陛下导臣使言,臣所以敢言。"甚至,"君要臣死,臣不得不死;

---

[1] 《十三经·尚书·蔡仲之命》,广东教育出版社1995年版,第85页。
[2] 《史记·天官书第五》,中华书局1997年版,第344页。

父要子亡，子不得不亡"。与忠君相互联系的，是爱国。是否爱国，是衡量官吏道德的重要标准。"专利国家，而不为身谋。""苟利国家生死以，岂因祸福避趋之"。"人生自古谁无死，留取丹心照汗青。"因此，"位愈高则当愈思所以报国者。饥则为用，饱则扬去，是以鹰犬自欺也。"① 正是以此为准绳，诸葛亮、岳飞、文天祥、林则徐等，成为官德的楷模，而蔡京、秦桧、吴三桂、汪精卫等成为卖国求荣的败类。

3. 为官者要爱民和保持自身的廉洁

"水能载舟，亦能覆舟"②。"君依于国，国依于民。刻民以奉君，犹割肉以充腹，腹饱而身毙，君富而国亡。"③ 所以，为官者不能"竭泽而渔"，而要树立民为邦本的思想。"仁"就是"爱人"，"节用而爱人，使民以时"，"泛爱众，而亲仁"（《论语·学而》）。要爱民如子，养民为本，爱养民力；重民、惠民、爱民、利民、恤民、保民。一方面，当官要为民做主；另一方面，"乐民之乐者，民亦乐其乐。忧民之忧者，民亦忧其忧。"（《孟子·梁惠王下》）"先天下之忧而忧，后天下之乐而乐。"必须铭记"民可明也，不可愚也；民可教也，不可威也；民可顺也，不可强也；民可使也，不可欺也。"④ 除了爱民以外，为官者必须廉洁。"临大利而不易其义，可谓廉矣。"（《吕氏春秋·仲冬纪·忠廉》）"可以取，可以无取，取伤廉"（《孟子·离娄下》）。见了"万钟则不辩礼义而受之"是谓贪，贪则不廉，

---

① 程颢、程颐：《二程集·河南程氏外书卷》，中华书局1981年版，第426页。
② 吴兢：《贞观政要·政体第二》，上海古籍出版社1978年版，第16页。
③ 司马光：《资治通鉴·卷一百九十二·唐纪八》，中华书局1956年版，第6026页。
④ 程颢、程颐：《二程集·河南程氏外书卷》，中华书局1981年版，第223页。

不廉就是败德。由此，"当官之法，唯有三事：曰清，曰慎，曰勤。知此三者，可以保禄位，可以远耻辱，可以得上之知，可以得下之援。"① 要保持廉洁，就要俭朴，"俭可以助廉"（《宋史·范纯仁传》），"俭以养其廉"②，历览前贤国与家，成由勤俭败由奢。"居官之本有三：薄奉，养廉之本也；远声色，勤之本也；去谗私，明之本也。"③ 对自己"富贵不能淫，贫贱不能移，威武不能屈"；对子孙"后世子孙仕官有犯赃滥者，不得放归本家；亡殁之后，不得葬于大茔之中。不从吾志，非吾子孙"。④

4. "官德"的造就在于修养

孔子认为从政者要成为有道德修养的君子，不仅要"修己以敬"，而且要"修己以安人"，"修己以安百姓"（《论语·宪问》）。"身修而后家齐，家齐而后国治，国治而后天下平。自天子以至于庶人，壹是皆以修身为本。"（《礼记·大学》）即使"尧、禹者，非生而具者也，夫起于变故，成乎修修之为，待尽而后备者也"（《荀子·荣辱》）。修身养性，一是"必先苦其心志，劳其筋骨，饿其体肤，空乏其身，行拂乱其所为"（《孟子·告子下》）；二是修其心、治其身，"吾日三省吾身"，"闭门思过"，"视思明，听思聪，色思温，貌思恭，言思忠，事思敬，疑思问，忿思难，见得思义"（《论语·季氏》）；三是"省己"、"戒贪"，强调"慎独"，"莫见乎隐，莫显乎微，故君子慎其独也。"（《礼记·中庸》）

---

① 黄宗羲：《宋元学案·紫微学案》，中华书局1986年版，第1236页。
② 陈义钟：《海瑞集·令箴》，中华书局1962年版，第411页。
③ 黄宗羲：《明儒学案·太常潘南山先生府》，中华书局1985年版，第1105页。
④ 赵忠心：《中国家训名篇》，湖北教育出版社1997年版，第107页。

(二) 传统官德思想与党员领导干部的思想道德建设

1. 对待中华民族传统文化中的官德思想，要有科学的态度

中华民族是有五千年文化积淀包括官德思想积淀的民族。这些已经成为我们民族心理和民族性格的组成部分，在一定程度上制约和影响着现实党员领导干部的思想道德。然而，新中国成立以来，中国共产党成为执政党以后的较长的一段时间内，对中华民族的传统道德包括官德思想，没有把注意力集中在挖掘和弘扬其有进步意义的成分上，而是侧重批评，甚至全盘否定和批判。从批判"海瑞罢官"到"破四旧"，从批"黑修养"到"批林批孔"、"评法批儒"，中华民族传统文化中的官德思想在"无产阶级专政下继续革命"理论之下被扣上政治帽子，被人们加以唾弃。由于长期以来"以阶级斗争为纲"，只注意不断反右，也使得人们长期在思想认识上出现困惑，陷入误区。一提起五千年来中国以儒家文化为代表的传统，就和封建主义联系在一起。一提起官德言论，就自然想到其行动上的"三年清知府，十万雪花银"。一提起刚正不阿的"清官"，就一言以蔽之曰"他们是为维护封建统治阶级利益服务的"。这种一概否定，一律排斥，不仅是对历史的扭曲，而且对今天党员领导干部的思想道德建设也是毫无益处的。当然，这里并不是要全盘肯定，一味称颂，而是指研究中华民族传统官德思想的根本态度和出发点。挖掘中华民族传统"官德"思想，挖掘的是我们引以为自豪的宝贵财富。从积极的方面研究和宣传其正面论述和典型，才能更好地弘扬和继承。中国共产党内集中了中华民族的优秀儿女，党员领导干部应是中华民族的楷模和优秀代表。党员领导干部的思想道德建设汲取中华民族传统官德思想的营养，集中华民族传统美德于一身，才可能被中国的老百姓所接受、所拥护。

2. 对中华民族传统文化中的官德思想，要取其精华，去其糟粕

中华民族传统文化中的"官德"思想是党和国家的宝贵财富。继承这个遗产，弘扬中华民族传统文化中的官德思想，也有个方法论问题。即必须用辩证的方法、分析的方法，忌讳的是全盘肯定，生吞活剥，照搬照抄。对于那些属于中华民族优秀官德思想的部分，我们要在分析的基础上加以继承。如，"大道之行也，天下为公"的为公思想；"苟利国家生死以，岂因祸福避趋之"的爱国主义；"先天下之忧而忧，后天下之乐而乐"的奉献精神；"执法如山，守身如玉"，"鞠躬尽瘁，死而后已"的廉政勤政；"政者，正也。子帅以正，孰敢不正"的表率作用。由于时代的不同，在继承的同时，还要注意赋予它们新的含义。以"先天下之忧而忧，后天下之乐而乐"为例，由于历史的局限，范仲淹讲的"天下"，既指整个华夏民族所聚居的广袤土地，又指宋王朝所统治的范围。把这句话和"居庙堂之高则忧其民，处江湖之远则忧其君"联系起来分析，"忧"和"乐"，既有对广大人民群众的忧乐，又有对宋王朝皇权统治的兴衰的忧乐。又以"政者，正也"为例，这句话里的"正"，不仅指符合老百姓利益的正，又指以孔夫子为代表的"仁、义、礼、智、信"和"忠、孝、节、义"等特定内容。这就需要我们从历史唯物主义的角度，赋予它们符合今天时代要求的新意。"天下"应当理解为党和国家以及广大人民群众；"正"应当理解为党员领导干部的言论行动符合党章和党规党纪。这样的理解，使弘扬更加具有积极的意义。对于那些精华与糟粕交织甚至融合在一起的传统官德思想，更需要谨慎地加以鉴别和认真地加以消化。如，"君子思义而虑利，小人贪利而不顾义"；"君子喻于义，小人喻于利"等道德思想。这种义利观固然有反对见利忘义等积极的成分，但其缺陷也是比较明显的。对于那些从本质上说是消极没落的官德

思想，在认真分析、鉴别的基础上，或彻底批判和抛弃，或保留其合理的形式和成分。如"三纲五常"中的"君为臣纲"，"君叫臣死，臣不得不死"；鄙视劳动的"劳心者治人，劳力者治于人"；"奉先王之制"，"祖宗之法，莫敢言变"的保守性。这些官德思想，在过去阻碍了中国社会的进步，在今天严重阻碍了改革和发展，应当批判和抛弃。

"正己率民"的官德思想是对党员领导干部思想道德建设的一种补充。弘扬中华民族传统文化中的官德思想不能没有主和本，更不能以此冲击和否定马克思主义在党员领导干部思想道德建设中的指导地位。要坚持以邓小平理论和"三个代表"重要思想为指导，汲取中华民族传统官德思想的精华，继承中国革命道德传统，同时借鉴西方发达国家公务员道德建设的长处，进一步加强新形势下党员领导干部的思想道德建设，建设一支高素质的党员队伍和领导干部队伍。

三 "尚贤"传统与党的干部队伍建设

江泽民指出："选拔干部，必须全面贯彻德才兼备原则，坚持任人唯贤，反对任人唯亲，防止和纠正用人上的不正之风。"党的干部队伍建设理论与传统尚贤的用人思想有着一定的渊源关系。对此我们可以合理地汲取传统用人思想中的精华，对党在新形势下的干部路线加以贯彻，加强干部队伍建设。

（一）"德才兼优"与党的干部标准

德才兼备的干部标准与传统文化中"尊贤"、"用贤"、"才德兼备"的用人思想是一致相通的。尧舜禹之世，我国已有"选贤用能"的传统。《史记·五帝本纪》载推举有德行之舜做尧的继承人。《尚书·尧典》载据四岳建议选派鲧治"汤汤洪水"。春秋战国为社会大变动、思想极为活跃的时代,孟子、荀子等都提出"尊贤"、"用贤"的主张。孟子曰:"不用贤则亡"(《孟子·告子下》)。又曰:"不信仁贤,则国空虚。"(《孟子·尽心下》)荀子曰:"故尊圣者王,贵贤者霸,敬贤者存,慢贤者亡,古今一也。"(《荀子·君子》)以布衣之身奠定汉朝四百年基业的刘邦极为重视人才,《汉书·高祖本纪》记载他总结得天下的原因是:"夫运筹帷幄之中,决胜千里之外,吾不如子房;镇国家,抚百姓,给饷馈,不绝粮道,吾不如萧何;连百万之众,战必胜,攻必取,吾不如韩信。三者皆人杰,吾能用之,此吾所以取天下者也。"极善用人的曹操更深知功业成败关键在人,尤重人才为己所用,其名诗《短歌行》曰:"山不厌高,海不厌深,周公吐哺,天下归心。"表达了曹操求贤若渴的心情。唐太宗以为:"为政之要,惟在得人"[1]。宋代著名改革家王安石视"任贤使能"为管理国家的头等大事,他说"国以任贤使能而兴,弃贤专己而衰"[2]。康熙以善用能臣而著称于史,他认为:"致治之道,首重人才。"[3]"历代治乱不同,皆系用人之得失。"[4]"用贤"思想为我国古代传统文化用人思想中最具民主性精华的部分,至今仍闪耀着进步的思想光辉。

传统文化一向视"立德"为人生的第一要义,故德行贤良作为选官入吏的重要标准,曹操、刘邦唯才是举,不计德行实为此标准之反叛。刘邦用陈平为"唯才是举"的典范,陈平有

---

[1] 吴兢:《贞观政要·崇儒学第二十七》,上海古籍出版社1978年版,第219页。

[2] 王安石:《临川先生文集卷六十九·兴贤》,中华书局1959年版,第735页。

[3] 《康熙政要卷十六·崇儒学》,中共中央党校出版社1994年版,第284页。

[4] 《康熙政要卷五·论优礼大臣》,中共中央党校出版社1994年版,第102页。

"盗嫂受金"、"反叛乱臣"之恶名而最终为刘邦所用,实因为刘邦接受了魏元知"德才无须两全"的用人观。魏元知对刘邦说:"臣之所言者,能也;陛下所问者,行也。今有尾生,孝已之行,而无益于胜败之数,陛下何暇用之乎?今楚汉相距,臣进奇谋之士,顾其计诚足以利国家耳、盗嫂受金又安足疑乎?"① 曹操唯才是举的用人思想更加突出。一见于建安十五年(公元210年)之《求贤令》,一见于建安十九年(公元214年)之《敕有司取士勿废偏短令》,一见于建安二十二年(公元217年)之《举贤勿拘品行令》。曹操以政治家、军事家之敏锐,认识到"今天下尚未定,此特求贤之急时也"。"夫有行之士,未必能进取,进取之士未必能有行也"。所以连下三令明示天下:唯才是举,不论贵贱,不废偏短。凡"有治国用兵之术"者皆可举而用之,即使"负侮辱之名,见笑之行","或不仁不孝"②,亦不可废。刘邦和曹操"唯才是举"思想的产生有其特殊的社会历史背景,二者不拘一格的用人思想有着积极的意义,但重才废行之举,也有重大流弊。

与刘邦、曹操急功近利的做法不同,唐太宗重视有才之士,但是同时更加强调任官"必须以德行、学识为本"③,"惟取其言词刀笔,不悉其景行。数年之后,恶迹始彰,虽加刑戮,而百姓已受其弊。"(吴兢《贞观政要·择官第七》)唐太宗以为,选官择吏重视德行对社会风气影响极大,"用得正人,为善者皆劝;误用恶人,不善者竞进。"④ 大臣魏征认识到德行在维护封建统治中的作用极大,所以说:"乱代惟求其才,不顾其行。太平之

---

① 《汉书卷四十·陈平卷第十》,中华书局1997年版,第523页。
② 《曹操集·文集卷二》,中华书局1959年版,第30页。
③ 吴兢:《贞观政要·崇儒学第二十七》,上海古籍出版社1978年版,第219页。
④ 吴兢:《贞观政要·择官第七》,上海古籍出版社1978年版,第90页。

时，必须才行俱兼，始可任用。"① 《康熙政要》卷九《择官》记载，康熙认为："国家用人，当以德器为本。""朕意必才德兼优为佳，若止才优于德，终无补于治理耳。"这与唐太宗德才兼备的用人思想是一致的。

德才兼备是我党的干部标准。这一标准的形成，一方面源于马克思、恩格斯、列宁、斯大林关于干部问题的一系列论述，另一方面则是对传统文化"尊贤"、"用贤"、"德才兼优"的用人思想批判继承的结果，是对历代用人得失经验教训总结的结果，所以，党的干部路线始终坚持干部选拔、任用必须坚持"德才兼备"的标准。

（二）"尚贤"与党的干部路线

历史上几乎所有进步的思想家、政治家都认识到人才的重要性，因而主张知人善任。"政治路线确定之后，干部就是决定的因素。"② 我党制定的干部路线和干部政策，其理论基础是马克思主义，而直接的思想材料则是中国传统文化中的尚贤思想。

在中国历史上，墨家是主张尚贤的著名学派，墨子可以说是尚贤思想的先驱。他说："尚贤者，政之本也。"（《墨子·尚贤上》）因此，"大人欲王天下，正诸侯"，必须"察尚贤为政之本"（《墨子·尚贤中》）而后可。孔子曾把"举贤才"作为重要的施政方针之一教给学生仲弓，并视为人之智愚的标准（《论语·子路》）。东汉思想家王充也主张举用贤能，认为"处尊居显未必贤"，"位卑在下未必愚"；而"真贤集于俗士之间"。唐太宗李世民在位期间，之所以出现"贞观之治"，与他的尚贤使能思想有着直接的紧密的联系。清代龚自珍目睹世危时艰的现

---

① 吴兢：《贞观政要·择官第七》，上海古籍出版社1978年版，第90页。
② 《毛泽东选集》第2卷，人民出版社1991年版，第526页。

状,发出了"我劝天公重抖擞,不拘一格降人才"的急切呐喊。近人陈独秀痛感亡国之祸近,欲挽狂澜于既倒,所着手的第一要务是创办《新青年》,借以造就一二"敏于自觉,勇于作为"的新青年。

这种尚贤使能思想,随着历史变迁,被融入中国共产党自身建设的理论和实践中,为党的干部路线和政策提供了丰富的思想材料。毛泽东说:"在这个使用干部的问题上,我们民族历史中从来就有两个对立的路线:一个是'任人唯贤'的路线,一个是'任人唯亲'的路线。前者是正派的路线,后者是不正派的路线。"[①] 他强调:"中国共产党是在一个几万万人的大民族中领导伟大革命斗争的党,没有多数德才兼备的领导干部,是不能完成其历史任务的。"[②] 我们党制定的"任人唯贤"的干部路线和"德才兼备"的干部政策,是对传统尚贤思想的批判继承。在这里,任人唯贤的"贤"已不是古人所指的忠孝和为统治阶级服务的本领,而是以自觉执行党的路线、服从党的纪律、密切联系群众、有独立的工作能力、积极肯干、不谋私利为思想内涵,也就是德与才的辩证统一。为了使德才统一,要全面地历史地考察干部,坚持公道正派作风,反对任人唯亲。

(三) 传统用人思想与党的干部队伍建设

"尚贤"传统中关于人才识别、人才培养与锻炼、人才任用、吏治改革等方面的思想丰富而深刻,正确认识和吸收这些思想对做好教育、培养、选拔和考核干部的工作,推进干部制度改革,必将产生积极效用。

---

① 《毛泽东选集》第2卷,人民出版社1991年版,第527页。
② 同上书,第526页。

1. 关于人才的识别

孟子曰："左右皆曰贤，未可也。国人皆曰贤，然后察之；见贤焉，然后用之。"(《孟子·梁惠王下》)将考察人才的范围由左右亲近之人扩大到广大普通百姓，以除徇私情而举贤之弊端。荀子提出了察人当观大节的观点。《荀子·王制》曰："孔子曰：'大节是也，小节是也，上君也；大节是也，小节一出焉，一入焉，中君也；大节非也，小节虽是也，吾无观其余矣。'"三国刘劭的《人物志》"述性品之上下，材质之兼偏"，专论识人、用人，其鉴别人才之方法颇值得重视。刘劭提出"八观"、"五视"、"七缪"以鉴别人之情性，了解其基本素质。刘邵提出的"八观"：观察某人施惠与夺的行为，以了解其品质中不纯之处；观察某人感情的变化，以把握其固有的品质；观察某人的气质，以判断其性格特点与未来可能成就之事业；观察某人的经历，以明辨其似是而非之浮饰；观察某人待人的爱敬态度，以了解其人情世故之塞达；观察某人能否克己容人，以了解其人之胸怀；观察某人的短劣之征，以了解其才性之所长；观察某人的聪敏程度，以了解其事业之通达。"五视"就是观察这个人在不同的情况下的不同态度："居，视其所安；达，视其所举；富，视其所与；穷，视其所为；贫，视其所取。""七缪"指的是鉴别人才过程中产生偏差的七种原因："一曰察誉，有偏颇之谬；二曰接物，有爱恶之惑；三曰度心，有小大之误；四曰品质，有早晚之诡；五曰变类，有同体之嫌；六曰论材，有申压之诡；七曰观奇，有二尤之失。"针对这七方面，刘劭强调，鉴别人才要躬亲考察，不能偏听偏信，要"以目正耳"，勿"以耳败目"。刘劭认为，鉴察者应排除自己的主观好恶，识鉴人才不要"以己观人"，因为鉴察者往往"能识同体之善，而或失异量之美"，甚或"性同而势均，则相竞而相害"。刘劭认为财势地位也影响人才鉴别：富贵者可贿买赞誉，"虽无异材，犹行成而名立"；贫贱者却"欲施而无财，欲授而无势"。所以鉴别人才不可以财势地位为凭。刘劭还强调鉴别人才应不为浮饰所迷惑。关于发现、识别人才，康熙认为应该"试其言"、"观其行"、"问之于民"。他重视在政务实际中识别官吏，"其调补升任之官，将旧日地方利弊，明白敷陈"①。康熙谈及选贤任官曰："臣下之贤否，朕处深宫，何由得知？缘朕不时巡行，凡经历之地，必咨询百姓，以是知之。"② 识别德才兼备之人，使优秀人才脱颖而出，此乃建设高素质干部队伍之前提。上述诸家思想弥足珍贵，剔除其中的唯心成分，去粗存精，增强其可操作性，尤其是对选拔任用党政领导干部坚持群众公认、注重实绩的原则和干部任前考察制度以及干部考察工作责任制有启示作用，对党的干部队伍建设将大有裨益。而现实生活中，在选拔任用干部工作方面，还存在着某些问题，或仅重资历，或仅重学历，或仅重年轻，或仅重实干精神，或仅看表面政绩，其弊端皆在未能全面衡量干部。

2. 关于人才的培养、锻炼

孟子以为贤才非生来即有，而是在逆境中磨砺成才的，"故天将降大任于斯人也，必先苦其心志，劳其筋骨，饿其体肤，空乏其身，行拂乱其所为，所以动心忍性，增益其所不能。"（《孟子·告子下》）人之身心经此严峻磨砺，意志才能更坚强，能力在艰难中得以增长，方可担当天下大任。党的干部应该对此有足够认识，自觉到基层，到艰苦的地方接受磨炼，增长才干。王安石主张以教、养、取、任四方面培养能胜任政治、经济、军事、财政各方面的人才。其中，王安石的"教"、"养"思想尤其值得重视。他在《上皇帝言事书》中主张大幅度增加教育人才的

---

① 《康熙政要卷九·论择官》，中共中央党校出版社1994年版，第151页。
② 《康熙政要卷六·论求谏》，中共中央党校出版社1994年版，第116页。

场所，从中央到地方广设学校，尤其要设专门技术学校。"养"包含三项，即"饶之以财"、"约之以礼"、"裁之以法"。"饶之以财"，即给予较丰厚的俸禄，使其足以养家糊口，泽及子孙；"约之以礼"就是以封建礼教约束其言行，避免"放、僻、邪、侈"发生；"裁之以法"，即对于不守规则者绳之以法，决不姑息。

3. 关于人才的任用

刘劭在《人物志·材能》中主张"量能授官，位人应以材。"他认为，"夫人材不同，能各有异"。世有才能兼诸流之"全才"，也有持一技之长的"偏才"，应该据个人专长与能力授予相应的官职。刘劭以为，用人不仅要位人以材，使材宜其位，且应注意授官以能，使能当其职。有人认为大材不可治小事，刘劭则以为大材与小材仅仅能力有所不同，"则当言大小异宜，不当言能大不能小也"。大材固然可治小事，但以大材就小任则不宜。大材自当治大事，小材应治小事，大材而小用必造成人才浪费。"用人如器，各取其长"为唐太宗一贯的用人观。《资治通鉴》卷一九二载：贞观六年（公元632年），唐太宗命大臣封德彝举贤才，却久无所获。太宗责问他，封德彝说，"非不尽心，但于今未有奇才耳！"太宗曰："君子用人如用器，各取所长，古之致治者，岂借才于异代乎？正患己不能知，安可诬一世之人！"唐太宗认为，世上绝无十全十美之奇才，只要不求全责备，即能发现所需的人才。唐太宗任用善谋的房玄龄、能断的杜如晦为相，即各取所长的成功典范。唐太宗晚年总结自己用人的经验时有言，"用人之道，尤为未易。己之所谓贤，未必尽贤；众之所谓毁，未必全恶。……又人才有长短，不必兼通，舍短取长，然后为美。"[①] "量能授官，位人以材"，"用人如器，各取

---

① 吴兢：《贞观政要·求谏第四》，上海古籍出版社1978年版，第46页。

所长"的思想启示我们,选拔、任用干部,应善于发现人才之所长,不可求全责备,应尽可能地把人才置于合适的岗位,使其最大限度地发挥作用,尤其应该注意克服主观压制人的思想,避免人才浪费。

诸葛亮任用官吏,以赏罚严明著称,"赏赐不避怨仇","诛伐不避亲戚"。[①] 他认识到赏善罚恶对扬善禁邪的重要作用。故曰:"赏以兴功,罚以禁奸","赏赐知其所施,则勇士知其所死;刑罚知其所加,则邪恶知其所畏"。诸葛亮主张执法公允,赏罚公平,其曰:"赏不可不平,罚不可不均。"又曰:"故赏不可虚施,罚不可妄加,赏虚施则劳臣怨,罚妄加则直士恨。"诸葛亮坚决反对法开二门,于《出师表》中明确表达:"宫中府中,俱为一体,陟罚臧否,不宜异同。"诸葛亮反对不教而诛,主张"先令而后诛"[②],"以教令为先,诛罚为后"[③],并给犯错误者以悔改之机。诸葛亮认为:"上之所为,人之所瞻也。"所以极其重视执法者对自身的约束,曰:"夫释己教人,是为逆政,正己教人,是谓顺政。"又曰:"身不正则令不从,令不从则生变乱。"[④] 党的干部应当像诸葛亮那样,教之于前,惩之于后;严于律己,以身作则;奖罚公平,不挟私心。

4. 关于吏治改革

宋代王安石,明末清初顾炎武、王夫之及清末改良主义思想家康有为针对吏治弊端,都提出了改革主张,这些论述对我党干部制度改革多有启发。第一,主张破除资格,不次擢用。王安石

---

① 《诸葛孔明集·便宜十六策·赏罚第十》,中国书店1986年版,第109页。

② 同上。

③ 《诸葛孔明集·便宜十六策·教令第十三》,中国书店1986年版,第110页。

④ 同上。

打破按资升迁的陈规旧习，提拔了一批有志改革的低级官吏，并起用年轻俊才。顾炎武批评明代选官重进士资格而轻才学，"夫取士以佐人主理国家，仅出一途，未有不弊者也。"① 康有为以为，"夫循资格者可得庸谨，不可得异才；用耆旧者可以守常，不可以济变。"② 主张"破除常格，凡有高才，不次擢用"。党的干部虽有严格的培养、考核、选拔程序，但不次擢用的思想仍对我们有很大的启示意义。《党政领导干部选拔任用工作条例》规定："特别优秀的年轻干部或者工作特殊需要的，可以破格提拔。"③ 第二，主张汰冗员，弃庸才。康有为还主张精简机构，淘汰冗员，对官员则"大校天下官吏贤否，其疲老不才者，皆令冠带退休"。这对我们的干部队伍建设也有一定的积极意义。

"尚贤"传统中的用人思想精华颇为丰富，至今仍闪烁着理性的光辉。我们应充分认识传统文化的精华所在，充分认识其用人思想的积极效用，理解把握其原则方法，以加强党的干部队伍建设。同时也要看到，"尚贤"传统的用人思想中也有不可避免的消极因素，我们应明辨是非，不可将其中的糟粕带入党的干部队伍建设中来，要注意创造性地利用传统文化中积极的因素。

四　孔子"正名"思想与社会的可持续发展

伟大的人类至今已经创造了一个空前繁荣的物质社会。但自然资源的严重消耗，生态环境的严重恶化，社会道德的失范，精神境界的危机等桎梏了人类社会的再发展。那么，如何使人类社会持续地向前发展呢？如何制约、控制人类社会造成破坏自己发

---

① 《日知录卷十七·生员额数》，甘肃民族出版社1997年版，第751页。
② 汤志钧：《康有为政论集·殿试策》，中华书局1981年版，第106页。
③ 《〈党政领导干部选拔任用工作条例〉学习材料》，新华出版社2002年版，第10页。

展的行为呢？世界各地的有识之士提出了种种方略，归纳起来即"可持续发展"的思想理论。并且有些学者认为可用中华民族的传统文化中的儒家思想来医治西方乃至全世界即将普遍到来的社会疾病。儒家文化固然有其内在的局限性与封建性的糟粕，但在世界现代化进程中其精华思想却显示了极强的生命力。既然如此，我们就应该对其精华思想进行创造性的弘扬与发展，以使其有效地配合人类社会发展的需要。进而进行人类道德与社会秩序的重建，使世界经济走上良性发展的轨道。而道德与社会秩序的重建最重要的莫过于各循其礼、各守其道、各尽其心力、各享其名利的孔子"正名"思想。如能使"正名"思想由人们自觉地执行到自然运行，逐渐形成以做好本职工作去维护人类长远利益的社会风气，那么，一个国家，一个地区就会大有可持续发展的潜力。

（一）孔子"正名"思想与今日政治道德重构

孔子及其儒家学派的思想体系一直是以道德政治化、政治道德化为基本特征，所以两千年来我国的政治伦理相当发达。孔子强调了以德治政，以德导民。荀子则形象地论述了以德施政的问题。《荀子·王制》讲："马骇舆，则君子不安舆；庶人骇政，则君子不安位。马骇舆，则莫若静之；庶人骇政，则莫若惠之。"能"正名"的统治者则能明确自己的义务、自己的责任是"惠民"。欲安定巩固自己的统治地位，就要"平政爱民"；欲有所作为、显荣于世，就要"尚贤使能"、"隆礼敬士"。《荀子·君道》："有社稷者而不能爱民，不能利民，而求民之亲爱己，不可得也。民不亲不爱，而求其为己用、为己死，不可得也。"在爱民、利民、惠民思想基础上去组织民众，调动民众的潜力，去兴邦富国显荣。所以统治者最主要的义务是组织、管理与调动民众且使之受益。《荀子·王制》讲："君者，善群也。"使人类有了群体观念和力量，才能战胜禽兽，战胜自然。管理者主要的义务职责就是一个"群"字，组织人群、调动人群的智慧和力量，为人群谋福利。

今天，只有管理者首先由衷地认识到自己的身份、职责，循名求实，自觉修养，以身作则，才能够推己及人，使人民各守本分，各司其职，各尽心力于其事，才能使整个社会安定和谐，良性发展。所以孔子说的"修己以敬"、"修己以安人"、"修己以安百姓"(《论语·宪问》)，在今天仍有其必要性。"不能正其身，如正人何？"(《论语·子路》)对于统治者而言，"正名"必先正己，正己才能正人，正人才能安百姓、安天下，才能使礼乐兴。不然，则如《礼记·中庸》所说："愚而好自用，贱而好自专，生乎今之世，反古之道。如此者，灾及其身者也。"有些水平低下，愚昧暗弱的管理者本当礼贤敬士以裨补己之不足，可竟有人刚愎自用，专横跋扈，唯利是图。所以，在进行政治道德建设、民主法制建设的过程中，必须以道德教育、严格的制度和法律的形式，正各级管理者之"名"，使他们循名求实，认清自己的身份与应负的责任，应承担的义务。各级管理者都应自觉地修养自身，"克己复礼"，使自己的所作所为既符合法制的要求，也合乎道德规范，努力做好本职工作，真正做好人民的表率。《孟子·滕文公下》载孟子语："得志，与民由之；不得志，独行其道。"《孟子·尽心上》载孟子语："得志，泽加于民；不得志，修身见于世。穷则独善其身，达则兼善天下。"作为有志于治国兴邦的管理者，无论政治环境如何，也无论自己是否"得志"，都要根据具体身份去"正名"，都要尽合乎自己身份之心力。各级管理者诚能先正其名于己身，然后带动自己辖制范围内的人民各自"正名"；通过自身自觉遵循道德规范来推动整个社会伦理道德的振兴；通过做好自己本职工作带动大家共同为社会负责任、谋福利，以推动社会向前发展。

对于"民"来讲,也有个"正名"问题。民就不是官,是在官的管理和安排下从事生产和工作的。民不能盲目攀比,而要完成、做好自己的本职工作。一个人的能力有大小,但都应尽心尽力于本职工作,且能奉公守法,这就实践了民的名分。每个人都应该明白自己所处的位置、应尽的义务,要想做得更好,还应该怎么做。设想在管理者以身示范的情况下,万民皆如此,不但社会政治安定,经济亦将不断协调发展。

(二)孔子"正名"思想与今日经济道德重构

一百多年来,欧美社会管理者和经济管理者多是从物质生产要素变化的角度去分析和掌握经济的发展。但随着一系列经济、社会问题的产生,越来越多的人更确切地认识到了管理制度与伦理道德对经济建设与发展的重要意义。于是,西方新制度经济学顺理成章地产生了。新制度经济学强调了社会制度与管理方式、人的伦理道德对经济发展起到重要的作用。这就引起了西方有识之士越发重视人的道德规范与伦理。而当今中国在市场经济促进了生产力高速发展的同时,人们的利他意识、发展生产的长远观念却受到严重腐蚀。有些人迷失了道德方向。经济活动中的不法行为、不道德行为大有蔓延之势。所以,随着经济的发展,改革开放的进一步深入,经济伦理道德建设引起了人们的重视。而构建今日的经济伦理道德,最值得借鉴的就是儒家的"正名"思想。其于经济建设活动中尤为必要。儒家传统义利观之实质就是"名分"义利观。根据社会角色名分确定利的大小、多少,而其所取之利必须合乎道义。《论语·宪问》云:"见利思义"。《论语·里仁》曰:"放于利而行,多怨。""君子喻于义,小人喻于利。""富与贵,是人之所欲也,不以其道得之,不处也。"《论语·述而》曰:"不义而富且贵,于我如浮云。"概而论之,即非分之利不能取、不能求。只有合乎名分、等级所得的利才是合理的，否则是不合理的。诚如苏轼在《赤壁赋》中所言"苟非吾之所有，虽一毫而莫取"。不但每个人要"正名"，每件商品也要"正名"，要名副其实。诚能如此，就不会有假冒伪劣产品的出现。

考察过日本、中国香港的学者与研究人员几乎一致认为，中国大陆与其在物质上的差距现在看是不难赶上的，而大的差距是人的责任感、岗位意识、尽职尽责等方面的精神风貌。日本人、中国香港人能正视自己的职务，被安排在某个岗位上，就能全力以赴地设法去做好相关的工作。无论遇上何种困难，都能任劳任怨地去克服，既然承担了某项工作就一定要做好，不做好决不罢休。清洁工人不但要把街道清洗干净，还要考虑绝不影响行人通行，绝不能给别人带来不愉快。于是，要在夜深人静时清扫大街、打扫卫生，当人们上班时大小街面均已清新宜人。这些人的作为就是名副其实，就是"正名"。各行各业的人，干什么像什么，干什么有什么质量，这个国家、这个地区自然就能持续发展。如果环卫工人总觉得自己委屈，一边扫街一边怨气冲天。于是大扫帚一甩，将滚滚的尘埃驱向上班的人群，降雨后的污水溅得行人一身，对社会将造成多么大的坏影响。诸项工作，如果均如法炮制，势必破坏社会的可持续发展。所以，在社会生产活动中，在经济活动中，做管理者理应身正行正，善于团结群众、组织群众、调动群众，"己所不欲，勿施于人"，爱人亲民；做教师者就应该"学而不厌，诲人不倦"；做商人的就当如弦高顾大局舍己利；做文人的就当"语不惊人死不休"；做工匠的就应技精如"匠石运斤"；做屠夫者技精当如解牛的庖丁。一个国家，一个地区如能人人恪守职责，精益求精，"正名"律己，那么，无论国家还是地区都将可持续地向前发展。

第一个阐发弘扬孔子思想最为有力者是孟子，他说："不违农时，谷不可胜食也；数罟不入洿池，鱼鳖不可胜食也；斧斤以时入山林,材木不可胜用也。"农民种地要顺应自然规律,不违农时去耕作收获,这本身就是"正名",这是农民身份应去完成的任务。农民违了农时就失去了自己的职责,所作所为就不符合农民的身份。而管理者如强令农民弃耕服役,这类管理者就失去了自己的身份,不顾自己的本职,忘记了自己是领导农民认真耕作以获得丰收者。这就是违背了"正名"原则。即只有"正名"才能搞好农业生产。至于渔猎、伐木以及诸项生产工作无不如此。只有"正名"才能遵照经济规律去发展生产,增加财富,才能不只顾眼前,才能为子孙后世考虑。因此,社会生产与社会生活才能持续发展。对此,《论语·里仁》中孔子如是说:"君子怀德,小人怀土。君子怀刑,小人怀惠。"即统治者要一心想以德治民、慈爱民众,劳动人民要一心想着种好地,统治者要经常为劳动人民树立楷模,劳动人民要感念统治者的德政。这就极鲜明地道出了孔子"正名"思想在经济上的主张,一个经济社会没有生产劳动者绝对不可以,但没有管理者也是不可以的。《孟子·滕文公上》讲:"无君子莫治野人,无野人莫养君子。"这是从反面讲"正名"的必要性。"君子"、"野人"各有其责,各有其名分。名分确定了,就要尽职尽责。自己职务上的麻烦要自己想方设法解决,绝不留给他人去处理,更不能为后人造成难于解决的麻烦。这就是经济上的"正名"、生产上的"正名"。

目前,中国各行各业均需"正名",均应循名责实,确定其真正的职责,考究其真正的质量;荡涤一切假的、虚的、空的、名不副实的种种事物,脚踏实地地奋求可持续发展。

五 传统正气观与新时代的党风建设

孟子提出的"浩然之气"被后人赋予丰厚、崇高的道德内涵,成为激励后人立志守节、坚持理想信念,以身许国、杀身成仁、自尊自强、追求理想人格的精神力量,成为中华民族优良道德传统的重要内容。

尽管前人所讲的正气、仁义、尚志守节、公忠为国、理想人格等都不可避免地带有它所产生的那个时代的印记,但从整体上看,它们都具有超越时代的可继承性,是我们民族精神的重要内容,是我国优秀道德的重要组成部分,在社会主义的今天,仍具有重要的社会价值和道德意义。抛开其时代的局限,仍然是共产党人应坚持的道德情操。毛泽东、刘少奇等老一辈无产阶级革命家在赋予其时代内容的条件下就曾多次加以引用和提倡,并使之成为无产阶级革命道德传统的有机组成部分。邓小平同志曾把无产阶级革命道德概括为"革命加拼命精神,严守纪律和自我牺牲精神,大公无私和先人后己的精神,压倒一切敌人、压倒一切困难的精神,坚持乐观主义、排除万难去争取胜利的精神"[①]。显然,五种精神都是在优秀传统道德基础上的进一步发扬和光大,也是一种革命的浩然之气。坚持这种浩然之气的目的是,为实现远大的革命理想而奋斗。所以,在社会主义精神文明建设的根本目标中,邓小平同志把有理想、有道德放在了"四有"的首位。当然,这种理想,是共产主义的远大理想和建设有中国特色社会主义的共同理想;这种道德是以为人民服务为核心、以集体主义为原则,以爱祖国、爱人民、爱劳动、爱科学、爱社会主义为基本要求的,包括社会公德、职业道德、家庭美德和团结互助、平等友爱、共同前进的人际关系在内的社会主义道德。但是,无产阶级革命道德和社会主义道德决不是离开人类文明大道从天而降的,而是对过去人类一切优秀道德的继承和发展,蕴涵着传统道德的精华。所以,在社会主义现代化建设的今天,江泽民同志曾多次强调继承和发扬我国优秀道德传统,提出:"弘扬

---

① 《邓小平文选》(1975—1982),人民出版社1983年版,第327页。

中国古代优良道德传统和革命道德传统，汲取人类一切优秀道德成就，努力创造人类先进的精神文明。"

在改革开放和现代化建设的今天，我们面临的形势极其复杂，任务极其艰巨。为了实现我们的宏伟目标，必须把依法治国和以德治国紧密结合起来。为此，必须高树道德权威，弘扬民族精神，用崇高的理想凝聚全国人民的力量。江泽民同志在全国思想政治工作会议上的讲话中指出："伟大的事业需要并将产生崇高的精神，崇高的精神支撑和推动着伟大的事业。没有坚强精神的民族是没有前途的。"他把面向新世纪、新形势、新任务条件下应弘扬的崇高精神概括为五种精神："解放思想、实事求是的精神，紧跟时代、勇于创新的精神，知难而进、一往无前的精神，艰苦奋斗、务求实效的精神，淡泊名利、无私奉献的精神。"从一定意义上说，这五种崇高精神也是一种更高级的、包含着新时代、新内容的浩然之气。江泽民同志在中纪委第八次全会上的讲话中指出："中国共产党是马克思主义真理的坚定实践者，也是中华民族优良传统的真正继承者"，"我们党一直保持艰苦奋斗、自强不息的精神风貌，历尽艰险，饱受磨难而不坠革命之志，这是夺取一个又一个胜利的重要原因"。他引用了方志敏同志在敌人狱中所写的《死——共产主义的殉道者的记述》："为着阶级和民族的解放，为着党的事业的成功"，不稀罕那华丽的大厦、美味的西餐大菜和柔软的钢丝床，而宁愿吞嚼剌口的苞粟和菜根，睡在猪栏狗巢似的住所，"一切难于忍受的磨难我都能忍受下去！这些都不能丝毫动摇我的决心，相反地，是更加磨炼我的意志！我能舍弃一切，但是不能舍弃党，舍弃阶级，舍弃革命事业。"之后，江泽民同志指出："这是何等坚定的革命信念，何等高尚的精神情操！""我们每个同志都要有这样一种精神，这样一种浩然之气。"所以，他要求党员领导干部都要"讲学习、讲政治、讲正气"，要自重、自省、自警、自励，努力提高自身素质，要坚持共产党人的革命气节，绝不能为那点儿蜗角虚名，蝇头微利而丧失党的原则，丧失做人的人格。他告诫每一个共产党员和领导干部，都要廉洁奉公，艰苦奋斗，在拜金主义、享乐主义、极端个人主义的侵蚀面前，一尘不染，始终保持高尚的道德情操，自觉锻炼意志品质，真正养成共产党人的高风亮节。这里讲的"高尚的道德情操"和"共产党人的高风亮节"，就是在当代新形势下一切共产党员尤其是领导干部必须坚持的浩然之气。这种革命的浩然之气是我们战胜一切邪恶与腐败，弘扬社会正气，凝聚社会力量，战胜一切艰难险阻，创造壮丽的有中国特色社会主义的伟大事业的精神动力。

主要参考书目

（唐）孔颖达：《尚书正义》，《十三经注疏》，中华书局1980年版

（唐）孔颖达：《周易正义》，《十三经注疏》，中华书局1987年版

杨伯峻：《论语译注》，中华书局1984年版

（清）焦循：《孟子正义》（上、下），中华书局1987年版

（清）王先谦：《荀子集解》（上、下），中华书局1988年版

（清）孙诒让：《墨子闲诂》，中华书局1986年版

陈鼓应：《老子注释及评介》，中华书局1981年版

陈鼓应：《庄子今注今译》，中华书局1983年版

陈鼓应：《老庄新论》，上海古籍出版社1992年版

黎翔凤：《管子校注》，中华书局2004年版

蒋礼鸿：《商君书锥指》，中华书局1986年版

陈奇猷：《韩非子新校注》，上海古籍出版社2000年版

陈奇猷：《吕氏春秋校释》，学林出版社1995年版

（汉）司马迁：《史记》，中华书局1982年版

（汉）班固：《汉书》，中华书局1983年版

（汉）董仲舒：《春秋繁露》，中华书局1992年版

（晋）陈寿：《三国志》，中华书局1982年版

周一良：《魏晋南北朝史札记》，中华书局1985年版

陈伯君：《阮籍集校注》，中华书局1987年版

（宋）朱熹：《四书章句集注》，中华书局 1986 年版

顾易生、徐粹育：《韩愈散文选集》，上海古籍出版社 1997 年版

刘文源：《文天祥研究资料集》，中国社会科学文献出版社 1991 年版

孙高亮：《于谦全集》，浙江人民出版社 1981 年版

《龚自珍全集》，中华书局 1959 年版

梁启超：《饮冰室合集》，中华书局 1989 年版

《严复集》，中华书局 1986 年版

《孙中山选集》，人民出版社 1956 年版

蔡元培：《中国伦理学史》，商务印书馆 2004 年版

张岱年：《中国伦理思想研究》，上海人民出版社 1989 年版

陈瑛、温克勤等：《中国伦理思想史》，人民出版社 1985 年版

沈善洪、王凤贤：《中国伦理学说史》，浙江人民出版社 1985 年版

朱贻庭：《中国传统伦理思想史》，华东师范大学出版社 2003 年版

张岂之、陈国庆：《近代伦理思想的变迁》，中华书局 2000 年版

朱伯崑：《先秦伦理学概论》，北京大学出版社 1984 年版

侯外庐：《中国思想通史》，人民出版社 1959 年版

张岂之：《中国思想史》，西北大学出版社 1993 年版

李泽厚：《中国古代思想史论》，人民出版社 1986 年版

胡适：《中国哲学史大纲》，东方出版社 1996 年版

冯友兰：《中国哲学史新编》，人民出版社 1984 年版

任继愈：《中国哲学发展史》，人民出版社 1988 年版

张岱年：《中国哲学大纲》，中国社会科学出版社 1994 年版

刘泽华、葛荃：《中国古代政治思想史》，南京大学出版社2001年版

梁启超：《先秦政治思想史》，天津古籍出版社2003年版

刘泽华：《先秦政治思想史》，南开大学出版社1984年版

钱逊：《先秦儒学》，辽宁教育出版社1991年版

徐复观：《中国人性论史》（先秦篇），上海三联书店2001年版

游唤民：《尚书思想研究》，湖南教育出版社2001年版

王晓毅：《嵇康评传》，广西教育出版社1994年版

韩传达：《阮籍评传》，北京大学出版社1997年版

许建良：《魏晋玄学伦理思想研究》，人民出版社2003年版

徐儒宗：《中庸论》，浙江古籍出版社2004年版

徐儒宗：《人和论——儒家人伦思想研究》，人民出版社2006年版

蔡方鹿：《中华道统思想发展史》，四川人民出版社2003年版

周桂钿：《董学探微》，北京师范大学出版社1989年版

张立文：《宋明理学研究》，中国人民大学出版社1985年版

李玉杰：《先秦诸子思想研究》，中州古籍出版社2000年版

谢祥皓：《孟子思想研究》，山东大学出版社1986年版

张立文：《朱熹思想研究》，中国社会科学出版社2001年版

汤用彤：《魏晋玄学论稿》，上海古籍出版社2001年版

蔡方鹿：《程颢程颐与中国文化》，贵州人民出版社1996年版

苗枫林：《中国用人思想史》，齐鲁书社1997年版

赵宗正：《孔孟荀比较研究》，山东大学出版社1989年版

后 记

2003年，承蒙骆承烈、刘兆伟两位先生的鼎力推荐，我们有幸参与《中华伦理范畴》丛书的编写，并承担了《正》范畴的撰写工作。两位先生的知遇之恩，没齿难忘。

本书中，陈紫天撰写了绪论、第一章、第二章、第三章、第四章、第五章、第十一章、第十二章，刘智撰写了第六章、第七章、第八章、第九章、第十章，拟定提纲和统编定稿由两人共同完成。本书从题目的选定、体系的构建、纲目的确立、资料的收集到文稿的形成，自始至终都凝聚了刘兆伟教授的心血，没有先生的鼓励、支持与鞭策，书稿的如期完成是不可想象的。丛书主编傅永聚先生高屋建瓴、运筹帷幄的大将风度，孔子研究院相关工作人员细致周到的工作作风令我们感念不已。中国社会科学出版社的编审为本书的出版付出了辛勤的劳动。在此一并致谢。此外，还要特别感谢河南大学马进举教授、曲阜师范大学修建军教授、鲁东大学周兴教授的不吝赐教和无私帮助。

在本书的撰写过程中，我们参考了许多专家、学者的著作、论文等资料，汲取了其中有价值的思想，有的未能一一详细注明。对此，敬请各位原谅。同时，我们由衷地表示感谢。

中华正伦理思想可谓博大精深，尽管我们力求严谨，但是由于水平有限、时间紧张，疏漏和错误之处在所难免，恳请专家、学者和广大读者批评指正。

作者
2007年7月于沈阳